河合塾
SERIES

高得点がねらえる分野をどこよりも詳しく解説

教科書だけでは足りない

大学入試攻略

統計的な推測

河合塾講師
長谷川 進 著

河合出版

は　じ　め　に

本書の概要

本書の目的は共通テスト数学II，B，Cの数学B「統計的な推測」＝「統計」で満点を取ることである．高校での試験対策や国公立二次試験や私立大入試の対策にもなる．共通テスト数学II，B，Cは「数列」，「統計」，「ベクトル」，「二次曲線と複素数平面」から3つを選択するが，**選択の1つに「統計」を加えることを強く勧める．簡単だからだ．**

特徴

1．共通テスト数学II，B，Cの「統計」に必要な事すべてを「基本事項と練習問題」全15節にまとめ（第1.16，17節は補足なので大学入学後に読めばよい），共通テスト対策の演習問題を14回分載せた．**本書のみで準備はすべて終わる．本書以外の教科書，参考書などを読む必要はない．**

2．**短時間でこなせる．**「各節30分×15≒8時間（第1.13節は1時間）」と「各演習問題30分（10分程度で解いて復習に十数分）×14回＝7時間」程度で終わるから，**毎日1時間ほど勉強するだけで2週間で終わる．1日ですべて終わらせる生徒も多い．**

3．**時間がなければ，重要な部分に絞ればよい．**具体的には
   - 「基本事項と練習問題」の第1.1節，1.2節，1.8節，1.11節，1.12節，1.13節，1.14節，1.15節
   - 演習問題の第1回，第3回，第5回，第7回，第13回

   を勉強すれば何とかなる．それぞれ30分程度で済むだろうから合計6時間，ゆっくりでも9時間で終わる．**「共通テストまで一週間だが，選択を代えたい」**という場合でも**間に合う．**

4．**すべて読まなくても大丈夫なように，必要な事はその度に書いた．**「また同じことが書いてあるなぁ」と思うことがあるときは，きみがしっかり理解したのだと了承して欲しい．（『第～節参照』などとあるのは，『見たければ見よ』という程度のことである．）

5．第2章の演習問題14回分は，**偶数回はその前の回の類題**になっている．例えば，第2回は第1回の類題である．だから，奇数回が難しかったら，よく復習して次の回を解けば力がつく．

期待される効果

共通テスト数学 II，B，C の「統計」で満点が狙える．

(根拠) 共通テスト数学 II，B，C の「統計」のテーマは

「正規分布表（右図）を使いこなす」

正 規 分 布 表

次の表は，標準正規分布の正規分布曲線における右図の灰色部分の面積の値をまとめたものである。

z_0	0.00	0.01	0.02	0.03	0.04	0.05	0.06	0.07	0.08	0.09
0.0	0.0000	0.0040	0.0080	0.0120	0.0160	0.0199	0.0239	0.0279	0.0319	0.0359
0.1	0.0398	0.0438	0.0478	0.0517	0.0557	0.0596	0.0636	0.0675	0.0714	0.0753
0.2	0.0793	0.0832	0.0871	0.0910	0.0948	0.0987	0.1026	0.1064	0.1103	0.1141
0.3	0.1179	0.1217	0.1255	0.1293	0.1331	0.1368	0.1406	0.1443	0.1480	0.1517
0.4	0.1554	0.1591	0.1628	0.1664	0.1700	0.1736	0.1772	0.1808	0.1844	0.1879
0.5	0.1915	0.1950	0.1985	0.2019	0.2054	0.2088	0.2123	0.2157	0.2190	0.2224
0.6	0.2257	0.2291	0.2324	0.2357	0.2389	0.2422	0.2454	0.2486	0.2517	0.2549
0.7	0.2580	0.2611	0.2642	0.2673	0.2704	0.2734	0.2764	0.2794	0.2823	0.2852
0.8	0.2881	0.2910	0.2939	0.2967	0.2995	0.3023	0.3051	0.3078	0.3106	0.3133
0.9	0.3159	0.3186	0.3212	0.3238	0.3264	0.3289	0.3315	0.3340	0.3365	0.3389
1.0	0.3413	0.3438	0.3461	0.3485	0.3508	0.3531	0.3554	0.3577	0.3599	0.3621
1.1	0.3643	0.3665	0.3686	0.3708	0.3729	0.3749	0.3770	0.3790	0.3810	0.3830
1.2	0.3849	0.3869	0.3888	0.3907	0.3925	0.3944	0.3962	0.3980	0.3997	0.4015
1.3	0.4032	0.4049	0.4066	0.4082	0.4099	0.4115	0.4131	0.4147	0.4162	0.4177
1.4	0.4192	0.4207	0.4222	0.4236	0.4251	0.4265	0.4279	0.4292	0.4306	0.4319
1.5	0.4332	0.4345	0.4357	0.4370	0.4382	0.4394	0.4406	0.4418	0.4429	0.4441
1.6	0.4452	0.4463	0.4474	0.4484	0.4495	0.4505	0.4515	0.4525	0.4535	0.4545
1.7	0.4554	0.4564	0.4573	0.4582	0.4591	0.4599	0.4608	0.4616	0.4625	0.4633
1.8	0.4641	0.4649	0.4656	0.4664	0.4671	0.4678	0.4686	0.4693	0.4699	0.4706
1.9	0.4713	0.4719	0.4726	0.4732	0.4738	0.4744	0.4750	0.4756	0.4761	0.4767
2.0	0.4772	0.4778	0.4783	0.4788	0.4793	0.4798	0.4803	0.4808	0.4812	0.4817
2.1	0.4821	0.4826	0.4830	0.4834	0.4838	0.4842	0.4846	0.4850	0.4854	0.4857
2.2	0.4861	0.4864	0.4868	0.4871	0.4875	0.4878	0.4881	0.4884	0.4887	0.4890
2.3	0.4893	0.4896	0.4898	0.4901	0.4904	0.4906	0.4909	0.4911	0.4913	0.4916
2.4	0.4918	0.4920	0.4922	0.4925	0.4927	0.4929	0.4931	0.4932	0.4934	0.4936
2.5	0.4938	0.4940	0.4941	0.4943	0.4945	0.4946	0.4948	0.4949	0.4951	0.4952
2.6	0.4953	0.4955	0.4956	0.4957	0.4959	0.4960	0.4961	0.4962	0.4963	0.4964
2.7	0.4965	0.4966	0.4967	0.4968	0.4969	0.4970	0.4971	0.4972	0.4973	0.4974
2.8	0.4974	0.4975	0.4976	0.4977	0.4977	0.4978	0.4979	0.4979	0.4980	0.4981
2.9	0.4981	0.4982	0.4982	0.4983	0.4984	0.4984	0.4985	0.4985	0.4986	0.4986
3.0	0.4987	0.4987	0.4987	0.4988	0.4988	0.4989	0.4989	0.4989	0.4990	0.4990

という**ただ1つである**．(本書の至る所に載せてある．)

数列やベクトル，二次曲線，複素数平面の問題のテーマが毎年変わることに比べるとはるかに単純であるから，本書のみで容易に対策できる．

「確率が苦手」という人でも大丈夫だ．「統計」の確率は，統計の問題を解かせるためのものなので，**数学 A の確率よりずっと易しい**．確率を難しくしたらその後の統計の設問が無駄になってしまうからだ．

補足

本書を勉強した後，姉妹編である「共通テスト総合問題集 数学 II・B・C」(河合出版) により，70 分 (数学 II，B，C の試験時間) で解く練習をしよう．そうすれば，共通テスト対策は完璧である．

著者記す

目　次

第 1 章

基本事項と練習問題

数学 B「統計」の基本事項を確認しながら練習問題を解いてみましょう.

面倒に見える部分もあるかも知れませんが，少し練習すれば身につくはずです.

もし，きみが切羽詰まっているなら（共通テストまであと一週間とか），**第 1.1 節**，**第 1.2 節**，**第 1.8 節**，**第 1.11 節**，**第 1.12 節**，**第 1.13 節**，**第 1.14 節**，**第 1.15 節**だけでも読めば何とかなるでしょう.

第 1.1 節～第 1.15 節の練習問題では次の 3 点に注意して下さい.

1．小数の形で解答する場合，指定された桁数の一つ下の桁を四捨五入し解答して下さい．また，必要に応じて，指定された桁まで⓪にマークして下さい.

例えば，**ア**.**イウ**に 2.5 と答えたいときは，2.50 として答えて下さい.

2．問題の文中の二重四角で表記された**エ**などには，選択肢から一つを選んで，答えて下さい。

3．同一の問題文中に**オカ**，**キ**などが 2 度以上現れる場合，原則として，2 度目以降は，オカ，キのように細字で表記します。

1.1 平均，分散，標準偏差

この節の概要

数学Ⅰ「データの分析」で学んだ**平均**，**分散**，**標準偏差**を統計で扱いやすいように定義し直す．

取り得る値のそれぞれに対し，その値を取る確率が決まっている変数を**確率変数**という．

以下では，確率変数 X のとりうる値が x_1，x_2，x_3，…，x_n であるとし，

$P(X=x_k)=p_k$ （$X=x_k$ となる確率だよ）

とする．このとき

平均の定義

X の平均（平均値，期待値）は，

$$E(X)=\sum_{k=1}^{n}x_kp_k=x_1p_1+x_2p_2+\cdots+x_np_n$$

つまり，X の平均は

「(Xのとりうる値)×(その値をとる確率)」 をすべて足したもの

となる．

（意味）X の平均 $E(X)$ は，「X がとりうる値はだいたいどれぐらいか」を表す．

（例１）

１枚の硬貨を２回投げ，表の出た回数を X とすると，$X=0$，1，2 であり，その確率は次の表のようになる．（この表を**確率分布表**という）

X	0	1	2	計
確率 P	$\frac{1}{4}$	$\frac{1}{2}$	$\frac{1}{4}$	1

よって，X の平均 $E(X)$ は

$$E(X)=0\cdot\frac{1}{4}+1\cdot\frac{1}{2}+2\cdot\frac{1}{4}=1$$

（注）数学Ⅰ「データの分析」での平均と定義が少し違う，という話は２ページ後の**補足**で解説する．

分散，標準偏差の定義

X の平均を $m=E(X)$ とするとき，x_k-m を偏差と呼び（X のとりうる値から平均を引いたもの）

- **X の分散は**

$$V(X)=\sum_{k=1}^{n}(x_k-m)^2p_k$$
$$=(x_1-m)^2p_1+(x_2-m)^2p_2+\cdots+(x_n-m)^2p_n$$

- **X の標準偏差は**

$$\sigma(X)=\sqrt{V(X)}$$

解説

- 分散 $V(X)$ と標準偏差 $\sigma(X)$ は，「X の値が平均 m からどれぐらいずれるかの傾向」つまり「X の値の散らばり具合」を表す．
- 分散や標準偏差が小さいと，X の値は平均に近いあたりに集まっていることを意味する．
- $V(X)=\sum_{k=1}^{n}(x_k-m)^2p_k$ の「2 乗」の目的は，X が平均 m からずれている度合いを「X が m より大きい方にずれている」のと「小さい方にずれている」のを同じ扱いにするためである．
- 分散 $V(X)$ の単位は，その定義から，X の単位の 2 乗になってしまう．例えば，X の単位が cm（センチメートル）なら，$V(X)$ の単位は cm^2（平方センチメートル）になる．
  その点，標準偏差 $\sigma(X)=\sqrt{V(X)}$ は X と単位が同じになるので，「X の値の散らばり具合」の目安として優れている．
- とは言え，$V(X)$ は $\sigma(X)$ を求めるために必要であり，便利な公式（第 1.2 節参照）もあるので重要である．

（例 2）

例 1 での X の確率分布は次のようなものであった．X の分散 $V(X)$ と標準偏差 $\sigma(X)$ を求めよう．

X	0	1	2	計
確率 P	$\frac{1}{4}$	$\frac{1}{2}$	$\frac{1}{4}$	1

X の平均 $E(X)$ は**例 1** で求めたように $E(X)=1$ であったから，X の分散は

$$V(X)=(0-1)^2\cdot\frac{1}{4}+(1-1)^2\cdot\frac{1}{2}+(2-1)^2\cdot\frac{1}{4}$$
$$=\frac{1}{2}$$

よって，X の標準偏差は

$$\sigma(X)=\sqrt{V(X)}=\sqrt{\frac{1}{2}}=\frac{\sqrt{2}}{2}$$

補足

3人の生徒 A，B，C が小テストを受け，その点数 X が次のようになったとする．

生徒	A	B	C
X	4	5	6

数学Ⅰ「データの分析」では X の平均 $E(X)$ は次のように求める．

$$E(X)=\frac{4+5+6}{3}=5 \qquad \cdots\cdots\cdots ①$$

X が 4，5，6 となる確率がそれぞれ $\frac{1}{3}$ であると考えれば，数学B「統計」での平均 $E(X)$ の定義を用いると

$$E(X)=4\cdot\frac{1}{3}+5\cdot\frac{1}{3}+6\cdot\frac{1}{3}=5 \qquad \cdots\cdots\cdots ②$$

となり，① の結果と一致する．

つまり，数学B「統計」での平均 $E(X)$ の定義は，数学Ⅰ「データの分析」でのそれと本質的には同じなのだが，より多くの場合に適用できるように拡張したものなのである．**平均が ① と ② のどちらの方法でも計算できる場合は，その結果は一致するから好きな方を使えばよい．**

分散 $V(X)$ についても同様である．

練習問題 1

袋の中に次のように点数のついた 4 個の玉が入っている．

0 点の玉 1 個，1 点の玉 2 個，2 点の玉 1 個

ここから同時に 2 個の玉を取り出し，取り出した玉の点数の合計 X を得点とする．

(1)　$X=1$ となる確率は $\dfrac{\boxed{ア}}{\boxed{イ}}$，$X=2$ となる確率は $\dfrac{\boxed{ウ}}{\boxed{エ}}$，$X=3$ となる確率は $\dfrac{\boxed{オ}}{\boxed{カ}}$ となる．

(2)　X の平均は $\boxed{キ}$ であり，分散は $\dfrac{\boxed{ク}}{\boxed{ケ}}$ である．

(3)　X の標準偏差は $\boxed{コ}$ である．$\boxed{コ}$ に当てはまるものを次の⓪～③から一つ選べ．

⓪　$\sqrt{\boxed{キ}}$

①　$\sqrt{\dfrac{\boxed{ク}}{\boxed{ケ}}}$

②　$\sqrt{\boxed{キ}} \times \sqrt{\dfrac{\boxed{ク}}{\boxed{ケ}}}$

③　$\sqrt{\boxed{キ}} + \sqrt{\dfrac{\boxed{ク}}{\boxed{ケ}}}$

（解答は次ページ）

解答

4個の玉を⓪, ①, ①, ②と表す.

2個の玉の取り出し方は全部で

$_4C_2=\dfrac{4\cdot3}{2\cdot1}=6$ 通りである.

確率を考えるとき，ものはすべて区別するから，4つの玉を区別している．特に2つの①は見かけが同じでも区別する．**私たちの通常の世界はそうなっているからだ.**

(1) $X=1$ となるのは⓪と①を1個ずつ取る場合であるから，確率は

$$\frac{2}{6}=\frac{\boxed{1}_{\text{ア}}}{\boxed{3}_{\text{イ}}}$$

$X=2$ となるのは「①を2個取る（$_2C_2=1$ 通り）」ときと，「⓪と②を1個ずつ取る（1通り）」ときがあるから，確率は

$$\frac{1+1}{6}=\frac{\boxed{1}_{\text{ウ}}}{\boxed{3}_{\text{エ}}}$$

$X=3$ となるのは①と②を1個ずつ取る場合であるから，確率は

$$\frac{2}{6}=\frac{\boxed{1}_{\text{オ}}}{\boxed{3}_{\text{カ}}}$$

(2) (1)より，X の確率分布は次のようになる.

X	1	2	3	計
確率	$\frac{1}{3}$	$\frac{1}{3}$	$\frac{1}{3}$	1

よって，X の平均は

$$E(X)=1\cdot\frac{1}{3}+2\cdot\frac{1}{3}+3\cdot\frac{1}{3}=\boxed{2}_{\text{キ}}$$

X の分散は

$$V(X)=(1-2)^2\cdot\frac{1}{3}+(2-2)^2\cdot\frac{1}{3}+(3-2)^2\cdot\frac{1}{3}$$

$$=\frac{\boxed{2}\ (\text{ク})}{\boxed{3}\ (\text{ケ})}$$

(3) X の標準偏差 $\sigma(X)$ は $\sigma=\sqrt{V(X)}$ であるから

$$\sigma(X)=\sqrt{\frac{2}{3}}$$

よって［コ］に当てはまるのは，［①］（コ）である.

分散の定義
X のとりうる値が x_k $(1\leqq k\leqq n)$ であり，$X=x_k$ となる確率を p_k と表し，X の平均を $m=E(X)$ とするとき，X の**分散**は

$$V(X)=\sum_{k=1}^{n}(x_k-m)^2p_k$$

1.2 平均と分散の公式〜いつでも成り立つもの

この節の概要

平均と分散について，どのような確率変数の場合でも成り立つ重要な公式を学ぶ.

1.2.1 aX や $X+b$ の平均，分散の例

「どの値を取るかの確率が定まっている変数」が確率変数であるから，X が確率変数なら $2X$ や $X+3$ なども確率変数である.

例えば，確率変数 X の値は次のように定まるとしよう.

X	x_1	x_2	計
確率	p_1	p_2	1

簡単にするためにとりうる値が2つだけとしている.

このとき，$2X$ と $X+3$ は次のように定まる.

X	x_1	x_2	計
$2X$	$2x_1$	$2x_2$	
$X+3$	x_1+3	x_2+3	
確率	p_1	p_2	1

X の平均 $E(X)$ は，その定義から

$$E(X)=x_1p_1+x_2p_2 \quad \cdots\cdots\cdots ①$$

同様に，$2X$ や $X+3$ の平均 $E(2X)$，$E(X+3)$ も次のように定まる.

$$E(2X)=2x_1p_1+2x_2p_2 \quad \cdots\cdots\cdots ②$$

$$E(X+3)=(x_1+3)p_1+(x_2+3)p_2 \quad \cdots\cdots\cdots ③$$

① と ② から

$$E(2X)=2E(X) \quad \cdots\cdots\cdots ♠$$

が成り立つと分かる.

また，③ から

$$E(X+3)=x_1p_1+x_2p_2+3(p_1+p_2) \quad (③ を展開した)$$

$$=E(X)+3 \quad (p_1+p_2=1 を用いた) \quad \cdots\cdots\cdots ♡$$

が成り立つ.

この ♠と ♡は一般化でき，それは次ページで解説する.

次に分散についても確かめよう.

X の平均を $m=E(X)$ として，X の分散 $V(X)$ はその定義から

$$V(X)=(x_1-m)^2p_1+(x_2-m)^2p_2 \quad \cdots\cdots\cdots ④$$

$2X$ の平均は $E(2X)=2E(X)=2m$ となるから，$2X$ の分散 $V(2X)$ は次のようになる．

$$\begin{aligned} V(2X)&=(2x_1-2m)^2p_1+(2x_2-2m)^2p_2 \\ &=4\{(x_1-m)^2p_1+(x_2-m)^2p_2\} \\ &=4V(X) \quad (④ より) \end{aligned} \quad \cdots\cdots\cdots ◇$$

$X+3$ の平均は $E(X+3)=E(X)+3=m+3$ となるから，$X+3$ の分散 $V(X+3)$ は次のようになる．

$$\begin{aligned} V(X+3)&=\{x_1+3-(m+3)\}^2p_1+\{x_2+3-(m+3)\}^2p_2 \\ &=(x_1-m)^2p_1+(x_2-m)^2p_2 \\ &=V(X) \quad (④ より) \end{aligned} \quad \cdots\cdots\cdots ♣$$

◇と♣も一般化でき，それは3ページ後で解説する．

1.2.2 平均の公式〜いつでも成り立つもの

以下では，X，Y などは確率変数，a，b などは定数とする．

X の平均 $E(X)$ は「X がどれぐらいの値を取るか」を表していると思えば，次の公式は納得できるかな？

平均の公式

(1) $E(aX)=aE(X)$

(**aX がどれぐらいの値を取るかは，『X がどれぐらいの値をとるか』の a 倍になる．♠が $a=2$ の場合．**)

(2) $E(X+b)=E(X)+b$

(**$X+b$ がどれぐらいの値を取るかは，『X がどれぐらいの値をとるか』に b を足す．♡が $b=3$ の場合．**)

(3) $E(aX+b)=aE(X)+b$ （(1)，(2)をまとめたもの）

(4) $\underbrace{E(X+Y)}_{和の平均}=\underbrace{E(X)+E(Y)}_{平均の和}$ （和の平均は平均の和）

解説

例えば，野球のチームをイメージしてもらおう．ファンに愛されているが得点能力の低い**チーム A** を考え，その1試合での得点＝本塁を踏む回数を X とする．

X の平均 $E(X)$ は「1試合でチーム A がだいたいどれぐらい得点するか」というものだ．

$\boldsymbol{E(X)=1}$ としよう. 少ない. (T_T)

(1) 「可哀想だからチーム A は**点数を 2 倍にしてやる**. 本塁を 1 回踏んだら 2 点だ (注. 普通は 1 点です)」

ということにすれば, **チーム A の得点は $\boldsymbol{2X}$** だ. その平均は

$$E(2X)=2E(X)=2\cdot 1=2$$ 公式(1)の $a=2$ の場合だ.

となる.

つまり,「1 試合でチーム A がだいたいどれぐらい得点するか」が, 本来の 2 倍になるということだ. 当たり前だね.

(2) 「チーム A はよく 0 点で負けるので, **点数を 2 点おまけしてやる**」

ということにすれば, **チーム A の得点は $\boldsymbol{X+2}$** だ. その平均は

$$E(X+2)=E(X)+2=1+2=3$$ 公式(2)の $b=2$ の場合だ.

となる.

つまり,「1 試合でチーム A がだいたいどれぐらい得点するか」が, 本来の点数に 2 をたしたものになる. これも当たり前だね.

(3) 公式(1)と(2)から

$$E(aX+b)=E(aX)+b \quad (\text{公式(2)より})$$
$$=aE(X)+b \quad (\text{公式(1)より})$$

となる. これが公式(3)だ.

(4) スーパースターを集めた**チーム B** があり, 1 試合での得点を Y としよう. 得点能力が高いので, Y の平均は $\boldsymbol{E(Y)=5}$ だ.

では, チーム A とチーム B の試合での**両軍の得点の合計 $\boldsymbol{X+Y}$ の平均はどれぐらいになるだろう?**

それは「それぞれのチームで何点ぐらい取れるか」を合計すればよいから

$$E(X+Y)=E(X)+E(Y)=1+5=6$$

となる. これが「**和の平均は平均の和**」だ.

「**和の平均は平均の和**」は非常に便利なので, 証明をしておこう. ただし, **$\boldsymbol{X}$ も $\boldsymbol{Y}$ もとりうる値が 2 種類ずつという場合に証明**することにする. X, Y のとりうる値の種類がもっと多い場合も, 同様に証明できる.

「和の平均は平均の和」の証明

X, Y のとりうる値をそれぞれ

$$X=a, a' \qquad Y=b, b'$$

としよう.

X, Y がそれぞれの値をとる確率を次の表のように定める.

X ＼ Y	b	b'
a	p	q
a'	r	s

すなわち，

- $X=a$ かつ $Y=b$ となる確率は，p
- $X=a$ となるのは，「$X=a$ かつ $Y=b$」の場合と「$X=a$ かつ $Y=b'$」の場合があるので，確率は $p+q$
- $Y=b$ となるのは，「$Y=b$ かつ $X=a$」の場合と「$Y=b$ かつ $X=a'$」の場合があるので，確率は $p+r$

のようになる．

したがって，

$$E(X+Y)=(a+b)p+(a+b')q+(a'+b)r+(a'+b')s \quad \cdots\cdots\cdots ①$$

一方，

$$E(X)=a(p+q)+a'(r+s) \quad \cdots\cdots\cdots ②$$

$$E(Y)=b(p+r)+b'(q+s) \quad \cdots\cdots\cdots ③$$

②+③ を整理すれば，① に一致するとわかる．

（証明終り）

（例 1）「**和の平均は平均の和**」の威力を確かめよう．

1 個のさいころを投げるとき，その目の数 X は 1 〜 6 が確率 $\frac{1}{6}$ ずつで出るから，X の平均は

$$E(X)=1\cdot\frac{1}{6}+2\cdot\frac{1}{6}+3\cdot\frac{1}{6}+4\cdot\frac{1}{6}+5\cdot\frac{1}{6}+6\cdot\frac{1}{6}=\frac{7}{2}$$

2 個のさいころを投げるとき，それぞれの目を X，Y とする．（確率を考えるので『ものはすべて区別する』ことから，2 個のさいころは区別すると考える．）

この目の和 $X+Y$ の平均 $E(X+Y)$ を求めよう．

$E(X+Y)$ の**定義**に従えば

step1　$X+Y$ のとりうる値 k は $k=2$ 〜 12.

step2　それぞれの確率 p_k を求める．　11 通りもあるよ．(^_^;;

step3　$E(X+Y)=\sum_{k=2}^{12}k\cdot p_k$ を計算．

となり面倒だ．

しかし，「**和の平均は平均の和**」を使えば，次のように**一瞬で求められる**．

$$
\begin{aligned}
E(X+Y)&=E(X)+E(Y) \quad (\text{「和の平均は平均の和」より})\\
&=\frac{7}{2}+\frac{7}{2} \quad \left(E(X)=E(Y)=\frac{7}{2} \text{ より}\right)\\
&=7
\end{aligned}
$$

1.2.3　分散の公式～いつでも成り立つもの

次は分散の公式を見てみよう．

分散の公式

(1)　$V(aX)=a^2V(X)$．(2乗に注意)

(分散はデータの散らばり具合であり，データ X を a 倍すれば，データの散らばり具合が a^2 倍になる．『2乗』は分散の計算方法から生じる．◎が $a=2$ の場合．)

(2)　$V(X+b)=V(X)$．

(分散はデータの散らばり具合であり，データ X に定数 b をたしてもデータの散らばり具合は変わらない．♣が $b=3$ の場合．)

(3)　$V(aX+b)=a^2V(X)$．((1)，(2)をまとめたもの)

(4)　$V(X)=E(X^2)-\{E(X)\}^2$．$\left(=\sum_{k=1}^{n}(x_k)^2p_k-\left(\sum_{k=1}^{n}x_kp_k\right)^2\right)$

(4)の解説　分かりにくいから解説を見よ

「$E(X^2)$ って何ですか？」と必ず聞かれるから，説明する．

確率変数 X の値は次のように定まるとしよう．(簡単にするためにとりうる値が2つだけとしている．)

X	x_1	x_2	計
確率	p_1	p_2	1

このとき，X^2 も確率変数であり（どの値になるか確率で定まる！），次のようになる．

X	x_1	x_2	計
X^2	$(x_1)^2$	$(x_2)^2$	
確率	p_1	p_2	1

よって，X^2 の平均 $E(X^2)$ は

$$E(X^2)=(x_1)^2p_1+(x_2)^2p_2$$

本当に X^2 の平均なのだよ

となる．まさに「X^2 の平均」なのだよ．

これを踏まえて，(4)を証明しよう．

(4)の証明

確率変数 X の値は次のように定まるとしよう．（簡単にするためにとりうる値が2つだけとしている．3つ以上の値をとる場合も同様に証明できる．）

X	x_1	x_2	計
確率	p_1	p_2	1

X の平均 $E(X)=m$ は

$$E(X)=m=x_1p_1+x_2p_2 \quad \cdots\cdots\cdots ①$$

よって，X の分散 $V(X)$ は

$$\begin{aligned} V(X) &= (x_1-m)^2p_1+(x_2-m)^2p_2 \\ &= \{(x_1)^2-2mx_1+m^2\}p_1+\{(x_2)^2-2mx_2+m^2\}p_2 \\ &= \underbrace{(x_1)^2p_1+(x_2)^2p_2}_{\text{これは}E(X^2)}-2m\underbrace{(x_1p_1+x_2p_2)}_{\text{①から，これは}m}+m^2\underbrace{(p_1+p_2)}_{\text{これは1}} \\ &= E(X^2)-m^2 \\ &= E(X^2)-\{E(X)\}^2 \end{aligned}$$

（証明終り）

$V(X)=E(X^2)-\{E(X)\}^2$ を使うのは，おもに次の場合である．

$V(X)=E(X^2)-\{E(X)\}^2$ をいつ使うのか

(ア) 分散の公式を示す場合．（第1.4節参照）

(イ) X の取り得る値が簡単な整数（2乗しやすいということ）だが，平均 $E(X)$ が分数となる場合．

後者の例を見てみよう．

（例2）

確率変数 X の確率分布は次のようになっている．このとき，X の分散 $V(X)$ を求めよう．

X	0	1	2	計
確率 P	$\frac{1}{3}$	$\frac{1}{2}$	$\frac{1}{6}$	1

まず X の平均 $E(X)$ は

$$E(X)=0\cdot\frac{1}{3}+1\cdot\frac{1}{2}+2\cdot\frac{1}{6}=\frac{5}{6}$$

$V(X)$ は，定義に従えば

$$V(X)=\left(0-\frac{5}{6}\right)^2\cdot\frac{1}{3}+\left(1-\frac{5}{6}\right)^2\cdot\frac{1}{2}+\left(2-\frac{5}{6}\right)^2\cdot\frac{1}{6} \qquad \cdots\cdots\cdots ①$$

$$=\frac{25}{108}+\frac{1}{72}+\frac{49}{216}$$

$$=\frac{17}{36}$$

$V(X)=E(X^2)-\{E(X)\}^2$ を用いると

$$V(X)=0^2\cdot\frac{1}{3}+1^2\cdot\frac{1}{2}+2^2\cdot\frac{1}{6}-\left(\frac{5}{6}\right)^2 \qquad \cdots\cdots\cdots ②$$

$$=\frac{1}{2}+\frac{2}{3}-\frac{25}{36}$$

$$=\frac{17}{36}$$

① と ② を比べれば，② の方が簡単だと思う．

練習問題 2

1 個のさいころを投げるとき，出た目の数を $X(=1,\ 2,\ 3,\ \cdots,\ 6)$ とする．

X の平均 $E(X)$ は

$$E(X)=\frac{\boxed{\text{ア}}}{\boxed{\text{イ}}}$$

であり，出た目の値の 2 乗 X^2 の平均 $E(X^2)$ は

$$E(X^2)=\frac{\boxed{\text{ウエ}}}{\boxed{\text{オ}}}$$

である．

よって，X の分散 $V(X)$ は

$$V(X)=\frac{\boxed{\text{カキ}}}{\boxed{\text{クケ}}}$$

である．

$Y=X+1$ とすると，Y の平均 $E(Y)$ と分散 $V(Y)$ は

$$E(Y)=\frac{\boxed{\text{コ}}}{\boxed{\text{サ}}},\quad V(Y)=\frac{\boxed{\text{シス}}}{\boxed{\text{セソ}}}$$

となる．

$Z=2X$ とすると，Z の平均 $E(Z)$ と分散 $V(Z)$ は

$$E(Z)=\boxed{\text{タ}},\quad V(Z)=\frac{\boxed{\text{チツ}}}{\boxed{\text{テ}}}$$

となる．

（解答は次ページ）

解答

1個のさいころを投げるとき，出た目の数を $X(=1,\ 2,\ 3,\cdots,\ 6)$ とすると，その値と確率は次のように定まる．

X	1	2	3	4	5	6	計
確率 P	$\frac{1}{6}$	$\frac{1}{6}$	$\frac{1}{6}$	$\frac{1}{6}$	$\frac{1}{6}$	$\frac{1}{6}$	1

よって，X の平均 $E(X)$ は

$$E(X)=1\cdot\frac{1}{6}+2\cdot\frac{1}{6}+3\cdot\frac{1}{6}+4\cdot\frac{1}{6}+5\cdot\frac{1}{6}+6\cdot\frac{1}{6}$$

$$=\frac{1}{6}(1+2+3+4+5+6)$$

$$=\frac{1}{6}\cdot\boxed{\frac{1}{2}\cdot6\cdot7}$$

$\displaystyle\sum_{k=1}^{n}k=\frac{1}{2}n(n+1)$ において，$n=6$ とした．

$$=\frac{\overset{ア}{\boxed{7}}}{\underset{イ}{\boxed{2}}} \quad \cdots\cdots\cdots ①$$

出た目の値の2乗 X^2 のとりうる値は次のようになる．

X	1	2	3	4	5	6	計
X^2	1^2	2^2	3^2	4^2	5^2	6^2	
確率 P	$\frac{1}{6}$	$\frac{1}{6}$	$\frac{1}{6}$	$\frac{1}{6}$	$\frac{1}{6}$	$\frac{1}{6}$	1

よって，X^2 の平均 $E(X^2)$ は

$$E(X^2)=1^2\cdot\frac{1}{6}+2^2\cdot\frac{1}{6}+3^2\cdot\frac{1}{6}+4^2\cdot\frac{1}{6}+5^2\cdot\frac{1}{6}+6^2\cdot\frac{1}{6}$$

$$=\frac{1}{6}(1^2+2^2+3^2+4^2+5^2+6^2)$$

$$=\frac{1}{6}\cdot\boxed{\frac{1}{6}\cdot6\cdot7\cdot13}$$

$\displaystyle\sum_{k=1}^{n}k^2=\frac{1}{6}n(n+1)(2n+1)$ において，$n=6$ とした．

$$=\frac{\overset{ウエ}{\boxed{91}}}{\underset{オ}{\boxed{6}}} \quad \cdots\cdots\cdots ②$$

X の分散 $V(X)$ は

$$V(X)=E(X^2)-\{E(X)\}^2$$

$$=\frac{91}{6}-\left(\frac{7}{2}\right)^2 \quad (①,\ ② より)$$

$$=\frac{\boxed{35}\ (カキ)}{\boxed{12}\ (クケ)} \quad \cdots\cdots\cdots ③$$

分散の公式

$Y=X+1$ とすると，Y の平均 $E(Y)$ と分散 $V(Y)$ は

$$E(Y)=E(X+1)$$

$$=E(X)+1$$

b を定数とするとき
$E(X+b)=E(X)+b$

$$=\frac{7}{2}+1 \quad (① より)$$

$$=\frac{\boxed{9}\ (コ)}{\boxed{2}\ (サ)}$$

$$V(Y)=V(X+1)$$

$$=V(X)$$

b を定数とするとき
$V(X+b)=V(X)$

$$=\frac{\boxed{35}\ (シス)}{\boxed{12}\ (セソ)} \quad (③ より)$$

$Z=2X$ とすると，Z の平均 $E(Z)$ と分散 $V(Z)$ は

$$E(Z)=E(2X)$$

$$=2E(X)$$

a を定数とするとき
$E(aX)=aE(X)$

$$=2\cdot\frac{7}{2} \quad (① より)$$

$$=\boxed{7}\ (タ)$$

$$V(Z)=V(2X)$$
$$=2^2V(X)$$

a を定数とするとき
$V(aX)=a^2V(X)$

$$=4\cdot\frac{35}{12}$$ （③ より）

$$=\frac{\boxed{35}}{\boxed{3}}$$

チツ
テ

1.3　平均と分散の公式の重要な応用～仮平均

この節の概要

データの平均や分散を求めるとき，計算をしやすくするために**仮平均**を用いる方法を学ぶ.

例えば，変量 X のデータが次のようになっているとしよう.

X	17	19	19	22	24

X の平均 $E(X)$ は

$$E(X)=\frac{17+19+19+22+24}{5}=\frac{101}{5}=20.2 \qquad \cdots\cdots\cdots ①$$

と定まるが，分子の計算が面倒である.

そこで，上の表から X の値は 20 前後なので，$X-20$ の平均を求めてみよう.

X	17	19	19	22	24
$X-20$	-3	-1	-1	2	4

となるので

$$E(X-20)=\frac{-3-1-1+2+4}{5}=\frac{1}{5}=0.2 \qquad \cdots\cdots\cdots ②$$

前節で学んだ平均の公式「$E(X+b)=E(X)+b$　(b は定数)」を用いると

$$E(\underbrace{X-20}_{\text{これで1つの変数}}+20)=E(X-20)+20$$

であるから

$$\begin{aligned} E(X)&=E(X-20+20)\\ &=E(X-20)+20\\ &=0.2+20 \quad (② より)\\ &=20.2 \end{aligned} \qquad \cdots\cdots\cdots ③$$

① の計算よりも，② と ③ の計算の方が楽であろう.

このように，$E(X)$ に近いと思われる値を基準にして平均を求めるとき，基準となる値（この例では 20）を**仮平均**という.

さらに，X の分散 $V(X)$ を求めてみよう．前節で見たように

$$V(X)=E(X^2)-\{E(X)\}^2$$

であるから，この場合は

$$V(X)=\frac{17^2+19^2+19^2+22^2+24^2}{5}-20.2^2 \quad \cdots\cdots\cdots ④$$

となるが，分子の計算が大変である．

そこで，前節で学んだ分散の公式「$V(X)=V(X+b)$ （b は定数)」を用いよう．

$$V(X)=V(X-20)$$ 20が仮平均

となり，

$$V(X-20)=E((X-20)^2)-\{E(X-20)\}^2$$

である．$(X-20)^2$ は次のようになる．

X	17	19	19	22	24
$X-20$	-3	-1	-1	2	4
$(X-20)^2$	9	1	1	4	16

よって

$$E((X-20)^2)=\frac{9+1+1+4+16}{5}=\frac{31}{5}=6.2$$

以上より

$$\begin{aligned}V(X)&=V(X-20)\\&=E((X-20)^2)-\{E(X-20)\}^2\\&=6.2-0.2^2\\&=6.16\end{aligned}$$

この計算の方が，④より楽であろう．

以上をまとめると次のようになる．

仮平均の利用

データ X の平均 $E(X)$，分散 $V(X)$ を求めるとき，X の値の表から $E(X)$ に近いと思われる値を推測し，仮平均 M とする．(簡単な値が良い，$X-M$ の値が0に近いものが多くなるようにする．)

$E(X-M)$，$V(X-M)$ を求めると（$X-M$ の値は0に近いものが多いので求めやすいはず）

$$E(X)=E(X-M+M)=E(X-M)+M,$$
$$V(X)=V(X-M)$$

により，$E(X)$，$V(X)$ が求められる．

練習問題 3

生徒 10 人に 20 点満点の小テストを実施した結果，得点 X は次のようになった．

X	7	9	9	10	11	12	12	12	16	17

$Y=X-12$ とおくと，Y の平均は

$E(Y)=$ [アイ].[ウ]

となり，Y の分散は

$V(Y)=$ [エ].[オカ]

となる．

よって，X の平均は

$E(X)=$ [キク].[ケ]

となり，X の分散は

$V(X)=$ [コ].[サシ]

となる．

（解答は次ページ）

解答

生徒 10 人に 20 点満点の小テストを実施した結果，得点 X と $Y=X-12$，Y^2 は次のようになっている．

12 が X の**仮平均**．X の値が 12 の辺りが多く，12 そのものもたくさん現れているので 12 を仮平均にしている．X の平均を直接計算するより，$Y=X-12$ の平均を計算する方が簡単であることを以下確認しよう．

X	7	9	9	10	11	12	12	12	16	17
$Y=X-12$	-5	-3	-3	-2	-1	0	0	0	4	5
Y^2	25	9	9	4	1	0	0	0	16	25

Y の平均は

$$E(Y)=\frac{-5-3-3-2-1+4+5}{10}$$

$$=\frac{-5}{10}$$

$$=\boxed{-0}_{\text{アイ}}.\boxed{5}_{\text{ウ}} \quad \cdots\cdots\cdots ①$$

$$E(Y^2)=\frac{25+9+9+4+1+16+25}{10}$$

$$=\frac{89}{10}$$

$$=8.9 \quad \cdots\cdots\cdots ②$$

Y の分散は

$$V(Y)=E(Y^2)-\{E(Y)\}^2$$

分散の公式

$$=8.9-0.5^2 \quad (②，①より)$$

$$=\boxed{8}_{\text{エ}}.\boxed{65}_{\text{オカ}} \quad \cdots\cdots\cdots ③$$

X の平均は

$$E(X)=E(Y+12) \quad (Y=X-12 \text{ より})$$

$$=E(Y)+12$$

平均の公式
$E(Y+b)=E(Y)+b$
より．（b は定数）

$$=-0.5+12 \quad (① \text{ より})$$

$$=\boxed{11}_{\text{キク}}.\boxed{5}_{\text{ケ}}$$

X の分散は

$$V(X) = V(Y+12) \quad (Y = X - 12 \text{ より})$$
$$= V(Y)$$
$$= \boxed{8}.\boxed{65} \quad (③ \text{ より})$$

（コ＝8，サシ＝65）

分散の公式
$V(Y+b) = V(Y)$
より．（b は定数）

1.4　独立な確率変数で成り立つ公式

この節の概要

第1.2節で見た公式はどんな確率変数でも成り立つものであったが，X と Y が互いに独立（互いに影響しない）の場合に成り立つ公式を学ぶ.

1.4.1 「独立な確率変数」の意味と例

確率変数 X と Y が互いに影響しないことを「X と Y は互いに**独立**」という.

（例 1）さいころを2回投げるとき，1回目の目を X，2回目の目を Y としよう．X がどんな目なのかは Y に影響しない．つまり，この場合の X と Y は互いに**独立である**.

（例 2）1，2，3 という3枚のカードがあり，ここから無作為に1枚を取り，**元に戻し**，また無作為に1枚を取るとする．1回目に取ったカードに書かれた数字を X とし，2回目に取ったカードに書かれた数字を Y とする．X がどんな数字なのかは Y に影響しない．つまり，この場合の X と Y は互いに**独立である**.

注目

（例 3）1，2，3 という3枚のカードがあり，ここから無作為に1枚を取り，**元に戻さないで**，また無作為に1枚を取るとする．1回目に取ったカードに書かれた数字を X とし，2回目に取ったカードに書かれた数字を Y とすると，例えば $X=1$ であれば $Y\neq1$ である．つまり，この場合の X は Y に影響するので，X と Y は互いに**独立ではない**.

注目

1.4.2「独立な確率変数」の定義

『独立な確率変数』の定義

X のとりうる任意の値 a と，Y のとりうる任意の値 b について

$$P(X=a \text{かつ} Y=b)=P(X=a)P(Y=b)$$

となるとき，「X と Y は互いに独立」という.

解説

数学A「場合の数と確率」で学んだように，2つの事象 A，B が独立である（互いに影響しない）とは

$$P(A\text{かつ}B)=P(A)P(B)$$

となることであると定める.

注.

この数式は,

$$P(B)=\underbrace{\frac{P(A\text{かつ}B)}{P(A)}=P_A(B)}_{\text{条件付き確率 }P_A(B)\text{ の定義}}$$

$$P(A)=\underbrace{\frac{P(A\text{かつ}B)}{P(B)}=P_B(A)}_{\text{条件付き確率 }P_B(A)\text{ の定義}}$$

と変形できるので,次のような意味になる.

- 「(A が起こるかどうかを考慮しないで考える) B が起きる確率 $P(B)$」と「A が起きたという条件のもとで B が起きる条件付き確率 $P_A(B)$」が等しい
- 「(B が起こるかどうかを考慮しないで考える) A が起きる確率 $P(A)$」と「B が起きたという条件のもとで A が起きる条件付き確率 $P_B(A)$」が等しい

つまり,「A と B は互いに影響しない」ということを数式で表しているのだ.

よって,

$$P(X=a\ \text{かつ}\ Y=b)=P(X=a)P(Y=b)$$

とは,事象「$X=a$」と事象「$Y=b$」が独立ということである.

したがって,「X と Y は互いに独立」とは,X のとりうる任意の値 a と,Y のとりうる任意の値 b について,事象「$X=a$」と事象「$Y=b$」が独立になるということである.

1.4.3 独立な確率変数で成り立つ公式

第 1.2 節で見た公式はどんな確率変数でも成り立つものであったが,X と Y が互いに独立の場合には,次の公式が成り立つ.

公式

X と Y が互いに独立のとき

$$E(XY)=E(X)E(Y) \quad \cdots\cdots ♪$$

$$V(X+Y)=V(X)+V(Y) \quad \cdots\cdots ♫$$

解説

♪は「積の平均は平均の積」ということだ．

♫は，**X と Y が独立**の場合には「$X+Y$ の散らばり具合」は「X の散らばり具合」と「Y の散らばり具合」をたしたものということだ．（注．X と Y が独立ではなくても，たまたま♪と♫を満たすことはある．）

♪は♫の証明に役立ち，♫は二項分布（第 1.5 節参照）の公式の証明に役立つ．

公式の証明

X，Y のとりうる値をそれぞれ

$$X=a,\ a' \qquad Y=b,\ b'$$

としよう．（とりうる値が 3 個以上の場合も同様にできる．）

X，Y がそれぞれの値をとる確率を次の表のように定める．

X	a	a'	計
確率	p	p'	1

Y	b	b'	計
確率	q	q'	1

X と Y が独立なので，

$$P(X=a\text{かつ}Y=b)=P(X=a)P(Y=b)=pq$$

のように確率が定まり，次の表のようになる．

X ＼ Y	b	b'
a	pq	pq'
a'	$p'q$	$p'q'$

よって XY の平均 $E(XY)$ は

$$E(XY)=\underbrace{abpq+ab'pq'}_{ap\text{でくくる}}+\underbrace{a'bp'q+a'b'p'q'}_{a'p'\text{でくくる}}$$

$$=ap(bq+b'q')+a'p'(bq+b'q')$$

$$=(ap+a'p')(bq+b'q')$$

$$=E(X)E(Y)$$

$X+Y$ の分散 $V(X+Y)$ は

$$V(X+Y)=E((X+Y)^2)-\{E(X+Y)\}^2$$
$$=E(X^2+2XY+Y^2)-\{E(X)+E(Y)\}^2$$
$$=E(X^2)+2E(XY)+E(Y^2)-\{E(X)\}^2-2E(X)E(Y)-\{E(Y)^2\}$$
（X と Y が独立なので $E(XY)=E(X)E(Y)$ となることを用いて）
$$=\underbrace{E(X^2)-\{E(X)\}^2}_{\text{これは }V(X)}+\underbrace{E(Y^2)-\{E(Y)\}^2}_{\text{これは }V(Y)}$$
$$=V(X)+V(Y)$$

（証明終り）

（例 1）

1 枚の 10 円玉を投げるとき，表の枚数を $X(=0,\ 1)$ とする．

X の平均 $E(X)$ は

$$E(X)=0\cdot\frac{1}{2}+1\cdot\frac{1}{2}=\frac{1}{2}$$

X の分散 $V(X)$ は

$$V(X)=\left(0-\frac{1}{2}\right)^2\cdot\frac{1}{2}+\left(1-\frac{1}{2}\right)^2\cdot\frac{1}{2}=\frac{1}{4}$$

1 枚の 100 円玉を投げるとき，表の枚数を $Y(=0,\ 1)$ とすると，Y の分散 $V(Y)$ は同様に

$$V(Y)=\frac{1}{4}.$$

10 円玉と 100 円玉を 1 枚ずつ投げるとき，X と Y は独立であり，表の枚数の合計は $X+Y$ と表され，その分散 $V(X+Y)$ は

$$V(X+Y)=V(X)+V(Y)\quad（X \text{ と } Y \text{ は独立より}）$$
$$=\frac{1}{4}+\frac{1}{4}$$
$$=\frac{1}{2}$$

（例 2）

1 個のさいころを投げるとき，出た目を X とする．

第 1.2 節**練習問題 2** より，X の平均 $E(X)$ と分散 $V(X)$ は

$$E(X)=\frac{7}{2},\quad V(X)=\frac{35}{12}$$

もう 1 つのさいころを投げ，出た目を Y とすると，その平均 $E(Y)$ と分散 $V(Y)$

は同様に

$$E(Y)=\frac{7}{2},\quad V(Y)=\frac{35}{12}$$

2個のさいころを投げるとき，出た目を X，Y とする．

X と Y は独立であるから，出た目の積 XY の平均 $E(XY)$ は

$$\begin{aligned}E(XY)&=E(X)E(Y)\quad（X \text{ と } Y \text{ が独立なので成り立つ}）\\&=\frac{7}{2}\cdot\frac{7}{2}\\&=\frac{49}{4}\end{aligned}$$

X と Y は独立であるから，出た目の和 $X+Y$ の分散 $V(X+Y)$ は

$$\begin{aligned}V(X+Y)&=V(X)+V(Y)\quad（X \text{ と } Y \text{ が独立なので成り立つ}）\\&=\frac{35}{12}+\frac{35}{12}\\&=\frac{35}{6}\end{aligned}$$

練習問題 4

4枚のカードがあり，それぞれ1，2，3，4と書かれている．

ここから無作為に1枚のカードを取り出し，書かれた数を記録し，そのカードを元に戻すという操作を3回繰り返す．

記録された数を1回目から順に X，Y，Z と表す．

(1)　X の平均は $E(X)=\dfrac{\boxed{ア}}{\boxed{イ}}$ であり，X の分散は $V(X)=\dfrac{\boxed{ウ}}{\boxed{エ}}$ である．

(2)　$X+Y$ の平均は $E(X+Y)=\boxed{オ}$ であり，$X+Y$ の分散は $V(X+Y)=\dfrac{\boxed{カ}}{\boxed{キ}}$ である．

(3)　$X+Y+Z$ の平均は $E(X+Y+Z)=\dfrac{\boxed{クケ}}{\boxed{コ}}$ であり，$X+Y+Z$ の分散は $V(X+Y+Z)=\dfrac{\boxed{サシ}}{\boxed{ス}}$ である．

(4)　XY の平均は $E(XY)=\dfrac{\boxed{セソ}}{\boxed{タ}}$ であり，XYZ の平均は $E(XYZ)=\dfrac{\boxed{チツテ}}{\boxed{ト}}$ である．

（解答は次ページ）

解答

(1) 4枚のカードがあり，それぞれ1，2，3，4と書かれていて，ここから無作為に1枚のカードを取り出し，書かれた数が X である．

X は次のようになる．

X	1	2	3	4	計
確率	$\frac{1}{4}$	$\frac{1}{4}$	$\frac{1}{4}$	$\frac{1}{4}$	1

よって，X の平均は

$$E(X)=1\cdot\frac{1}{4}+2\cdot\frac{1}{4}+3\cdot\frac{1}{4}+4\cdot\frac{1}{4}$$

$$=\frac{1+2+3+4}{4}$$

$$=\frac{\boxed{5}_{\text{ア}}}{\boxed{2}_{\text{イ}}} \quad \cdots\cdots\cdots ①$$

X の分散は

$$V(X)=E(X^2)-\{E(X)\}^2$$

分散の公式

$$=1^2\cdot\frac{1}{4}+2^2\cdot\frac{1}{4}+3^2\cdot\frac{1}{4}+4^2\cdot\frac{1}{4}-\left(\frac{5}{2}\right)^2 \quad (①\text{より})$$

$$=\frac{1+4+9+16}{4}-\frac{25}{4}$$

$$=\frac{\boxed{5}_{\text{ウ}}}{\boxed{4}_{\text{エ}}} \quad \cdots\cdots\cdots ②$$

(2) (1)と同様に

$$E(Y)=\frac{5}{2},\quad V(Y)=\frac{5}{4}$$

$X+Y$ の平均は

$$E(X+Y)=E(X)+E(Y)$$

これはどんな確率変数 X, Y でも成り立つ.

$$=\frac{5}{2}+\frac{5}{2}$$

$$=\boxed{5}\ (\text{オ})$$

X と Y は独立であるから，$X+Y$ の分散は

$$V(X+Y)=V(X)+V(Y)$$

これは X と Y が独立（互いに影響しない）のとき，成り立つ.

$$=\frac{5}{4}+\frac{5}{4}$$

$$=\frac{\boxed{5}\ (\text{カ})}{\boxed{2}\ (\text{キ})}$$

(3)　(1)と同様に

$$E(Z)=\frac{5}{2},\quad V(Z)=\frac{5}{4}$$

$X+Y+Z$ の平均は

$$E(X+Y+Z)=E(X)+E(Y)+E(Z)$$

これはどんな確率変数 X, Y, Z でも成り立つ.

$$=\frac{5}{2}+\frac{5}{2}+\frac{5}{2}$$

$$=\frac{\boxed{15}\ (\text{クケ})}{\boxed{2}\ (\text{コ})}$$

X, Y, Z は独立であるから，$X+Y+Z$ の分散は

$$V(X+Y+Z)=V(X)+V(Y)+V(Z)$$

これは X, Y, Z が独立（互いに影響しない）のとき，成り立つ.

$$=\frac{5}{4}+\frac{5}{4}+\frac{5}{4}$$

$$=\frac{\boxed{15}\ (\text{サシ})}{\boxed{4}\ (\text{ス})}$$

(4) X と Y は独立であるから，XY の平均は

$$E(XY)=E(X)E(Y)$$

$$=\frac{5}{2}\cdot\frac{5}{2}$$

$$=\frac{\boxed{25}}{\boxed{4}}$$

セソ / タ

これは X と Y が独立（互いに影響しない）のとき，成り立つ．

X，Y，Z は独立であるから，XYZ の平均は

$$E(XYZ)=E(X)E(Y)E(Z)$$

$$=\left(\frac{5}{2}\right)^3$$

$$=\frac{\boxed{125}}{\boxed{8}}$$

チツテ / ト

これは X，Y，Z が独立（互いに影響しない）のとき，成り立つ．

1.5　二項分布

この節の概要

「さいころを繰り返し投げる」というような**反復試行**での確率分布である**二項分布**について学ぶ.

1.5.1　反復試行と確率

さいころを繰り返し投げるように，同じ条件のもとで同じ試行を繰り返し行うとする．それらの試行が互いに独立（互いに影響しない）である場合，これらの試行をまとめて**反復試行**という．

(例 1)

さいころを 3 回投げるという反復試行を行うとき，1 の目がちょうど 1 回出る確率を求めよう．

1 以外の目を「×」で表すと，目の出方は

$$1\times\times,\ \times1\times,\ \times\times1$$

の 3 通りがあり，確率はそれぞれ

$$\frac{1}{6}\cdot\left(\frac{5}{6}\right)^2$$

である．

よって，1 の目がちょうど 1 回出る確率は

$$3\cdot\frac{1}{6}\cdot\left(\frac{5}{6}\right)^2=\frac{25}{72}$$

1.5.2　二項分布の定義と例

1 回の試行で事象 A の起こる確率が p である試行を n 回繰り返すという反復試行において，A が起こる回数を X とする．

$X=k$ $(k=0,\ 1,\ 2,\ \cdots,\ n)$ となるのは次のようになる．

- A が何回目に起こるかを同時に決める方法が ${}_n\mathrm{C}_k$ 通り
- A がどの回で起き，どの回で起きないかの 1 つのパターンごとに，その確率が $p^k(1-p)^{n-k}$

よって，$X=k$ となる確率は

$$P(X=k)={}_n\mathrm{C}_k p^k(1-p)^{n-k} \quad (k=0,\ 1,\ 2,\ \cdots,\ n) \qquad \cdots\cdots\cdots ①$$

となる．

この確率分布を**二項分布**と呼び，$\boldsymbol{B(n,\ p)}$ と表す．「確率変数 X は $B(n,\ p)$ に従う」という．

あの確率

試行の回数

解説

- 「二項定理 $(p+q)^n=\sum_{k=0}^{n}{}_n\mathrm{C}_k p^k q^{n-k}$」において $q=1-p$ としたときの形が ① に現れているので，二項分布という．
- 二項分布は Binomial distribution というので，その頭文字 B が $B(n,\ p)$ の B.
- $B(n,\ p)$ の n は「反復試行の回数」，p は「注目している事象 A が各回ごとに起こる確率」を意味する．
- 次の例の「さいころを繰り返し投げる」のような基本的な試行に関係するので重要である．

（例 2）

1 個のさいころを 3 回投げるとき，1 の目が出る回数を X とすると，X のとりうる値は

$$X=0,\ 1,\ 2,\ 3$$

であり，$X=k$ $(k=0,\ 1,\ 2,\ 3)$ となる確率は

$$P(X=k)={}_3\mathrm{C}_k\left(\frac{1}{6}\right)^k\left(1-\frac{1}{6}\right)^{3-k}$$

となる．

これは ① で $n=3$，$p=\frac{1}{6}$ としたものであるから二項分布 $B\left(\underbrace{3}_{\text{回数}},\ \underbrace{\frac{1}{6}}_{\text{確率}}\right)$ であり，X は $B\left(3,\ \frac{1}{6}\right)$ に従う．

1.5.3 二項分布の平均，分散，標準偏差の公式

二項分布の平均，分散の公式

X が二項分布 $B(n,\ p)$ に従うとき（『$P(X=k)={}_n\mathrm{C}_k p^k(1-p)^{n-k}$ $(0\leqq k\leqq n)$』ということ），X の平均 $E(X)$，分散 $V(X)$，標準偏差 $\sigma(X)$ は

$$E(X)=np,\quad V(X)=np(1-p),\quad \underbrace{\sigma(X)=\sqrt{V(X)}}_{\text{標準偏差の定義}}=\sqrt{np(1-p)}$$

解説　　証明は下で見せるが，まず解説．

- 「X が二項分布 $B(n,\ p)$ に従う」すなわち「$P(X=k)={}_n\mathrm{C}_k p^k(1-p)^{n-k}$ $(0\leqq k\leqq n)$」というときは

  A が起きない確率が $1-p$

  「1 回ごとに事象 A が起きる確率が p である反復試行を n 回行う」
  「A が起きる回数が X 回」
  と考える．
- X の平均 $E(X)$ とは，A が何回ぐらい起きるか，ということだ．よって，$\boldsymbol{E(X)=np}$ とは，「A は n 回のうち np 回ぐらい起きる」（1 回ごとに A は確率 p で起きるから！）ということ．一瞬で平均が求められるのだから，覚えよう．
- $\boldsymbol{V(X)=np(1-p)}$ は，分散 $V(X)$ が一瞬で求められて便利だから覚えよう．
  忘れたら，この後で見せる証明を思い出せばよい．

（例 3 ）

例 2 で見たように，1 個のさいころを 3 回投げるとき，1 の目が出る回数 X は二項分布 $B\left(3,\ \dfrac{1}{6}\right)$ に従う．

よって，X の平均 $E(X)$，分散 $V(X)$ は公式を用いて

$$E(X)=3\cdot\frac{1}{6}=\frac{1}{2}$$

$$V(X)=3\cdot\frac{1}{6}\left(1-\frac{1}{6}\right)=\frac{5}{12}$$

標準偏差 $\sigma(X)$ は

$$\underbrace{\sigma(X)=\sqrt{V(X)}}_{\sigma(X)\text{の定義}}=\sqrt{\frac{5}{12}}=\frac{\sqrt{15}}{6}$$

公式の証明

「X が二項分布 $B(n,\ p)$ に従う」とは「$P(X=k)={}_n\mathrm{C}_k p^k(1-p)^{n-k}$ $(0\leqq k\leqq n)$」ということであるから

- 1 回ごとに事象 A が起きる確率が p である反復試行を n 回行う
- A が起きる回数が X 回

と考えてよい．

このとき，確率変数 X_i $(i=1,\ 2,\ 3,\ \cdots,\ n)$ を

$$X_i=\begin{cases}1 & (i\text{ 回目に }A\text{ が起きた場合})\\ 0 & (i\text{ 回目に }A\text{ が起きない場合})\end{cases}$$

と定めると

$$X = X_1 + X_2 + X_3 + \cdots + X_n \qquad \cdots\cdots\cdots ①$$

となる.

X_i ($i=1, 2, 3, \cdots, n$) の確率分布は次の通りである.

X_i	1	0	計
確率	p	$1-p$	1

よって

$$E(X_i) = 1 \cdot p + 0 \cdot (1-p) = p \qquad \cdots\cdots\cdots ②$$

$$V(X_i) = E(X_i^2) - \{E(X_i)\}^2 \quad \text{(分散の公式)}$$

$$= \underbrace{1^2 \cdot p + 0^2 \cdot (1-p)}_{E(X_i^2)} - p^2$$

$$= p(1-p) \qquad \cdots\cdots\cdots ③$$

① より

$$E(X) = E(X_1 + X_2 + X_3 + \cdots + X_n)$$

$$= E(X_1) + E(X_2) + E(X_3) + \cdots + E(X_n)$$

(第 1.2 節で説明した「和の平均は平均の和」)

$$= \underbrace{p + p + p + \cdots + p}_{p \text{ が } n \text{ 個}} \quad \text{(② より)}$$

$$= np$$

反復試行を考えているので, n 回の試行は互いに独立であり, **確率変数 X_1 ～ X_n は互いに独立**となり, 第 1.4 節で説明した公式

> X と Y が独立のとき
>
> $$V(X+Y) = V(X) + V(Y) \qquad \cdots\cdots\cdots ♫$$

を用いることができ

$$V(X) = V(X_1 + X_2 + X_3 + \cdots + X_n) \quad \text{(① より)}$$

$$= V(X_1) + V(X_2) + V(X_3) + \cdots + V(X_n) \quad \text{(これが♫)}$$

$$= \underbrace{p(1-p) + p(1-p) + p(1-p) + \cdots + p(1-p)}_{p(1-p) \text{ が } n \text{ 個}} \quad \text{(③ より)}$$

$$= np(1-p)$$

よって

$$\sigma(X) = \sqrt{V(X)} = \sqrt{np(1-p)}$$

(証明終り)

練習問題 5

(1)　1個のさいころを9回投げるとき，6の目の出る回数を X とする．X の平均は $\dfrac{\boxed{ア}}{\boxed{イ}}$ であり，分散は $\dfrac{\boxed{ウ}}{\boxed{エ}}$ であり，標準偏差は $\dfrac{\sqrt{\boxed{オ}}}{\boxed{カ}}$ である．

(2)　ある製品は不良品である確率が $\dfrac{1}{100}$ である．この製品100個のうちの不良品の個数 X は二項分布 $B\left(100,\ \dfrac{1}{100}\right)$ に従うと考えてよい．

このとき，X の平均は $\boxed{キ}$，分散は $\dfrac{\boxed{クケ}}{\boxed{コサシ}}$ である．

（解答は次ページ）

解答

(1)　1個のさいころを1回投げると，6の目が出る確率は $\frac{1}{6}$ であり，9回投げるとき各回は互いに独立（互いに影響しない）であるから，6の目が出る回数 X は二項分布 $B\left(9,\ \frac{1}{6}\right)$ に従う．

よって，X の平均は

$$E(X)=9\cdot\frac{1}{6}=\frac{\boxed{3}^{\,ア}}{\boxed{2}_{\,イ}}$$

X の分散は

$$V(X)=9\cdot\frac{1}{6}\left(1-\frac{1}{6}\right)=\frac{\boxed{5}^{\,ウ}}{\boxed{4}_{\,エ}}$$

X の標準偏差は

$$\sigma(X)=\sqrt{V(X)}=\sqrt{\frac{5}{4}}=\frac{\sqrt{\boxed{5}^{\,オ}}}{\boxed{2}_{\,カ}}$$

(2)　X は二項分布 $B\left(100,\ \frac{1}{100}\right)$ に従うので，X の平均は

$$E(X)=100\cdot\frac{1}{100}=\boxed{1}^{\,キ}$$

X の分散は

$$V(X)=100\cdot\frac{1}{100}\left(1-\frac{1}{100}\right)=\frac{\boxed{99}^{\,クケ}}{\boxed{100}_{\,コサシ}}$$

X が二項分布 $B(n,\ p)$ に従うとき
X の平均は，$E(X)=np$.
X の分散は，$V(X)=np(1-p)$.

1.6 標準正規分布

この節の概要

色々な確率分布の中で最も重要な**標準正規分布**と，**正規分布表**について学ぶ.

データの分布として最も重要なものを**標準正規分布**という.

確率変数 x が標準正規分布に従うとき

- $0 \leqq x \leqq z_0$ となる確率 $P(0 \leqq x \leqq z_0)$ は次の図の**斜線部の面積**により表される.

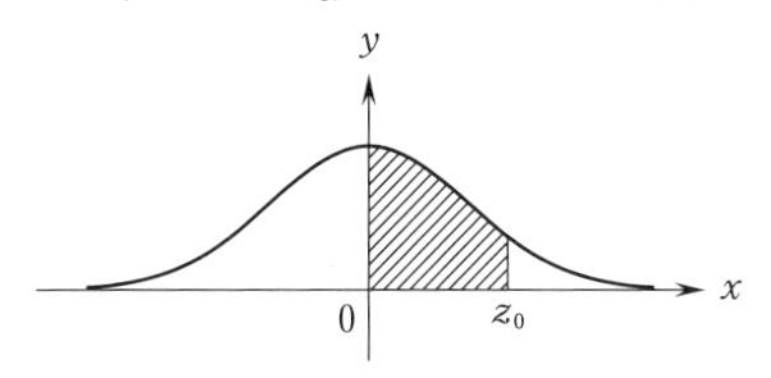

- 同様に $a \leqq x \leqq b$ となる確率は，$a \leqq x \leqq b$ の範囲で x 軸とグラフで挟まれた部分（次の図の斜線部）の面積により表される.

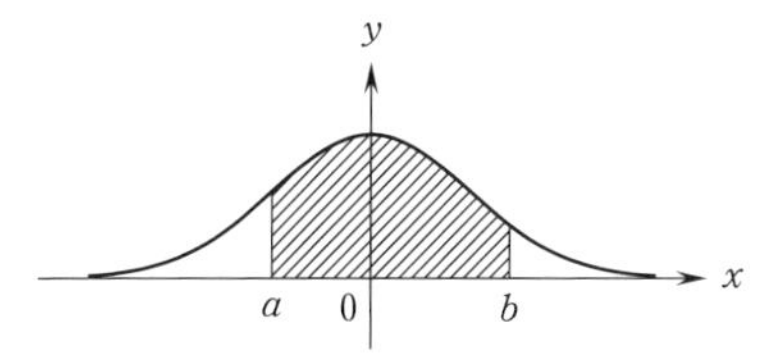

特にこのグラフと x 軸とで挟まれた部分全体（左右に無限に伸びる）の面積は，全体の確率なので 1 になる.

- このグラフを**分布曲線**といい，標準正規分布の場合は **y 軸について対称**である.

$\left(注. \ y=\dfrac{1}{\sqrt{2\pi}}e^{-\frac{x^2}{2}} \text{ のグラフである.} \right)$

- x の平均は $\boldsymbol{E(x)=0}$，分散は $\boldsymbol{V(x)=1}$ である.

z_0 の値から斜線部の面積を求める表を**正規分布表**という．これは次ページに載せてある．ただし，以下の特徴がある.

- 表の一番左の列（縦の並び）が z_0 の整数部分と小数第 1 位を表し
- 表の一番上の行（横の並び）が z_0 の小数第 2 位を表す.
- 表の 1 つの列を上から下へ見ると数値が大きくなる.
- 表の 1 つの行を左から右へ見ると数値が大きくなる.

2 ページ後から正規分布表の使い方を解説する.

正 規 分 布 表

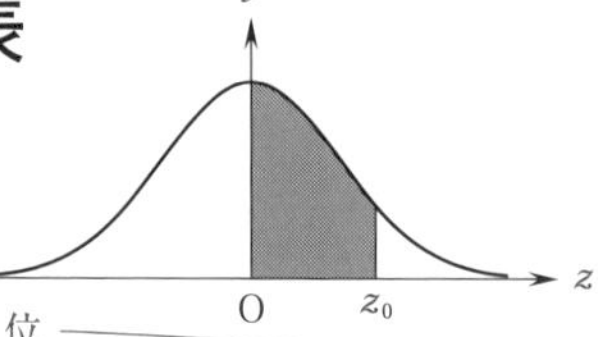

次の表は，標準正規分布の正規分布曲線における右図の灰色部分の面積の値をまとめたものである。

z_0 の小数第２位（列）／ z_0 の整数部分と小数第１位（行）

z_0	0.00	0.01	0.02	0.03	0.04	0.05	0.06	0.07	0.08	0.09
0.0	0.0000	0.0040	0.0080	0.0120	0.0160	0.0199	0.0239	0.0279	0.0319	0.0359
0.1	0.0398	0.0438	0.0478	0.0517	0.0557	0.0596	0.0636	0.0675	0.0714	0.0753
0.2	0.0793	0.0832	0.0871	0.0910	0.0948	0.0987	0.1026	0.1064	0.1103	0.1141
0.3	0.1179	0.1217	0.1255	0.1293	0.1331	0.1368	0.1406	0.1443	0.1480	0.1517
0.4	0.1554	0.1591	0.1628	0.1664	0.1700	0.1736	0.1772	0.1808	0.1844	0.1879
0.5	0.1915	0.1950	0.1985	0.2019	0.2054	0.2088	0.2123	0.2157	0.2190	0.2224
0.6	0.2257	0.2291	0.2324	0.2357	0.2389	0.2422	0.2454	0.2486	0.2517	0.2549
0.7	0.2580	0.2611	0.2642	0.2673	0.2704	0.2734	0.2764	0.2794	0.2823	0.2852
0.8	0.2881	0.2910	0.2939	0.2967	0.2995	0.3023	0.3051	0.3078	0.3106	0.3133
0.9	0.3159	0.3186	0.3212	0.3238	0.3264	0.3289	0.3315	0.3340	0.3365	0.3389
1.0	0.3413	0.3438	0.3461	0.3485	0.3508	0.3531	0.3554	0.3577	0.3599	0.3621
1.1	0.3643	0.3665	0.3686	0.3708	0.3729	0.3749	0.3770	0.3790	0.3810	0.3830
1.2	0.3849	0.3869	0.3888	0.3907	0.3925	0.3944	0.3962	0.3980	0.3997	0.4015
1.3	0.4032	0.4049	0.4066	0.4082	0.4099	0.4115	0.4131	0.4147	0.4162	0.4177
1.4	0.4192	0.4207	0.4222	0.4236	0.4251	0.4265	0.4279	0.4292	0.4306	0.4319
1.5	0.4332	0.4345	0.4357	0.4370	0.4382	0.4394	0.4406	0.4418	0.4429	0.4441
1.6	0.4452	0.4463	0.4474	0.4484	0.4495	0.4505	0.4515	0.4525	0.4535	0.4545
1.7	0.4554	0.4564	0.4573	0.4582	0.4591	0.4599	0.4608	0.4616	0.4625	0.4633
1.8	0.4641	0.4649	0.4656	0.4664	0.4671	0.4678	0.4686	0.4693	0.4699	0.4706
1.9	0.4713	0.4719	0.4726	0.4732	0.4738	0.4744	0.4750	0.4756	0.4761	0.4767
2.0	0.4772	0.4778	0.4783	0.4788	0.4793	0.4798	0.4803	0.4808	0.4812	0.4817
2.1	0.4821	0.4826	0.4830	0.4834	0.4838	0.4842	0.4846	0.4850	0.4854	0.4857
2.2	0.4861	0.4864	0.4868	0.4871	0.4875	0.4878	0.4881	0.4884	0.4887	0.4890
2.3	0.4893	0.4896	0.4898	0.4901	0.4904	0.4906	0.4909	0.4911	0.4913	0.4916
2.4	0.4918	0.4920	0.4922	0.4925	0.4927	0.4929	0.4931	0.4932	0.4934	0.4936
2.5	0.4938	0.4940	0.4941	0.4943	0.4945	0.4946	0.4948	0.4949	0.4951	0.4952
2.6	0.4953	0.4955	0.4956	0.4957	0.4959	0.4960	0.4961	0.4962	0.4963	0.4964
2.7	0.4965	0.4966	0.4967	0.4968	0.4969	0.4970	0.4971	0.4972	0.4973	0.4974
2.8	0.4974	0.4975	0.4976	0.4977	0.4977	0.4978	0.4979	0.4979	0.4980	0.4981
2.9	0.4981	0.4982	0.4982	0.4983	0.4984	0.4984	0.4985	0.4985	0.4986	0.4986
3.0	0.4987	0.4987	0.4987	0.4988	0.4988	0.4989	0.4989	0.4989	0.4990	0.4990

（例 1）

x が標準正規分布に従うとき，$0 \leqq x \leqq 1.66$ となる確率 $P(0 \leqq x \leqq 1.66)$ は次の手順で求められる．

step1 $z_0 = 1.66$ の場合である．

step2 z_0 の整数部分と小数第 1 位までが 1.6 なので，**次ページの正規分布表**の一番左の列（縦の並び）の 1.6 から右を見る．

step3 z_0 の小数第 2 位が 6 なので，正規分布表の一番上の行（横の並び）の 0.06 から下を見る．

step4 step2 と step3 に共通なのが 0.4515 なので，

$$P(0 \leqq x \leqq 1.66) = 0.4515$$

と分かる．

正　規　分　布　表

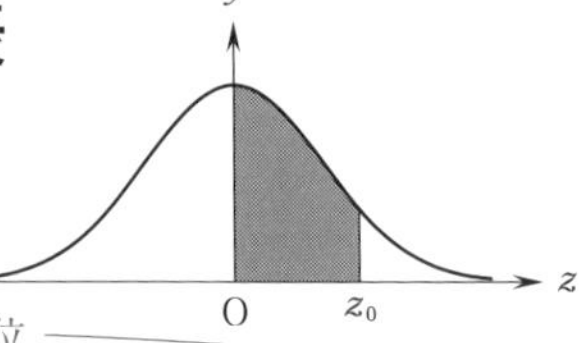

次の表は，標準正規分布の正規分布曲線における右図の灰色部分の面積の値をまとめたものである。

z_0 の小数第２位（列）／z_0 の整数部分と小数第１位（行）

z_0	0.00	0.01	0.02	0.03	0.04	0.05	0.06	0.07	0.08	0.09
0.0	0.0000	0.0040	0.0080	0.0120	0.0160	0.0199	0.0239	0.0279	0.0319	0.0359
0.1	0.0398	0.0438	0.0478	0.0517	0.0557	0.0596	0.0636	0.0675	0.0714	0.0753
0.2	0.0793	0.0832	0.0871	0.0910	0.0948	0.0987	0.1026	0.1064	0.1103	0.1141
0.3	0.1179	0.1217	0.1255	0.1293	0.1331	0.1368	0.1406	0.1443	0.1480	0.1517
0.4	0.1554	0.1591	0.1628	0.1664	0.1700	0.1736	0.1772	0.1808	0.1844	0.1879
0.5	0.1915	0.1950	0.1985	0.2019	0.2054	0.2088	0.2123	0.2157	0.2190	0.2224
0.6	0.2257	0.2291	0.2324	0.2357	0.2389	0.2422	0.2454	0.2486	0.2517	0.2549
0.7	0.2580	0.2611	0.2642	0.2673	0.2704	0.2734	[illegible]	[illegible]	0.2823	0.2852
0.8	0.2881	0.2910	0.2939	0.2967	0.2995	0.3023	0.3051	0.3078	0.3106	0.3133
0.9	0.3159	0.3186	0.3212	0.3238	0.3264	0.3289	0.3315	0.3340	0.3365	0.3389
1.0	0.3413	0.3438	0.3461	0.3485	0.3508	0.3531	0.3554	0.3577	0.3599	0.3621
1.1	0.3643	0.3665	0.3686	0.3708	0.3729	0.3749	0.3770	0.3790	0.3810	0.3830
1.2	0.3849	0.3869	0.3888	0.3907	0.3925	0.3944	0.3962	0.3980	0.3997	0.4015
1.3	0.4032	0.4049	0.4066	0.4082	0.4099	0.4115	0.4131	0.4147	0.4162	0.4177
1.4	0.4192	0.4207	0.4222	0.4236	0.4251	0.4265	0.4279	0.4292	0.4306	0.4319
1.5	0.4332	0.4345	0.4357	0.4370	0.4382	0.4394	0.4406	0.4418	0.4429	0.4441
1.6	0.4452	0.4463	0.4474	0.4484	0.4495	[illegible]	0.4515	0.4525	0.4535	0.4545
1.7	0.4554	0.4564	0.4573	0.4582	0.4591	0.4599	0.4608	0.4616	0.4625	0.4633
1.8	0.4641	0.4649	0.4656	0.4664	0.4671	0.4678	0.4686	0.4693	0.4699	0.4706
1.9	0.4713	0.4719	0.4726	0.4732	0.4738	0.4744	0.4750	0.4756	0.4761	0.4767
2.0	0.4772	0.4778	0.4783	0.4788	0.4793	0.4798	0.4803	0.4808	0.4812	0.4817
2.1	0.4821	0.4826	0.4830	0.4834	0.4838	0.4842	0.4846	0.4850	0.4854	0.4857
2.2	0.4861	0.4864	0.4868	0.4871	0.4875	0.4878	0.4881	0.4884	0.4887	0.4890
2.3	0.4893	0.4896	0.4898	0.4901	0.4904	0.4906	0.4909	0.4911	0.4913	0.4916
2.4	0.4918	0.4920	0.4922	0.4925	0.4927	0.4929	0.4931	0.4932	0.4934	0.4936
2.5	0.4938	0.4940	0.4941	0.4943	0.4945	0.4946	0.4948	0.4949	0.4951	0.4952
2.6	0.4953	0.4955	0.4956	0.4957	0.4959	0.4960	0.4961	0.4962	0.4963	0.4964
2.7	0.4965	0.4966	0.4967	0.4968	0.4969	0.4970	0.4971	0.4972	0.4973	0.4974
2.8	0.4974	0.4975	0.4976	0.4977	0.4977	0.4978	0.4979	0.4979	0.4980	0.4981
2.9	0.4981	0.4982	0.4982	0.4983	0.4984	0.4984	0.4985	0.4985	0.4986	0.4986
3.0	0.4987	0.4987	0.4987	0.4988	0.4988	0.4989	0.4989	0.4989	0.4990	0.4990

step2

step3

（例 2）

x が標準正規分布に従うとき，$-1.66 \leqq x \leqq 1.66$ となる確率 $P(-1.66 \leqq x \leqq 1.66)$ は次の手順で求められる．

step1　この確率は次の図（標準正規分布）の斜線部の面積である．

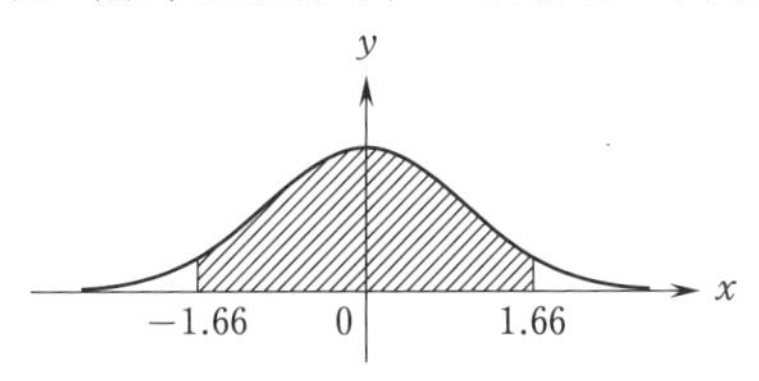

step2　標準正規分布の分布曲線は y 軸について対称なので，上の図の斜線部の面積は，次の図の斜線部の面積 $P(0 \leqq x \leqq 1.66)$ の 2 倍である．

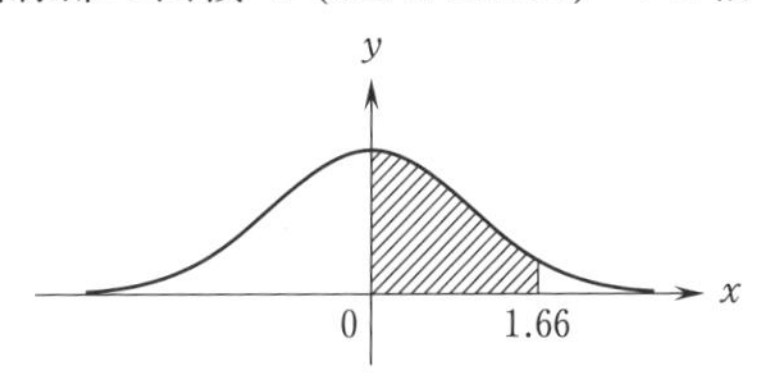

step3　例 1 のようにして

$$P(0 \leqq x \leqq 1.66) = 0.4515$$

と分かる．

step4　以上より

$$P(-1.66 \leqq x \leqq 1.66) = 2P(0 \leqq x \leqq 1.66) = 2 \times 0.4515 = 0.903$$

（例 3）

x が標準正規分布に従うとき，$0 \leqq x \leqq z_0$ となる確率 $P(0 \leqq x \leqq z_0)$ が 0.45 となる z_0 のおよその値は次の手順で求められる．

step1　**次ページの正規分布表**に書かれた面積の値で 0.45 に近いものを探す．

step2　0.4495 と 0.4505 が見つかる．

step3　そこから左と上を見ると z_0 の整数部分と小数第 1 位までが 1.6，z_0 の小数第 2 位が 4 または 5（0.04 と 0.05 の部分）と分かる．

step4　以上より

$$P(0 \leqq x \leqq z_0) = 0.45$$

となる z_0 はおよそ 1.64（あるいは 1.65）と分かる．

正　規　分　布　表

次の表は，標準正規分布の正規分布曲線における右図の灰色部分の面積の値をまとめたものである。

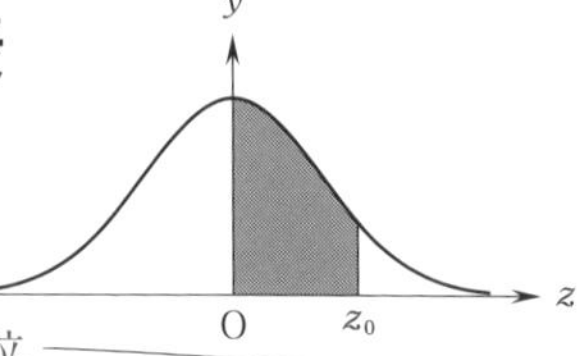

z_0 の小数第2位

z_0 の整数部分と小数第1位

z_0	0.00	0.01	0.02	0.03	0.04	0.05	0.06	0.07	0.08	0.09
0.0	0.0000	0.0040	0.0080	0.0120	0.0160	0.0199	0.0239	0.0279	0.0319	0.0359
0.1	0.0398	0.0438	0.0478	0.0517	0.0557	0.0596	0.0636	0.0675	0.0714	0.0753
0.2	0.0793	0.0832	0.0871	0.0910	0.0948	0.0987	0.1026	0.1064	0.1103	0.1141
0.3	0.1179	0.1217	0.1255	0.1293	0.1331	0.1368	0.1406	0.1443	0.1480	0.1517
0.4	0.1554	0.1591	0.1628	0.1664	0.1700	0.1736	0.1772	0.1808	0.1844	0.1879
0.5	0.1915	0.1950	0.1985	0.2019	0.2054	0.2088	0.2123	0.2157	0.2190	0.2224
0.6	0.2257	0.2291	0.2324	0.2357	0.2389	0.2422	0.2454	0.2486	0.2517	0.2549
0.7	0.2580	0.2611	0.2642	0.2673	0.2704	[illegible]	[illegible]	0.2794	0.2823	0.2852
0.8	0.2881	0.2910	0.2939	0.2967	0.2995	0.3023	0.3051	0.3078	0.3106	0.3133
0.9	0.3159	0.3186	0.3212	0.3238	0.3264	0.3289	0.3315	0.3340	0.3365	0.3389
1.0	0.3413	0.3438	0.3461	0.3485	0.3508	0.3531	0.3554	0.3577	0.3599	0.3621
1.1	0.3643	0.3665	0.3686	0.3708	0.3729	0.3749	0.3770	0.3790	0.3810	0.3830
1.2	0.3849	0.3869	0.3888	0.3907	0.3925	0.3944	0.3962	0.3980	0.3997	0.4015
1.3	0.4032	0.4049	0.4066	0.4082	0.4099	0.4115	0.4131	0.4147	0.4162	0.4177
1.4	0.4192	0.4207	0.4222	0.4236	0.4251	0.4265	0.4279	0.4292	0.4306	0.4319
1.5	0.4332	0.4345	0.4357	0.4370	0.4382	0.4394	0.4406	0.4418	0.4429	0.4441
1.6	0.4452	0.4463	0.4474	0.4484	0.4495	0.4505	0.4515	0.4525	0.4535	0.4545
1.7	0.4554	0.4564	0.4573	0.4582	[illegible]	[illegible]	0.4608	0.4616	0.4625	0.4633
1.8	0.4641	0.4649	0.4656	0.4664	0.4671	0.4678	0.4686	0.4693	0.4699	0.4706
1.9	0.4713	0.4719	0.4726	0.4732	0.4738	0.4744	0.4750	0.4756	0.4761	0.4767
2.0	0.4772	0.4778	0.4783	0.4788	0.4793	0.4798	0.4803	0.4808	0.4812	0.4817
2.1	0.4821	0.4826	0.4830	0.4834	0.4838	0.4842	0.4846	0.4850	0.4854	0.4857
2.2	0.4861	0.4864	0.4868	0.4871	0.4875	0.4878	0.4881	0.4884	0.4887	0.4890
2.3	0.4893	0.4896	0.4898	0.4901	0.4904	0.4906	0.4909	0.4911	0.4913	0.4916
2.4	0.4918	0.4920	0.4922	0.4925	0.4927	0.4929	0.4931	0.4932	0.4934	0.4936
2.5	0.4938	0.4940	0.4941	0.4943	0.4945	0.4946	0.4948	0.4949	0.4951	0.4952
2.6	0.4953	0.4955	0.4956	0.4957	0.4959	0.4960	0.4961	0.4962	0.4963	0.4964
2.7	0.4965	0.4966	0.4967	0.4968	0.4969	0.4970	0.4971	0.4972	0.4973	0.4974
2.8	0.4974	0.4975	0.4976	0.4977	0.4977	0.4978	0.4979	0.4979	0.4980	0.4981
2.9	0.4981	0.4982	0.4982	0.4983	0.4984	0.4984	0.4985	0.4985	0.4986	0.4986
3.0	0.4987	0.4987	0.4987	0.4988	0.4988	0.4989	0.4989	0.4989	0.4990	0.4990

練習問題 6

以下の問題を解答するに当たって，小数の形で解答する場合，指定された桁数の一つ下の桁を四捨五入し解答せよ．また，必要に応じて，指定された桁まで ⓪ にマークしなさい．

例えば， ア . イウ に 2.5 と答えたいときは，2.50 として答えなさい．

x は標準正規分布に従うとするとき，次の問いに答えよ．ただし，次ページにある正規分布表を用いよ．

(1) $0 \leqq x \leqq 1.56$ となる確率は ア . イウ であり，$-1.56 \leqq x \leqq 1.56$ となる確率は エ . オカ である．

(2) $P(-$ キ $\leqq x \leqq$ キ $)=0.95$

が成り立つ． キ に当てはまる最も適切なものを，次の ⓪～③ のうちから一つ選べ．

⓪ 0.33　　① 0.95　　② 1.96　　③ 2.95

（解答は 2 ページ後）

正 規 分 布 表

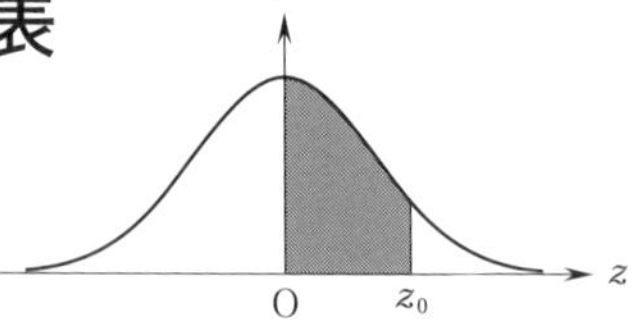

次の表は，標準正規分布の正規分布曲線における右図の灰色部分の面積の値をまとめたものである。

z_0	0.00	0.01	0.02	0.03	0.04	0.05	0.06	0.07	0.08	0.09
0.0	0.0000	0.0040	0.0080	0.0120	0.0160	0.0199	0.0239	0.0279	0.0319	0.0359
0.1	0.0398	0.0438	0.0478	0.0517	0.0557	0.0596	0.0636	0.0675	0.0714	0.0753
0.2	0.0793	0.0832	0.0871	0.0910	0.0948	0.0987	0.1026	0.1064	0.1103	0.1141
0.3	0.1179	0.1217	0.1255	0.1293	0.1331	0.1368	0.1406	0.1443	0.1480	0.1517
0.4	0.1554	0.1591	0.1628	0.1664	0.1700	0.1736	0.1772	0.1808	0.1844	0.1879
0.5	0.1915	0.1950	0.1985	0.2019	0.2054	0.2088	0.2123	0.2157	0.2190	0.2224
0.6	0.2257	0.2291	0.2324	0.2357	0.2389	0.2422	0.2454	0.2486	0.2517	0.2549
0.7	0.2580	0.2611	0.2642	0.2673	0.2704	0.2734	0.2764	0.2794	0.2823	0.2852
0.8	0.2881	0.2910	0.2939	0.2967	0.2995	0.3023	0.3051	0.3078	0.3106	0.3133
0.9	0.3159	0.3186	0.3212	0.3238	0.3264	0.3289	0.3315	0.3340	0.3365	0.3389
1.0	0.3413	0.3438	0.3461	0.3485	0.3508	0.3531	0.3554	0.3577	0.3599	0.3621
1.1	0.3643	0.3665	0.3686	0.3708	0.3729	0.3749	0.3770	0.3790	0.3810	0.3830
1.2	0.3849	0.3869	0.3888	0.3907	0.3925	0.3944	0.3962	0.3980	0.3997	0.4015
1.3	0.4032	0.4049	0.4066	0.4082	0.4099	0.4115	0.4131	0.4147	0.4162	0.4177
1.4	0.4192	0.4207	0.4222	0.4236	0.4251	0.4265	0.4279	0.4292	0.4306	0.4319
1.5	0.4332	0.4345	0.4357	0.4370	0.4382	0.4394	0.4406	0.4418	0.4429	0.4441
1.6	0.4452	0.4463	0.4474	0.4484	0.4495	0.4505	0.4515	0.4525	0.4535	0.4545
1.7	0.4554	0.4564	0.4573	0.4582	0.4591	0.4599	0.4608	0.4616	0.4625	0.4633
1.8	0.4641	0.4649	0.4656	0.4664	0.4671	0.4678	0.4686	0.4693	0.4699	0.4706
1.9	0.4713	0.4719	0.4726	0.4732	0.4738	0.4744	0.4750	0.4756	0.4761	0.4767
2.0	0.4772	0.4778	0.4783	0.4788	0.4793	0.4798	0.4803	0.4808	0.4812	0.4817
2.1	0.4821	0.4826	0.4830	0.4834	0.4838	0.4842	0.4846	0.4850	0.4854	0.4857
2.2	0.4861	0.4864	0.4868	0.4871	0.4875	0.4878	0.4881	0.4884	0.4887	0.4890
2.3	0.4893	0.4896	0.4898	0.4901	0.4904	0.4906	0.4909	0.4911	0.4913	0.4916
2.4	0.4918	0.4920	0.4922	0.4925	0.4927	0.4929	0.4931	0.4932	0.4934	0.4936
2.5	0.4938	0.4940	0.4941	0.4943	0.4945	0.4946	0.4948	0.4949	0.4951	0.4952
2.6	0.4953	0.4955	0.4956	0.4957	0.4959	0.4960	0.4961	0.4962	0.4963	0.4964
2.7	0.4965	0.4966	0.4967	0.4968	0.4969	0.4970	0.4971	0.4972	0.4973	0.4974
2.8	0.4974	0.4975	0.4976	0.4977	0.4977	0.4978	0.4979	0.4979	0.4980	0.4981
2.9	0.4981	0.4982	0.4982	0.4983	0.4984	0.4984	0.4985	0.4985	0.4986	0.4986
3.0	0.4987	0.4987	0.4987	0.4988	0.4988	0.4989	0.4989	0.4989	0.4990	0.4990

解答

(1) $0 \leqq x \leqq 1.56$ となる確率 $P(0 \leqq x \leqq 1.56)$ は**次ページの正規分布表**を用いて，次の手順で求められる．

step1 $z_0 = 1.56$ の場合である．

step2 z_0 の整数部分と小数第1位までが 1.5 なので，正規分布表の一番左の列（縦の並び）の 1.5 から右を見る．

step3 z_0 の小数第2位が 6 なので，正規分布表の一番上の行（横の並び）の 0.06 から下を見る．

step4 **step2** と **step3** に共通なのが 0.4406 なので，小数第3位を四捨五入して

$$P(0 \leqq x \leqq 1.56) = \overset{ア}{\boxed{0}}.\overset{イウ}{\boxed{44}}$$

となる．

$-1.56 \leqq x \leqq 1.56$ となる確率 $P(-1.56 \leqq x \leqq 1.56)$ は次の図（標準正規分布）の斜線部の面積である．

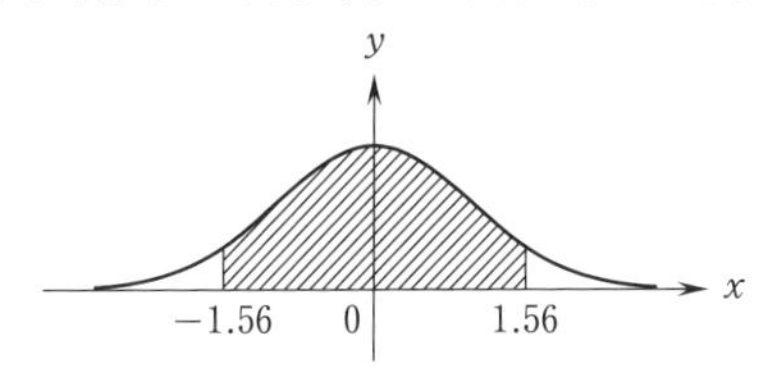

標準正規分布の分布曲線は y 軸について対称なので，上の図の斜線部の面積は，$P(0 \leqq x \leqq 1.56)$ の2倍である．

よって

$$\begin{aligned} P(-1.56 \leqq x \leqq 1.56) &= 2P(0 \leqq x \leqq 1.56) \\ &= 2 \times 0.44 \\ &= \overset{エ}{\boxed{0}}.\overset{オカ}{\boxed{88}} \end{aligned}$$

正 規 分 布 表

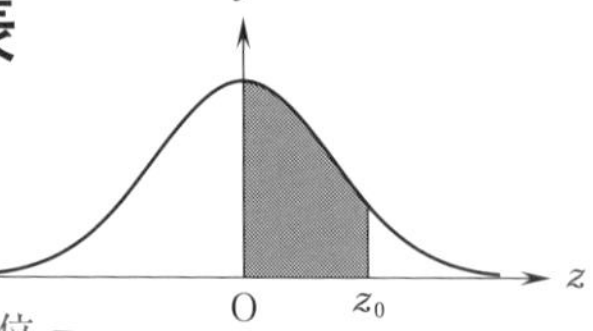

次の表は，標準正規分布の正規分布曲線における右図の灰色部分の面積の値をまとめたものである。

（列：z_0 の小数第2位　行：z_0 の整数部分と小数第1位）

z_0	0.00	0.01	0.02	0.03	0.04	0.05	0.06	0.07	0.08	0.09
0.0	0.0000	0.0040	0.0080	0.0120	0.0160	0.0199	0.0239	0.0279	0.0319	0.0359
0.1	0.0398	0.0438	0.0478	0.0517	0.0557	0.0596	0.0636	0.0675	0.0714	0.0753
0.2	0.0793	0.0832	0.0871	0.0910	0.0948	0.0987	0.1026	0.1064	0.1103	0.1141
0.3	0.1179	0.1217	0.1255	0.1293	0.1331	0.1368	0.1406	0.1443	0.1480	0.1517
0.4	0.1554	0.1591	0.1628	0.1664	0.1700	0.1736	0.1772	0.1808	0.1844	0.1879
0.5	0.1915	0.1950	0.1985	0.2019	0.2054	0.2088	0.2123	0.2157	0.2190	0.2224
0.6	0.2257	0.2291	0.2324	0.2357	0.2389	0.2422	[illegible]	[illegible]	0.2517	0.2549
0.7	0.2580	0.2611	0.2642	0.2673	0.2704	0.2734	0.2764	0.2794	0.2823	0.2852
0.8	0.2881	0.2910	0.2939	0.2967	0.2995	0.3023	0.3051	0.3078	0.3106	0.3133
0.9	0.3159	0.3186	0.3212	0.3238	0.3264	0.3289	0.3315	0.3340	0.3365	0.3389
1.0	0.3413	0.3438	0.3461	0.3485	0.3508	0.3531	0.3554	0.3577	0.3599	0.3621
1.1	0.3643	0.3665	0.3686	0.3708	0.3729	0.3749	0.3770	0.3790	0.3810	0.3830
1.2	0.3849	0.3869	0.3888	0.3907	0.3925	0.3944	0.3962	0.3980	0.3997	0.4015
1.3	0.4032	0.4049	0.4066	0.4082	0.4099	0.4115	0.4131	0.4147	0.4162	0.4177
1.4	0.4192	0.4207	[illegible]	[illegible]	0.4251	0.4265	[illegible]	0.4292	0.4306	0.4319
1.5	0.4332	0.4345	0.4357	0.4370	0.4382	[illegible]	0.4406	0.4418	0.4429	0.4441
1.6	0.4452	0.4463	0.4474	0.4484	0.4495	0.4505	0.4515	0.4525	0.4535	0.4545
1.7	0.4554	0.4564	0.4573	0.4582	0.4591	0.4599	0.4608	0.4616	0.4625	0.4633
1.8	0.4641	0.4649	0.4656	0.4664	0.4671	0.4678	0.4686	0.4693	0.4699	0.4706
1.9	0.4713	0.4719	0.4726	0.4732	0.4738	0.4744	0.4750	0.4756	0.4761	0.4767
2.0	0.4772	0.4778	0.4783	0.4788	0.4793	0.4798	0.4803	0.4808	0.4812	0.4817
2.1	0.4821	0.4826	0.4830	0.4834	0.4838	0.4842	0.4846	0.4850	0.4854	0.4857
2.2	0.4861	0.4864	0.4868	0.4871	0.4875	0.4878	0.4881	0.4884	0.4887	0.4890
2.3	0.4893	0.4896	0.4898	0.4901	0.4904	0.4906	0.4909	0.4911	0.4913	0.4916
2.4	0.4918	0.4920	0.4922	0.4925	0.4927	0.4929	0.4931	0.4932	0.4934	0.4936
2.5	0.4938	0.4940	0.4941	0.4943	0.4945	0.4946	0.4948	0.4949	0.4951	0.4952
2.6	0.4953	0.4955	0.4956	0.4957	0.4959	0.4960	0.4961	0.4962	0.4963	0.4964
2.7	0.4965	0.4966	0.4967	0.4968	0.4969	0.4970	0.4971	0.4972	0.4973	0.4974
2.8	0.4974	0.4975	0.4976	0.4977	0.4977	0.4978	0.4979	0.4979	0.4980	0.4981
2.9	0.4981	0.4982	0.4982	0.4983	0.4984	0.4984	0.4985	0.4985	0.4986	0.4986
3.0	0.4987	0.4987	0.4987	0.4988	0.4988	0.4989	0.4989	0.4989	0.4990	0.4990

step2

step3

(2) $z_0=$ **キ** として

$$P(-z_0 \leqq x \leqq z_0)=0.95 \quad \cdots\cdots\cdots ①$$

となる z_0 を求めればよい.

標準正規分布の分布曲線は y 軸について対称であるから

$$P(-z_0 \leqq x \leqq z_0)=2P(0 \leqq x \leqq z_0)$$

となるので, ① を満たすのは

$$P(0 \leqq x \leqq z_0)=\frac{0.95}{2}=0.475$$

となるときである. この z_0 のおよその値は次の手順で求められる.

正規分布表を用いるために $P(0 \leqq x \leqq z_0)$ (区間の左端が0) の条件に帰着させる.

step1 **次ページの正規分布表**に書かれた面積の値で 0.475 に近いものを探す.

step2 0.475 そのものが見つかる.

step3 そこから左と上を見ると z_0 の整数部分と小数第 1 位までが 1.9, z_0 の小数第 2 位が 6 (0.06 の部分) と分かる.

step4 以上より

$$P(0 \leqq x \leqq z_0)=0.475$$

となる z_0 は 1.96 と分かる.

よって, z_0 として適するのは キ ② である.

正　規　分　布　表

次の表は，標準正規分布の正規分布曲線における右図の灰色部分の面積の値をまとめたものである。

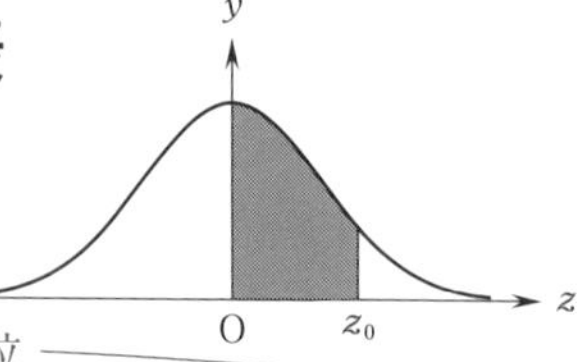

z_0 の小数第2位

z_0 の整数部分と小数第1位

z_0	0.00	0.01	0.02	0.03	0.04	0.05	0.06	0.07	0.08	0.09
0.0	0.0000	0.0040	0.0080	0.0120	0.0160	0.0199	0.[illegible]39	0.0279	0.0319	0.0359
0.1	0.0398	0.0438	0.0478	0.0517	0.0557	0.0596	0.0636	0.0675	0.0714	0.0753
0.2	0.0793	0.0832	0.0871	0.0910	0.0948	0.0987	0.1026	0.1064	0.1103	0.1141
0.3	0.1179	0.1217	0.1255	0.1293	0.1331	0.1368	0.1406	0.1443	0.1480	0.1517
0.4	0.1554	0.1591	0.1628	0.1664	0.1700	0.1736	0.1772	0.1808	0.1844	0.1879
0.5	0.1915	0.1950	0.1985	0.2019	0.2054	0.2088	0.2123	0.2157	0.2190	0.2224
0.6	0.2257	0.2291	0.2324	0.2357	0.2389	0.2422	0.2454	0.2486	0.2517	0.2549
0.7	0.2580	0.2611	0.2642	0.2673	0.2704	0.2734	0.2764	0.2794	0.2823	0.2852
0.8	0.2881	0.2910	0.2939	0.2967	0.2995	0.3023	0.3051	0.3078	0.3106	0.3133
0.9	0.3159	0.3186	0.3212	0.3238	0.3264	0.3289	0.3[illegible]	[illegible]	0.3365	0.3389
1.0	0.3413	0.3438	0.3461	0.3485	0.3508	0.3531	0.3554	0.3577	0.3599	0.3621
1.1	0.3643	0.3665	0.3686	0.3708	0.3729	0.3749	0.3770	0.3790	0.3810	0.3830
1.2	0.3849	0.3869	0.3888	0.3907	0.3925	0.3944	0.3962	0.3980	0.3997	0.4015
1.3	0.4032	0.4049	0.4066	0.4082	0.4099	0.4115	0.4131	0.4147	0.4162	0.4177
1.4	0.4192	0.4207	0.4222	0.4236	0.4251	0.4265	0.4279	0.4292	0.4306	0.4319
1.5	0.4332	0.4345	0.4357	0.4370	0.4382	0.4394	0.4406	0.4418	0.4429	0.4441
1.6	0.4452	0.4463	0.4474	0.4484	0.4495	0.4505	0.4515	0.4525	0.4535	0.4545
1.7	0.4554	0.4564	0.4573	0.4582	0.4591	0.4599	0.4608	0.4616	0.4625	0.4633
1.8	0.4641	0.4649	0.[illegible]	[illegible]64	0.4671	0.4678	0.4686	0.4693	0.4699	0.4706
1.9	0.4713	0.4719	0.4726	0.4732	0.4738	0.4744	0.4750	0.4756	0.4761	0.4767
2.0	0.4772	0.4778	0.4783	0.4788	0.4793	0.479[illegible]	[illegible]	[illegible].4808	0.4812	0.4817
2.1	0.4821	0.4826	0.4830	0.4834	0.4838	0.4842	0.4846	0.4850	0.4854	0.4857
2.2	0.4861	0.4864	0.4868	0.4871	0.4875	0.4878	0.4881	0.4884	0.4887	0.4890
2.3	0.4893	0.4896	0.4898	0.4901	0.4904	0.4906	0.4909	0.4911	0.4913	0.4916
2.4	0.4918	0.4920	0.4922	0.4925	0.4927	0.4929	0.4931	0.4932	0.4934	0.4936
2.5	0.4938	0.4940	0.4941	0.4943	0.4945	0.4946	0.4948	0.4949	0.4951	0.4952
2.6	0.4953	0.4955	0.4956	0.4957	0.4959	0.4960	0.4961	0.4962	0.4963	0.4964
2.7	0.4965	0.4966	0.4967	0.4968	0.4969	0.4970	0.4971	0.4972	0.4973	0.4974
2.8	0.4974	0.4975	0.4976	0.4977	0.4977	0.4978	0.4979	0.4979	0.4980	0.4981
2.9	0.4981	0.4982	0.4982	0.4983	0.4984	0.4984	0.4985	0.4985	0.4986	0.4986
3.0	0.4987	0.4987	0.4987	0.4988	0.4988	0.4989	0.4989	0.4989	0.4990	0.4990

step3

step3

step2

1.7　正規分布と標準正規分布

この節の概要

データの分布として最も典型的な**正規分布**について学ぶ（正規とは『ありふれた』という意味）．前節で学んだ標準正規分布と正規分布表を利用して，正規分布について調べる方法を解説する．

1.7.1　正規分布

データの分布として最も典型的なものを**正規分布**という．

平均が m，分散が σ^2（σ は標準偏差なので正）である正規分布を $\boldsymbol{N(m,\ \sigma^2)}$ と表す．

解説

- 正規分布は Normal distribution というので，その頭文字 N が $N(m,\ \sigma^2)$ の N.
- 平均が $m=0$，分散が $\sigma^2=1$ である正規分布 $\boldsymbol{N(0,\ 1)}$ が**標準正規分布**である．
- 次節以降，正規分布に（近似的に）従う確率変数の重要な例を扱う．そのとき，平均と分散を考えることになる．

1.7.2　正規分布を標準正規分布に変換することと，その応用

x が正規分布 $N(m,\ \sigma^2)$ に従うとき，$z=ax+b$（a，b は定数であり，$a\neq 0$）とおくと，z も正規分布に従うことが知られている．

このzが標準正規分布 $\boldsymbol{N(0,\ 1)}$ に従うように，つまり，z の平均 $E(z)$ が 0，z の分散 $V(z)$ が 1 となるように $a(>0)$ と b を定めよう．

$$
\begin{aligned}
E(z)&=E(ax+b)\\
&=aE(x)+b \quad \text{（これは第 1.2 節で学んだ平均の公式）}\\
&=am+b \quad (x\text{ の平均は } E(x)=m\text{ より})\\
&=0
\end{aligned}
$$

よって

$$b = -am \quad \cdots\cdots\cdots ①$$

$$\left.\begin{aligned} V(z) &= V(ax+b) \\ &= a^2V(x) \end{aligned}\right\}$$

これは第1.2節で学んだ分散の公式

$$= a^2\sigma^2 \quad (x \text{ の分散は } V(x) = \sigma^2 \text{ より})$$

$$= 1$$

$a>0$ より $a=\dfrac{1}{\sigma}$ となり，① より，$b=-\dfrac{m}{\sigma}$ となる．

以上より，$z=\dfrac{1}{\sigma}x-\dfrac{m}{\sigma}$ すなわち

$$\boldsymbol{z=\frac{x-m}{\sigma}}$$ **(分母は x の標準偏差であることに注意)**

とおくと，z は標準正規分布 $N(0,\ 1)$ に従う．

また，x に対して，このような z を定めることを「x を**標準化**する」という．

このことと正規分布表を利用して，x についての確率を求めることができる．

(例 1)

x が平均が 2，分散が 25 の正規分布 $N(2,\ 25)$ に従うとき，$2 \leqq x \leqq 10$ となる確率 $P(2 \leqq x \leqq 10)$ は次の手順で求められる．

x が $N(m,\ \sigma^2)$ に従うとき，確率を標準正規分布から求める手順

step1 x の標準偏差 $\sigma=\sqrt{(\text{分散})}$ を求める．

step2 $z=\dfrac{x-(x\text{の平均})}{(x\text{の標準偏差})}=\dfrac{x-m}{\sigma}$ とおくと，z は標準正規分布 $N(0,\ 1)$ に従う．

step3 x の範囲から z の範囲を求める．

step4 z の範囲と正規分布表から確率を求める．

具体的には次のようにする．

step1 x の標準偏差 σ は，$\sigma=\sqrt{(\text{分散})}=\sqrt{25}=5$．

step2 x を**標準化**し，$z=\dfrac{x-(x\text{の平均})}{(x\text{の標準偏差})}=\dfrac{x-2}{5}$ とおくと，z は標準正規分布 $N(0,\ 1)$ に従う．

step3 x の範囲から z の範囲を求める．すなわち

$$\begin{aligned} 2 \leqq x \leqq 10 &\iff 0 \leqq x-2 \leqq 8 \\ &\iff 0 \leqq \frac{x-2}{5} \leqq \frac{8}{5} \\ &\iff 0 \leqq z \leqq 1.6 \end{aligned}$$

となり，

$$P(2 \leqq x \leqq 10) = P(0 \leqq z \leqq 1.6)$$

step4 $P(0 \leqq z \leqq z_0)$ の値を，$z_0 = 1.6 = 1.60$ として，次ページの正規分布表から求める．次のようにする．

(i) z_0 の整数部分と小数第1位までが 1.6 なので，正規分布表の一番左の列（縦の並び）の 1.6 から右を見る．

(ii) z_0 の小数第2位が 0 なので，正規分布表の一番上の行（横の並び）の 0.00 から下を見る．

(iii) (i)と(ii)に共通なのが 0.4452 なので，

$$P(0 \leqq z \leqq 1.6) = 0.4452$$

以上より，$P(2 \leqq x \leqq 10) = P(0 \leqq z \leqq 1.6) = 0.4452$ と分かる．

正 規 分 布 表

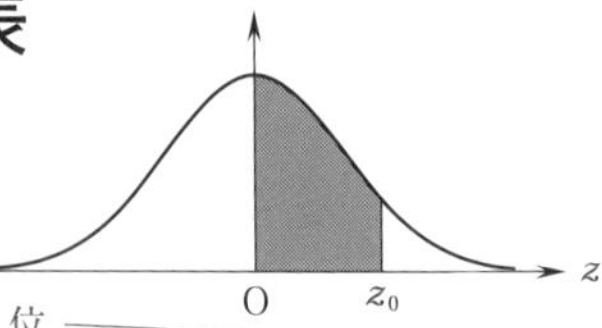

次の表は，標準正規分布の正規分布曲線における右図の灰色部分の面積の値をまとめたものである。

z_0 の小数第 2 位（列），z_0 の整数部分と小数第 1 位（行）

z_0	0.00	0.01	0.02	0.03	0.04	0.05	0.06	0.07	0.08	0.09
0.0	0.0000	0.0040	0.0080	0.0120	0.0160	0.0199	0.0239	0.0279	0.0319	0.0359
0.1	0.0398	0.0438	0.0478	0.0517	0.0557	0.0596	0.0636	0.0675	0.0714	0.0753
0.2	0.0793	0.0832	0.0871	0.0910	0.0948	0.0987	0.1026	0.1064	0.1103	0.1141
0.3	0.1179	0.1217	0.1255	0.1293	0.1331	0.1368	0.1406	0.1443	0.1480	0.1517
0.4	0.1554	0.1591	0.1628	0.1664	0.1700	0.1736	0.1772	0.1808	0.1844	0.1879
0.5	0.1915	0.1950	0.1985	0.2019	0.2054	0.2088	0.2123	0.2157	0.2190	0.2224
0.6	0.2257	0.2291	0.2324	0.2357	0.2389	0.2422	0.2454	0.2486	0.2517	0.2549
0.7	[illegible]	[illegible]	[illegible]	0.2673	0.2704	0.2734	0.2764	0.2794	0.2823	0.2852
0.8	0.2881	0.2910	0.2939	0.2967	0.2995	0.3023	0.3051	0.3078	0.3106	0.3133
0.9	0.3159	0.3186	0.3212	0.3238	0.3264	0.3289	0.3315	0.3340	0.3365	0.3389
1.0	0.3413	0.3438	0.3461	0.3485	0.3508	0.3531	0.3554	0.3577	0.3599	0.3621
1.1	0.3643	0.3665	0.3686	0.3708	0.3729	0.3749	0.3770	0.3790	0.3810	0.3830
1.2	0.3849	0.3869	0.3888	0.3907	0.3925	0.3944	0.3962	0.3980	0.3997	0.4015
1.3	0.4032	0.4049	0.4066	0.4082	0.4099	0.4115	0.4131	0.4147	0.4162	0.4177
1.4	0.4192	0.4207	0.4222	0.4236	0.4251	0.4265	0.4279	0.4292	0.4306	0.4319
1.5	0.4332	0.4345	0.4357	0.4370	0.4382	0.4394	0.4406	0.4418	0.4429	0.4441
1.6	0.4452	0.4463	0.4474	0.4484	0.4495	0.4505	0.4515	0.4525	0.4535	0.4545
1.7	0.4554	0.4564	0.4573	0.4582	0.4591	0.4599	0.4608	0.4616	0.4625	0.4633
1.8	0.4641	0.4649	0.4656	0.4664	0.4671	0.4678	0.4686	0.4693	0.4699	0.4706
1.9	0.4713	0.4719	0.4726	0.4732	0.4738	0.4744	0.4750	0.4756	0.4761	0.4767
2.0	0.4772	0.4778	0.4783	0.4788	0.4793	0.4798	0.4803	0.4808	0.4812	0.4817
2.1	0.4821	0.4826	0.4830	0.4834	0.4838	0.4842	0.4846	0.4850	0.4854	0.4857
2.2	0.4861	0.4864	0.4868	0.4871	0.4875	0.4878	0.4881	0.4884	0.4887	0.4890
2.3	0.4893	0.4896	0.4898	0.4901	0.4904	0.4906	0.4909	0.4911	0.4913	0.4916
2.4	0.4918	0.4920	0.4922	0.4925	0.4927	0.4929	0.4931	0.4932	0.4934	0.4936
2.5	0.4938	0.4940	0.4941	0.4943	0.4945	0.4946	0.4948	0.4949	0.4951	0.4952
2.6	0.4953	0.4955	0.4956	0.4957	0.4959	0.4960	0.4961	0.4962	0.4963	0.4964
2.7	0.4965	0.4966	0.4967	0.4968	0.4969	0.4970	0.4971	0.4972	0.4973	0.4974
2.8	0.4974	0.4975	0.4976	0.4977	0.4977	0.4978	0.4979	0.4979	0.4980	0.4981
2.9	0.4981	0.4982	0.4982	0.4983	0.4984	0.4984	0.4985	0.4985	0.4986	0.4986
3.0	0.4987	0.4987	0.4987	0.4988	0.4988	0.4989	0.4989	0.4989	0.4990	0.4990

step4(ⅱ)

（例 2）

x が平均が 4，分散が 9 の正規分布 $N(4,\ 9)$ に従うとき，$1 \leqq x \leqq 4$ となる確率 $P(1 \leqq x \leqq 4)$ は次の手順で求められる．

step1　x の標準偏差 σ は，$\sigma = \sqrt{(\text{分散})} = \sqrt{9} = 3$

step2　x を**標準化**し，$z = \dfrac{x-(x\text{の平均})}{(x\text{の標準偏差})} = \dfrac{x-4}{3}$ とおくと，z は標準正規分布 $N(0,\ 1)$ に従う．

step3　x の範囲から z の範囲を求める．すなわち

$$1 \leqq x \leqq 4 \iff -3 \leqq x-4 \leqq 0 \iff -1 \leqq \frac{x-4}{3} \leqq 0 \iff -1 \leqq z \leqq 0$$

となり，

$$P(1 \leqq x \leqq 4) = P(-1 \leqq z \leqq 0)$$

この確率は次の図（標準正規分布）の斜線部の面積である．

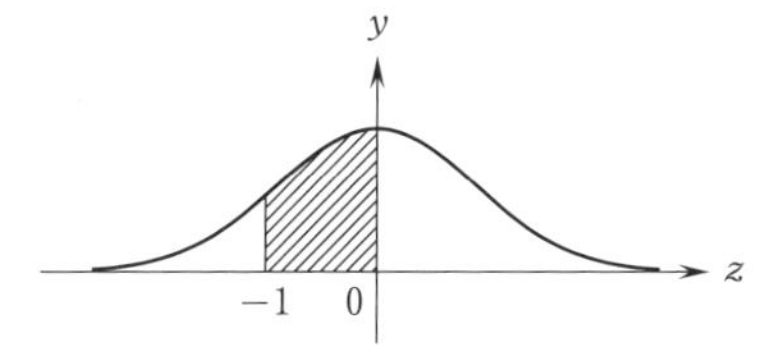

この面積は次のようにして求める．

(i)　標準正規分布の分布曲線は y 軸について対称なので，上の図の斜線部の面積は，次の図の斜線部の面積 $P(0 \leqq z \leqq 1)$ に等しい．

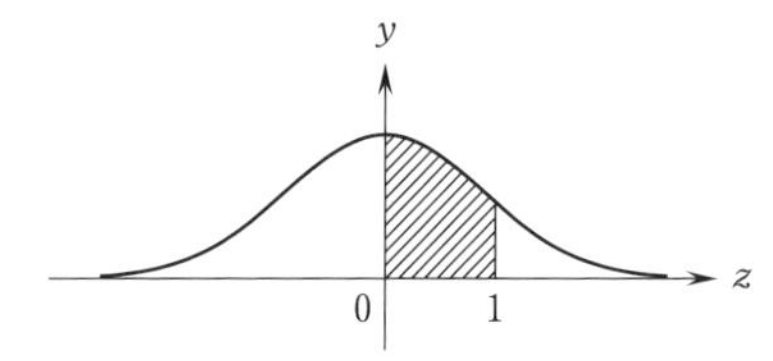

(ii)　$P(0 \leqq z \leqq z_0)$ の値を，$z_0 = 1 = 1.00$ として次ページの正規分布表から求める．

(iii)　z_0 の整数部分と小数第 1 位までが 1.0 なので，正規分布表の一番左の列（縦の並び）の 1.0 から右を見る．

(iv)　z_0 の小数第 2 位が 0 なので，正規分布表の一番上の行（横の並び）の 0.00 から下を見る．

(v)　(iii)と(iv)に共通なのが 0.3413 なので，$P(0 \leqq z \leqq 1) = 0.3413$．

以上より，$P(1 \leqq x \leqq 4) = P(0 \leqq z \leqq 1) = 0.3413$ と分かる．

正　規　分　布　表

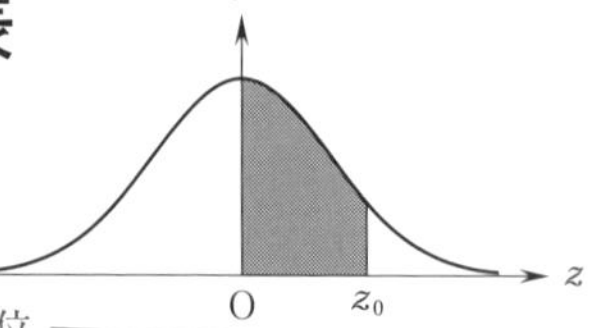

次の表は，標準正規分布の正規分布曲線における右図の灰色部分の面積の値をまとめたものである。

z_0 の小数第２位（列見出し）／ z_0 の整数部分と小数第１位（行見出し）

z_0	0.00	0.01	0.02	0.03	0.04	0.05	0.06	0.07	0.08	0.09
0.0	0.0000	0.0040	0.0080	0.0120	0.0160	0.0199	0.0239	0.0279	0.0319	0.0359
0.1	0.0398	0.0438	0.0478	0.0517	0.0557	0.0596	0.0636	0.0675	0.0714	0.0753
0.2	0.0793	0.0832	0.0871	0.0910	0.0948	0.0987	0.1026	0.1064	0.1103	0.1141
0.3	0.1179	0.1217	0.1255	0.1293	0.1331	0.1368	0.1406	0.1443	0.1480	0.1517
0.4	[illegible]	[illegible]	[illegible]	0.1664	0.1700	0.1736	0.1772	0.1808	0.1844	0.1879
0.5	0.1915	0.1950	0.1985	0.2019	0.2054	0.2088	0.2123	0.2157	0.2190	0.2224
0.6	0.2257	0.2291	0.2324	0.2357	0.2389	0.2422	0.2454	0.2486	0.2517	0.2549
0.7	0.2580	0.2611	0.2642	0.2673	0.2704	0.2734	0.2764	0.2794	0.2823	0.2852
0.8	0.2881	0.2910	0.2939	0.2967	0.2995	0.3023	0.3051	0.3078	0.3106	0.3133
0.9	0.3159	0.3186	0.3212	0.3238	0.3264	0.3289	0.3315	0.3340	0.3365	0.3389
1.0	0.3413	0.3438	0.3461	0.3485	0.3508	0.3531	0.3554	0.3577	0.3599	0.3621
1.1	0.3643	0.3665	0.3686	0.3708	0.3729	0.3749	0.3770	0.3790	0.3810	0.3830
1.2	0.3849	0.3869	0.3888	0.3907	0.3925	0.3944	0.3962	0.3980	0.3997	0.4015
1.3	0.4032	0.4049	0.4066	0.4082	0.4099	0.4115	0.4131	0.4147	0.4162	0.4177
1.4	0.4192	0.4207	0.4222	0.4236	0.4251	0.4265	0.4279	0.4292	0.4306	0.4319
1.5	0.4332	0.4345	0.4357	0.4370	0.4382	0.4394	0.4406	0.4418	0.4429	0.4441
1.6	0.4452	0.4463	0.4474	0.4484	0.4495	0.4505	0.4515	0.4525	0.4535	0.4545
1.7	0.4554	0.4564	0.4573	0.4582	0.4591	0.4599	0.4608	0.4616	0.4625	0.4633
1.8	0.4641	0.4649	0.4656	0.4664	0.4671	0.4678	0.4686	0.4693	0.4699	0.4706
1.9	0.4713	0.4719	0.4726	0.4732	0.4738	0.4744	0.4750	0.4756	0.4761	0.4767
2.0	0.4772	0.4778	0.4783	0.4788	0.4793	0.4798	0.4803	0.4808	0.4812	0.4817
2.1	0.4821	0.4826	0.4830	0.4834	0.4838	0.4842	0.4846	0.4850	0.4854	0.4857
2.2	0.4861	0.4864	0.4868	0.4871	0.4875	0.4878	0.4881	0.4884	0.4887	0.4890
2.3	0.4893	0.4896	0.4898	0.4901	0.4904	0.4906	0.4909	0.4911	0.4913	0.4916
2.4	0.4918	0.4920	0.4922	0.4925	0.4927	0.4929	0.4931	0.4932	0.4934	0.4936
2.5	0.4938	0.4940	0.4941	0.4943	0.4945	0.4946	0.4948	0.4949	0.4951	0.4952
2.6	0.4953	0.4955	0.4956	0.4957	0.4959	0.4960	0.4961	0.4962	0.4963	0.4964
2.7	0.4965	0.4966	0.4967	0.4968	0.4969	0.4970	0.4971	0.4972	0.4973	0.4974
2.8	0.4974	0.4975	0.4976	0.4977	0.4977	0.4978	0.4979	0.4979	0.4980	0.4981
2.9	0.4981	0.4982	0.4982	0.4983	0.4984	0.4984	0.4985	0.4985	0.4986	0.4986
3.0	0.4987	0.4987	0.4987	0.4988	0.4988	0.4989	0.4989	0.4989	0.4990	0.4990

練習問題 7

ある市の高校3年生の男子1000人について，その身長 X cm の分布は，平均172 cm，標準偏差 7 cm の正規分布にほぼ従うものとする．

$$z=\frac{X-\boxed{\text{アイウ}}}{\boxed{\text{エ}}}$$

とおくと，z は標準正規分布に従う．

$X \geqq 180$ となるのは

$$z \geqq \boxed{\text{オ}}.\boxed{\text{カキ}} \quad \cdots\cdots\cdots ①$$

のときである．

z は標準正規分布に従うので $z \geqq 0$ となる確率は 0.5 であるから，次ページにある正規分布表を用いると，① となる確率は

$$0.\boxed{\text{クケコ}}$$

である．

このことから，この市の高校3年生男子1000人のうち身長が180 cm 以上の者はおよそ何人と考えればよいか．次の⓪～③のうち，最も適切なものは $\boxed{\text{サ}}$ である．$\boxed{\text{サ}}$ に当てはまる最も適切なものを，次の⓪～③のうちから一つ選べ．

⓪ 110人　① 130人　② 170人　③ 370人

(解答は2ページ後)

正　規　分　布　表

次の表は，標準正規分布の正規分布曲線における右図の灰色部分の面積の値をまとめたものである。

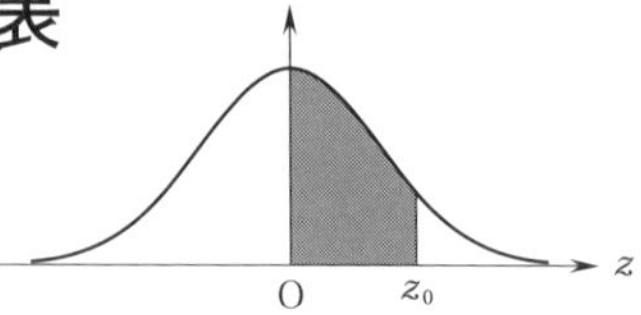

z_0	0.00	0.01	0.02	0.03	0.04	0.05	0.06	0.07	0.08	0.09
0.0	0.0000	0.0040	0.0080	0.0120	0.0160	0.0199	0.0239	0.0279	0.0319	0.0359
0.1	0.0398	0.0438	0.0478	0.0517	0.0557	0.0596	0.0636	0.0675	0.0714	0.0753
0.2	0.0793	0.0832	0.0871	0.0910	0.0948	0.0987	0.1026	0.1064	0.1103	0.1141
0.3	0.1179	0.1217	0.1255	0.1293	0.1331	0.1368	0.1406	0.1443	0.1480	0.1517
0.4	0.1554	0.1591	0.1628	0.1664	0.1700	0.1736	0.1772	0.1808	0.1844	0.1879
0.5	0.1915	0.1950	0.1985	0.2019	0.2054	0.2088	0.2123	0.2157	0.2190	0.2224
0.6	0.2257	0.2291	0.2324	0.2357	0.2389	0.2422	0.2454	0.2486	0.2517	0.2549
0.7	0.2580	0.2611	0.2642	0.2673	0.2704	0.2734	0.2764	0.2794	0.2823	0.2852
0.8	0.2881	0.2910	0.2939	0.2967	0.2995	0.3023	0.3051	0.3078	0.3106	0.3133
0.9	0.3159	0.3186	0.3212	0.3238	0.3264	0.3289	0.3315	0.3340	0.3365	0.3389
1.0	0.3413	0.3438	0.3461	0.3485	0.3508	0.3531	0.3554	0.3577	0.3599	0.3621
1.1	0.3643	0.3665	0.3686	0.3708	0.3729	0.3749	0.3770	0.3790	0.3810	0.3830
1.2	0.3849	0.3869	0.3888	0.3907	0.3925	0.3944	0.3962	0.3980	0.3997	0.4015
1.3	0.4032	0.4049	0.4066	0.4082	0.4099	0.4115	0.4131	0.4147	0.4162	0.4177
1.4	0.4192	0.4207	0.4222	0.4236	0.4251	0.4265	0.4279	0.4292	0.4306	0.4319
1.5	0.4332	0.4345	0.4357	0.4370	0.4382	0.4394	0.4406	0.4418	0.4429	0.4441
1.6	0.4452	0.4463	0.4474	0.4484	0.4495	0.4505	0.4515	0.4525	0.4535	0.4545
1.7	0.4554	0.4564	0.4573	0.4582	0.4591	0.4599	0.4608	0.4616	0.4625	0.4633
1.8	0.4641	0.4649	0.4656	0.4664	0.4671	0.4678	0.4686	0.4693	0.4699	0.4706
1.9	0.4713	0.4719	0.4726	0.4732	0.4738	0.4744	0.4750	0.4756	0.4761	0.4767
2.0	0.4772	0.4778	0.4783	0.4788	0.4793	0.4798	0.4803	0.4808	0.4812	0.4817
2.1	0.4821	0.4826	0.4830	0.4834	0.4838	0.4842	0.4846	0.4850	0.4854	0.4857
2.2	0.4861	0.4864	0.4868	0.4871	0.4875	0.4878	0.4881	0.4884	0.4887	0.4890
2.3	0.4893	0.4896	0.4898	0.4901	0.4904	0.4906	0.4909	0.4911	0.4913	0.4916
2.4	0.4918	0.4920	0.4922	0.4925	0.4927	0.4929	0.4931	0.4932	0.4934	0.4936
2.5	0.4938	0.4940	0.4941	0.4943	0.4945	0.4946	0.4948	0.4949	0.4951	0.4952
2.6	0.4953	0.4955	0.4956	0.4957	0.4959	0.4960	0.4961	0.4962	0.4963	0.4964
2.7	0.4965	0.4966	0.4967	0.4968	0.4969	0.4970	0.4971	0.4972	0.4973	0.4974
2.8	0.4974	0.4975	0.4976	0.4977	0.4977	0.4978	0.4979	0.4979	0.4980	0.4981
2.9	0.4981	0.4982	0.4982	0.4983	0.4984	0.4984	0.4985	0.4985	0.4986	0.4986
3.0	0.4987	0.4987	0.4987	0.4988	0.4988	0.4989	0.4989	0.4989	0.4990	0.4990

解答

X は，平均 172 cm，標準偏差 7 cm の正規分布にほぼ従うので，X を**標準化**し

$$z=\frac{X-(X\text{の平均})}{(X\text{の標準偏差})}=\frac{X-\boxed{172}}{\boxed{7}}$$

（アイウ：172，エ：7）

とおくと，z は標準正規分布に従う．

よって

$$X\geqq 180 \iff X-172\geqq 8$$

$$\iff \frac{X-172}{7}\geqq\frac{8}{7}$$

$$\iff z\geqq 1.1428\cdots\cdots$$

$$\iff z\geqq \boxed{1}.\boxed{14}$$

（オ：1，カキ：14）

となる．

こうなる確率 $P(z\geqq 1.14)$ は次の図（標準正規分布）の斜線部の面積である．

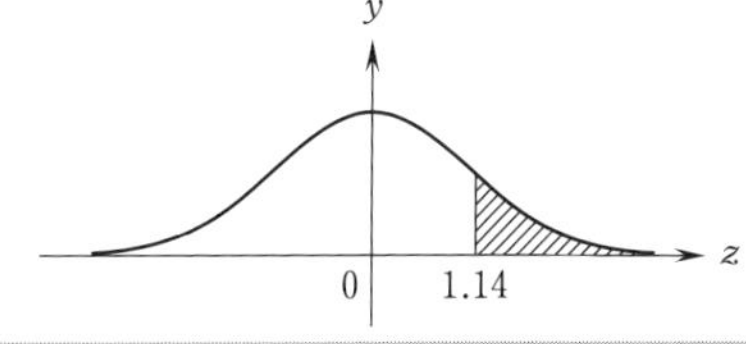

この面積は $P(z\geqq 0)=0.5$（次図の斜線部）から

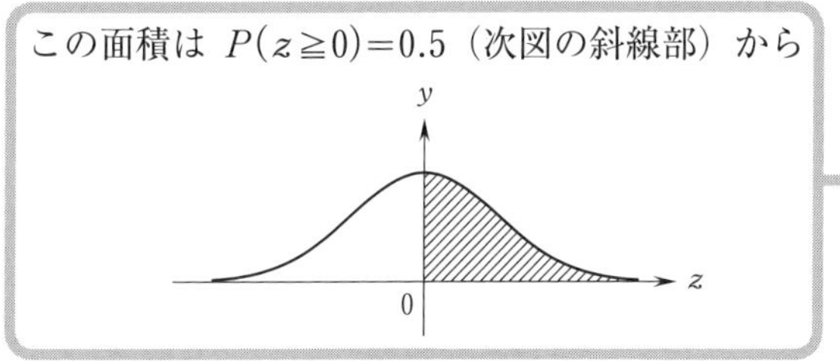

全事象の確率は1であり，標準正規分布の分布曲線は y 軸について対称なので，y 軸より右側の部分の面積（確率を表す）は $\frac{1}{2}=0.5$ になる．

次の図（次ページ）の斜線部の面積 $P(0\leqq z\leqq 1.14)$ を除いたものになる．

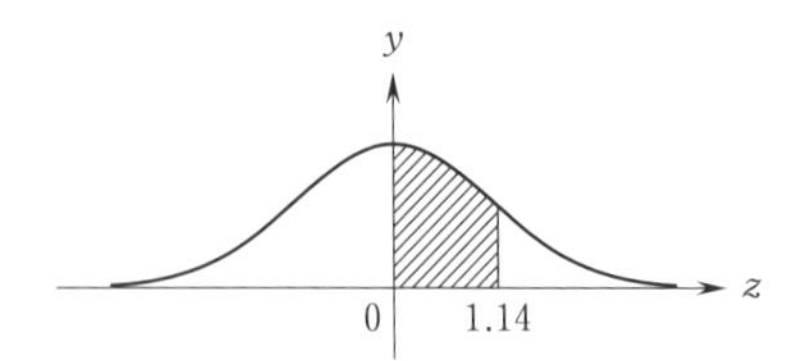

以上より

$$P(z \geqq 1.14) = 0.5 - P(0 \leqq z \leqq 1.14). \quad \cdots\cdots\cdots ①$$

$P(0 \leqq z \leqq 1.14)$ は次ページの正規分布表を用いて，次の手順で求められる．

step1　$z_0 = 1.14$ の場合である．

step2　z_0 の整数部分と小数第1位までが 1.1 なので，正規分布表の一番左の列（縦の並び）の 1.1 から右を見る．

step3　z_0 の小数第2位が 4 なので，正規分布表の一番上の行（横の並び）の 0.04 から下を見る．

step4　step2 と step3 に共通なのが 0.3729 なので，

$$P(0 \leqq z \leqq 1.14) = 0.3729$$

となる．

① に代入し

$$\begin{aligned} P(z \geqq 1.14) &= 0.5 - 0.3729 \\ &= 0.1271 \\ &= 0.\boxed{127} \end{aligned}$$

（クケコ）

つまり，この市の高校3年生男子 1000 人について身長が 180 cm 以上となる確率が約 0.127 であるから，身長が 180 cm 以上のものは，およそ

$$1000 \times 0.127 = 127 \text{（人）}$$

である．

よって，［サ］に当てはまる最も適切なものは

（サ）［①］である．

正　規　分　布　表

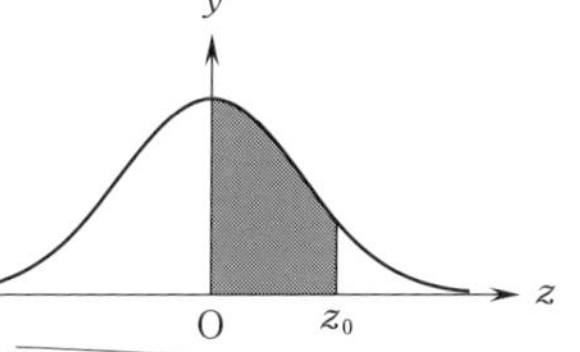

次の表は，標準正規分布の正規分布曲線における右図の灰色部分の面積の値をまとめたものである。

z_0 の小数第 2 位（列）／ z_0 の整数部分と小数第 1 位（行）

z_0	0.00	0.01	0.02	0.03	0.04	0.05	0.06	0.07	0.08	0.09
0.0	0.0000	0.0040	0.0080	0.0120	0.0160	0.0199	0.0239	0.0279	0.0319	0.0359
0.1	0.0398	0.0438	0.0478	0.0517	0.0557	0.0596	0.0636	0.0675	0.0714	0.0753
0.2	0.0793	0.0832	0.0871	0.0910	0.0948	0.0987	0.1026	0.1064	0.1103	0.1141
0.3	0.1179	0.1217	0.1255	0.1293	0.1331	0.1368	0.1406	0.1443	0.1480	0.1517
0.4	0.1554	0.1591	0.1628	0.1664	0.1700	0.1736	0.1772	0.1808	0.1844	0.1879
0.5	0.1915	0.1950	0.1985	0.2019	[illegible]	[illegible]	0.2123	0.2157	0.2190	0.2224
0.6	0.2257	0.2291	0.2324	0.2357	0.2389	0.2422	0.2454	0.2486	0.2517	0.2549
0.7	0.2580	0.2611	0.2642	0.2673	0.2704	0.2734	0.2764	0.2794	0.2823	0.2852
0.8	0.2881	0.2910	0.2939	0.2967	0.2995	0.3023	0.3051	0.3078	0.3106	0.3133
0.9	0.3159	0.3186	0.3212	0.3238	0.3264	0.3289	0.3315	0.3340	0.3365	0.3389
1.0	0.3413	0.3438	0.3461	0.3485	0.3508	0.3531	0.3554	0.3577	0.3599	0.3621
1.1	0.3643	0.3665	0.3686	[illegible]	0.3729	0.3749	0.3770	0.3790	0.3810	0.3830
1.2	0.3849	0.3869	0.3888	0.3907	0.3925	0.3944	0.3962	0.3980	0.3997	0.4015
1.3	0.4032	0.4049	0.4066	0.4082	0.4099	0.4115	0.4131	0.4147	0.4162	0.4177
1.4	0.4192	0.4207	0.4222	0.4236	0.4251	0.4265	0.4279	0.4292	0.4306	0.4319
1.5	0.4332	0.4345	0.4357	0.4370	0.4382	0.4394	0.4406	0.4418	0.4429	0.4441
1.6	0.4452	0.4463	0.4474	0.4484	0.4495	0.4505	0.4515	0.4525	0.4535	0.4545
1.7	0.4554	0.4564	0.4573	0.4582	0.4591	0.4599	0.4608	0.4616	0.4625	0.4633
1.8	0.4641	0.4649	0.4656	0.4664	0.4671	0.4678	0.4686	0.4693	0.4699	0.4706
1.9	0.4713	0.4719	0.4726	0.4732	0.4738	0.4744	0.4750	0.4756	0.4761	0.4767
2.0	0.4772	0.4778	0.4783	0.4788	0.4793	0.4798	0.4803	0.4808	0.4812	0.4817
2.1	0.4821	0.4826	0.4830	0.4834	0.4838	0.4842	0.4846	0.4850	0.4854	0.4857
2.2	0.4861	0.4864	0.4868	0.4871	0.4875	0.4878	0.4881	0.4884	0.4887	0.4890
2.3	0.4893	0.4896	0.4898	0.4901	0.4904	0.4906	0.4909	0.4911	0.4913	0.4916
2.4	0.4918	0.4920	0.4922	0.4925	0.4927	0.4929	0.4931	0.4932	0.4934	0.4936
2.5	0.4938	0.4940	0.4941	0.4943	0.4945	0.4946	0.4948	0.4949	0.4951	0.4952
2.6	0.4953	0.4955	0.4956	0.4957	0.4959	0.4960	0.4961	0.4962	0.4963	0.4964
2.7	0.4965	0.4966	0.4967	0.4968	0.4969	0.4970	0.4971	0.4972	0.4973	0.4974
2.8	0.4974	0.4975	0.4976	0.4977	0.4977	0.4978	0.4979	0.4979	0.4980	0.4981
2.9	0.4981	0.4982	0.4982	0.4983	0.4984	0.4984	0.4985	0.4985	0.4986	0.4986
3.0	0.4987	0.4987	0.4987	0.4988	0.4988	0.4989	0.4989	0.4989	0.4990	0.4990

1.8 二項分布と正規分布

この節の概要

第1.5節で学んだ二項分布 $B(n,\ p)$ は，n が十分大きいときは正規分布で近似できる．これを利用する方法を学ぶ．

第1.5節で見たように，X が二項分布 $B(n,\ p)$ に従うとき，X の平均は $E(X)=np$，分散は $V(X)=np(1-p)$ であった．

n が十分大きいと二項分布 $B(n,\ p)$ は，同じ平均と分散をもつ正規分布 $N(\underbrace{np}_{\text{平均}},\ \underbrace{np(1-p)}_{\text{分散}})$ で近似されることが知られている．（というか，二項分布 $B(n,\ p)$ の n を大きくしたものとして正規分布が発見された．）

つまり，**X が二項分布 $B(n,\ p)$ に従い，かつ n が十分大きいときは，X は正規分布 $N(np,\ np(1-p))$ に近似的に従う．**

解説

- 「X が二項分布 $B(n,\ p)$ に従う」とは

$$P(X=k)={}_n\mathrm{C}_k p^k(1-p)^{n-k} \quad (k=0,\ 1,\ 2,\ \cdots,\ n)$$

  となることであった．しかし，これを用いて確率を求めるのは計算が困難になることが多い．

  例えば，X が二項分布 $B\left(300,\ \dfrac{1}{5}\right)$ に従うとき，$60 \leqq X \leqq 70$ となる確率 $P(60 \leqq X \leqq 70)$ を求めるには

$$P(60 \leqq X \leqq 70)=\sum_{k=60}^{70} {}_{300}\mathrm{C}_k\left(\frac{1}{5}\right)^k\left(1-\frac{1}{5}\right)^{300-k} \qquad \cdots\cdots\cdots ①$$

  を計算することになるが，右辺の計算は ${}_{300}\mathrm{C}_{60}$ など大変である．

- しかし，**二項分布を正規分布で近似できる場合**は，正規分布表を用いて確率を求められるので，**計算が容易になり便利**である．
- 正規分布は，平均と分散により定まるので N(平均，分散) の形で表した．
- 二項分布 $B(n,\ p)$ は，平均が np，分散が $np(1-p)$ である．**n が十分大きいとき**は，$B(n,\ p)$ は

$$\text{正規分布 } N(\underbrace{np}_{B(n,\ p)\text{ の平均}},\ \underbrace{np(1-p)}_{B(n,\ p)\text{ の分散}})$$

  で近似されるのである．

（注）統計では「近似的に従う」という表現がよく使われる．「従う」と「近似的に従う」

の使い分けが気になるかも知れないが，この違いは入試問題を作る側（とか問題集を作る側（^^;;））が気にすることであって，**受験生の君たちが気にする必要はない**.

二項分布の確率を正規分布を利用して求めるには，次のようにする.

二項分布の確率を正規分布から求める手順

step1 二項分布 $B(n,\ p)$ に従う X は，n が十分大きいときは近似的に正規分布に従う.
さらに，第 1.5 節で見た公式により

$$(X\text{の平均})=E(X)=np,\ (X\text{の標準偏差})=\sigma(X)=\sqrt{np(1-p)}$$

step2 $m_1 \leqq X \leqq m_2$ となる確率 $P(m_1 \leqq X \leqq m_2)$ を求めるために X を標準化し

$$z=\frac{X-(X\text{の平均})}{(X\text{の標準偏差})}=\frac{X-np}{\sqrt{np(1-p)}}$$

とおく．X が正規分布に近似的に従うので z は標準正規分布に近似的に従い，正規分布表が使えるからだ.（第 1.7 節参照）

step3 範囲 $m_1 \leqq X \leqq m_2$ に対する z の範囲を求め，その確率を正規分布表から求める.

（例 1）

前ページの ① のおよその値を求めるには次のようにする.

step1 X は二項分布 $B\left(300,\ \dfrac{1}{5}\right)$ に従うから，X の平均 $E(X)$，分散 $V(X)$ は二項分布の公式により

$$E(X)=300\cdot\frac{1}{5}=60,\quad V(X)=300\cdot\frac{1}{5}\left(1-\frac{1}{5}\right)=48$$

step2 $B\left(300,\ \dfrac{1}{5}\right)$ の 300 は十分大きいので，X は正規分布 $N(60,\ 48)$ にほぼ従うと考えてよい.

step3 ① すなわち確率 $P(60 \leqq X \leqq 70)$ は正規分布 $N(60,\ 48)$ において求めればよいので，次の手順に従う.

(i) X の平均は 60 であり，X の標準偏差は

$$\sigma=\sqrt{V(X)}=\sqrt{48}=4\sqrt{3}$$

(ii) X は正規分布に近似的に従うと考えているので，X を**標準化**し

$$z=\frac{X-(X\text{の平均})}{(X\text{の標準偏差})}=\frac{X-60}{4\sqrt{3}}$$

とおくと，z は標準正規分布に近似的に従う.（第 1.7 節参照）

step4 ① の X の範囲 「$60 \leqq X \leqq 70$」 を z の範囲に変換する．すなわち

$$60 \leqq X \leqq 70 \Longleftrightarrow 0 \leqq X-60 \leqq 10$$

$$\Longleftrightarrow 0 \leqq \frac{X-60}{4\sqrt{3}} \leqq \frac{10}{4\sqrt{3}} = \frac{5\sqrt{3}}{6}$$

$$\Longleftrightarrow 0 \leqq z \leqq \frac{5 \cdot 1.732\cdots}{6} = 1.44$$

となり,

$$P(60 \leqq X \leqq 70) = P(0 \leqq z \leqq 1.44).$$

この確率は次ページの正規分布表から次のように求める.

(i) $P(0 \leqq z \leqq z_0)$ の値を, $z_0 = 1.44$ として正規分布表から求める.

(ii) z_0 の整数部分と小数第1位までが 1.4 なので, 正規分布表の一番左の列（縦の並び）の 1.4 から右を見る.

(iii) z_0 の小数第2位が 4 なので, 正規分布表の一番上の行（横の並び）の 0.04 から下を見る.

(iv) (ii) と (iii) に共通なのが 0.4251 なので,

$$P(0 \leqq z \leqq 1.44) = 0.4251.$$

以上より, $P(60 \leqq x \leqq 70)$ のおよその値は 0.43 と分かる.

実際は約 0.456 である.

正 規 分 布 表

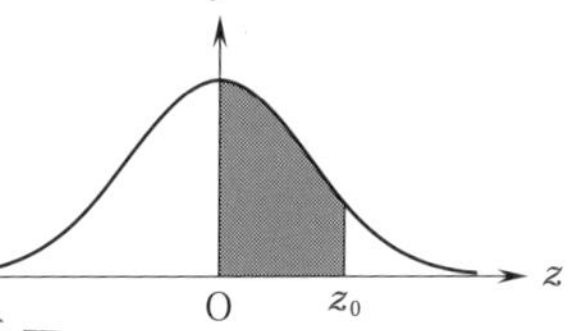

次の表は，標準正規分布の正規分布曲線における右図の灰色部分の面積の値をまとめたものである。

z_0 の小数第 2 位

z_0 の整数部分と小数第 1 位

わかりますね？

いつもの方法

z_0	0.00	0.01	0.02	0.03	0.04	0.05	0.06	0.07	0.08	0.09
0.0	0.0000	0.0040	0.0080	0.0120	0.0160	0.0199	0.0239	0.0279	0.0319	0.0359
0.1	0.0398	0.0438	0.0478	0.0517	0.0557	0.0596	0.0636	0.0675	0.0714	0.0753
0.2	0.0793	0.0832	0.0871	0.0910	0.0948	0.0987	0.1026	0.1064	0.1103	0.1141
0.3	0.1179	0.1217	0.1255	0.1293	0.1331	0.1368	0.1406	0.1443	0.1480	0.1517
0.4	0.1554	0.1591	0.1628	0.1664	0.1700	0.1736	0.1772	0.1808	0.1844	0.1879
0.5	0.1915	0.1950	0.1985	0.2019	0.2054	0.2088	0.2123	0.2157	0.2190	0.2224
0.6	0.2257	0.2291	0.2324	0.2357	[illegible]	[illegible]	[illegible]	0.2486	0.2517	0.2549
0.7	0.2580	0.2611	0.2642	0.2673	0.2704	0.2734	0.2764	0.2794	0.2823	0.2852
0.8	0.2881	0.2910	0.2939	0.2967	0.2995	0.3023	0.3051	0.3078	0.3106	0.3133
0.9	0.3159	0.3186	0.3212	0.3238	0.3264	0.3289	0.3315	0.3340	0.3365	0.3389
1.0	0.3413	0.3438	0.3461	0.3485	0.3508	0.3531	0.3554	0.3577	0.3599	0.3621
1.1	0.3643	0.3665	0.3686	0.3708	0.3729	0.3749	0.3770	0.3790	0.3810	0.3830
1.2	0.3849	0.3869	0.3888	0.3907	0.3925	0.3944	0.3962	0.3980	0.3997	0.4015
1.3	0.4032	[illegible]	[illegible]	0.4082	0.4099	0.4115	0.4131	0.4147	0.4162	0.4177
1.4	0.4192	0.4207	0.4222	0.4236	**0.4251**	0.4265	0.4279	0.4292	0.4306	0.4319
1.5	0.4332	0.4345	0.4357	0.4370	0.4382	0.4394	0.4406	0.4418	0.4429	0.4441
1.6	0.4452	0.4463	0.4474	0.4484	0.4495	0.4505	0.4515	0.4525	0.4535	0.4545
1.7	0.4554	0.4564	0.4573	0.4582	0.4591	0.4599	0.4608	0.4616	0.4625	0.4633
1.8	0.4641	0.4649	0.4656	0.4664	0.4671	0.4678	0.4686	0.4693	0.4699	0.4706
1.9	0.4713	0.4719	0.4726	0.4732	0.4738	0.4744	0.4750	0.4756	0.4761	0.4767
2.0	0.4772	0.4778	0.4783	0.4788	0.4793	0.4798	0.4803	0.4808	0.4812	0.4817
2.1	0.4821	0.4826	0.4830	0.4834	0.4838	0.4842	0.4846	0.4850	0.4854	0.4857
2.2	0.4861	0.4864	0.4868	0.4871	0.4875	0.4878	0.4881	0.4884	0.4887	0.4890
2.3	0.4893	0.4896	0.4898	0.4901	0.4904	0.4906	0.4909	0.4911	0.4913	0.4916
2.4	0.4918	0.4920	0.4922	0.4925	0.4927	0.4929	0.4931	0.4932	0.4934	0.4936
2.5	0.4938	0.4940	0.4941	0.4943	0.4945	0.4946	0.4948	0.4949	0.4951	0.4952
2.6	0.4953	0.4955	0.4956	0.4957	0.4959	0.4960	0.4961	0.4962	0.4963	0.4964
2.7	0.4965	0.4966	0.4967	0.4968	0.4969	0.4970	0.4971	0.4972	0.4973	0.4974
2.8	0.4974	0.4975	0.4976	0.4977	0.4977	0.4978	0.4979	0.4979	0.4980	0.4981
2.9	0.4981	0.4982	0.4982	0.4983	0.4984	0.4984	0.4985	0.4985	0.4986	0.4986
3.0	0.4987	0.4987	0.4987	0.4988	0.4988	0.4989	0.4989	0.4989	0.4990	0.4990

練習問題 8

1個のさいころを720回投げるとき，1の目が出る回数を X とする．

さいころを1回投げるとき1の目が出る確率は $\dfrac{\boxed{ア}}{\boxed{イ}}$ であるから，

$X=k$ $(k=0,\ 1,\ 2,\ \cdots,\ 720)$ となる確率は

$${}_{720}\mathrm{C}_k\cdot\left(\frac{\boxed{ア}}{\boxed{イ}}\right)^k\cdot\left(\frac{\boxed{ウ}}{\boxed{エ}}\right)^{720-k}$$

となり，X は $\boxed{オ}$ に従う．

$\boxed{オ}$ に当てはまる最も適切なものを，次の ⓪～② のうちから一つ選べ．

⓪　二項分布　　①　標準正規分布　　②　正規分布

X の平均は $\boxed{カキク}$，X の分散は $\boxed{ケコサ}$ となる．

720は十分大きいと考えてよく，X は平均が $\boxed{カキク}$，分散が $\boxed{ケコサ}$ の正規分布に近似的に従う．

よって

$$z=\frac{X-\boxed{カキク}}{\boxed{シス}}$$

とおくと，z は標準正規分布に従うと見なしてよい．

このとき，

$$\boxed{カキク}\leqq X\leqq\boxed{カキク}\times 1.2 \quad\cdots\cdots\cdots①$$

となるのは

$$\boxed{セ}\leqq z\leqq\boxed{ソ}.\boxed{タ}$$

のときである．

次ページにある正規分布表を用いると，① となる確率は 0.$\boxed{チツ}$ と分かる．

（解答は2ページ後）

正　規　分　布　表

次の表は，標準正規分布の正規分布曲線における右図の灰色部分の面積の値をまとめたものである。

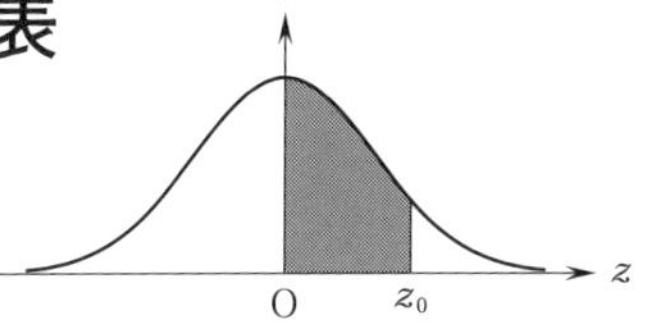

z_0	0.00	0.01	0.02	0.03	0.04	0.05	0.06	0.07	0.08	0.09
0.0	0.0000	0.0040	0.0080	0.0120	0.0160	0.0199	0.0239	0.0279	0.0319	0.0359
0.1	0.0398	0.0438	0.0478	0.0517	0.0557	0.0596	0.0636	0.0675	0.0714	0.0753
0.2	0.0793	0.0832	0.0871	0.0910	0.0948	0.0987	0.1026	0.1064	0.1103	0.1141
0.3	0.1179	0.1217	0.1255	0.1293	0.1331	0.1368	0.1406	0.1443	0.1480	0.1517
0.4	0.1554	0.1591	0.1628	0.1664	0.1700	0.1736	0.1772	0.1808	0.1844	0.1879
0.5	0.1915	0.1950	0.1985	0.2019	0.2054	0.2088	0.2123	0.2157	0.2190	0.2224
0.6	0.2257	0.2291	0.2324	0.2357	0.2389	0.2422	0.2454	0.2486	0.2517	0.2549
0.7	0.2580	0.2611	0.2642	0.2673	0.2704	0.2734	0.2764	0.2794	0.2823	0.2852
0.8	0.2881	0.2910	0.2939	0.2967	0.2995	0.3023	0.3051	0.3078	0.3106	0.3133
0.9	0.3159	0.3186	0.3212	0.3238	0.3264	0.3289	0.3315	0.3340	0.3365	0.3389
1.0	0.3413	0.3438	0.3461	0.3485	0.3508	0.3531	0.3554	0.3577	0.3599	0.3621
1.1	0.3643	0.3665	0.3686	0.3708	0.3729	0.3749	0.3770	0.3790	0.3810	0.3830
1.2	0.3849	0.3869	0.3888	0.3907	0.3925	0.3944	0.3962	0.3980	0.3997	0.4015
1.3	0.4032	0.4049	0.4066	0.4082	0.4099	0.4115	0.4131	0.4147	0.4162	0.4177
1.4	0.4192	0.4207	0.4222	0.4236	0.4251	0.4265	0.4279	0.4292	0.4306	0.4319
1.5	0.4332	0.4345	0.4357	0.4370	0.4382	0.4394	0.4406	0.4418	0.4429	0.4441
1.6	0.4452	0.4463	0.4474	0.4484	0.4495	0.4505	0.4515	0.4525	0.4535	0.4545
1.7	0.4554	0.4564	0.4573	0.4582	0.4591	0.4599	0.4608	0.4616	0.4625	0.4633
1.8	0.4641	0.4649	0.4656	0.4664	0.4671	0.4678	0.4686	0.4693	0.4699	0.4706
1.9	0.4713	0.4719	0.4726	0.4732	0.4738	0.4744	0.4750	0.4756	0.4761	0.4767
2.0	0.4772	0.4778	0.4783	0.4788	0.4793	0.4798	0.4803	0.4808	0.4812	0.4817
2.1	0.4821	0.4826	0.4830	0.4834	0.4838	0.4842	0.4846	0.4850	0.4854	0.4857
2.2	0.4861	0.4864	0.4868	0.4871	0.4875	0.4878	0.4881	0.4884	0.4887	0.4890
2.3	0.4893	0.4896	0.4898	0.4901	0.4904	0.4906	0.4909	0.4911	0.4913	0.4916
2.4	0.4918	0.4920	0.4922	0.4925	0.4927	0.4929	0.4931	0.4932	0.4934	0.4936
2.5	0.4938	0.4940	0.4941	0.4943	0.4945	0.4946	0.4948	0.4949	0.4951	0.4952
2.6	0.4953	0.4955	0.4956	0.4957	0.4959	0.4960	0.4961	0.4962	0.4963	0.4964
2.7	0.4965	0.4966	0.4967	0.4968	0.4969	0.4970	0.4971	0.4972	0.4973	0.4974
2.8	0.4974	0.4975	0.4976	0.4977	0.4977	0.4978	0.4979	0.4979	0.4980	0.4981
2.9	0.4981	0.4982	0.4982	0.4983	0.4984	0.4984	0.4985	0.4985	0.4986	0.4986
3.0	0.4987	0.4987	0.4987	0.4988	0.4988	0.4989	0.4989	0.4989	0.4990	0.4990

解答

さいころを1回投げるとき1の目が出る確率は

$\dfrac{\boxed{1}^{ア}}{\boxed{6}_{イ}}$ である．

1個のさいころを720回投げるとき，1の目が出る回数を X とすると

$$X=k\ (k=0,\ 1,\ 2,\ \cdots,\ 720)$$

となる確率は

$$_{720}\mathrm{C}_k\cdot\left(\frac{1}{6}\right)^k\cdot\left(1-\frac{1}{6}\right)^{720-k}={}_{720}\mathrm{C}_k\cdot\left(\frac{1}{6}\right)^k\cdot\left(\frac{\boxed{5}^{ウ}}{\boxed{6}_{エ}}\right)^{720-k}$$

となり，X は二項分布に従う．よって［オ］に当てはまる最も適切なものは $\overset{オ}{\boxed{⓪}}$ である．

二項分布の公式より，X の平均は

$$720\cdot\frac{1}{6}=\overset{カキク}{\boxed{120}}$$

となり，X の分散は

$$720\cdot\frac{1}{6}\left(1-\frac{1}{6}\right)=\overset{ケコサ}{\boxed{100}}$$

となる．

720は十分大きいと考えてよく，X は平均が120，分散が100の正規分布に近似的に従う．

X の標準偏差は

$$\sqrt{100}=10$$

標準偏差は $\sqrt{(分散)}$

であり，X が正規分布に従うと考えているので

$$z=\frac{X-120}{\boxed{10}}$$

シス

とおくと，z は標準正規分布に従う．

このとき，

$$120 \leqq X \leqq 120 \times 1.2 = 144 \quad \cdots\cdots ①$$

となるのは

$$0 \leqq \frac{X-120}{10} \leqq 2.4$$

のときであるから

セ　ソ　タ

$$\boxed{0} \leqq z \leqq \boxed{2}.\boxed{4}$$

のときである．

こうなる確率は，次ページにある正規分布表で $z_0=2.40$ とすることにより，0.4918 となるから

小数第 3 位を四捨五入して

チツ

$$0.\boxed{49}$$

と分かる．

X が，平均が m，分散が σ^2 の正規分布に従うとき

$$z=\frac{X-m}{\sigma}$$

とおくと，z は標準正規分布に従う．

次ページの正規分布表の 0.4918 を見よ．

正規分布表

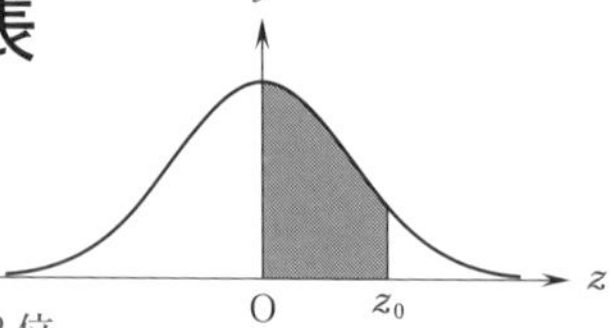

次の表は，標準正規分布の正規分布曲線における右図の灰色部分の面積の値をまとめたものである。

（列見出し：z_0 の小数第2位／行見出し：z_0 の整数部分と小数第1位）

z_0	0.00	0.01	0.02	0.03	0.04	0.05	0.06	0.07	0.08	0.09
0.0	0.0000	0.0040	0.0080	0.0120	0.0160	0.0199	0.0239	0.0279	0.0319	0.0359
0.1	0.0398	0.0438	0.0478	0.0517	0.0557	0.0596	0.0636	0.0675	0.0714	0.0753
0.2	0.0793	0.0832	0.0871	0.0910	0.0948	0.0987	0.1026	0.1064	0.1103	0.1141
0.3	0.1179	0.1217	0.1255	0.1293	0.1331	0.1368	0.1406	0.1443	0.1480	0.1517
0.4	0.1554	0.1591	0.1628	0.1664	0.1700	0.1736	0.1772	0.1808	0.1844	0.1879
0.5	0.1915	0.1950	0.1985	0.2019	0.2054	0.2088	0.2123	0.2157	0.2190	0.2224
0.6	0.2257	0.2291	0.2324	0.2357	0.2389	0.2422	0.2454	0.2486	0.2517	0.2549
0.7	0.2580	0.2611	0.2642	0.2673	0.2704	0.2734	0.2764	0.2794	0.2823	0.2852
0.8	0.2881	0.2910	0.2939	0.2967	0.2995	0.3023	0.3051	0.3078	0.3106	0.3133
0.9	0.3159	0.3186	0.3212	0.3238	0.3264	0.3289	0.3315	0.3340	0.3365	0.3389
1.0	0.3413	0.3438	0.3461	0.3485	0.3508	0.3531	0.3554	0.3577	0.3599	0.3621
1.1	[illegible]	[illegible]	[illegible]	0.3708	0.3729	0.3749	0.3770	0.3790	0.3810	0.3830
1.2	0.3849	0.3869	0.3888	0.3907	0.3925	0.3944	0.3962	0.3980	0.3997	0.4015
1.3	0.4032	0.4049	0.4066	0.4082	0.4099	0.4115	0.4131	0.4147	0.4162	0.4177
1.4	0.4192	0.4207	0.4222	0.4236	0.4251	0.4265	0.4279	0.4292	0.4306	0.4319
1.5	0.4332	0.4345	0.4357	0.4370	0.4382	0.4394	0.4406	0.4418	0.4429	0.4441
1.6	0.4452	0.4463	0.4474	0.4484	0.4495	0.4505	0.4515	0.4525	0.4535	0.4545
1.7	0.4554	0.4564	0.4573	0.4582	0.4591	0.4599	0.4608	0.4616	0.4625	0.4633
1.8	0.4641	0.4649	0.4656	0.4664	0.4671	0.4678	0.4686	0.4693	0.4699	0.4706
1.9	0.4713	0.4719	0.4726	0.4732	0.4738	0.4744	0.4750	0.4756	0.4761	0.4767
2.0	0.4772	0.4778	0.4783	0.4788	0.4793	0.4798	0.4803	0.4808	0.4812	0.4817
2.1	0.4821	0.4826	0.4830	0.4834	0.4838	0.4842	0.4846	0.4850	0.4854	0.4857
2.2	0.4861	0.4864	0.4868	0.4871	0.4875	0.4878	0.4881	0.4884	0.4887	0.4890
2.3	0.4893	0.4896	0.4898	0.4901	0.4904	0.4906	0.4909	0.4911	0.4913	0.4916
2.4	0.4918	0.4920	0.4922	0.4925	0.4927	0.4929	0.4931	0.4932	0.4934	0.4936
2.5	0.4938	0.4940	0.4941	0.4943	0.4945	0.4946	0.4948	0.4949	0.4951	0.4952
2.6	0.4953	0.4955	0.4956	0.4957	0.4959	0.4960	0.4961	0.4962	0.4963	0.4964
2.7	0.4965	0.4966	0.4967	0.4968	0.4969	0.4970	0.4971	0.4972	0.4973	0.4974
2.8	0.4974	0.4975	0.4976	0.4977	0.4977	0.4978	0.4979	0.4979	0.4980	0.4981
2.9	0.4981	0.4982	0.4982	0.4983	0.4984	0.4984	0.4985	0.4985	0.4986	0.4986
3.0	0.4987	0.4987	0.4987	0.4988	0.4988	0.4989	0.4989	0.4989	0.4990	0.4990

もう大丈夫だよね

1.9 標本調査と標本平均

この節の概要

大量のデータ（**母集団**）について調べたいとき，それらから無作為にいくつかのデータ（**標本**）を抽出し調べることが多い．その結果から母集団の状況を推測することを**標本調査**といい，実生活の様々な場面で使われる非常に重要なものである．この節では，**母集団の確率分布が標本の確率分布にどのように反映するか**を解説する．

1.9.1 標本調査の用語と具体例

用語

ある変量 x（例えば，長さ，重さなど）について調べるとき

- 母集団（調べたい対象全体）における x の平均，分散，標準偏差をそれぞれ母平均，母分散，母標準偏差といい，母集団のデータ（要素）の個数を母集団の大きさという．
- 標本における x の平均，分散，標準偏差をそれぞれ標本平均，標本分散，標本標準偏差といい，標本のデータ（要素）の個数を標本の大きさという．

標本平均，標本分散，標本標準偏差は数学 I の「データの分析」での平均，分散，標準偏差の定義を用いて次のように計算する．

母集団から大きさ n の標本を無作為に抽出し（n 個のデータを無作為に選んだということ），変量 x の値を X_1，X_2，…，X_n とする．（同じ値がいくつかあってもよい）

このとき，標本平均 $\overline{X}$ は

$$\overline{X}=\frac{\sum_{k=1}^{n}X_k}{n}=\frac{X_1+X_2+\cdots+X_n}{n}$$

標本分散 S^2 は（注．(分散)=(標準偏差)^2）

$$S^2=\frac{\sum_{k=1}^{n}(X_k-\overline{X})^2}{n}=\frac{(X_1-\overline{X})^2+(X_2-\overline{X})^2+\cdots+(X_n-\overline{X})^2}{n}$$

標本標準偏差 S は

$$S=\sqrt{(\text{標本分散})}=\sqrt{S^2}=\sqrt{\frac{1}{n}\sum_{k=1}^{n}(X_k-\overline{X})^2}$$

（例１）

3人の生徒のテストの得点が4点，5点，6点であった．これを母集団として母平均 m，母分散 σ^2，母標準偏差 σ を求めよう．

数学Ⅰの「データの分析」での平均，分散，標準偏差の定義を用いて

$$\text{母平均}：m=\frac{4+5+6}{3}=5$$

$$\text{母分散}：\sigma^2=\frac{(4-5)^2+(5-5)^2+(6-5)^2}{3}=\frac{2}{3}$$

$$\text{母標準偏差}：\sigma=\sqrt{\sigma^2}=\sqrt{\frac{2}{3}}=\frac{\sqrt{6}}{3}$$

母集団から無作為に2個のデータを選んだところ4点と6点であった．

母集団の大きさがたった3個なのに標本調査をしようとしてます．(^^;;)

この場合の標本平均 $\overline{X}$，標本分散 S^2，標本標準偏差 S は次のようになる．

$$\text{標本平均}：\overline{X}=\frac{4+6}{2}=5$$

$$\text{標本分散}：S^2=\frac{(4-5)^2+(6-5)^2}{2}=1$$

$$\text{標本標準偏差}：S=\sqrt{S^2}=\sqrt{1}=1$$

もちろん，標本の選び方が異なれば，例えば $\{4,\ 5\}$ であれば，その場合の $\overline{X}$ などの値は変わる．

母集団から無作為に大きさ n 個のデータを選んで標本調査をする場合，選び方によって標本平均 $\overline{X}$，標本分散 S^2，標本標準偏差 S の値は変わる．

例えば，$\overline{X}$ の値は「ある確率である値になる」というように定まる．したがって，

- 標本平均 $\overline{X}$ の平均 $E(\overline{X})$（意味：$\overline{X}$ がどれぐらいの値をとるか）
- 標本平均 $\overline{X}$ の標準偏差 $\sigma(\overline{X})$（意味：$\overline{X}$ の値の散らばり具合）

を考えることができる．

標本調査をするのは，母集団がすべてを調べるには大きすぎる場合であるから，

例1のような場合には標本調査はしない (^^;)

そこからいくつかのデータを無作為に選ぶ場合，**それらの値は互いに独立に定まる**（互いに影響しない）としてよい．

すなわち，1つのデータを選ぶときに

「値が a になる確率が p，値が b になる確率が q」

であれば，さらにもう１つデータを選んでも同じく

「値が a になる確率が p，値が b になる確率が q」

となる．

標本調査を考えるのは母集団が十分大きい場合であるから，**標本調査について考えるときは特に断らなければ標本の値は互いに独立に定まるものとする．**

その前提のもとで，標本平均 $\overline{X}$ の平均 $E(\overline{X})$，分散 $V(\overline{X})$ を求める方法を次の**例２**で確かめよう．

（**例２**）

A 工場ではある種類のソーセージを大量に作っているが，機械に微妙な不具合があり，ソーセージを無作為に一本選ぶと重さが 20g である確率が $\frac{3}{4}$，21g である確率が $\frac{1}{4}$ である．

このソーセージの重さについて，まずは母平均 m と母標準偏差 σ を求めよう．（第 1.1 節の復習だ．）

$$\text{母平均}：m=20\times\frac{3}{4}+21\times\frac{1}{4}=20+\frac{1}{4}\quad(=20.25)$$

母平均の意味

これは，A 工場のソーセージを一本選んで重さを調べるということを，すべてのソーセージに行うと，そのデータの平均は $20+\frac{1}{4}$g になるということだ．

母分散 σ^2 は

$$\text{母分散}：\sigma^2=(20-m)^2\cdot\frac{3}{4}+(21-m)^2\cdot\frac{1}{4}$$

$$=\left(-\frac{1}{4}\right)^2\cdot\frac{3}{4}+\left(\frac{3}{4}\right)^2\cdot\frac{1}{4}=\frac{3}{16}$$

母分散の意味

これは，A 工場のソーセージを一本選んで重さを調べるということを，すべてのソーセージに行うと，そのデータの分散は $\frac{3}{16}$ になるということだ．

母標準偏差についても同様．

よって，母標準偏差 σ は

$$\text{母標準偏差}：\sigma=\sqrt{\sigma^2}=\sqrt{\frac{3}{16}}=\frac{\sqrt{3}}{4}$$

この工場のソーセージを**無作為に2本**を順に選び（話を簡単にするために2本にする），その重さを X_1 g，X_2 g とする．つまり，**大きさが2の標本**を選んだということだ．

この標本の標本平均 $\overline{X}$ と，その確率は次のようになる．

X_1	X_2	左のようになる確率	標本平均 $\overline{X}$
20	20	$\frac{3}{4}\cdot\frac{3}{4}=\frac{9}{16}$	$\frac{20+20}{2}=20$
20	21	$\frac{3}{4}\cdot\frac{1}{4}=\frac{3}{16}$	$\frac{20+21}{2}=20+\frac{1}{2}$
21	20	$\frac{1}{4}\cdot\frac{3}{4}=\frac{3}{16}$	$\frac{21+20}{2}=20+\frac{1}{2}$
21	21	$\frac{1}{4}\cdot\frac{1}{4}=\frac{1}{16}$	$\frac{21+21}{2}=21$

したがって $\overline{X}$ の確率分布は次の通り．

$\overline{X}$	20	$20+\frac{1}{2}$	21	計
確率	$\frac{9}{16}$	$2\cdot\frac{3}{16}=\frac{3}{8}$	$\frac{1}{16}$	1

よって，標本平均 $\overline{X}$ の平均 $E(\overline{X})$ は

$$
\begin{aligned}
E(\overline{X})&=20\cdot\frac{9}{16}+\left(20+\frac{1}{2}\right)\cdot\frac{3}{8}+(20+1)\cdot\frac{1}{16}\\
&=20\cdot\left(\frac{9}{16}+\frac{3}{8}+\frac{1}{16}\right)+\frac{1}{2}\cdot\frac{3}{8}+\frac{1}{16}\\
&=20+\frac{1}{4}
\end{aligned}
$$

$E(\overline{X})$の意味

この場合は「大きさ2の標本」を考えているので，ソーセージを2本無作為に選びその重さの平均を $\overline{X}$ g としていて，$\overline{X}$ のとりうる値は，あるときは「$\overline{X}=\frac{20+20}{2}=20$」であり，あるときは「$\overline{X}=\frac{20+21}{2}=20+\frac{1}{2}$」である．

$$E(\overline{X})=20+\frac{1}{4}$$

とは，「大きさ2の標本を選び標本平均 $\overline{X}$ を求める」ということを何回も繰り返すと，その平均 $E(\overline{X})$ はほぼ $20+\frac{1}{4}$ になるということである．

よって，標本平均 $\overline{X}$ の分散 $V(\overline{X})$ は

$$V(\overline{X})=\{20-E(\overline{X})\}^2\cdot\frac{9}{16}+\left\{20+\frac{1}{2}-E(\overline{X})\right\}^2\cdot\frac{3}{8}+\{21-E(\overline{X})\}^2\cdot\frac{1}{16}$$

$$=\left(-\frac{1}{4}\right)^2\cdot\frac{9}{16}+\left(\frac{1}{4}\right)^2\cdot\frac{3}{8}+\left(\frac{3}{4}\right)^2\cdot\frac{1}{16}$$

$$=\frac{9+6+9}{256}=\frac{3}{32}$$

標本平均 $\overline{X}$ の分散 $V(\overline{X})$ の意味

この場合は「大きさ 2 の標本」を考えているので，ソーセージ 2 本を無作為に選び，その標本平均 $\overline{X}$ を求めるということを何回も繰り返すと，$\overline{X}$ の分散 $\sigma(\overline{X})^2$ がほぼ $\frac{3}{32}$ になる…というのが

$$V(\overline{X})=\frac{3}{32}$$

の意味である.

1.9.2　標本平均の公式

今の例では，

$$E(\overline{X})=20+\frac{1}{4}=m$$

となり

(標本平均 $\overline{X}$ の平均)=(母平均)

となっている．さらに

$$V(\overline{X})=\frac{3}{32}=\frac{\frac{3}{16}}{2}=\frac{\sigma^2}{2}$$

となり

$$(\text{標本平均}\overline{X}\text{の分散})=\frac{\text{母分散}}{\text{標本の大きさ}}$$

となっている.

以上のことは次のように一般化される.

標本平均の公式

任意の変量 x について，母集団での母平均を m，標本平均を $\overline{X}$ とすると，$\overline{X}$ の平均 $E(\overline{X})$ は

$$E(\overline{X})=m \quad \cdots\cdots ①$$

を満たす.

母集団の母分散を σ^2，$\overline{X}$ の分散を $V(\overline{X})$ とし，標本の大きさ n に対して母集団の大きさが十分大きい（つまり，標本が互いに独立）とすると

$$V(\overline{X})=\frac{\sigma^2}{n} \quad \cdots\cdots ②$$

が成り立つ.

① の意味は，

①の意味

大きさ n の標本を選び，標本平均 $\overline{X}$ を求めることを繰り返し $\overline{X}$ の平均をとると，その値はほぼ母平均 m(＝母集団での平均) になる

ということである.

② の意味は，

②の意味

標本の大きさ n を大きくするほど，

- 標本平均 $\overline{X}$ の $V(\overline{X})=\dfrac{\sigma^2}{n}$ は 0 に近づき
- つまり，$\overline{X}$ がその平均 $E(\overline{X})$ (＝m) より極端に大きくなったり小さくなったりしにくくなり
- $\overline{X}$ は母平均 m に近い値をとりやすくなる

ということである.

①，② の証明

大きさ n の標本を選び，その値を X_1, X_2, X_3, $\cdots$, X_n とする.

公式の証明で重要なのは次の 2 点である.

(a)　$i=1$, 2, 3, $\cdots$, n として，X_i の平均 $E(X_i)$ は母平均 m に等しく，X_i の分散 $V(X_i)$ は母分散 σ^2 に等しくなる.　母平均とか母分散とはそういうものだよね

つまり

$$E(X_i)=m,\quad V(X_i)=\sigma^2 \quad (1 \leqq i \leqq n)$$

となる.

(b)　母集団の大きさが十分大きいとしているので，X_1～X_n は互いに独立である（互いに影響しない).

標本平均 $\overline{X}$ は

$$\overline{X}=\frac{X_1+X_2+X_3+\cdots+X_n}{n}$$

標本平均 $\overline{X}$ の平均 $E(\overline{X})$ は

$$E(\overline{X})=E\left(\frac{X_1+X_2+X_3+\cdots+X_n}{n}\right)$$

$$=\frac{E(X_1+X_2+X_3+\cdots+X_n)}{n} \quad \cdots\cdots\cdots ③$$

（第 1.2 節で学んだ公式 $E(aX)=aE(X)$（a は定数）より）

$$=\frac{E(X_1)+E(X_2)+E(X_3)+\cdots+E(X_n)}{n}$$

（第 1.2 節で学んだ公式 $E(X+Y)=E(X)+E(Y)$ より）

$$=\frac{\overbrace{m+m+m+\cdots+m}^{n\text{ 個}}}{n} \quad (E(X_i)=m\ (1\leqq i\leqq n)\text{ より})$$

$$=m$$

よって，① が成り立つ．

標本平均 $\overline{X}$ の分散 $V(\overline{X})$ は

$$V(\overline{X})=V\left(\frac{X_1+X_2+X_3+\cdots+X_n}{n}\right)$$

$$=\frac{V(X_1+X_2+X_3+\cdots+X_n)}{n^2}$$

（第 1.2 節で学んだ公式 $V(aX)=a^2V(X)$（a は定数）より）

$$=\frac{V(X_1)+V(X_2)+V(X_3)+\cdots+V(X_n)}{n^2}$$

（$X_1\sim X_n$ は互いに独立なので第 1.4 節での♫を用いた）

$$=\frac{\overbrace{\sigma^2+\sigma^2+\sigma^2+\cdots+\sigma^2}^{n\text{ 個}}}{n^2} \quad (V(X_i)=\sigma^2\ (1\leqq i\leqq n)\text{ より})$$

$$=\frac{\sigma^2}{n}$$

従って，② が成り立つ．

（証明終り）

練習問題 9

母集団から無作為に1個のデータを選ぶとき，変量 x の値の確率分布は次の表のようになる．

x	2	3	5	計
確率	$\frac{1}{2}$	$\frac{1}{4}$	$\frac{1}{4}$	1

この変量 x について以下の問に答えよ．

(1) 母平均は [ア] であり，母分散は $\frac{[イ]}{[ウ]}$ である．

(2) この母集団から大きさ150の標本を無作為に選び，標本平均を $\overline{X}$ とする．

$\overline{X}$ について，平均は [エ]，分散は $\frac{[オ]}{[カキク]}$，標準偏差は $\frac{[ケ]}{[コサ]}$ である．

（解答は次ページ）

解答

(1)　母平均 m は

$$m=2\cdot\frac{1}{2}+3\cdot\frac{1}{4}+5\cdot\frac{1}{4}=\boxed{3}\ (\text{ア})$$

母分散 σ^2 は

母平均が3

$$\sigma^2=(2-3)^2\cdot\frac{1}{2}+(3-3)^2\cdot\frac{1}{4}+(5-3)^2\cdot\frac{1}{4}$$

ある変量の母分散とは，母集団全体での分散のことである．

$$=\frac{\boxed{3}\ (\text{イ})}{\boxed{2}\ (\text{ウ})}$$

(2)　大きさ 150 の標本の標本平均 $\overline{X}$ について，$\overline{X}$ の平均は

$$E(\overline{X})=m=\boxed{3}\ (\text{エ})$$

標本平均の平均は母平均に等しい．

$\overline{X}$ の分散 $V(\overline{X})$ は

$$V(\overline{X})=\frac{\sigma^2}{150}$$

母分散が σ^2 の母集団から大きさ n の標本を無作為に選ぶと，標本平均 $\overline{X}$ の分散は

$$V(\overline{X})=\frac{\sigma^2}{n}$$

$$=\frac{\frac{3}{2}}{150}$$

$$=\frac{\boxed{1}\ (\text{オ})}{\boxed{100}\ (\text{カキク})}$$

$\overline{X}$ の標準偏差 $\sigma(\overline{X})$ は

$$\sigma(\overline{X})=\sqrt{V(\overline{X})}$$

(標準偏差)$=\sqrt{(\text{分散})}$

$$=\sqrt{\frac{1}{100}}$$

$$=\frac{\boxed{1}\ (\text{ケ})}{\boxed{10}\ (\text{コサ})}$$

1.10 標本平均と正規分布

この節の概要

平均が m，分散が σ^2 の母集団から，大きさ n の標本を無作為に選び標本平均を $\overline{X}$ とする．通常の標本調査の場合，**$\overline{X}$ は正規分布 $N\left(m,\ \dfrac{\sigma^2}{n}\right)$ にほぼ従うこと**が知られている．「統計」で一番重要なこの「中心極限定理」を学ぶ．

母平均 m，母標準偏差 σ の母集団から大きさ n の標本を無作為に選び標本平均を $\overline{X}$ とすると

- $\overline{X}$ の平均は $E(\overline{X})=m$
- n が十分大きいと，$\overline{X}$ の標準偏差は $\dfrac{\sigma}{\sqrt{n}}$

となることを第1.9節で確認した．

さらに，**標本の大きさ n が大きい**場合は，$\overline{X}$ は**正規分布に近似的に従う**ことが知られている．

すなわち，**母集団がどのような分布であっても**（$\sigma>0$ は満たすとしよう），そこから**たくさんのデータを無作為に選び標本平均 $\overline{X}$** を求めると，**$\overline{X}$ は正規分布**にほぼ従うのである．これは非常に強力な性質である．

この定理を**中心極限定理**という．

中心極限定理

母平均 m，母分散 σ^2 の十分大きな母集団から大きさ n の標本を無作為に選び標本平均を $\overline{X}$ とし，n は十分大きいとする．

このとき，$\overline{X}$ は平均が m，分散が $\dfrac{\sigma^2}{n}$ の正規分布 $N\left(m,\ \dfrac{\sigma^2}{n}\right)$ に近似的に従う．

このことを利用して $\overline{X}$ についての確率を正規分布表から求めるには次のようにする．

$\overline{X}$ の確率を正規分布表から求める手順

母平均 m，母分散 σ^2 の母集団から大きさ n の標本を無作為に選び標本平均を $\overline{X}$ とする．さらに n は十分大きいとする．

step1 $\overline{X}$ は正規分布 $N\left(\underbrace{m}_{\text{平均}},\ \underbrace{\dfrac{\sigma^2}{n}}_{\text{分散}}\right)$ に近似的に従う．

つまり，$\overline{X}$ の平均は母平均 m そのもの，分散は $\dfrac{(\text{母分散})}{(\text{標本の大きさ})}$ であり，正規分布に従う．

step2　$\overline{X}$ の標準偏差を求める．$\sqrt{(\text{分散})}=\sqrt{\dfrac{\sigma^2}{n}}=\dfrac{\sigma}{\sqrt{n}}$ となる．

step3　$m_1 \leqq \overline{X} \leqq m_2$ となる確率 $P(m_1 \leqq \overline{X} \leqq m_2)$ を求めるために

$$z=\frac{\overline{X}-(\overline{X}\text{の平均})}{(\overline{X}\text{の標準偏差})}=\frac{\overline{X}-m}{\dfrac{\sigma}{\sqrt{n}}}$$

とおく．$\overline{X}$ が正規分布に近似的に従うので z は標準正規分布に近似的に従い，正規分布表が使えるからだ．（第 1.7 節参照）

step4　範囲 $m_1 \leqq \overline{X} \leqq m_2$ に対する z の範囲を求め，その確率を正規分布表から求める．

（例 1 ）

母平均が 100，母分散が 1600 の母集団から大きさ 25 の標本を無作為に選び，その標本平均を $\overline{X}$ とする．

$90 \leqq \overline{X} \leqq 110$ となる確率 $P(90 \leqq \overline{X} \leqq 110)$ のおよその値は次の手順で求められる．（$\overline{X}$ と母平均 100 の差が ± 10 の範囲に納まる確率である．）

step1　標本の大きさ 25 は「大きい」と見なしてよいので，$\overline{X}$ は正規分布

$$N\left(\underbrace{100}_{\text{平均}},\ \underbrace{\frac{1600}{25}}_{\text{分散}}\right)$$ に近似的に従う．

step2　$\overline{X}$ の標準偏差は $\sqrt{\dfrac{1600}{25}}=\dfrac{40}{5}=8$

step3　$90 \leqq \overline{X} \leqq 110$ となる確率 $P(90 \leqq \overline{X} \leqq 110)$ を求めるために $\overline{X}$ を**標準化**し

$$z=\frac{\overline{X}-(\overline{X}\text{の平均})}{(\overline{X}\text{の標準偏差})}=\frac{\overline{X}-100}{8}$$

とおく．$\overline{X}$ が正規分布に近似的に従うので z は標準正規分布に近似的に従い，正規分布表が使えるからだ．（第 1.7 節参照）

step4　$\overline{X}$ の範囲「$90 \leqq \overline{X} \leqq 110$」を z の範囲に変換する．すなわち

$$\begin{aligned}90 \leqq \overline{X} \leqq 110 &\iff -10 \leqq \overline{X}-100 \leqq 10\\ &\iff -\frac{5}{4} \leqq \frac{\overline{X}-100}{8} \leqq \frac{5}{4}\\ &\iff -1.25 \leqq z \leqq 1.25\end{aligned}$$

となり，

$$P(90 \leqq \overline{X} \leqq 110) = P(-1.25 \leqq z \leqq 1.25)$$

この確率は正規分布表から次のように求める.

(i)　この確率は次の図（標準正規分布）の斜線部の面積である.

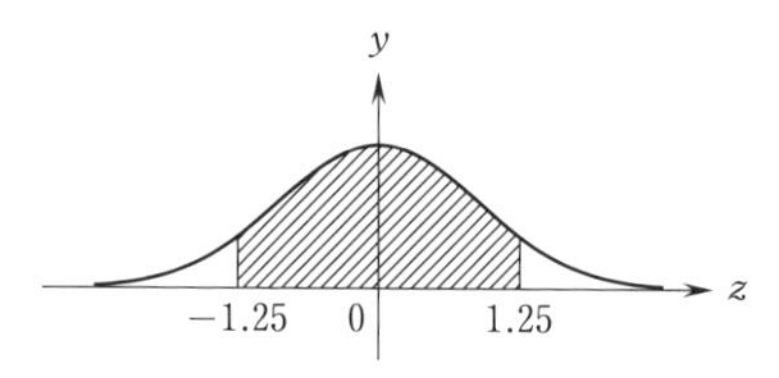

(ii)　標準正規分布の分布曲線は y 軸について対称なので，上の図の斜線部の面積は，次の図の斜線部の面積 $P(0 \leqq z \leqq 1.25)$ の2倍である.

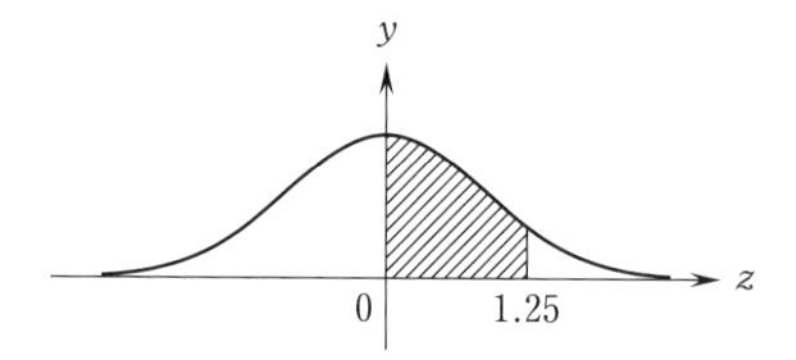

(iii)　$P(0 \leqq z \leqq z_0)$ の値を，$z_0 = 1.25$ として次ページの正規分布表から求めると 0.3944 なので,

$$P(0 \leqq z \leqq 1.25) = 0.3944.$$

よって

$$P(90 \leqq \overline{X} \leqq 110) = P(-1.25 \leqq z \leqq 1.25) = 2 \cdot 0.3944 = 0.7888.$$

以上より，$P(90 \leqq \overline{X} \leqq 110)$ のおよその値は 0.79 と分かる.

正　規　分　布　表

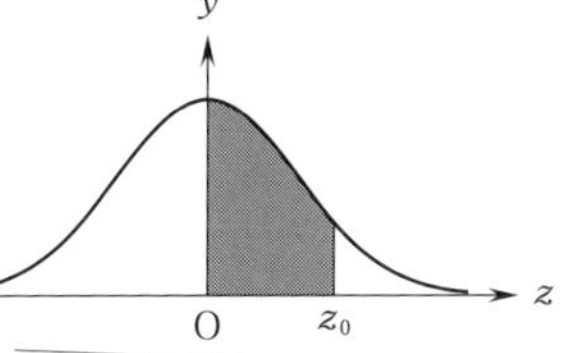

次の表は，標準正規分布の正規分布曲線における右図の灰色部分の面積の値をまとめたものである。

z_0 の小数第2位（列）／ z_0 の整数部分と小数第1位（行）

z_0	0.00	0.01	0.02	0.03	0.04	0.05	0.06	0.07	0.08	0.09
0.0	0.0000	0.0040	0.0080	0.0120	0.0160	0.0199	0.0239	0.0279	0.0319	0.0359
0.1	0.0398	0.0438	0.0478	0.0517	0.0557	0.0596	0.0636	0.0675	0.0714	0.0753
0.2	0.0793	0.0832	0.0871	0.0910	0.0948	0.0987	0.1026	0.1064	0.1103	0.1141
0.3	0.1179	0.1217	0.1255	0.1293	0.1331	0.1368	0.1406	0.1443	0.1480	0.1517
0.4	0.1554	0.1591	0.1628	0.1664	0.1700	0.1736	0.1772	0.1808	0.1844	0.1879
0.5	0.1915	0.1950	0.1985	0.2019	0.2054	0.2088	0.2123	0.2157	0.2190	0.2224
0.6	0.2257	0.2291	0.2324	0.2357	0.2389	0.2422	0.2454	0.2486	0.2517	0.2549
0.7	0.2580	0.2611	0.2642	0.2673	0.2704	0.2734	0.2764	0.2794	0.2823	0.2852
0.8	0.2881	0.2910	0.2939	0.2967	0.2995	0.3023	0.3051	0.3078	0.3106	0.3133
0.9	0.3159	0.3186	0.3212	0.3238	0.3264	0.3289	0.3315	0.3340	0.3365	0.3389
1.0	0.3413	0.3438	0.3461	0.3485	0.3508	0.3531	0.3554	0.3577	0.3599	0.3621
1.1	0.3643	[illegible]	[illegible]	[illegible]	0.3729	0.3749	0.3770	0.3790	0.3810	0.3830
1.2	0.3849	0.3869	0.3888	0.3907	[illegible]	0.3944	0.3962	0.3980	0.3997	0.4015
1.3	0.4032	0.4049	0.4066	0.4082	0.4099	0.4115	0.4131	0.4147	0.4162	0.4177
1.4	0.4192	0.4207	0.4222	0.4236	0.4251	0.4265	0.4279	0.4292	0.4306	0.4319
1.5	0.4332	0.4345	0.4357	0.4370	0.4382	0.4394	0.4406	0.4418	0.4429	0.4441
1.6	0.4452	0.4463	0.4474	0.4484	0.4495	0.4505	0.4515	0.4525	0.4535	0.4545
1.7	0.4554	0.4564	0.4573	0.4582	0.4591	0.4599	0.4608	0.4616	0.4625	0.4633
1.8	0.4641	0.4649	0.4656	0.4664	0.4671	0.4678	0.4686	0.4693	0.4699	0.4706
1.9	0.4713	0.4719	0.4726	0.4732	0.4738	0.4744	0.4750	0.4756	0.4761	0.4767
2.0	0.4772	0.4778	0.4783	0.4788	0.4793	0.4798	0.4803	0.4808	0.4812	0.4817
2.1	0.4821	0.4826	0.4830	0.4834	0.4838	0.4842	0.4846	0.4850	0.4854	0.4857
2.2	0.4861	0.4864	0.4868	0.4871	0.4875	0.4878	0.4881	0.4884	0.4887	0.4890
2.3	0.4893	0.4896	0.4898	0.4901	0.4904	0.4906	0.4909	0.4911	0.4913	0.4916
2.4	0.4918	0.4920	0.4922	0.4925	0.4927	0.4929	0.4931	0.4932	0.4934	0.4936
2.5	0.4938	0.4940	0.4941	0.4943	0.4945	0.4946	0.4948	0.4949	0.4951	0.4952
2.6	0.4953	0.4955	0.4956	0.4957	0.4959	0.4960	0.4961	0.4962	0.4963	0.4964
2.7	0.4965	0.4966	0.4967	0.4968	0.4969	0.4970	0.4971	0.4972	0.4973	0.4974
2.8	0.4974	0.4975	0.4976	0.4977	0.4977	0.4978	0.4979	0.4979	0.4980	0.4981
2.9	0.4981	0.4982	0.4982	0.4983	0.4984	0.4984	0.4985	0.4985	0.4986	0.4986
3.0	0.4987	0.4987	0.4987	0.4988	0.4988	0.4989	0.4989	0.4989	0.4990	0.4990

ここですね

もう慣れたでしょ

練習問題 10

以下の問題を解答するに当たっては，必要に応じて，次ページにある正規分布表を用いてよい.

母平均が 50，母標準偏差が 15 の母集団から大きさが 100 の標本を無作為に選ぶとき，その標本平均を $\overline{X}$ とするとき，以下の問いに答えよ.

$\overline{X}$ の平均は [アイ] である．母分散は [ウエ]^2 であるから $\overline{X}$ の標準偏差は [オ].[カ] である.

標本の大きさ 100 は大きいと見なせるので，$\overline{X}$ は正規分布に近似的に従うとしてよい.

このことと次ページの正規分布表を利用すると，$48 \leqq \overline{X} \leqq 52$ となる確率はおよそ [キ] である．[キ] に当てはまる最も適切なものを，次の⓪～③のうちから一つ選べ.

⓪ 0.52　　① 0.68　　② 0.82　　③ 0.98

（解答は 2 ページ後）

正　規　分　布　表

次の表は，標準正規分布の正規分布曲線における右図の灰色部分の面積の値をまとめたものである。

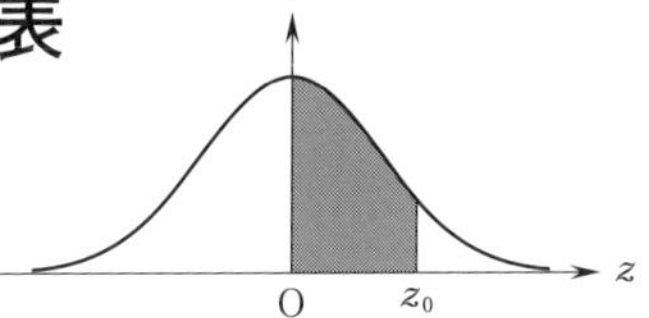

z_0	0.00	0.01	0.02	0.03	0.04	0.05	0.06	0.07	0.08	0.09
0.0	0.0000	0.0040	0.0080	0.0120	0.0160	0.0199	0.0239	0.0279	0.0319	0.0359
0.1	0.0398	0.0438	0.0478	0.0517	0.0557	0.0596	0.0636	0.0675	0.0714	0.0753
0.2	0.0793	0.0832	0.0871	0.0910	0.0948	0.0987	0.1026	0.1064	0.1103	0.1141
0.3	0.1179	0.1217	0.1255	0.1293	0.1331	0.1368	0.1406	0.1443	0.1480	0.1517
0.4	0.1554	0.1591	0.1628	0.1664	0.1700	0.1736	0.1772	0.1808	0.1844	0.1879
0.5	0.1915	0.1950	0.1985	0.2019	0.2054	0.2088	0.2123	0.2157	0.2190	0.2224
0.6	0.2257	0.2291	0.2324	0.2357	0.2389	0.2422	0.2454	0.2486	0.2517	0.2549
0.7	0.2580	0.2611	0.2642	0.2673	0.2704	0.2734	0.2764	0.2794	0.2823	0.2852
0.8	0.2881	0.2910	0.2939	0.2967	0.2995	0.3023	0.3051	0.3078	0.3106	0.3133
0.9	0.3159	0.3186	0.3212	0.3238	0.3264	0.3289	0.3315	0.3340	0.3365	0.3389
1.0	0.3413	0.3438	0.3461	0.3485	0.3508	0.3531	0.3554	0.3577	0.3599	0.3621
1.1	0.3643	0.3665	0.3686	0.3708	0.3729	0.3749	0.3770	0.3790	0.3810	0.3830
1.2	0.3849	0.3869	0.3888	0.3907	0.3925	0.3944	0.3962	0.3980	0.3997	0.4015
1.3	0.4032	0.4049	0.4066	0.4082	0.4099	0.4115	0.4131	0.4147	0.4162	0.4177
1.4	0.4192	0.4207	0.4222	0.4236	0.4251	0.4265	0.4279	0.4292	0.4306	0.4319
1.5	0.4332	0.4345	0.4357	0.4370	0.4382	0.4394	0.4406	0.4418	0.4429	0.4441
1.6	0.4452	0.4463	0.4474	0.4484	0.4495	0.4505	0.4515	0.4525	0.4535	0.4545
1.7	0.4554	0.4564	0.4573	0.4582	0.4591	0.4599	0.4608	0.4616	0.4625	0.4633
1.8	0.4641	0.4649	0.4656	0.4664	0.4671	0.4678	0.4686	0.4693	0.4699	0.4706
1.9	0.4713	0.4719	0.4726	0.4732	0.4738	0.4744	0.4750	0.4756	0.4761	0.4767
2.0	0.4772	0.4778	0.4783	0.4788	0.4793	0.4798	0.4803	0.4808	0.4812	0.4817
2.1	0.4821	0.4826	0.4830	0.4834	0.4838	0.4842	0.4846	0.4850	0.4854	0.4857
2.2	0.4861	0.4864	0.4868	0.4871	0.4875	0.4878	0.4881	0.4884	0.4887	0.4890
2.3	0.4893	0.4896	0.4898	0.4901	0.4904	0.4906	0.4909	0.4911	0.4913	0.4916
2.4	0.4918	0.4920	0.4922	0.4925	0.4927	0.4929	0.4931	0.4932	0.4934	0.4936
2.5	0.4938	0.4940	0.4941	0.4943	0.4945	0.4946	0.4948	0.4949	0.4951	0.4952
2.6	0.4953	0.4955	0.4956	0.4957	0.4959	0.4960	0.4961	0.4962	0.4963	0.4964
2.7	0.4965	0.4966	0.4967	0.4968	0.4969	0.4970	0.4971	0.4972	0.4973	0.4974
2.8	0.4974	0.4975	0.4976	0.4977	0.4977	0.4978	0.4979	0.4979	0.4980	0.4981
2.9	0.4981	0.4982	0.4982	0.4983	0.4984	0.4984	0.4985	0.4985	0.4986	0.4986
3.0	0.4987	0.4987	0.4987	0.4988	0.4988	0.4989	0.4989	0.4989	0.4990	0.4990

解答

$\overline{X}$ の平均は，$E(\overline{X})=$(母平均)$=$ **アイ** $\boxed{50}$

母分散は（母標準偏差)$^2=$ **ウエ** $\boxed{15}^2$ であり，

(母標準偏差)$=\sqrt{(母分散)}$ であるから，(母分散)$=$(母標準偏差)^2

$\overline{X}$ の分散は $\dfrac{15^2}{100}$

$\overline{X}$ の分散は $\dfrac{(母分散)}{(標本の大きさ)}$

よって，$\overline{X}$ の標準偏差は

$$\sigma(\overline{X})=\sqrt{\frac{15^2}{100}}=\frac{15}{10}=\boxed{1}.\boxed{5}$$

（オ：1，カ：5）

標本の大きさ 100 は大きいと見なせるので，$\overline{X}$ は正規分布に近似的に従うとしてよく，$\overline{X}$ を**標準化**し

$$z=\frac{\overline{X}-(\overline{X}の平均)}{(\overline{X}の標準偏差)}=\frac{\overline{X}-50}{1.5}$$

とおくと，z は標準正規分布に近似的に従う．

このとき

$$48\leqq\overline{X}\leqq52 \iff -2\leqq\overline{X}-50\leqq2$$
$$\iff \frac{-2}{1.5}\leqq\frac{\overline{X}-50}{1.5}\leqq\frac{2}{1.5}$$
$$\iff -1.33\leqq z\leqq1.33$$
$$\left(\frac{2}{1.5}=1.333\cdots=1.33 \text{ とした}\right)$$

となり

$$P(48\leqq\overline{X}\leqq52)=P(-1.33\leqq z\leqq1.33)$$

この確率は次の図（標準正規分布）の斜線部の面積である．

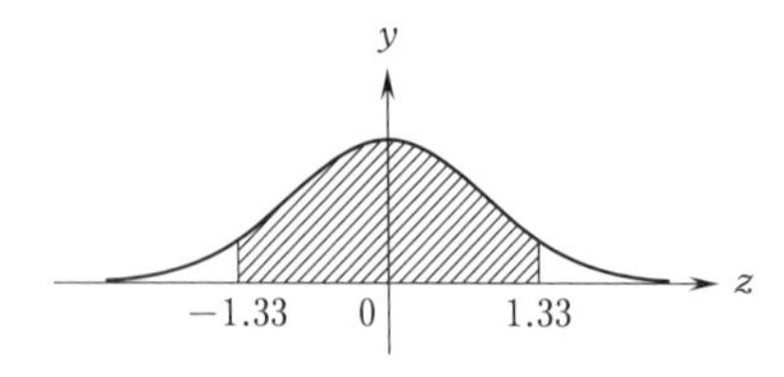

標準正規分布の分布曲線は y 軸について対称なので，上の図の斜線部の面積は，次の図の斜線部の面積

$P(0 \leqq z \leqq 1.33)$ の2倍である.

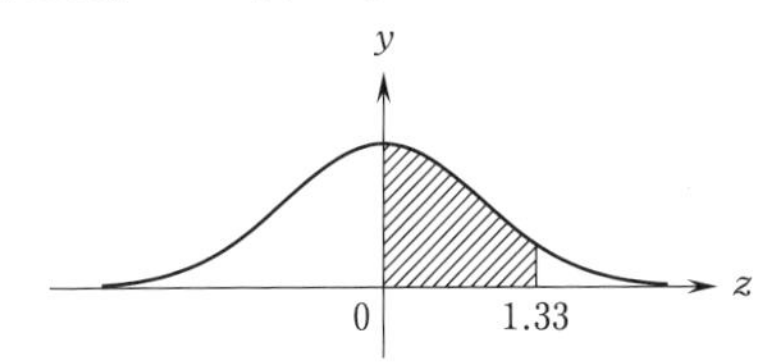

$P(0 \leqq z \leqq z_0)$ の値を, $z_0=1.33$ として次ページの正規分布表から求めると 0.4082 なので,

$$P(0 \leqq z \leqq 1.33)=0.4082$$

よって

$$P(48 \leqq \overline{X} \leqq 52)=P(-1.33 \leqq z \leqq 1.33)$$
$$=2 \cdot 0.4082$$
$$=0.8164$$

したがって, キ に当てはまる最も適切なものは

キ
② である.

正　規　分　布　表

次の表は，標準正規分布の正規分布曲線における右図の灰色部分の面積の値をまとめたものである。

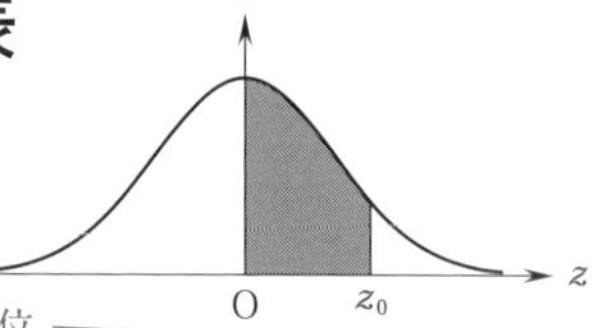

z_0 の小数第2位

z_0 の整数部分と小数第1位

z_0	0.00	0.01	0.02	0.03	0.04	0.05	0.06	0.07	0.08	0.09
0.0	0.0000	0.0040	0.0080	0.0120	0.0160	0.0199	0.0239	0.0279	0.0319	0.0359
0.1	0.0398	0.0438	0.0478	0.0517	0.0557	0.0596	0.0636	0.0675	0.0714	0.0753
0.2	0.0793	0.0832	0.0871	0.0910	0.0948	0.0987	0.1026	0.1064	0.1103	0.1141
0.3	0.1179	0.1217	0.1255	0.1293	0.1331	0.1368	0.1406	0.1443	0.1480	0.1517
0.4	0.1554	0.1591	0.1628	0.1664	0.1700	0.1736	0.1772	0.1808	0.1844	0.1879
0.5	0.1915	0.1950	0.1985	0.2019	0.2054	0.2088	0.2123	0.2157	0.2190	0.2224
0.6	0.2257	0.2291	0.2324	0.2357	0.2389	0.2422	0.2454	0.2486	0.2517	0.2549
0.7	0.2580	0.2611	0.2642	0.2673	0.2704	0.2734	0.2764	0.2794	0.2823	0.2852
0.8	0.2881	0.2910	0.2939	0.2967	0.2995	0.3023	0.3051	0.3078	0.3106	0.3133
0.9	0.3159	0.3186	0.3212	0.3238	0.3264	0.3289	0.3315	0.3340	0.3365	0.3389
1.0	0.3413	0.3438	0.3461	0.3485	0.3508	0.3531	0.3554	0.3577	0.3599	0.3621
1.1	0.3643	0.3665	0.3686	0.3708	0.3729	0.3749	0.3770	0.3790	0.3810	0.3830
1.2	0.3849	[illegible]	0.3888	0.3907	0.3925	0.3944	0.3962	0.3980	0.3997	0.4015
1.3	0.4032	0.4049	[illegible]	0.4082	0.4099	0.4115	0.4131	0.4147	0.4162	0.4177
1.4	0.4192	0.4207	0.4222	0.4236	0.4251	0.4265	0.4279	0.4292	0.4306	0.4319
1.5	0.4332	0.4345	0.4357	0.4370	0.4382	0.4394	0.4406	0.4418	0.4429	0.4441
1.6	0.4452	0.4463	0.4474	0.4484	0.4495	0.4505	0.4515	0.4525	0.4535	0.4545
1.7	0.4554	0.4564	0.4573	0.4582	0.4591	0.4599	0.4608	0.4616	0.4625	0.4633
1.8	0.4641	0.4649	0.4656	0.4664	0.4671	0.4678	0.4686	0.4693	0.4699	0.4706
1.9	0.4713	0.4719	0.4726	0.4732	0.4738	0.4744	0.4750	0.4756	0.4761	0.4767
2.0	0.4772	0.4778	0.4783	0.4788	0.4793	0.4798	0.4803	0.4808	0.4812	0.4817
2.1	0.4821	0.4826	0.4830	0.4834	0.4838	0.4842	0.4846	0.4850	0.4854	0.4857
2.2	0.4861	0.4864	0.4868	0.4871	0.4875	0.4878	0.4881	0.4884	0.4887	0.4890
2.3	0.4893	0.4896	0.4898	0.4901	0.4904	0.4906	0.4909	0.4911	0.4913	0.4916
2.4	0.4918	0.4920	0.4922	0.4925	0.4927	0.4929	0.4931	0.4932	0.4934	0.4936
2.5	0.4938	0.4940	0.4941	0.4943	0.4945	0.4946	0.4948	0.4949	0.4951	0.4952
2.6	0.4953	0.4955	0.4956	0.4957	0.4959	0.4960	0.4961	0.4962	0.4963	0.4964
2.7	0.4965	0.4966	0.4967	0.4968	0.4969	0.4970	0.4971	0.4972	0.4973	0.4974
2.8	0.4974	0.4975	0.4976	0.4977	0.4977	0.4978	0.4979	0.4979	0.4980	0.4981
2.9	0.4981	0.4982	0.4982	0.4983	0.4984	0.4984	0.4985	0.4985	0.4986	0.4986
3.0	0.4987	0.4987	0.4987	0.4988	0.4988	0.4989	0.4989	0.4989	0.4990	0.4990

一瞬

もはや

1.11　母平均の推定

この節の概要

母平均が m，母分散が σ^2 の母集団から無作為に大きさ n の標本を選ぶとき，標本平均 $\overline{X}$ は正規分布 $N\left(m,\ \dfrac{\sigma^2}{n}\right)$ に近似的に従うことを第1.10節で学んだ．

このことを利用して，標本平均 $\overline{X}$ と標本標準偏差 S（この2つの数値はわかるはず）から母平均 m（正確に求めるのは困難）を推定する方法を確認する．

信頼度95%の信頼区間

母平均を m とするとき，区間 I：$A \leqq m \leqq B$（A，B は定数）が成り立つ確率が95%となるような区間 I を，母平均 m に対する信頼度95%の信頼区間という．

この区間 I は以下のように考えて求められる．

母平均 m に対する信頼度95%の信頼区間の求め方の理屈

母平均 m，母分散 σ^2 の母集団から大きさ n の標本を無作為に選び，標本平均を $\overline{X}$，標本分散を S^2 とする．

さらに，標本の大きさ n は十分大きく，母集団の大きさはそれに比べて十分大きいとする．（この条件は標本調査では普通は満たされている．）

step1　n が十分大きいとき，第1.9節で学んだように，$\overline{X}$ は正規分布

$N\left(\underbrace{m}_{\text{平均}},\ \underbrace{\dfrac{\sigma^2}{n}}_{\text{分散}}\right)$ に近似的に従う．$\overline{X}$ の標準偏差は $\sqrt{\dfrac{\sigma^2}{n}} = \dfrac{\sigma}{\sqrt{n}}$ になる．

step2　正規分布表を用いるために $\overline{X}$ を**標準化**し

$$z = \frac{\overline{X} - (\overline{X}\text{の平均})}{(\overline{X}\text{の標準偏差})} = \frac{\overline{X} - m}{\dfrac{\sigma}{\sqrt{n}}}$$

とおく．$\overline{X}$ が正規分布に近似的に従うので **z は標準正規分布に近似的に従い，正規分布表が使えるからだ．**（第1.7節参照）

step3　原点について対称な区間 $-z_0 \leqq z \leqq z_0$ **を z が満たす確率が $95\% = 0.95$ となる z_0**（『95%』が**信頼度**）を正規分布表から求める．それは第1.6節**練習問題6**(2)のようにして，$z_0 = 1.96$ と分かる．

step4 したがって，$-z_0 \leqq z \leqq z_0$（ただし，$z_0=1.96$）となる確率が95%になるので，これを $z=\dfrac{\overline{X}-m}{\dfrac{\sigma}{\sqrt{n}}}$ を用いて，m の範囲に書き直す．つまり

$$-z_0 \leqq \frac{\overline{X}-m}{\dfrac{\sigma}{\sqrt{n}}} \leqq z_0$$

$$-z_0\frac{\sigma}{\sqrt{n}} \leqq \overline{X}-m \leqq z_0\frac{\sigma}{\sqrt{n}}$$

$z_0=1.96$ であるから

$$I: \underbrace{\overline{X}-1.96\frac{\sigma}{\sqrt{n}}}_{A\text{とし}} \leqq m \leqq \underbrace{\overline{X}+1.96\frac{\sigma}{\sqrt{n}}}_{B\text{とする}} \quad \cdots\cdots\cdots ①$$

m が I を満たす確率が95%となるので．この I が「m に対する信頼度95%の信頼区間」である．

step5 ただし，① の A と B を具体的な数値にするには次の作業をする．

- $\overline{X}$ には標本調査で得られている「標本平均」の値を代入する．
- 母標準偏差 σ はわからないことが多い（母集団全体を調べるのは困難）．しかし，「n が十分大きいときは σ はほぼ標本標準偏差 S（これは分かっているはず）に等しい」となることが知られているので，σ に S の値を代入する．

注1．実は，**母集団が十分大きいときは（S^2の平均）$=\left(1-\dfrac{1}{n}\right)\sigma^2$** が成り立つので（第1.16.4節参照），$n$ が大きいと S は σ に近い値を取りやすくなるのだ．

注2．上の説明では ① を導いてから $\sigma \fallingdotseq S$（つまり，母標準偏差が標本標準偏差にほぼ等しい）を用いたが，設問によってはもっと早い段階で $\sigma \fallingdotseq S$ を利用する場合もある．それは設問に従おう．

このようにして，標本調査により，母平均 m がどれぐらいの値になるかを推定できる．母集団全体を調べるのは困難であったり，膨大な手間や費用がかかる場合であっても，母平均 m を推定できるのは統計の絶大な威力である．

（例1）

ある洋菓子店では手作りで板チョコを大量に作っている．そのうちの $n=100$（枚）の重さを調べたところ，1枚の重さの標本平均は $\overline{X}=50$(g)，標本標準偏差が $S=2$(g) であった．（注．標準偏差の定義から，データの単位と標準偏差の単位は同じである．）

板チョコ1枚の重さの母平均を m(g)，母標準偏差を σ(g) とし，m に対する信頼度95%の信頼区間

$$I: A \leqq m \leqq B$$

を求めよう．次のようにすればよい．

step1 母分散は σ^2 であり，$n=100$ は十分大きいので $\overline{X}$ は正規分布

$$N\Big(\underbrace{m}_{\text{平均}},\ \underbrace{\frac{\sigma^2}{100}}_{\text{分散}}\Big)$$ に近似的に従い

$$(\overline{X}\text{の平均})=E(\overline{X})=m,\ (\overline{X}\text{の標準偏差})=\sqrt{\frac{\sigma^2}{100}}=\frac{\sigma}{10}$$

σ は標本標準偏差 $S=2$ にほぼ等しいので

$$(\overline{X}\text{の標準偏差})=\frac{2}{10}=\frac{1}{5}$$

としてよい．

step2 正規分布表を用いるために $\overline{X}$ を**標準化**し

$$z=\frac{\overline{X}-(\overline{X}\text{の平均})}{(\overline{X}\text{の標準偏差})}=\frac{\overline{X}-m}{\frac{1}{5}}=5(\overline{X}-m)$$

とおく．**z は標準正規分布に近似的に従い，正規分布表が使える．**

step3 原点について対称な区間 $-z_0 \leqq z \leqq z_0$ **を z が満たす確率が 95%＝0.95 となる z_0** を正規分布表から求める．

この確率 $P(-z_0 \leqq z \leqq z_0)$ は次の図（標準正規分布）の斜線部の面積である．

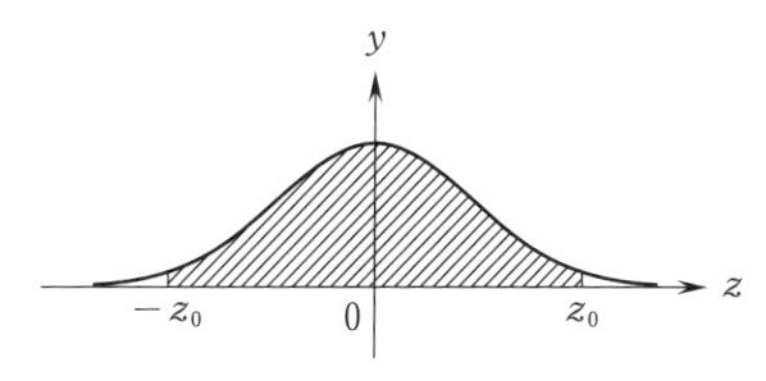

標準正規分布の分布曲線は y 軸について対称なので，上の図の斜線部の面

積は，次の図の斜線部の面積 $P(0 \leqq z \leqq z_0)$ の2倍である．

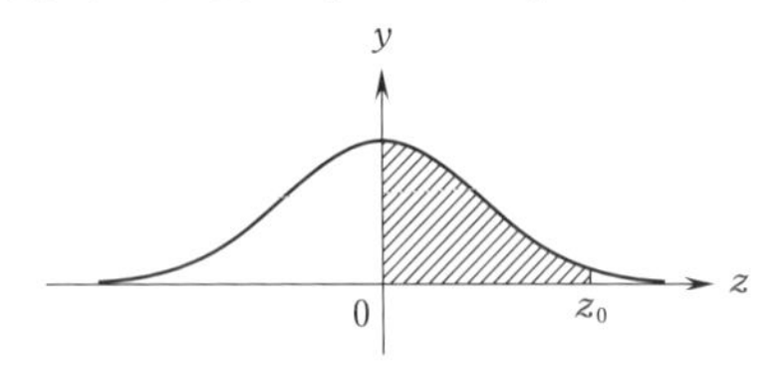

$P(-z_0 \leqq z \leqq z_0) = 2P(0 \leqq z \leqq z_0)$ が0.95となるのは

$$P(0 \leqq z \leqq z_0) = \frac{0.95}{2} = 0.475$$

となるときである．

次ページの正規分布表から「面積が0.475に近いもの」を探すと，0.475そのものが見つかり，そこから z_0 の数値を読み取ると，$\boldsymbol{z_0 = 1.96}$ と分かる．

step4 したがって，$-z_0 \leqq z \leqq z_0$（ただし，$z_0 = 1.96$）となる確率が95%になるので，これを $z = 5(\overline{X} - m)$ を用いて，m の範囲に書き直す．つまり

$$-z_0 \leqq 5(\overline{X} - m) \leqq z_0$$

$z_0 = 1.96$，$\overline{X} = 50$ であるから

$$-1.96 \leqq 5(50 - m) \leqq 1.96$$

$$-0.392 \leqq 50 - m \leqq 0.392$$

整理して，小数第3位を四捨五入すると

$$\boldsymbol{I : 49.61 \leqq m \leqq 50.39}$$

板チョコ1枚の重さの母平均 m(g) が確率95%でこの範囲にあるということだ．つまり，こうやって信頼区間 I を求めることを何回も繰り返せば，そのうちの95%ぐらいで I に母平均 m が入るということだ．板チョコすべての重さを調べなくても，その一部を調べただけでこれだけ分かるというのが，統計の面白いところだ（注）．

(注) ただし，この信頼区間の解釈は高校で学ぶ「母平均の推定」と次節で学ぶ「母比率の推定」の場合のことである．「$\overline{X}$ の標準偏差が分かるとみなせる」という前提が重要であり，高校の統計はそれを認めている．この前提が成り立たない場合は…大学で学ぼう！

正 規 分 布 表

次の表は，標準正規分布の正規分布曲線における右図の灰色部分の面積の値をまとめたものである。

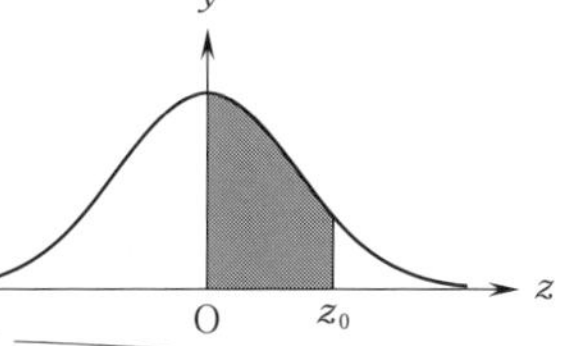

z_0 の小数第 2 位

z_0	0.00	0.01	0.02	0.03	0.04	0.05	0.06	0.07	0.08	0.09
0.0	0.0000	0.0040	0.0080	0.0120	0.0160	0.0199	[illegible]	0.0279	0.0319	0.0359
0.1	0.0398	0.0438	0.0478	0.0517	0.0557	0.0596	0.0636	0.0675	0.0714	0.0753
0.2	0.0793	0.0832	0.0871	0.0910	0.0948	0.0987	0.1026	0.1064	0.1103	0.1141
0.3	0.1179	0.1217	0.1255	0.1293	0.1331	0.1368	0.1406	0.1443	0.1480	0.1517
0.4	0.1554	0.1591	0.1628	0.1664	0.1700	0.1736	0.1772	0.1808	0.1844	0.1879
0.5	0.1915	0.1950	0.1985	0.2019	0.2054	0.2088	0.2123	0.2157	0.2190	0.2224
0.6	0.2257	0.2291	0.2324	0.2357	0.2389	0.2422	0.2454	0.2486	0.2517	0.2549
0.7	0.2580	0.2611	0.2642	0.2673	0.2704	0.2734	0.2764	0.2794	0.2823	0.2852
0.8	0.2881	0.2910	0.2939	0.2967	0.2995	0.3023	0.3051	0.3078	0.3106	0.3133
0.9	0.3159	0.3186	0.3212	0.3238	0.3264	0.3289	[illegible]	[illegible]	[illegible]	0.3389
1.0	0.3413	0.3438	0.3461	0.3485	0.3508	0.3531	0.3554	0.3577	0.3599	0.3621
1.1	0.3643	0.3665	0.3686	0.3708	0.3729	0.3749	0.3770	0.3790	0.3810	0.3830
1.2	0.3849	0.3869	0.3888	0.3907	0.3925	0.3944	0.3962	0.3980	0.3997	0.4015
1.3	0.4032	0.4049	0.4066	0.4082	0.4099	0.4115	0.4131	0.4147	0.4162	0.4177
1.4	0.4192	0.4207	0.4222	0.4236	0.4251	0.4265	0.4279	0.4292	0.4306	0.4319
1.5	0.4332	0.4345	0.4357	0.4370	0.4382	0.4394	0.4406	0.4418	0.4429	0.4441
1.6	0.4452	0.4463	0.4474	0.4484	0.4495	0.4505	0.4515	0.4525	0.4535	0.4545
1.7	0.4554	0.4564	0.4573	0.4582	0.4591	0.4599	0.4608	0.4616	0.4625	0.4633
1.8	0.4641	[illegible]	[illegible]	[illegible]	[illegible]	0.4678	0.4686	0.4693	0.4699	0.4706
1.9	0.4713	0.4719	0.4726	0.4732	0.4738	0.4744	0.4750	0.4756	0.4761	0.4767
2.0	0.4772	0.4778	0.4783	0.4788	0.4793	[illegible]	[illegible]	[illegible]	0.4812	0.4817
2.1	0.4821	0.4826	0.4830	0.4834	0.4838	0.4842	0.4846	0.4850	0.4854	0.4857
2.2	0.4861	0.4864	0.4868	0.4871	0.4875	0.4878	0.4881	0.4884	0.4887	0.4890
2.3	0.4893	0.4896	0.4898	0.4901	0.4904	0.4906	0.4909	0.4911	0.4913	0.4916
2.4	0.4918	0.4920	0.4922	0.4925	0.4927	0.4929	0.4931	0.4932	0.4934	0.4936
2.5	0.4938	0.4940	0.4941	0.4943	0.4945	0.4946	0.4948	0.4949	0.4951	0.4952
2.6	0.4953	0.4955	0.4956	0.4957	0.4959	0.4960	0.4961	0.4962	0.4963	0.4964
2.7	0.4965	0.4966	0.4967	0.4968	0.4969	0.4970	0.4971	0.4972	0.4973	0.4974
2.8	0.4974	0.4975	0.4976	0.4977	0.4977	0.4978	0.4979	0.4979	0.4980	0.4981
2.9	0.4981	0.4982	0.4982	0.4983	0.4984	0.4984	0.4985	0.4985	0.4986	0.4986
3.0	0.4987	0.4987	0.4987	0.4988	0.4988	0.4989	0.4989	0.4989	0.4990	0.4990

z_0 の整数部分と小数第 1 位

z_0 の小数第 2 位

z_0 の小数第 1 位まで

ここに 0.475 がある

（例２）

例１の場合に，母平均 m が $I：A \leqq m \leqq B$ を満たす確率が**99%**になるような区間 I（m に対する**信頼度 99%の信頼区間**）を求めよう．例１の場合の「95%＝0.95」を「99%＝0.99」に代えて，それ以外は同様であるから次のようにする．

step1 $n=100$ は十分大きいので，$\overline{X}$ は正規分布 $N\left(\underbrace{m}_{\text{平均}},\ \underbrace{\frac{\sigma^2}{100}}_{\text{分散}}\right)$ に近似的に従い

$$(\overline{X}\text{の平均})=E(\overline{X})=m,\ (\overline{X}\text{の標準偏差})=\sqrt{\frac{\sigma^2}{100}}=\frac{\sigma}{10}$$

σ は標本標準偏差 $S=2$ にほぼ等しいので

$$(\overline{X}\text{の標準偏差})=\frac{2}{10}=\frac{1}{5}$$

としてよい．

step2 $$z=\frac{\overline{X}-(\overline{X}\text{の平均})}{(\overline{X}\text{の標準偏差})}=\frac{\overline{X}-m}{\frac{1}{5}}=5(\overline{X}-m)$$

とおく．**z は標準正規分布に近似的に従い，正規分布表が使える．**

step3 原点について対称な区間 **$-z_0 \leqq z \leqq z_0$ を z が満たす確率が 99%＝0.99 となる z_0** を正規分布表から求める．

この確率 $P(-z_0 \leqq z \leqq z_0)=0.99$ は次の図（標準正規分布）の斜線部の面積である．

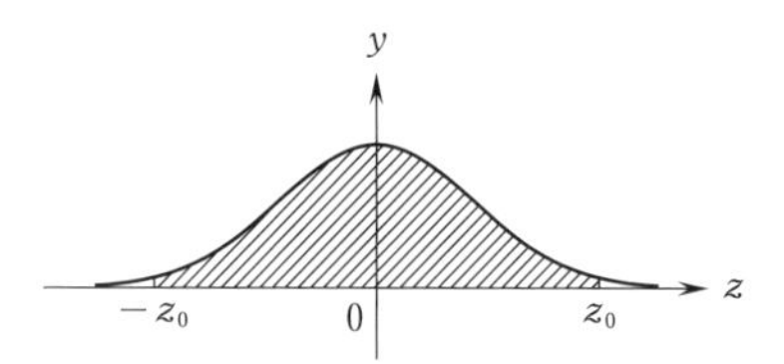

標準正規分布の分布曲線は y 軸について対称なので，上の図の斜線部の面積は，次の図の斜線部の面積 $P(0 \leqq z \leqq z_0)$ の２倍である．

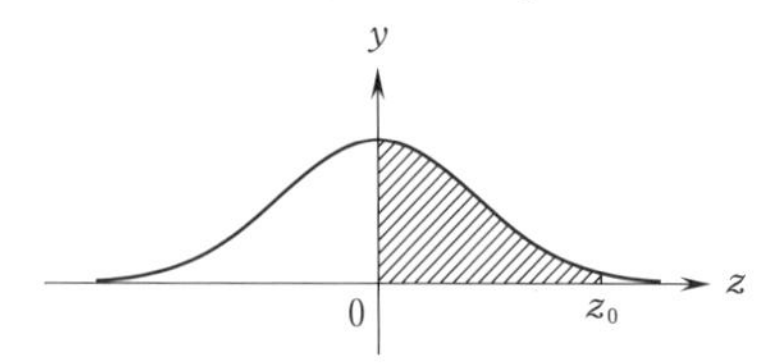

よって

$$P(-z_0 \leqq z \leqq z_0) = 2P(0 \leqq z \leqq z_0)$$

となり，これが 0.99 となるのは

$$P(0 \leqq z \leqq z_0) = \frac{0.99}{2} = 0.495$$

次ページの正規分布表に書かれた面積の値で 0.495 に近いものを探すと，0.4949 と 0.4951 が見つかる．

そこから z_0 の数値を読み取ると，$z_0 = 2.57$ または 2.58 と分かる．どちらを使うべきかは問題で指定されることが多いし，そうでなければどちらを使ってもよい．ここでは $z_0 = 2.58$ としよう．

step4 従って，$-z_0 \leqq z \leqq z_0$（ただし，$z_0 = 2.58$）となる確率が 99% になるので，これを $z = 5(\overline{X} - m)$ を用いて，m の範囲に書き直す．つまり

$$-z_0 \leqq 5(\overline{X} - m) \leqq z_0$$

$z_0 = 2.58$，$\overline{X} = 50$ であるから

$$-2.58 \leqq 5(50 - m) \leqq 2.58$$

$$-0.516 \leqq 50 - m \leqq 0.516$$

整理して，小数第 3 位を四捨五入して

$$\boldsymbol{I : 49.48 \leqq m \leqq 50.52}$$

板チョコ 1 枚の重さの母平均 m(g) が確率 99% でこの範囲にあるということだ．つまり，こうやって信頼区間 I を求めることを何回も繰り返せば，そのうちの 99% ぐらいで I に母平均 m が入るということだ（3 ページ前の**注**を参照せよ）．

正 規 分 布 表

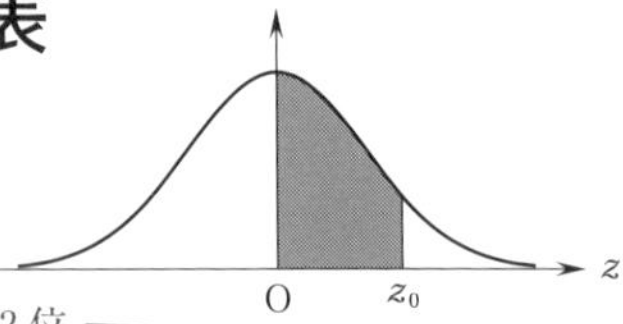

次の表は，標準正規分布の正規分布曲線における右図の灰色部分の面積の値をまとめたものである。

z_0 の小数第2位（列）／z_0 の整数部分と小数第1位（行）

z_0	0.00	0.01	0.02	0.03	0.04	0.05	0.06	0.07	0.08	0.09
0.0	0.0000	0.0040	0.0080	0.0120	0.0160	0.0199	0.0239	0.0279	0.0319	0.0359
0.1	0.0398	0.0438	0.0478	0.0517	0.0557	0.0596	0.0636	0.0675	0.0714	0.0753
0.2	0.0793	0.0832	0.0871	0.0910	0.0948	0.0987	0.1026	0.1064	0.1103	0.1141
0.3	0.1179	0.1217	0.1255	0.1293	0.1331	0.1368	0.1406	0.1443	0.1480	0.1517
0.4	0.1554	0.1591	0.1628	0.1664	0.1700	0.1736	0.1772	0.1808	0.1844	0.1879
0.5	0.1915	0.1950	0.1985	0.2019	0.2054	0.2088	0.2123	0.2157	0.2190	0.2224
0.6	0.2257	0.2291	0.2324	0.2357	0.2389	0.2422	0.2454	0.2486	0.2517	0.2549
0.7	0.2580	0.2611	0.2642	0.2673	0.2704	0.2734	0.2764	0.2794	0.2823	0.2852
0.8	0.2881	0.2910	0.2939	0.2967	0.2995	0.3023	0.3051	0.3078	0.3106	0.3133
0.9	0.3159	0.3186	0.3212	0.3238	0.3264	0.3289	0.3315	0.3340	0.3365	0.3389
1.0	0.3413	0.3438	0.3461	0.3485	0.3508	0.3531	0.3554	0.3577	0.3599	0.3621
1.1	0.3643	0.3665	0.3686	0.3708	0.3729	0.3749	0.3770	0.3790	0.3810	0.3830
1.2	0.3849	0.3869	0.3888	0.3907	0.3925	0.3944	0.3962	0.3980	0.3997	0.4015
1.3	0.4032	0.4049	0.4066	0.4082	0.4099	0.4115	0.4131	0.4147	0.4162	0.4177
1.4	0.4192	0.4207	0.4222	0.4236	0.4251	0.4265	0.4279	0.4292	0.4306	0.4319
1.5	0.4332	0.4345	0.4357	0.4370	0.4382	0.4394	0.4406	0.4418	0.4429	0.4441
1.6	0.4452	0.4463	0.4474	0.4484	0.4495	0.4505	0.4515	0.4525	0.4535	0.4545
1.7	0.4554	0.4564	0.4573	0.4582	0.4591	0.4599	0.4608	0.4616	0.4625	0.4633
1.8	0.4641	0.4649	0.4656	0.4664	0.4671	0.4678	0.4686	0.4693	0.4699	0.4706
1.9	0.4713	0.4719	0.4726	0.4732	0.4738	0.4744	0.4750	0.4756	0.4761	0.4767
2.0	0.4772	0.4778	0.4783	0.4788	0.4793	0.4798	0.4803	0.4808	0.4812	0.4817
2.1	0.4821	0.4826	0.4830	0.4834	0.4838	0.4842	0.4846	0.4850	0.4854	0.4857
2.2	0.4861	0.4864	0.4868	0.4871	0.4875	0.4878	0.4881	0.4884	0.4887	0.4890
2.3	0.4893	0.4896	0.4898	0.4901	0.4904	0.4906	0.4909	0.4911	0.4913	0.4916
2.4	0.4918	0.4920	[illegible]	[illegible]	0.4927	0.4929	0.4931	0.4932	0.4934	0.4936
2.5	0.4938	0.4940	0.4941	0.4943	0.4945	0.4946	0.4948	0.4949	0.4951	0.4952
2.6	0.4953	0.4955	0.4956	0.4957	0.4959	0.4960	0.4961	0.4962	0.4963	0.4964
2.7	0.4965	0.4966	0.4967	0.4968	0.4969	0.4970	0.4971	0.4972	0.4973	0.4974
2.8	0.4974	0.4975	0.4976	0.4977	0.4977	0.4978	0.4979	0.4979	0.4980	0.4981
2.9	0.4981	0.4982	0.4982	0.4983	0.4984	0.4984	0.4985	0.4985	0.4986	0.4986
3.0	0.4987	0.4987	0.4987	0.4988	0.4988	0.4989	0.4989	0.4989	0.4990	0.4990

step3
step3
step3

練習問題 11

以下の問題を解答するに当たっては，必要に応じて，次ページにある正規分布表を用いてよい．

母平均が m である母集団から大きさが 100 の標本を無作為に選び，その標本平均 $\overline{X}$ が 120，標本標準偏差が 30 になった．標本の大きさ 100 は十分大きいので，母標準偏差は標本標準偏差にほぼ等しいとしてよい．

よって，$\overline{X}$ は平均が m，標準偏差が ［ア］ の ［イ］ に従うと見なしてよい．

［イ］ に当てはまる最も適切なものを，次の⓪～②のうちから一つ選べ．

⓪ 二項分布　　① 標準正規分布　　② 正規分布

よって

$$z=\frac{\overline{X}-m}{\boxed{\text{ウ}}}$$

とおくと，z は標準正規分布に従う．

この標本から得られる，母平均 m に対する信頼度 92% の信頼区間は

［エ］ $\leqq m \leqq$ ［オ］

である．［エ］，［オ］ に当てはまる最も適切なものを，次の⓪～③のうちから一つずつ選べ．

⓪ 106.2　　① 114.8　　② 125.3　　③ 133.8

（解答は 2 ページ後）

正　規　分　布　表

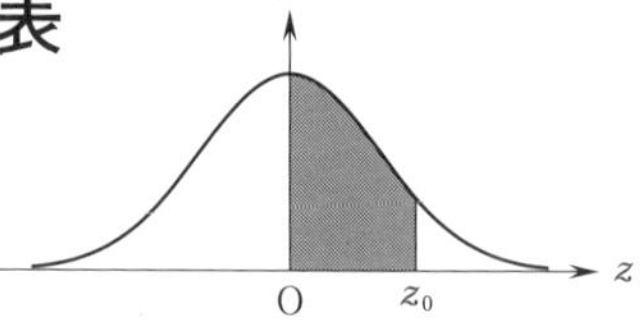

次の表は，標準正規分布の正規分布曲線における右図の灰色部分の面積の値をまとめたものである。

z_0	0.00	0.01	0.02	0.03	0.04	0.05	0.06	0.07	0.08	0.09
0.0	0.0000	0.0040	0.0080	0.0120	0.0160	0.0199	0.0239	0.0279	0.0319	0.0359
0.1	0.0398	0.0438	0.0478	0.0517	0.0557	0.0596	0.0636	0.0675	0.0714	0.0753
0.2	0.0793	0.0832	0.0871	0.0910	0.0948	0.0987	0.1026	0.1064	0.1103	0.1141
0.3	0.1179	0.1217	0.1255	0.1293	0.1331	0.1368	0.1406	0.1443	0.1480	0.1517
0.4	0.1554	0.1591	0.1628	0.1664	0.1700	0.1736	0.1772	0.1808	0.1844	0.1879
0.5	0.1915	0.1950	0.1985	0.2019	0.2054	0.2088	0.2123	0.2157	0.2190	0.2224
0.6	0.2257	0.2291	0.2324	0.2357	0.2389	0.2422	0.2454	0.2486	0.2517	0.2549
0.7	0.2580	0.2611	0.2642	0.2673	0.2704	0.2734	0.2764	0.2794	0.2823	0.2852
0.8	0.2881	0.2910	0.2939	0.2967	0.2995	0.3023	0.3051	0.3078	0.3106	0.3133
0.9	0.3159	0.3186	0.3212	0.3238	0.3264	0.3289	0.3315	0.3340	0.3365	0.3389
1.0	0.3413	0.3438	0.3461	0.3485	0.3508	0.3531	0.3554	0.3577	0.3599	0.3621
1.1	0.3643	0.3665	0.3686	0.3708	0.3729	0.3749	0.3770	0.3790	0.3810	0.3830
1.2	0.3849	0.3869	0.3888	0.3907	0.3925	0.3944	0.3962	0.3980	0.3997	0.4015
1.3	0.4032	0.4049	0.4066	0.4082	0.4099	0.4115	0.4131	0.4147	0.4162	0.4177
1.4	0.4192	0.4207	0.4222	0.4236	0.4251	0.4265	0.4279	0.4292	0.4306	0.4319
1.5	0.4332	0.4345	0.4357	0.4370	0.4382	0.4394	0.4406	0.4418	0.4429	0.4441
1.6	0.4452	0.4463	0.4474	0.4484	0.4495	0.4505	0.4515	0.4525	0.4535	0.4545
1.7	0.4554	0.4564	0.4573	0.4582	0.4591	0.4599	0.4608	0.4616	0.4625	0.4633
1.8	0.4641	0.4649	0.4656	0.4664	0.4671	0.4678	0.4686	0.4693	0.4699	0.4706
1.9	0.4713	0.4719	0.4726	0.4732	0.4738	0.4744	0.4750	0.4756	0.4761	0.4767
2.0	0.4772	0.4778	0.4783	0.4788	0.4793	0.4798	0.4803	0.4808	0.4812	0.4817
2.1	0.4821	0.4826	0.4830	0.4834	0.4838	0.4842	0.4846	0.4850	0.4854	0.4857
2.2	0.4861	0.4864	0.4868	0.4871	0.4875	0.4878	0.4881	0.4884	0.4887	0.4890
2.3	0.4893	0.4896	0.4898	0.4901	0.4904	0.4906	0.4909	0.4911	0.4913	0.4916
2.4	0.4918	0.4920	0.4922	0.4925	0.4927	0.4929	0.4931	0.4932	0.4934	0.4936
2.5	0.4938	0.4940	0.4941	0.4943	0.4945	0.4946	0.4948	0.4949	0.4951	0.4952
2.6	0.4953	0.4955	0.4956	0.4957	0.4959	0.4960	0.4961	0.4962	0.4963	0.4964
2.7	0.4965	0.4966	0.4967	0.4968	0.4969	0.4970	0.4971	0.4972	0.4973	0.4974
2.8	0.4974	0.4975	0.4976	0.4977	0.4977	0.4978	0.4979	0.4979	0.4980	0.4981
2.9	0.4981	0.4982	0.4982	0.4983	0.4984	0.4984	0.4985	0.4985	0.4986	0.4986
3.0	0.4987	0.4987	0.4987	0.4988	0.4988	0.4989	0.4989	0.4989	0.4990	0.4990

解答

母平均が m である母集団から大きさが100の標本を無作為に選んだ標本平均が $\overline{X}$ である.

母標準偏差を σ とすると，100は十分大きいので $\overline{X}$ は正規分布 $N\left(\underbrace{m}_{\text{平均}},\ \underbrace{\frac{\sigma^2}{100}}_{\text{分散}}\right)$ の正規分布に近似的に従う.

重要!! 母集団がどんな分布であっても，標本の大きさが十分大きい場合は，標本平均 $\overline{X}$ は「**平均が母平均に等しく，分散が $\dfrac{\text{(母分散)}}{\text{(標本の大きさ)}}$**」の**正規分布**に近似的に従う.

$\overline{X}$ の標準偏差は $\sqrt{\dfrac{\sigma^2}{100}}=\dfrac{\sigma}{10}$ である.

標本の大きさが十分大きいので，母標準偏差は標本標準偏差30にほぼ等しいとしてよい.

母標準偏差は不明だが，標本の大きさが十分大きい場合は，標本標準偏差（これは分かっているはず）で置き換えることができる.

よって，標本平均 $\overline{X}$ は平均が m，標準偏差が $\dfrac{30}{10}=$ [ア 3] の正規分布に従うとしてよい.

よって，[イ] に当てはまる最も適切なものは [イ ②] である.

$\overline{X}$ が正規分布に従うので

$$z=\frac{\overline{X}-(\overline{X}\text{の平均})}{(\overline{X}\text{の標準偏差})}=\frac{\overline{X}-m}{\boxed{3}_{\text{ウ}}}$$

とおくと，z は標準正規分布に従う.

重要!! 母平均を推定するには，この考え方がポイントである.

この標本から得られる信頼度（信頼係数）92%の信頼区間 $A\leqq m\leqq B$ を得るには，まず

$$P(-z_0\leqq z\leqq z_0)=\frac{92}{100}=0.92$$

となる z_0 を以下のようにして求める.

step1 この確率は次の図（標準正規分布）の斜線部の面積である.

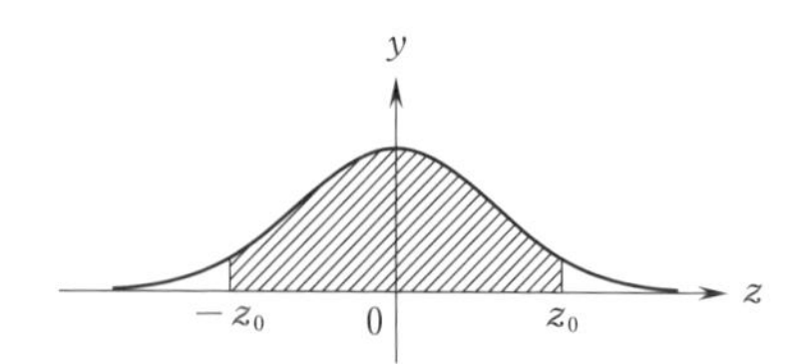

step2 標準正規分布の分布曲線は y 軸について対称なので，上の図の斜線部の面積は，次の図の斜線部の面積 $P(0 \leqq z \leqq z_0)$ の 2 倍である．

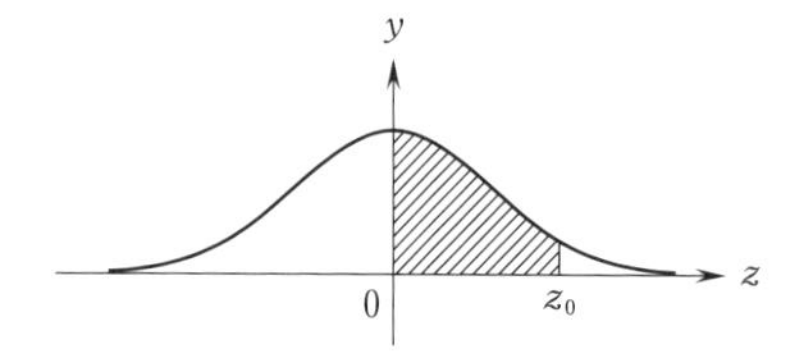

よって，$P(-z_0 \leqq z \leqq z_0)=2P(0 \leqq z \leqq z_0)$ となり，これが 0.92 となるのは，

$P(0 \leqq z \leqq z_0)=\dfrac{0.92}{2}=0.46$ となるときである．

step3 2 ページ後の正規分布表に書かれた面積の値で 0.46 に近いものを探すと，0.4599 が見つかる．

step4 そこから左と上を見ると z_0 の整数部分と小数第 1 位までが 1.7，z_0 の小数第 2 位が 5（0.05 の部分）と分かる．

step5 以上より

$$P(-z_0 \leqq z \leqq z_0)=0.92$$

となる z_0 はおよそ 1.75 と分かる．

以上より，信頼度 92% の信頼区間 $A \leqq m \leqq B$ を求めるには

$$-z_0 \leqq z=\frac{\overline{X}-m}{3} \leqq z_0 \quad (z_0=1.75)$$

より

$$\overline{X}-3z_0 \leqq m \leqq \overline{X}+3z_0$$

$$120-3 \cdot 1.75 \leqq m \leqq 120+3 \cdot 1.75$$

$$\underbrace{114.75}_{\text{これが} A} \leqq m \leqq \underbrace{125.25}_{\text{これが} B}$$

よって，［エ］，［オ］に当てはまる最も適切なものはそれぞれ［①］，［②］である．

正　規　分　布　表

次の表は，標準正規分布の正規分布曲線における右図の灰色部分の面積の値をまとめたものである。

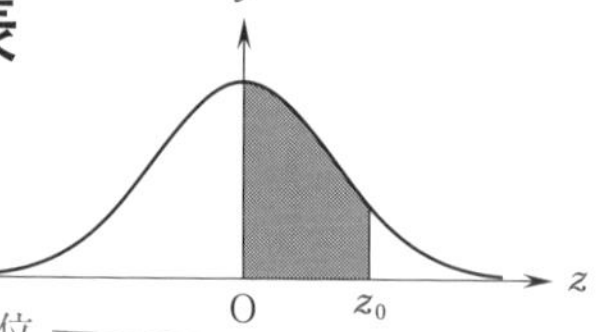

z_0 の小数第2位（列見出し） / z_0 の整数部分と小数第1位（行見出し）

z_0	0.00	0.01	0.02	0.03	0.04	0.05	0.06	0.07	0.08	0.09
0.0	0.0000	0.0040	0.0080	0.0120	0.0160	[illegible]	0.0239	0.0279	0.0319	0.0359
0.1	0.0398	0.0438	0.0478	0.0517	0.0557	0.0596	0.0636	0.0675	0.0714	0.0753
0.2	0.0793	0.0832	0.0871	0.0910	0.0948	0.0987	0.1026	0.1064	0.1103	0.1141
0.3	0.1179	0.1217	0.1255	0.1293	0.1331	0.1368	0.1406	0.1443	0.1480	0.1517
0.4	0.1554	0.1591	0.1628	0.1664	0.1700	0.1736	0.1772	0.1808	0.1844	0.1879
0.5	0.1915	0.1950	0.1985	0.2019	0.2054	0.2088	0.2123	0.2157	0.2190	0.2224
0.6	0.2257	0.2291	0.2324	0.2357	0.2389	0.2422	0.2454	0.2486	0.2517	0.2549
0.7	0.2580	0.2611	0.2642	0.2673	0.2704	0.2734	0.2764	0.2794	0.2823	0.2852
0.8	0.2881	0.2910	0.2939	0.2967	0.2995	[illegible]	[illegible]	0.3078	0.3106	0.3133
0.9	0.3159	0.3186	0.3212	0.3238	0.3264	0.3289	0.3315	0.3340	0.3365	0.3389
1.0	0.3413	0.3438	0.3461	0.3485	0.3508	0.3531	0.3554	0.3577	0.3599	0.3621
1.1	0.3643	0.3665	0.3686	0.3708	0.3729	0.3749	0.3770	0.3790	0.3810	0.3830
1.2	0.3849	0.3869	0.3888	0.3907	0.3925	0.3944	0.3962	0.3980	0.3997	0.4015
1.3	0.4032	0.4049	0.4066	0.4082	0.4099	0.4115	0.4131	0.4147	0.4162	0.4177
1.4	0.4192	0.4207	0.4222	0.4236	0.4251	0.4265	0.4279	0.4292	0.4306	0.4319
1.5	0.4332	0.4345	0.4357	0.4370	0.4382	0.4394	0.4406	0.4418	0.4429	0.4441
1.6	0.4452	[illegible]	[illegible]	[illegible]	0.4495	0.4505	0.4515	0.4525	0.4535	0.4545
1.7	0.4554	0.4564	0.4573	0.4582	0.4591	0.4599	0.4608	0.4616	0.4625	0.4633
1.8	0.4641	0.4649	0.4656	0.4664	[illegible]	[illegible]	[illegible]	0.4693	0.4699	0.4706
1.9	0.4713	0.4719	0.4726	0.4732	0.4738	0.4744	0.4750	0.4756	0.4761	0.4767
2.0	0.4772	0.4778	0.4783	0.4788	0.4793	0.4798	0.4803	0.4808	0.4812	0.4817
2.1	0.4821	0.4826	0.4830	0.4834	0.4838	0.4842	0.4846	0.4850	0.4854	0.4857
2.2	0.4861	0.4864	0.4868	0.4871	0.4875	0.4878	0.4881	0.4884	0.4887	0.4890
2.3	0.4893	0.4896	0.4898	0.4901	0.4904	0.4906	0.4909	0.4911	0.4913	0.4916
2.4	0.4918	0.4920	0.4922	0.4925	0.4927	0.4929	0.4931	0.4932	0.4934	0.4936
2.5	0.4938	0.4940	0.4941	0.4943	0.4945	0.4946	0.4948	0.4949	0.4951	0.4952
2.6	0.4953	0.4955	0.4956	0.4957	0.4959	0.4960	0.4961	0.4962	0.4963	0.4964
2.7	0.4965	0.4966	0.4967	0.4968	0.4969	0.4970	0.4971	0.4972	0.4973	0.4974
2.8	0.4974	0.4975	0.4976	0.4977	0.4977	0.4978	0.4979	0.4979	0.4980	0.4981
2.9	0.4981	0.4982	0.4982	0.4983	0.4984	0.4984	0.4985	0.4985	0.4986	0.4986
3.0	0.4987	0.4987	0.4987	0.4988	0.4988	0.4989	0.4989	0.4989	0.4990	0.4990

step3
step4

1.12 母比率の推定

この節の概要

母集団の中である事象 A が起きる割合**母比率**（ぼひりつ）を標本の中で事象 A が起きる割合**標本比率**から推定する方法を，この節で解説する．

母集団の中で事象 A が起きる割合を**母比率**といい，標本の中で事象 A が起きる割合を**標本比率**という．

事象 A の母比率を $p(0<p<1)$ とする．大きさ n の標本を無作為に選び，そのうち事象 A を満たすものの個数を X とすると，標本比率 R は $R=\dfrac{X}{n}$ となる．

具体的に求められる R から，正確に求めるのは困難な p を推定しよう．

そのためには，次のことが重要である．

標本比率 R の性質

事象 A の母比率が p $(0<p<1)$ である母集団（つまり，母集団の中では A が起きる割合が p）から，大きさ n の標本（つまり n 個の標本）を無作為に選ぶとする．ただし，n は十分大きいとし，母集団の大きさは n より十分大きいとするので，標本は互いに独立である．（標本調査では普通は満たされている．）

この場合，標本のうち事象 A を満たすものの割合＝標本比率 R は正規分布 $N\Big(\underbrace{p}_{\text{平均}},\ \underbrace{\dfrac{p(1-p)}{n}}_{\text{分散}}\Big)$ に近似的に従う．

解説

n 個の標本のうち事象 A が起きているものの個数を X とする．

$X=k$ となる確率は ${}_n\mathrm{C}_k p^k(1-p)^{n-k}$ であるから，第 1.5 節で見たように，X は二項分布 $B(n,\ p)$ に従い，X の平均 $E(X)$ と分散 $V(X)$ は

$$E(X)=np,\quad V(X)=np(1-p)$$

となる．

さらに，n が十分大きいので第 1.8 節で見たように X は正規分布に近似的に従う．

以上から，**X は正規分布 $N(\underbrace{np}_{\text{平均}},\ \underbrace{np(1-p)}_{\text{分散}})$ に近似的に従う**．

n 個の標本のうち事象 A が起きるものが X 個であるから，A が起きるものの比率

は $R=\dfrac{X}{n}$ となる.

X が正規分布に近似的に従うから, X の 1 次式で表される R も正規分布に近似的に従う.

また, R の平均 $E(R)$ と分散 $V(R)$ は, 第 1.2 節で学んだ公式により,

$$E(R)=E\left(\frac{X}{n}\right)=\frac{E(X)}{n}=\frac{np}{n}=p$$

$$V(R)=V\left(\frac{X}{n}\right)=\frac{V(X)}{n^2}=\frac{np(1-p)}{n^2}=\frac{p(1-p)}{n}$$

つまり, **R は正規分布 $N\left(\underbrace{p}_{\text{平均}},\ \underbrace{\frac{p(1-p)}{n}}_{\text{分散}}\right)$ に近似的に従う.**

このことから, 前節で標本平均 $\overline{X}$ から母平均 m を推定した方法と同様にして, 標本比率 R から母比率 p を以下のように推定できる.

信頼度 95% の信頼区間

母比率を p とするとき, 区間 I : $A \leqq p \leqq B$ (A, B は定数) が成り立つ確率が 95% となるような区間 I を, 母比率 p に対する信頼度 95% の信頼区間という.

母比率 p に対する信頼度 95% の信頼区間を求める方法

事象 A の母比率が $p(0<p<1)$ である母集団 (つまり, 母集団の中では A が起きる割合が p) を考える.

ここから, 大きさ n の標本 (つまり n 個の標本) を無作為に選ぶとする. ただし, n は十分大きいとし, 母集団の大きさは n より十分大きいとするので, 標本は互いに独立である. (標本調査では普通は満たされている.)

この標本のうち A を満たすものの割合=標本比率を R とする.

step1 R は正規分布 $N\left(\underbrace{p}_{\text{平均}},\ \underbrace{\frac{p(1-p)}{n}}_{\text{分散}}\right)$ に近似的に従い, R の標準偏差は

$\sqrt{\dfrac{p(1-p)}{n}}$ である.

step2 正規分布表を用いるために R を**標準化**し

$$z=\frac{R-(R\text{の平均})}{(R\text{の標準偏差})}=\frac{R-p}{\sqrt{\dfrac{p(1-p)}{n}}}$$

とおく．R が正規分布に近似的に従うので **z は標準正規分布に近似的に従い，正規分布表が使えるからだ．**（第 1.7 節参照）

step3 原点について対称な区間 **$-z_0 \leqq z \leqq z_0$ を z が満たす確率が 95%＝0.95 となる z_0**（『95%』が**信頼度**）を正規分布表から求める．それは第 1.11 節**例 1** のようにして，$z_0=1.96$ と分かる．

step4 したがって，$-z_0 \leqq z \leqq z_0$（ただし，$z_0=1.96$）となる確率が 95% になるので，これを $z=\dfrac{R-p}{\sqrt{\dfrac{p(1-p)}{n}}}$ を用いて，p の範囲に書き直す．つまり

$$-z_0 \leqq \frac{R-p}{\sqrt{\dfrac{p(1-p)}{n}}} \leqq z_0$$

$$-z_0 \cdot \sqrt{\frac{p(1-p)}{n}} \leqq R-p \leqq z_0 \cdot \sqrt{\frac{p(1-p)}{n}}$$

重要

これを $(R-p)^2 \leqq {z_0}^2 \cdot \dfrac{p(1-p)}{n}$ として p の範囲を求めるのは大変なので（汚い二次不等式！），以下のようにするのだ．

$z_0=1.96$ であるから

$$I : \underbrace{R-1.96 \cdot \sqrt{\frac{p(1-p)}{n}}}_{A\text{とし}} \leqq p \leqq \underbrace{R+1.96 \cdot \sqrt{\frac{p(1-p)}{n}}}_{B\text{とする}} \quad \cdots\cdots\cdots ①$$

p が I を満たす確率が 95% となるので，この I が「p に対する信頼度 95% の信頼区間」である．

step5 ただし，① の A と B を具体的な数値にするには次の作業をする．

- R には標本調査で得られている「標本比率」の値を代入する．
- 母比率 p はわからないことが多い（母集団全体を調べるのは困難）．しかし，「n が十分大きいときは標本比率 R は母比率 p にほぼ等しい」となることが知られているので（『**大数の法則**』という），A と B の部分の p に R の値を代入する．

『大数の法則』という

注.

今の説明では①を導いてから，A と B の部分に $p \fallingdotseq R$ を用いたが，設問によってはもっと早い段階で $p \fallingdotseq R$ を利用する場合もある．それは設問に従おう．

具体的に使ってみよう．

（例１）

ある県の小学生400名を無作為に選んだところ（つまり，標本の大きさは $n=400$），眼鏡をかけている者は80名であった．この県の小学生について眼鏡をかけている者の割合＝母比率 p を推定しよう．

標本比率は $R=\dfrac{80}{400}=0.2$ である．

$$I : A \leqq p \leqq B$$

が成り立つ確率が95％となる区間 I（信頼度95％の信頼区間）を求めよう．

step1　R は正規分布 $N\Bigl(\underbrace{p}_{\text{平均}},\ \underbrace{\dfrac{p(1-p)}{400}}_{\text{分散}}\Bigr)$ に近似的に従い，平均 $E(R)$ と標準偏差 $\sigma(R)$ は

$$E(R)=p,\ \sigma(R)=\sqrt{\frac{p(1-p)}{n}}=\sqrt{\frac{p(1-p)}{400}}$$

ただし，p は $R=0.2$ にほぼ等しいので

$$\sigma(R)=\sqrt{\frac{0.2(1-0.2)}{400}}=\frac{\sqrt{0.16}}{20}=0.02$$

としてよい．

step2　R を**標準化**し

$$z=\frac{R-(R\text{の平均})}{(R\text{の標準偏差})}=\frac{R-p}{0.02}$$

とおく．z は標準正規分布に近似的に従うので，正規分布表が使える．

step3　$P(-z_0 \leqq z \leqq z_0)=0.95$ となる z_0 を正規分布表から読み取ると，$z_0=1.96$ となる．

第1.11節の**例1**と同様だ

step4　区間 $-z_0 \leqq z \leqq z_0$（ただし，$z_0=1.96$）を，$z=\dfrac{R-p}{0.02}$ を用いて書き直す．

$$-z_0 \leqq \frac{R-p}{0.02} \leqq z_0$$

$z_0=1.96,\ R=0.2$ を代入し

$$-1.96 \leqq z = \frac{0.2 - p}{0.02} \leqq 1.96$$

整理して，小数第 4 位を四捨五入して

$$\boldsymbol{I : 0.161 \leqq p \leqq 0.239}$$

小学生のうちメガネをかけている者の割合＝母比率 p が確率 95% でこの範囲にあるということだ．つまり，こうやって信頼区間 I を求めることを何回も繰り返せば，そのうちの 95% ぐらいで I に母比率 p が入るということだ(注)．

(注) ただし，この信頼区間の解釈は高校で学ぶ「母比率の推定」と前節で学んだ「母平均の推定」の場合のことである．「R の標準偏差 $\sigma(R)$ が分かるとみなせる」（本問では 0.02）と言う前提が重要なのだが，高校の統計はこれを認めている．この前提が成り立たない場合は…大学で学ぼう！

（例 2）

次は例 1 の場合に，母比率 p が $I : A \leqq p \leqq B$ を満たす確率が 99% になるような区間 I（**母比率 p に対する信頼度 99% の信頼区間**）を求めよう．

例 1 で見たように，R は平均が p，標準偏差が 0.02 の正規分布に近似的に従う．

よって，R を**標準化**し

$$z = \frac{R - p}{0.02}$$

とおくと，z は標準正規分布に近似的に従う．

$$-z_0 \leqq z \leqq z_0$$

となる確率 $P(-z_0 \leqq z \leqq z_0)$ が 99% となるのは

$$P(-z_0 \leqq z \leqq z_0) = \frac{99}{100} = 0.99$$

このような z_0 は，$z_0 = 2.58$ となる．

第 1.11 節の**例 2** と同様

よって，

$$-2.58 \leqq z = \frac{R - p}{0.02} \leqq 2.58$$

となる確率が 99% となり，この不等式から

$$R - 0.02 \cdot 2.58 \leqq p \leqq R + 0.02 \cdot 2.58$$

$R = 0.2$ を代入し，小数第 4 位を四捨五入して

$$\boldsymbol{I : 0.148 \leqq p \leqq 0.252}$$

練習問題 12

ある市の中心部に大型ショッピングセンター「A マート」が開店した．一ヶ月後にこの市の住民を無作為に 100 人選び，A マートに行ったことがあるか調べたところ．50 人の住民が行ったことがあると分かった．

この市の住民で「A マート」に行ったことがある者の割合（母比率）p を推定しよう．

上記の 100 人のうちで A マートに行ったことがあるものの割合（標本比率）R は正規分布に近似的に従うとしてよく，その平均は［ア］，標準偏差は［イ］である．

［ア］と［イ］に当てはまる最も適切なものを，次の ⓪～⑤ のうちから一つ選べ．

⓪ p　　① $\dfrac{p}{100}$　　② $10\sqrt{p(1-p)}$

③ $100\sqrt{p(1-p)}$　　④ $\dfrac{\sqrt{p(1-p)}}{10}$　　⑤ $\dfrac{\sqrt{p(1-p)}}{100}$

p は標本比率にほぼ等しいとしてよいので，［イ］の p を 0.［ウ］に置き換えて，R の標準偏差は 0.［エオ］としてよい．

よって

$$z=\frac{R-p}{0.\boxed{\text{エオ}}}$$

とおくと，z は標準正規分布に従う．

この標本から得られる，母比率 p に対する信頼度 95% の信頼区間は

［カ］$\leqq p \leqq$［キ］

である．［カ］，［キ］に当てはまる最も適切なものを，次の ⓪～③ のうちから一つずつ選べ．

⓪ 0.3　　① 0.4　　② 0.6　　③ 0.7

（解答は 2 ページ後）

正規分布表

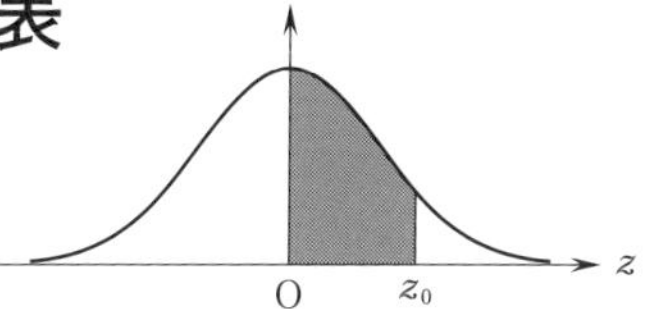

次の表は，標準正規分布の正規分布曲線における右図の灰色部分の面積の値をまとめたものである。

z_0	0.00	0.01	0.02	0.03	0.04	0.05	0.06	0.07	0.08	0.09
0.0	0.0000	0.0040	0.0080	0.0120	0.0160	0.0199	0.0239	0.0279	0.0319	0.0359
0.1	0.0398	0.0438	0.0478	0.0517	0.0557	0.0596	0.0636	0.0675	0.0714	0.0753
0.2	0.0793	0.0832	0.0871	0.0910	0.0948	0.0987	0.1026	0.1064	0.1103	0.1141
0.3	0.1179	0.1217	0.1255	0.1293	0.1331	0.1368	0.1406	0.1443	0.1480	0.1517
0.4	0.1554	0.1591	0.1628	0.1664	0.1700	0.1736	0.1772	0.1808	0.1844	0.1879
0.5	0.1915	0.1950	0.1985	0.2019	0.2054	0.2088	0.2123	0.2157	0.2190	0.2224
0.6	0.2257	0.2291	0.2324	0.2357	0.2389	0.2422	0.2454	0.2486	0.2517	0.2549
0.7	0.2580	0.2611	0.2642	0.2673	0.2704	0.2734	0.2764	0.2794	0.2823	0.2852
0.8	0.2881	0.2910	0.2939	0.2967	0.2995	0.3023	0.3051	0.3078	0.3106	0.3133
0.9	0.3159	0.3186	0.3212	0.3238	0.3264	0.3289	0.3315	0.3340	0.3365	0.3389
1.0	0.3413	0.3438	0.3461	0.3485	0.3508	0.3531	0.3554	0.3577	0.3599	0.3621
1.1	0.3643	0.3665	0.3686	0.3708	0.3729	0.3749	0.3770	0.3790	0.3810	0.3830
1.2	0.3849	0.3869	0.3888	0.3907	0.3925	0.3944	0.3962	0.3980	0.3997	0.4015
1.3	0.4032	0.4049	0.4066	0.4082	0.4099	0.4115	0.4131	0.4147	0.4162	0.4177
1.4	0.4192	0.4207	0.4222	0.4236	0.4251	0.4265	0.4279	0.4292	0.4306	0.4319
1.5	0.4332	0.4345	0.4357	0.4370	0.4382	0.4394	0.4406	0.4418	0.4429	0.4441
1.6	0.4452	0.4463	0.4474	0.4484	0.4495	0.4505	0.4515	0.4525	0.4535	0.4545
1.7	0.4554	0.4564	0.4573	0.4582	0.4591	0.4599	0.4608	0.4616	0.4625	0.4633
1.8	0.4641	0.4649	0.4656	0.4664	0.4671	0.4678	0.4686	0.4693	0.4699	0.4706
1.9	0.4713	0.4719	0.4726	0.4732	0.4738	0.4744	0.4750	0.4756	0.4761	0.4767
2.0	0.4772	0.4778	0.4783	0.4788	0.4793	0.4798	0.4803	0.4808	0.4812	0.4817
2.1	0.4821	0.4826	0.4830	0.4834	0.4838	0.4842	0.4846	0.4850	0.4854	0.4857
2.2	0.4861	0.4864	0.4868	0.4871	0.4875	0.4878	0.4881	0.4884	0.4887	0.4890
2.3	0.4893	0.4896	0.4898	0.4901	0.4904	0.4906	0.4909	0.4911	0.4913	0.4916
2.4	0.4918	0.4920	0.4922	0.4925	0.4927	0.4929	0.4931	0.4932	0.4934	0.4936
2.5	0.4938	0.4940	0.4941	0.4943	0.4945	0.4946	0.4948	0.4949	0.4951	0.4952
2.6	0.4953	0.4955	0.4956	0.4957	0.4959	0.4960	0.4961	0.4962	0.4963	0.4964
2.7	0.4965	0.4966	0.4967	0.4968	0.4969	0.4970	0.4971	0.4972	0.4973	0.4974
2.8	0.4974	0.4975	0.4976	0.4977	0.4977	0.4978	0.4979	0.4979	0.4980	0.4981
2.9	0.4981	0.4982	0.4982	0.4983	0.4984	0.4984	0.4985	0.4985	0.4986	0.4986
3.0	0.4987	0.4987	0.4987	0.4988	0.4988	0.4989	0.4989	0.4989	0.4990	0.4990

解答

この市の住民で「A マート」に行ったことがある者の割合（母比率）が p である.

標本の大きさ 100 は十分大きいので，標本比率 R は正規分布 $N\left(\underbrace{p}_{平均},\ \underbrace{\frac{p(1-p)}{100}}_{分散}\right)$ に近似的に従うとしてよく,

重要!! 標本比率 R から母比率 p を推定するのは，これがポイント．分散の式を忘れたら，この節の初めの解説を読み直そう.

その平均 $E(R)$ と標準偏差 $\sigma(R)$ は

$$E(R)=p,\ \sigma(R)=\sqrt{\frac{p(1-p)}{100}}=\frac{\sqrt{p(1-p)}}{10}$$

となる．よって，[ア] に当てはまるものは [⓪]（ア）であり，[イ] に当てはまるものは [④]（イ）である.

p は標本比率 $R=\frac{50}{100}=0.5$ にほぼ等しいとしてよいので，[イ] の p を 0.[5]（ウ）に置き換えて，R の標準偏差は

標本の大きさが十分大きいときは，この方法により，値が不明な標準偏差 $\sigma(R)$ を具体的な数値にできる.

$$\sigma(R)=\frac{\sqrt{0.5\cdot0.5}}{10}=0.\boxed{05}$$（エオ）

としてよい.

よって，R を**標準化**し

$$z=\frac{R-p}{0.05}$$

とおくと，z は標準正規分布に従う.

これで正規分布表が使える．R が正規分布に従うとしてよいとしているので,

$$z=\frac{R-(Rの平均値)}{(Rの標準偏差)}$$

とおくと，z は標準正規分布に従うのだ.

この標本から得られる，母比率 p に対する信頼度 95% の信頼区間 $A\leqq p\leqq B$ を得るには，まず

$$P(-z_0\leqq z\leqq z_0)=\frac{95}{100}=0.95$$

となる z_0 を以下のようにして求める.

step1 この確率は次の図（標準正規分布）の斜線部の面積である．

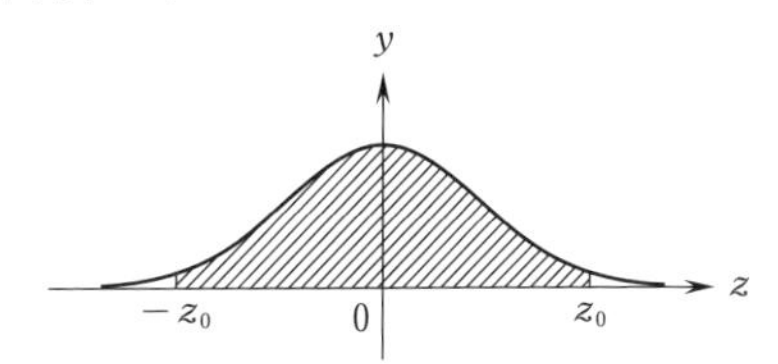

step2 標準正規分布の分布曲線は y 軸について対称なので，上の図の斜線部の面積は，次の図の斜線部の面積 $P(0 \leqq z \leqq z_0)$ の 2 倍である．

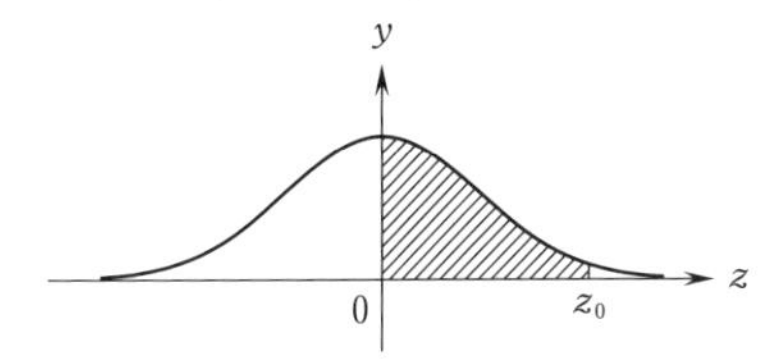

step3 よって，$P(-z_0 \leqq z \leqq z_0) = 2P(0 \leqq z \leqq z_0)$ となり，これが 0.95 になるのは，

$$P(0 \leqq z \leqq z_0) = \frac{0.95}{2} = 0.475$$

となるときである，

step4 次ページの正規分布表に書かれた面積の値で 0.475 に近いものを探すと，0.4750 が見つかる．

step5 そこから左と上を見ると z_0 の整数部分と小数第 1 位までが 1.9，z_0 の小数第 2 位が 6（0.06 の部分）と分かる．

step6 以上より

$$P(-z_0 \leqq z \leqq z_0) = 0.95$$

となる z_0 はおよそ 1.96 と分かる．

正　規　分　布　表

次の表は，標準正規分布の正規分布曲線における右図の灰色部分の面積の値をまとめたものである。

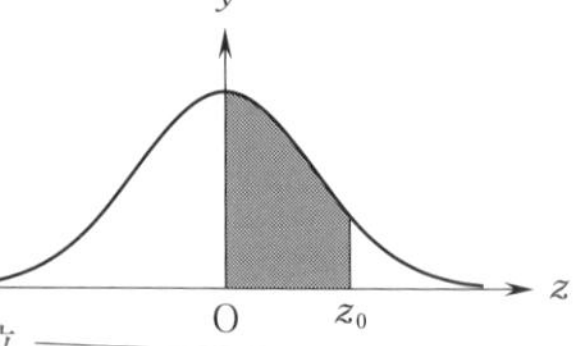

z_0 の小数第 2 位（列）／ z_0 の整数部分と小数第 1 位（行）

z_0	0.00	0.01	0.02	0.03	0.04	0.05	0.06	0.07	0.08	0.09
0.0	0.0000	0.0040	0.0080	0.0120	0.0160	0.0199	[illegible]	0.0279	0.0319	0.0359
0.1	0.0398	0.0438	0.0478	0.0517	0.0557	0.0596	0.0636	0.0675	0.0714	0.0753
0.2	0.0793	0.0832	0.0871	0.0910	0.0948	0.0987	0.1026	0.1064	0.1103	0.1141
0.3	0.1179	0.1217	0.1255	0.1293	0.1331	0.1368	0.1406	0.1443	0.1480	0.1517
0.4	0.1554	0.1591	0.1628	0.1664	0.1700	0.1736	0.1772	0.1808	0.1844	0.1879
0.5	0.1915	0.1950	0.1985	0.2019	0.2054	0.2088	0.2123	0.2157	0.2190	0.2224
0.6	0.2257	0.2291	0.2324	0.2357	0.2389	0.2422	0.2454	0.2486	0.2517	0.2549
0.7	0.2580	0.2611	0.2642	0.2673	0.2704	0.2734	0.2764	0.2794	0.2823	0.2852
0.8	0.2881	0.2910	0.2939	0.2967	0.2995	0.3023	0.3051	0.3078	0.3106	0.3133
0.9	0.3159	0.3186	0.3212	0.3238	0.3264	0.3289	[illegible]	[illegible]	[illegible]	0.3389
1.0	0.3413	0.3438	0.3461	0.3485	0.3508	0.3531	0.3554	0.3577	0.3599	0.3621
1.1	0.3643	0.3665	0.3686	0.3708	0.3729	0.3749	0.3770	0.3790	0.3810	0.3830
1.2	0.3849	0.3869	0.3888	0.3907	0.3925	0.3944	0.3962	0.3980	0.3997	0.4015
1.3	0.4032	0.4049	0.4066	0.4082	0.4099	0.4115	0.4131	0.4147	0.4162	0.4177
1.4	0.4192	0.4207	0.4222	0.4236	0.4251	0.4265	0.4279	0.4292	0.4306	0.4319
1.5	0.4332	0.4345	0.4357	0.4370	0.4382	0.4394	0.4406	0.4418	0.4429	0.4441
1.6	0.4452	0.4463	0.4474	0.4484	0.4495	0.4505	0.4515	0.4525	0.4535	0.4545
1.7	0.4554	0.4564	0.4573	0.4582	0.4591	0.4599	0.4608	0.4616	0.4625	0.4633
1.8	0.4641	[illegible]	[illegible]	[illegible]	[illegible]	0.4678	0.4686	0.4693	0.4699	0.4706
1.9	0.4713	0.4719	0.4726	0.4732	0.4738	0.4744	0.4750	0.4756	0.4761	0.4767
2.0	0.4772	0.4778	0.4783	0.4788	0.4793	[illegible]	[illegible]	[illegible]	0.4812	0.4817
2.1	0.4821	0.4826	0.4830	0.4834	0.4838	0.4842	0.4846	0.4850	0.4854	0.4857
2.2	0.4861	0.4864	0.4868	0.4871	0.4875	0.4878	0.4881	0.4884	0.4887	0.4890
2.3	0.4893	0.4896	0.4898	0.4901	0.4904	0.4906	0.4909	0.4911	0.4913	0.4916
2.4	0.4918	0.4920	0.4922	0.4925	0.4927	0.4929	0.4931	0.4932	0.4934	0.4936
2.5	0.4938	0.4940	0.4941	0.4943	0.4945	0.4946	0.4948	0.4949	0.4951	0.4952
2.6	0.4953	0.4955	0.4956	0.4957	0.4959	0.4960	0.4961	0.4962	0.4963	0.4964
2.7	0.4965	0.4966	0.4967	0.4968	0.4969	0.4970	0.4971	0.4972	0.4973	0.4974
2.8	0.4974	0.4975	0.4976	0.4977	0.4977	0.4978	0.4979	0.4979	0.4980	0.4981
2.9	0.4981	0.4982	0.4982	0.4983	0.4984	0.4984	0.4985	0.4985	0.4986	0.4986
3.0	0.4987	0.4987	0.4987	0.4988	0.4988	0.4989	0.4989	0.4989	0.4990	0.4990

z_0 の小数第 2 位

z_0 の小数第 1 位まで

ここに 0.475 がある

以上より，p に対する信頼度 95% の信頼区間 $A \leqq p \leqq B$ を求めるには

$$-z_0 \leqq z = \frac{R-p}{0.05} \leqq z_0 \quad (z_0 = 1.96)$$

より

$$R - 0.05z_0 \leqq p \leqq R + 0.05z_0$$

$R = \dfrac{50}{100} = 0.5$，$z_0 = 1.96$ より

$$0.5 - 0.05 \cdot 1.96 \leqq p \leqq 0.5 + 0.05 \cdot 1.96$$

$$\underbrace{0.402}_{\text{これが} A} \leqq p \leqq \underbrace{0.598}_{\text{これが} B}$$

よって，**カ**，**キ** に当てはまる最も適切なものはそれぞれ ①（カ），②（キ） である．

1.13 仮説検定

この節の概要

第 1.11 節，第 1.12 節では標本調査において母平均や母比率を推定する方法を学んだ．この節では標本調査での統計的な推定として，もう一つの重要な方法である「仮説検定（かせつけんてい）」について学ぶ．

1.13.1 「仮説検定」の"一歩前"

事象 E が起きたとき，それを説明する命題 A（等式や不等式についての文章）を**仮説**（かせつ）という．

この仮説が妥当かどうかを確率から判断する方法を**仮説検定**（かせつけんてい）というが，それをきちんと定義する前に，基本となる考え方を紹介する．

「仮説検定」の一歩前〜その1

実際に起きた事象 E を説明する仮説 A について，A が成り立つと仮定したときに E が起こる条件付き確率 $P_A(E)$ を求める．

$P_A(E)$ が極めて小さいときは，仮説 A を棄却（ききゃく）する．（正しさを疑うという意味．完全に否定するわけではない．）

どういうことか具体例で説明する．

（例1）

財布から1枚の硬貨を取り出し，5回投げたところ，表が3回，裏が2回出た．これを事象 E としよう．

このとき A 君が

「この硬貨を1回投げたとき，表が出る確率は $\frac{1}{10}$ である」

という仮説を立てたとする．（なぜ A 君はそんなことを思ったのかは気にしないで下さい．あくまで例です．）

A 君の仮説が正しいと仮定したときに事象 E が起こる条件付き確率 $P_A(E)$ を求めてみよう（右下の A は，A 君の仮説が正しいと仮定していることを意味する）．

$$P_A(E) = {}_5C_3\left(\frac{1}{10}\right)^3 \cdot \underbrace{\left(1-\frac{1}{10}\right)^2}_{\text{裏の確率}} = 10 \cdot \frac{1}{1000} \cdot \frac{81}{100} = \frac{81}{10000}.$$

$P_A(E) \fallingdotseq 0.8$ %と極めて小さい確率であり，A 君の仮説が正しいとすると事象 E が起こることは極めてまれであることを意味する．それほど起こりにくいことが起きたとはいうのはおかしいが，現実に起きているのである．

ということは，A 君の仮説は事象 E を説明するのに適していないと考えるべきだ．つまり，**A 君の仮説は成り立たないと考えてよい．ただし，完全に間違っているとはいえない**（本当に極めてまれなことが起きたのかも知れない）から，

A 君の仮説を**棄却（ききゃく）する**

という．「捨てる．正しさを疑うが，“否定”とは言わない」というようなニュアンスである．

仮説が妥当かどうか判断するために，もう一つの重要な考え方が次である．

「仮説検定」の一歩前～その 2

実際に起きた事象 E を説明する仮説 B について，B が成り立つと仮定したときに E がなりたつ条件付き確率 $P_B(E)$ を求める．

$P_B(E)$ が「極めて小さい」とはならない場合，仮説 B が成り立つかどうかについては何も判断しない（できない）．

これも具体例で説明する．

（例 2）

先ほどの事象 E について，B 君は

「この硬貨を 1 回投げたとき，表が出る確率は $\frac{3}{5}$ である」

という仮説を立てたとする．

B 君の仮説が正しいと仮定したときに事象 E が起こる条件付き確率 $P_B(E)$ を求めてみよう（右下の B は，B 君の仮説が正しいと仮定していることを意味する）．

$$P_B(E) = {}_5\mathrm{C}_3\left(\frac{3}{5}\right)^3 \cdot \underbrace{\left(1-\frac{3}{5}\right)^2}_{\text{裏の確率}} = 10 \cdot \frac{27}{125} \cdot \frac{4}{25} = \frac{216}{625} = 0.3456.$$

$P_B(E) \fallingdotseq 35$ %となり，割と大きな確率ではあるが，B 君の仮説が正しいと言い切るほどの大きさではないし（50 %にも満たない），$P_B(E)$ が小さくないことは B 君の仮説が正しいことの根拠にはならない．E が起こる確率が小さくないような仮説は他にもいくらでもあるからだ．

例えば，この事象 E について C 君が

「この硬貨を1回投げたとき，表が出る確率は $\frac{1}{2}$ である」

という仮説を立てたとしよう．

C君の仮説が正しいと仮定したときに事象 E が起こる条件付き確率 $P_C(E)$ は次のようになる．

$$P_C(E) = {}_5\mathrm{C}_3\left(\frac{1}{2}\right)^3 \cdot \underbrace{\left(1-\frac{1}{2}\right)}_{\text{裏の確率}}^2 = 10\cdot\frac{1}{8}\cdot\frac{1}{4} = \frac{5}{16} = 0.3125.$$

これは $P_B(E)$ とほとんど同じだ．

$P_B(E)$ が小さくないからB君の仮説が正しいといえるなら，C君の仮説も正しいというべきだが，両方正しいというのはあり得ない．

したがって，B君の仮説は，A君の仮説のように棄却はされないが，正しいともいえない．つまり，この場合は

B君の仮説については，正しいかどうかは何も判断できない

ということになる．

さて，「否定ではなく棄却」（“その1”）とか「何も判断しない」（“その2”）をみて「なぜ，こんな歯切れが悪いことを考えるのだろう？」と誰でも思うはずだ．「表が出る確率を求めたいのなら，もっとたくさん硬貨を投げてみれば良いだけだ」というのが正直な感想であろう．

そこにこそ仮説検定の考え方が必要になる理由がある．たくさん硬貨を投げないでも，何か調べたいのである．

実際の標本調査では標本の大きさ（今の場合は硬貨を投げる回数）**に制限があり，好きなように大きくできないことが普通だ．限られた標本から役に立つ情報を得るために用いる方法の1つが仮説検定だ．**このことは強調しておきたい．例えば先ほどの硬貨の場合，硬貨を一回投げるのに千円かかると言われたらなるべく少ない回数で済ませたいであろう．だから，限られた標本から何がいえるかが重要になるのだ．

前述の“一歩手前～その1”と“その2”を利用して次節以降で仮説検定の方法を定めるが，やはり“歯切れの悪さ”は残る．それでも仮説検定が重要な理由は「役に立つから」に尽きる．

例えば，新薬の候補が実際に患者に効果があるのか調べるのに，限りなくたくさんの患者で試してみるということは不可能だ．費用もかかるし，副反応の危険性もある．限られた数の患者の協力を得て新薬の候補の効果を調べる際に，仮説検定が重要な役

割を果たしている.

1.13.2 仮説検定のまとめ

仮説検定とは，母集団について立てた仮説を，実際に得られた標本にもとづいて成り立つかどうかを判断する方法である.

数学 B「統計」での仮説検定の手順をまとめておく．ここだけ読んでもよく分からないであろうが，**具体的な作業の仕方は次節以降で解説する．それを読めばここに書いていることを実行しているだけと分かるはずだ**.

step1　母平均（または母比率）u について 2 つの仮説を立てる.

帰無(きむ)**仮説**：$u=u_0$　（u_0 は定数）

対立仮説：$u\neq u_0$　（$u>u_0$ や $u<u_0$ のときもある）

対立仮説は帰無仮説と排反（両方が成り立つことはない）な命題である.

step2　大きさ n の標本を無作為に取ったときの標本平均（または標本比率）v は正規分布に近似的に従うものとする.

帰無仮説 $\boldsymbol{u=u_0}$ が成り立つとして，v の平均 $E(v)$ と標準偏差 $\sigma(v)$ を求める.

v を標準化すると

$$z=\frac{v-E(v)}{\sigma(v)}$$

となり，z は標準正規分布 $N(\underbrace{0}_{\text{平均}},\ \underbrace{1}_{\text{分散}})$ に近似的に従う.（第 1.7.2 節参照）

step3　どれぐらい小さい確率だと「極めて小さい」と判断するかの基準を**有意水準**（ゆういすいじゅん）といい，問題に与えられているはずだ.

この有意水準と対立仮説に従い，**棄却域**（ききゃくいき）と呼ばれる「z の区間 I」を定める.

step4　z が I に入る場合は帰無仮説を棄却し，対立仮説が成り立つと判断する．z が I に入らない場合は，何も判断しない. ■

仮説検定は

- 母平均と母比率のどちらを扱うか
- 両側検定か片側検定か

という組合せがあり全部で 4 つの場合があるが，step1 ～ step3 の具体的な作業が少しずつ異なる（step4 は同じ）．次節以降順に解説する.

1.13.3 仮説検定〜1．母平均の両側検定

母集団は十分大きいとし，母標準偏差 σ は分かっているが，母平均 m は分かっていないとする．

m に関する仮説が妥当かどうか判断する「**母平均の両側検定**」という方法を以下のように定める．

step1 m について2つの仮説を立てる．

帰無仮説：$m=m_0$ （m_0 は定数）

対立仮説：$m \neq m_0$

実は step4 で，“一歩手前〜その1”の考え方により帰無仮説は棄却したいのである．だから，「無に帰すための仮説」という意味で帰無仮説と呼ぶ．

帰無仮説を $m=m_0$ のように等式で表すのは，step2 で「標本平均の標準化」がしやすくなるからである．

対立仮説は帰無仮説と排反な命題（対立する命題）である．

step2 この母集団から大きさ n の標本を取り，その標本平均を $\overline{X}$ とする．n は十分大きいとする．第1.11節で学んだように，$\overline{X}$ は正規分布に近似的に従い，その分散は $\dfrac{\sigma^2}{n}$，標準偏差は $\sqrt{(\text{分散})}=\dfrac{\sigma}{\sqrt{n}}$ となる．

帰無仮説 $\boldsymbol{m=m_0}$ が成り立つとする．

$\overline{X}$ の平均は $\underbrace{E(\overline{X})=m}_{\text{第1.9.2節}}=m_0$ となり，$\overline{X}$ を標準化すると

$$z=\frac{\overline{X}-m_0}{\dfrac{\sigma}{\sqrt{n}}}$$

となる．

z は標準正規分布 $N(\underbrace{0}_{\text{平均}},\ \underbrace{1}_{\text{分散}})$ に近似的に従う．

step3 どれぐらい小さな確率だと「極めて小さい」と判断するのかという基準である**有意水準** α が問題に与えられているはずである．α は5％がよく使われる．ただし，5％である必然性は無い．ただの慣例である．

対立仮説が「$m \neq m_0$」ときは

$$P(|z|>z_0)=\alpha$$

となる z の範囲 $I：|z|>z_0$ を求める．この I を**棄却域**（ききゃくいき）という．

棄却域は

$$I：z<-z_0 \quad \text{または} \quad z_0<z$$

となり，以下のようにして求められる．

(i) この確率は次の図（標準正規分布）の斜線部の面積である．

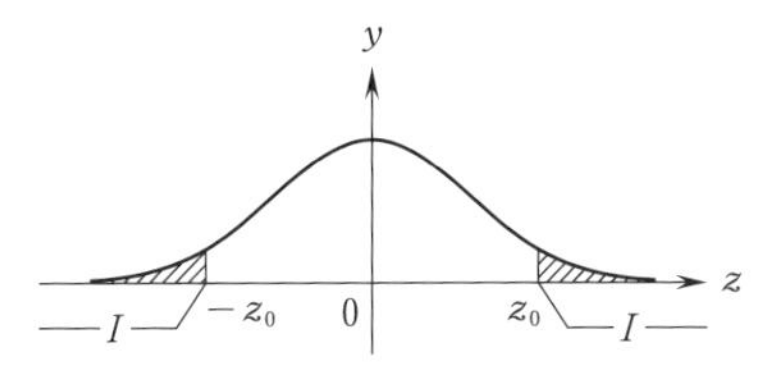

図の両側に斜線部があることから，**両側検定**という．

「z が I に含まれる確率 α は極めて小さい」と考える．

(ii) 標準正規分布の分布曲線は y 軸について対称なので，上図の斜線部の面積は，次図の斜線部の面積 $P(0\leqq z\leqq z_0)$ の **2 倍**を「正規分布曲線と z 軸ではさまれている部分全体」の面積 1 から引いたものとなり

$$P(|z|>z_0)=1-2P(0\leqq z\leqq z_0)$$

となる．

斜線部の面積

(iii) よって，**例えば $\alpha=5\ \%=0.05$ の場合は**，$P(|z|>z_0)=\alpha$ となるのは，

$$0.05=P(|z|>z_0)=1-2P(0\leqq z\leqq z_0)$$

となり

$$P(0\leqq z\leqq z_0)=\frac{0.95}{2}=0.475$$

となるときである，

2 ページ後の正規分布表に書かれた面積の値で 0.475 に近いものを探すと，0.4750 が見つかり，$z_0=1.96$ と分かる．

以上より，**$\alpha=5\ \%$の場合，棄却域は**

$$\boldsymbol{I：|z|>1.96} \ \textbf{つまり「}\boldsymbol{z<-1.96} \quad \textbf{または} \quad \boldsymbol{1.96<z}\textbf{」}$$

となる．（$\alpha=5\ \%$とすることが多いので，この棄却域をよく使う．）

step4 $\overline{X}$ の実際の値から step2 で求めた z の値を求めておく．その z が棄却域 I に入るかどうかに注目する．

- **z が棄却域 I に入る場合.**

  帰無仮説 $m=m_0$ を仮定すると「z が I に入る確率」(それが有意水準 α) は極めて小さいはずなのに，それが起きてしまったことになる．これはおかしいから**帰無仮説を棄却**し（これが“一歩手前～その1”)，対立仮説 $m \neq m_0$ が成り立つと判断する．

- **z が棄却域 I に入らない場合.**

  帰無仮説を仮定したときに，「z が I に入らない確率」は「極めて小さい」とはいえない．(*) しかし，このことは“一歩手前～その2”と同様に考え，帰無仮説が成り立つ根拠にはならない．“その2”で説明したのと同様に (*) となるような仮説は他にも色々ありうるからだ．

  もちろん，帰無仮説が成り立たないともいえないので，帰無仮説が成り立つかどうかは何も判断できない．

  当然，帰無仮説と排反な対立仮説についても，成り立つかどうか何も判断できない．

正　規　分　布　表

次の表は，標準正規分布の正規分布曲線における右図の灰色部分の面積の値をまとめたものである。

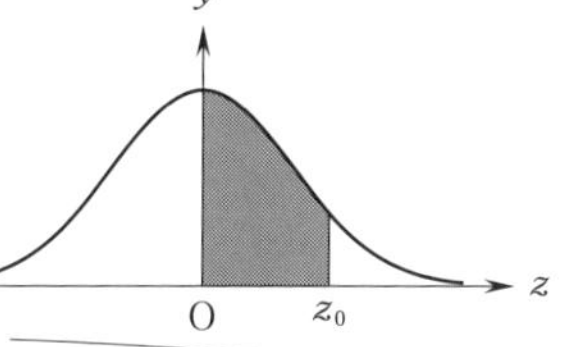

z_0 の小数第 2 位

z_0	0.00	0.01	0.02	0.03	0.04	0.05	0.06	0.07	0.08	0.09
0.0	0.0000	0.0040	0.0080	0.0120	0.0160	0.0199	0.0239	0.0279	0.0319	0.0359
0.1	0.0398	0.0438	0.0478	0.0517	0.0557	0.0596	0.0636	0.0675	0.0714	0.0753
0.2	0.0793	0.0832	0.0871	0.0910	0.0948	0.0987	0.1026	0.1064	0.1103	0.1141
0.3	0.1179	0.1217	0.1255	0.1293	0.1331	0.1368	0.1406	0.1443	0.1480	0.1517
0.4	0.1554	0.1591	0.1628	0.1664	0.1700	0.1736	0.1772	0.1808	0.1844	0.1879
0.5	0.1915	0.1950	0.1985	0.2019	0.2054	0.2088	0.2123	0.2157	0.2190	0.2224
0.6	0.2257	0.2291	0.2324	0.2357	0.2389	0.2422	0.2454	0.2486	0.2517	0.2549
0.7	0.2580	0.2611	0.2642	0.2673	0.2704	0.2734	0.2764	0.2794	0.2823	0.2852
0.8	0.2881	0.2910	0.2939	0.2967	0.2995	0.3023	0.3051	0.3078	0.3106	0.3133
0.9	0.3159	0.3186	0.3212	0.3238	0.3264	0.3289	[illegible]	[illegible]	[illegible]	[illegible]
1.0	0.3413	0.3438	0.3461	0.3485	0.3508	0.3531	0.3554	0.3577	0.3599	0.3621
1.1	0.3643	0.3665	0.3686	0.3708	0.3729	0.3749	0.3770	0.3790	0.3810	0.3830
1.2	0.3849	0.3869	0.3888	0.3907	0.3925	0.3944	0.3962	0.3980	0.3997	0.4015
1.3	0.4032	0.4049	0.4066	0.4082	0.4099	0.4115	0.4131	0.4147	0.4162	0.4177
1.4	0.4192	0.4207	0.4222	0.4236	0.4251	0.4265	0.4279	0.4292	0.4306	0.4319
1.5	0.4332	0.4345	0.4357	0.4370	0.4382	0.4394	0.4406	0.4418	0.4429	0.4441
1.6	0.4452	0.4463	0.4474	0.4484	0.4495	0.4505	0.4515	0.4525	0.4535	0.4545
1.7	0.4554	0.4564	0.4573	0.4582	0.4591	0.4599	0.4608	0.4616	0.4625	0.4633
1.8	0.4641	[illegible]	[illegible]	[illegible]	[illegible]	0.4678	0.4686	0.4693	0.4699	0.4706
1.9	0.4713	0.4719	0.4726	0.4732	0.4738	0.4744	0.4750	0.4756	0.4761	0.4767
2.0	0.4772	0.4778	0.4783	0.4788	0.4793	0.4798	0.4803	0.4808	0.4812	0.4817
2.1	0.4821	0.4826	0.4830	0.4834	0.4838	0.4842	0.4846	0.4850	0.4854	0.4857
2.2	0.4861	0.4864	0.4868	0.4871	0.4875	0.4878	0.4881	0.4884	0.4887	0.4890
2.3	0.4893	0.4896	0.4898	0.4901	0.4904	0.4906	0.4909	0.4911	0.4913	0.4916
2.4	0.4918	0.4920	0.4922	0.4925	0.4927	0.4929	0.4931	0.4932	0.4934	0.4936
2.5	0.4938	0.4940	0.4941	0.4943	0.4945	0.4946	0.4948	0.4949	0.4951	0.4952
2.6	0.4953	0.4955	0.4956	0.4957	0.4959	0.4960	0.4961	0.4962	0.4963	0.4964
2.7	0.4965	0.4966	0.4967	0.4968	0.4969	0.4970	0.4971	0.4972	0.4973	0.4974
2.8	0.4974	0.4975	0.4976	0.4977	0.4977	0.4978	0.4979	0.4979	0.4980	0.4981
2.9	0.4981	0.4982	0.4982	0.4983	0.4984	0.4984	0.4985	0.4985	0.4986	0.4986
3.0	0.4987	0.4987	0.4987	0.4988	0.4988	0.4989	0.4989	0.4989	0.4990	0.4990

z_0 の整数部分と小数第 1 位

z_0 の小数第 2 位

z_0 の小数第 1 位まで

ここに 0.475 がある

例題 1

ある農家はりんごを栽培している．例年，収穫したりんご全体について，1個の重さは平均が200 gである．今年収穫したりんごから無作為に25個選び，重さの平均 $\overline{X}$ が210 gになり，標準偏差は20 gであった．標本の大きさ25は十分大きいので，今年収穫したりんご全体についても重さの標準偏差は20 gとしてよい．

今年収穫したりんご全体について，1個の重さの平均（母平均）m(g) は例年と異なっている，すなわち $m \neq 200$ といえるか．有意水準5％で検定せよ．

（注．有意水準 α で仮説検定を行う事を「有意水準 α で検定せよ」という．）

解答

対立仮説は「$m \neq 200$」，帰無仮説は「$m = 200$」である． step1

帰無仮説が成り立つとする．

25個は十分大きいので，第1.11節で学んだように，$\overline{X}$ は正規分布に近似的に従う．

- $\overline{X}$ の平均は $E(\overline{X}) = m = 200$
- $\overline{X}$ の標準偏差は $\sigma(\overline{X}) = \dfrac{20}{\sqrt{25}} = 4$

となるから，$\overline{X}$ を標準化すると

$$z = \frac{\overline{X} - 200}{4} \quad \text{step2} \qquad \cdots\cdots\cdots ①$$

となり，z は標準正規分布 $N(\underbrace{0}_{\text{平均}},\ \underbrace{1}_{\text{分散}})$ に近似的に従う．

有意水準が5％なので，2ページ前で調べたように棄却域 I は

$$I : z < -1.96 \quad \text{または} \quad 1.96 < z \quad \text{step3}$$

となる．

$\overline{X} = 210$ であるから，① より

$$z = \frac{210 - 200}{4} = 2.5$$

となり，棄却域 I に入る． step4

よって，帰無仮説 $m = 200$ は棄却され，対立仮説 $m \neq 200$ が成り立つと考えられる．（答）

1.13.4　仮説検定～2．母比率の両側検定

母集団は十分大きいとし，この中で事象Aが起こる割合である母比率を$p(0<p<1)$とし，pは分かっていないとする．

pに関する仮説が妥当かどうか判断する「**母比率の両側検定**」という方法を，母平均の両側検定と同様に以下のように定める．

step1　pについて2つの仮説を立てる．

帰無仮説：$p=p_0$　（p_0は $0<p_0<1$ を満たす定数）

対立仮説：$p\neq p_0$

「母平均の両側検定」と同様に step4 で，“一歩手前～その1”の考え方により帰無仮説は棄却したいのである．

帰無仮説を $p=p_0$ のように等式で表すのは，step2 で「標本比率の標準化」がしやすくなるからである．

また，対立仮説は帰無仮説と排反な命題（対立する命題）である…というのも「母平均の両側検定」と同様である．

step2　この母集団から大きさnの標本を取り，そこで事象Aが起きている割合である標本比率をRとし，nは十分大きいとする．

第1.12節で学んだようにRは正規分布に近似的に従う．

帰無仮説 $p=p_0$ が成り立つとする．

第1.12節で学んだようにRの平均は $E(R)=p_0$，標準偏差は

$\sigma(R)=\sqrt{\dfrac{p_0(1-p_0)}{n}}$ となるから，Rを標準化すると

$$z=\frac{R-p_0}{\sqrt{\dfrac{p_0(1-p_0)}{n}}}$$

となる．

zは標準規分布 $N(\underbrace{0}_{\text{平均}},\ \underbrace{1}_{\text{分散}})$ に近似的に従う．

step3　どれぐらい小さな確率だと「極めて小さい」と判断するのかという基準である**有意水準**αが問題に与えられているはずである．

対立仮説が「$p\neq p_0$」ときは

$$P(|z|>z_0)=\alpha$$

となるzの棄却域 $I：|z|>z_0$ を求める．この部分は「母平均の両側検定」

で説明したとおりである．

step4 R の実際の値から step2 で求めた z の値を求めておく．その z が棄却域 I に入るかどうかに注目する．

- **z が棄却域 I に入る場合**．

帰無仮説 $p=p_0$ を仮定すると「z が I に入る確率」（これが有意水準 α）は極めて小さいはずなのに，それが起きてしまったことになる．これはおかしいから**帰無仮説を棄却**し（これが“一歩手前～その1”），対立仮説 $p \neq p_0$ が成り立つと判断する．

- **z が棄却域 I に入らない場合**．

帰無仮説を仮定したときに，「z が I に入らない確率」は「極めて小さい」とはいえない．(*) しかし，このことは“一歩手前～その2”と同様に考え，帰無仮説が成り立つ根拠にはならない．“その2”で説明したのと同様に (*) となるような仮説は他にも色々ありうるからだ．

もちろん，帰無仮説が成り立たないともいえないので，帰無仮説が成り立つかどうかは何も判断できない．

当然，帰無仮説と排反な対立仮説についても，成り立つかどうか何も判断できない．

例題 2

ある病気の治療薬Aがあり，50％の患者に効果があることが分かっている．この病気の新しい治療薬Bが開発中であり，この病気の患者を無作為に100人選び，Bを投与したところ60人に効果があった．つまり，効果のあった患者の割合である標本比率は $R=\dfrac{60}{100}=0.6$ である．

Bが比率 p の患者に効果があるとする（もちろん p はまだ分かっていない）．

AとBで効果が違う，すなわち $p \neq 0.5(=50\ \%)$ といえるか．有意水準1％で検定せよ．

解答

対立仮説は「$p \neq 0.5$」，帰無仮説は「$p=0.5$」である． step1

帰無仮説「$p=0.5$」が成り立つと仮定する．

100人は十分多いので，第1.12節で学んだように，R は正規分布に近似的に従う．

- R の平均は $E(R)=0.5$
- R の標準偏差は $\sqrt{\dfrac{0.5(1-0.5)}{100}}=0.05$

となるから R を標準化すると

$$z=\frac{R-0.5}{0.05} \quad \text{(step2)} \qquad \cdots\cdots\cdots ①$$

となり，z は標準正規分布 $N(\underbrace{0}_{\text{平均}},\ \underbrace{1}_{\text{分散}})$ に近似的に従う．

有意水準が１％のときの棄却域 I：$|z|>z_0$ を求めよう．つまり

$$P(\underbrace{z<-z_0 \quad \text{または} \quad z_0<z}_{\text{これが}I})=1\ \%=0.01$$

となるような z_0 を求める．（step3. 説明がちょっと長くなるよ.）

(i)　この確率は次の図（標準正規分布）の斜線部の面積である．

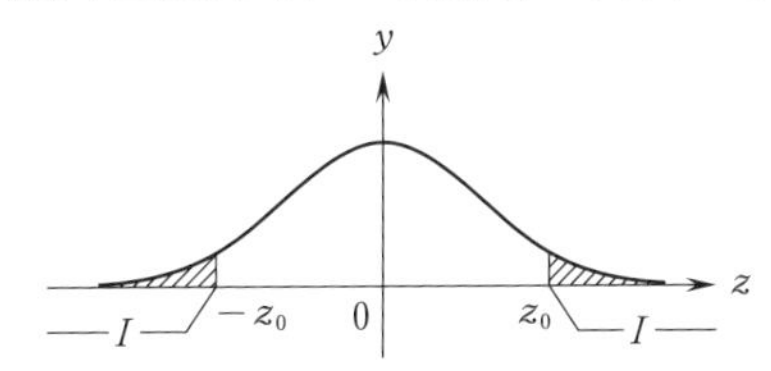

(ii)　標準正規分布の分布曲線は y 軸について対称なので，上図の斜線部の面積は，次図の斜線部の面積 $P(0\leqq z\leqq z_0)$ の **2 倍**を「正規分布曲線と z 軸ではさまれている部分全体」の面積１から引いたものとなり

$$P(|z|>z_0)=1-2P(0\leqq z\leqq z_0)$$

となる．

斜線部の面積

(iii)　有意水準が 1％＝0.01 の場合は

$$0.01=1-2P(0\leqq z\leqq z_0)$$

となり

$$P(0\leqq z\leqq z_0)=\frac{0.99}{2}=0.495$$

となるときである．

２ページ後の正規分布表に書かれた面積の値で 0.495 に近いものを探すと，0.4949 と 0.4951 が見つかる．

そこから z_0 の数値を読み取ると，$z_0=2.57$ または 2.58 と分かる．どちらを使

うべきかは問題で指定されることが多いし，そうでなければどちらを使ってもよい．

ここでは $z_0=2.58$ としよう．

以上より，**有意水準が1％の場合，棄却域は**

$$\boldsymbol{I : |z|>2.58}$$ **つまり「$z<-2.58$　または　$2.58<z$」** step3 完成！

となる．

①に $R=0.6$ を代入すると

$$z=\frac{0.6-0.5}{0.05}=2$$

となり，棄却域 I に入らないから帰無仮説 $p=0.5$ は棄却されない． step4

よって，$p=0.5$ が成り立つとも成り立たないともいえないから，AとBで効果が違うとは判断できない．（答）

注意．「棄却されない」は「成り立つ」ではない

帰無仮説 $p=0.5$ が棄却されないからといって，$p=0.5$ が成り立つとはいえない．なぜなら，他の帰無仮説で棄却されないものはいくらでもある．例えば本問で帰無仮説を「$p=0.6$」，対立仮説を「$p\neq0.6$」としてみると，$z=0$ となり（計算してみよ．当たり前だ）棄却域 I に入らないから，帰無仮説「$p=0.6$」は棄却されない．

「棄却されないから成り立つ」という立場（間違っている）だと，$p=0.5$ も成り立つし，**かつ**，$p=0.6$ も成り立つということになる．これはおかしい．

だから，帰無仮説が棄却されないときは，帰無仮説が成り立つといえないし，もちろん成り立たないともいえないのである．

正　規　分　布　表

次の表は，標準正規分布の正規分布曲線における右図の灰色部分の面積の値をまとめたものである。

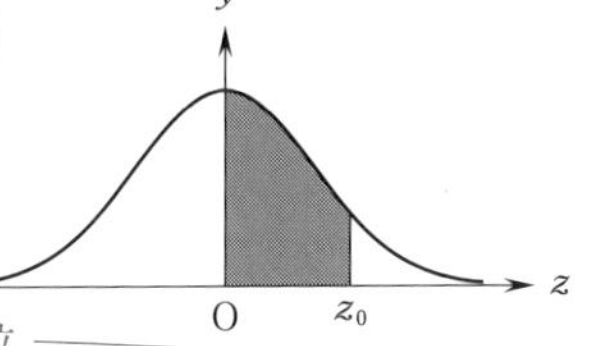

z_0 の小数第 2 位

z_0	0.00	0.01	0.02	0.03	0.04	0.05	0.06	0.07	0.08	0.09
0.0	0.0000	0.0040	0.0080	0.0120	0.0160	0.0199	0.0239	0.0279	0.0319	0.0359
0.1	0.0398	0.0438	0.0478	0.0517	0.0557	0.0596	0.0636	0.0675	0.0714	0.0753
0.2	0.0793	0.0832	0.0871	0.0910	0.0948	0.0987	0.1026	0.1064	0.1103	0.1141
0.3	0.1179	0.1217	0.1255	0.1293	0.1331	0.1368	0.1406	0.1443	0.1480	0.1517
0.4	0.1554	0.1591	0.1628	0.1664	0.1700	0.1736	0.1772	0.1808	0.1844	0.1879
0.5	0.1915	0.1950	0.1985	0.2019	0.2054	0.2088	0.2123	0.2157	0.2190	0.2224
0.6	0.2257	0.2291	0.2324	0.2357	0.2389	0.2422	0.2454	0.2486	0.2517	0.2549
0.7	0.2580	0.2611	0.2642	0.2673	0.2704	0.2734	0.2764	0.2794	0.2823	0.2852
0.8	0.2881	0.2910	0.2939	0.2967	0.2995	0.3023	0.3051	0.3078	0.3106	0.3133
0.9	0.3159	0.3186	0.3212	0.3238	0.3264	0.3289	0.3315	0.3340	0.3365	0.3389
1.0	0.3413	0.3438	0.3461	0.3485	0.3508	0.3531	0.3554	0.3577	0.3599	0.3621
1.1	0.3643	0.3665	0.3686	0.3708	0.3729	[illegible]	[illegible]	[illegible]	0.3810	0.3830
1.2	0.3849	0.3869	0.3888	0.3907	0.3925	[illegible]	[illegible]	[illegible]	0.3997	0.4015
1.3	0.4032	0.4049	0.4066	0.4082	0.4099	0.4115	0.4131	0.4147	0.4162	0.4177
1.4	0.4192	0.4207	0.4222	0.4236	0.4251	0.4265	0.4279	0.4292	0.4306	0.4319
1.5	0.4332	0.4345	0.4357	0.4370	0.4382	0.4394	0.4406	0.4418	0.4429	0.4441
1.6	0.4452	0.4463	0.4474	0.4484	0.4495	0.4505	0.4515	0.4525	0.4535	0.4545
1.7	0.4554	0.4564	0.4573	0.4582	0.4591	0.4599	0.4608	0.4616	0.4625	0.4633
1.8	0.4641	0.4649	0.4656	0.4664	0.4671	0.4678	0.4686	0.4693	0.4699	0.4706
1.9	0.4713	0.4719	0.4726	0.4732	0.4738	0.4744	0.4750	0.4756	0.4761	0.4767
2.0	0.4772	0.4778	0.4783	0.4788	0.4793	0.4798	0.4803	0.4808	0.4812	0.4817
2.1	0.4821	0.4826	0.4830	0.4834	0.4838	0.4842	0.4846	0.4850	0.4854	0.4857
2.2	0.4861	0.4864	0.4868	0.4871	0.4875	0.4878	0.4881	0.4884	0.4887	0.4890
2.3	0.4893	0.4896	0.4898	0.4901	0.4904	0.4906	0.4909	0.4911	0.4913	0.4916
2.4	0.4918	[illegible]	[illegible]	[illegible]	[illegible]	[illegible]	0.4931	0.4932	0.4934	0.4936
2.5	0.4938	0.4940	0.4941	0.4943	0.4945	0.4946	0.4948	0.4949	0.4951	0.4952
2.6	0.4953	0.4955	0.4956	0.4957	0.4959	0.4960	0.4961	[illegible]	[illegible]	0.4964
2.7	0.4965	0.4966	0.4967	0.4968	0.4969	0.4970	0.4971	0.4972	0.4973	0.4974
2.8	0.4974	0.4975	0.4976	0.4977	0.4977	0.4978	0.4979	0.4979	0.4980	0.4981
2.9	0.4981	0.4982	0.4982	0.4983	0.4984	0.4984	0.4985	0.4985	0.4986	0.4986
3.0	0.4987	0.4987	0.4987	0.4988	0.4988	0.4989	0.4989	0.4989	0.4990	0.4990

z_0 の整数部分と小数第 1 位

z_0 の小数第 2 位

z_0 の小数第 1 位まで

ほぼ 0.495

1.13.5 仮説検定～3．母平均の片側検定

母集団は十分大きいとし，母標準偏差 σ は分かっているが，母平均 m は分かっていないとする．

m に関する仮説が妥当かどうか判断する「**母平均の片側検定**」という方法を以下のように定める．

step1 m について2つの仮説を立てる．

帰無仮説：$m=m_0$（m_0 は定数）

対立仮説：$m>m_0$

または

対立仮説：$m<m_0$

となる．すなわち，**両側検定では対立仮説を $\boldsymbol{m \neq m_0}$ としていたが，片側検定では「$\boldsymbol{m>m_0}$」または「$\boldsymbol{m<m_0}$」のいずれか**にする． "両側"と"片側"の見分け方

- $m<m_0$ となる可能性を考えなくてもよいときは，対立仮説は$m>m_0$
- $m>m_0$ となる可能性を考えなくてもよいときは，対立仮説は$m<m_0$

ということである．

帰無仮説を $m=m_0$ のように等式で表すのは，両側検定の場合と同様に step2 で「標本平均の標準化」がしやすくなるからである．

対立仮説は帰無仮説と排反な命題（対立する命題）である…というのも両側検定と同様である．

step2 この母集団から大きさ n の標本を取り，その標本平均を $\overline{X}$ とする．n も十分大きいとする．第1.11節で学んだように，$\overline{X}$ は正規分布に近似的に従い，その分散は $\dfrac{\sigma^2}{n}$，標準偏差は $\sqrt{(\text{分散})}=\dfrac{\sigma}{\sqrt{n}}$ となる．

帰無仮説 $\boldsymbol{m=m_0}$ が成り立つとする．

$\overline{X}$ の平均は $\underbrace{E(\overline{X})=m}_{\text{第1.9.2節}}=m_0$ となり，$\overline{X}$ を標準化すると

$$z=\frac{\overline{X}-m_0}{\dfrac{\sigma}{\sqrt{n}}}$$

となる．

z は標準正規分布 $N(\underbrace{0}_{\text{平均}},\ \underbrace{1}_{\text{分散}})$ に近似的に従う．

step3　どのぐらい小さい確率だと「極めて小さい」と判断するのかという基準である**有意水準** α が問題に与えられているはずである．

z の棄却域 I は次のように定める．

case1．対立仮説が $m>m_0$ のときは

$$P(z>z_0)=\alpha \quad (z_0>0)$$

となる z の範囲 $I：z>z_0$ が棄却域．

（“m が大きい”といいたいので，“z が大きい”が棄却域．）

case2．対立仮説が $m<m_0$ のときは

$$P(z<-z_0)=\alpha \quad (z_0>0)$$

となる z の範囲 $I：z<-z_0$ が棄却域．

（“m が小さい”といいたいので，“z が小さい”が棄却域．）

以下では，case1 での棄却域 I の定め方を説明する．（case2 のときも同様である．）

(i)　確率 $P(z>z_0)$ は次の図（標準正規分布）の斜線部の面積である．

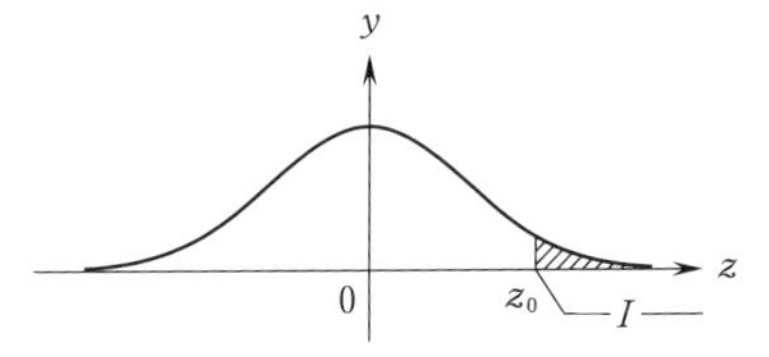

図の片側に斜線部があることから，**片側検定**という．

(ii)　標準正規分布の分布曲線は y 軸について対称なので，上図の斜線部の面積は，次図の斜線部の面積 $P(0\leqq z\leqq z_0)$ を「y 軸より右側の面積」である 0.5 から引いたものとなり

$$P(z>z_0)=0.5-P(0\leqq z\leqq z_0)$$

となる．

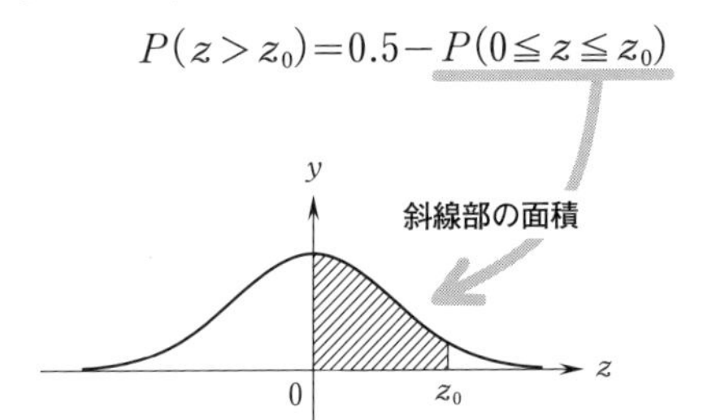

(iii) よって，$\alpha=5\ \%=0.05$ の場合は，$P(z>z_0)=\alpha$ となるのは，

$$0.05=P(z>z_0)=0.5-P(0\leqq z\leqq z_0)$$

となり

$$P(0\leqq z\leqq z_0)=0.45$$

となるときである，

次ページの正規分布表に書かれた面積の値で 0.45 に近いものを探すと，0.4495 と 0.4505 が見つかり，$z_0=1.64$ または $z_0=1.65$ となるが，ここでは $z_0=1.64$ としよう．

以上より，**$\alpha=5\ \%$の場合，棄却域は**

$$\boldsymbol{I: z>1.64}$$

となる．

step4 $\overline{X}$ の実際の値から step2 で求めた z の値を求めておく．その z が棄却域 I に入るかどうかに注目する．

- **z が棄却域 I に入る場合**．

  帰無仮説 $m=m_0$ を棄却し，対立仮説が成り立つと判断する．

- **z が棄却域 I に入らない場合**．

  帰無仮説が成り立つかどうかは何も判断できない．

  対立仮説についても，成り立つかどうか何も判断できない．

正 規 分 布 表

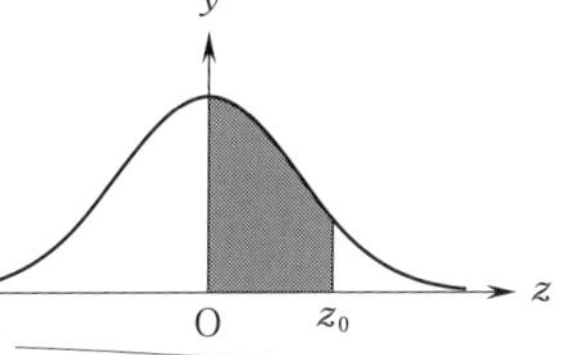

次の表は，標準正規分布の正規分布曲線における右図の灰色部分の面積の値をまとめたものである。

z_0 の小数第 2 位

z_0 の整数部分と小数第 1 位

z_0	0.00	0.01	0.02	0.03	0.04	0.05	0.06	0.07	0.08	0.09
0.0	0.0000	0.0040	0.0080	0.0120	0.0160	0.0199	0.0239	0.0279	0.0319	0.0359
0.1	0.0398	0.0438	0.0478	0.0517	0.0557	0.0596	0.0636	0.0675	0.0714	0.0753
0.2	0.0793	0.0832	0.0871	0.0910	0.0948	0.0987	0.1026	0.1064	0.1103	0.1141
0.3	0.1179	0.1217	0.1255	0.1293	0.1331	0.1368	0.1406	0.1443	0.1480	0.1517
0.4	0.1554	0.1591	0.1628	0.1664	0.1700	0.1736	0.1772	0.1808	0.1844	0.1879
0.5	0.1915	0.1950	0.1985	0.2019	0.2054	0.2088	0.2123	0.2157	0.2190	0.2224
0.6	0.2257	0.2291	0.2324	0.2357	0.2389	0.2422	0.2454	0.2486	0.2517	0.2549
0.7	0.2580	0.2611	0.2642	0.2673	0.2704	[illegible]	[illegible]	[illegible]	0.2823	0.2852
0.8	0.2881	0.2910	0.2939	0.2967	0.2995	[illegible]	[illegible]	[illegible]	0.3106	0.3133
0.9	0.3159	0.3186	0.3212	0.3238	0.3264	0.3289	0.3315	0.3340	0.3365	0.3389
1.0	0.3413	0.3438	0.3461	0.3485	0.3508	0.3531	0.3554	0.3577	0.3599	0.3621
1.1	0.3643	0.3665	0.3686	0.3708	0.3729	0.3749	0.3770	0.3790	0.3810	0.3830
1.2	0.3849	0.3869	0.3888	0.3907	0.3925	0.3944	0.3962	0.3980	0.3997	0.4015
1.3	0.4032	0.4049	0.4066	0.4082	0.4099	0.4115	0.4131	0.4147	0.4162	0.4177
1.4	0.4192	0.4207	0.4222	0.4236	0.4251	0.4265	0.4279	0.4292	0.4306	0.4319
1.5	0.4332	0.4345	0.4357	0.4370	0.4382	0.4394	0.4406	0.4418	0.4429	0.4441
1.6	0.4452	0.4463	0.4474	0.4484	0.4495	0.4505	0.4515	0.4525	0.4535	0.4545
1.7	0.4554	0.4564	0.4573	0.4582	[illegible]	[illegible]	0.4608	0.4616	0.4625	0.4633
1.8	0.4641	0.4649	0.4656	0.4664	0.4671	0.4678	0.4686	0.4693	0.4699	0.4706
1.9	0.4713	0.4719	0.4726	0.4732	0.4738	0.4744	0.4750	0.4756	0.4761	0.4767
2.0	0.4772	0.4778	0.4783	0.4788	0.4793	0.4798	0.4803	0.4808	0.4812	0.4817
2.1	0.4821	0.4826	0.4830	0.4834	0.4838	0.4842	0.4846	0.4850	0.4854	0.4857
2.2	0.4861	0.4864	0.4868	0.4871	0.4875	0.4878	0.4881	0.4884	0.4887	0.4890
2.3	0.4893	0.4896	0.4898	0.4901	0.4904	0.4906	0.4909	0.4911	0.4913	0.4916
2.4	0.4918	0.4920	0.4922	0.4925	0.4927	0.4929	0.4931	0.4932	0.4934	0.4936
2.5	0.4938	0.4940	0.4941	0.4943	0.4945	0.4946	0.4948	0.4949	0.4951	0.4952
2.6	0.4953	0.4955	0.4956	0.4957	0.4959	0.4960	0.4961	0.4962	0.4963	0.4964
2.7	0.4965	0.4966	0.4967	0.4968	0.4969	0.4970	0.4971	0.4972	0.4973	0.4974
2.8	0.4974	0.4975	0.4976	0.4977	0.4977	0.4978	0.4979	0.4979	0.4980	0.4981
2.9	0.4981	0.4982	0.4982	0.4983	0.4984	0.4984	0.4985	0.4985	0.4986	0.4986
3.0	0.4987	0.4987	0.4987	0.4988	0.4988	0.4989	0.4989	0.4989	0.4990	0.4990

z_0 の小数第 2 位

z_0 の小数第 1 位まで

ほぼ 0.45

例題 3

ある高校の3年生300人に統計のテストを行ったところ，平均点は50点であった．授業でこの問題の類題の演習を行い，翌週に数値を変えた問題で再試を行った．無作為に25人を選び採点したところ，その標本平均 $\overline{X}$ は55点になり，標本標準偏差 S は10点であった．

300人全員の得点の平均を m（点），その母標準偏差を σ（点）とし，25人は十分大きいので $\sigma=S=10$ と見なすこととする．

このとき，$m>50$ といえるか．有意水準5％で片側検定せよ．

ポイント　テストの復習をした上で再試を行ったので $m<50$ となるはずがない．したがって，**片側検定**となる．

解答

対立仮説は「$m>50$」，帰無仮説は「$m=50$」である．step1

帰無仮説が成り立つとする．

25人は十分多いので，第1.11節で学んだように，$\overline{X}$ は正規分布に近似的に従う．

- $\overline{X}$ の平均は $E(\overline{X})=50$
- X の標準偏差は $\dfrac{10}{\sqrt{25}}=2$

となるから，$\overline{X}$ を標準化すると

$$z=\frac{\overline{X}-50}{2} \qquad \cdots\cdots ①$$

step2

となり，z は標準正規分布 $N(\underbrace{0}_{\text{平均}},\ \underbrace{1}_{\text{分散}})$ に近似的に従う．

有意水準が5％であり対立仮説が「$m>50$」なので，2ページ前で調べたように棄却域 I は

$$I：z>1.64$$

step3

となる．（“m が大きい”といいたいので，“z が大きい”が棄却域．）

$\overline{X}=55$ であるから，① より

$$z=\frac{55-50}{2}=2.5$$

となり，棄却域 I に入る．step4

よって，帰無仮説 $m=50$ は棄却され，対立仮説 $m>50$ が成り立つと考えられる．（答）

1.13.6 仮説検定～4．母比率の片側検定

母集団は十分大きいとし，この中で事象 A が起こる割合である母比率を $p(0<p<1)$ とし，p は分かっていないとする．

p に関する仮説が妥当かどうか判断する「**母比率の片側検定**」という方法を，母平均の片側検定と同様に以下のように定める．

step1 p について2つの仮説を立てる．

帰無仮説：$p=p_0$ （p_0 は $0<p_0<1$ を満たす定数）

対立仮説：$p>p_0$

または

対立仮説：$p<p_0$

となる．すなわち，両側検定では対立仮説を $p\neq p_0$ としていたが，片側検定では「$p>p_0$」または「$p<p_0$」のいずれかにする．

- $p<p_0$ となる可能性を考えなくてもよいときは，対立仮説は $p>p_0$
- $p>p_0$ となる可能性を考えなくてもよいときは，対立仮説は $p<p_0$

ということである．

帰無仮説を $p=p_0$ のように等式で表すのは，両側検定の場合と同様に step2 で「標本比率の標準化」がしやすくなるからである．

対立仮説は帰無仮説と排反な命題（対立する命題）である…というのも両側検定と同様である．

step2 この母集団から大きさ n の標本を取り，そこで事象 A が起きている割合である標本比率を R とする．n は十分大きいとする．第1.12節で学んだように，R は正規分布に近似的に従う．

帰無仮説「$p=p_0$」が成り立つと仮定する．

第1.12節で学んだように R の平均は $E(R)=p_0$，R の標準偏差は $\sigma(R)=\sqrt{\dfrac{p_0(1-p_0)}{n}}$ となるから，R を標準化すると

$$z=\frac{R-p_0}{\sqrt{\dfrac{p_0(1-p_0)}{n}}}$$

となる．

step3 どれぐらい小さい確率だと「極めて小さい」と判断するのかという基準である**有意水準** α が問題に与えられているはずである．

z の棄却域 I は次のように定める.

case1. 対立仮説が $p > p_0$ のときは

$$P(z > z_0) = \alpha \quad (z_0 > 0)$$

となる z の範囲 $I : z > z_0$ が棄却域.

("p が大きい" といいたいので, "z が大きい" が棄却域.)

case2. 対立仮説が $p < p_0$ のときは

$$P(z < -z_0) = \alpha \quad (z_0 > 0)$$

となる z の範囲 $I : z < -z_0$ が棄却域.

("p が小さい" といいたいので, "z が小さい" が棄却域.)

z_0 を正規分布表から定める方法は, **母平均の片側検定の場合と同じ**である.

step4 R の実際の値から step2 で求めた z の値を求めておく. その z が棄却域に入るかどうかに注目する.

- **z が棄却域 I に入る場合.**

  帰無仮説 $p = p_0$ を棄却し, 対立仮説が成り立つと判断する.

- **z が棄却域 I に入らない場合.**

  帰無仮説が成り立つかどうかは何も判断できない.

  対立仮説についても, 成り立つかどうか何も判断できない.

例題 4

ある工場では精密部品を大量に製造しているが, その 20 %に不具合が生じるので出荷せずに廃棄している.

製造方法の一部を改良し, その方法では不具合を生じる確率が下がることはあっても上がることはないことは分かっている.

この方法で製造した部品から無作為に 1600 個を取りだしたところ, 不具合が生じている部品の割合 (標本比率) R は 18 %であった.

このとき, 製造した部品全体で不具合が生じている割合を p とすると, $p < 0.2 (= 20\ \%)$ といえるか. 有意水準 5 %で片側検定せよ.

ポイント $p \leqq 0.2$ となることが分かっているので**片側検定**となる.

解答

対立仮説は「$p < 0.2$」, 帰無仮説は「$p = 0.2$」である. step1

帰無仮説が正しいと仮定する.

1600 個は十分多いので，第 1.12 節で学んだように，R は正規分布に近似的に従う.

• R の平均は $E(R)=0.2$　　• R の標準偏差は $\sigma(R)=\sqrt{\dfrac{0.2(1-0.2)}{1600}}=0.01$

となるから，R を標準化すると

$$z=\frac{R-0.2}{0.01} \quad \text{step2} \qquad \cdots\cdots ①$$

となり，z は標準正規分布 $N(\underbrace{0}_{\text{平均}}, \underbrace{1}_{\text{分散}})$ に近似的に従う.

対立仮説が「$p<0.2$」なので，棄却域 I は

$$I: z<-z_0 \quad (z_0>0)$$

と表され（“p が小さい”といいたいので，“z が小さい”が棄却域.）

$$P(z<-z_0)=\underbrace{5\,\%}_{\text{有意水準}}=0.05$$

を満たす.

この棄却域 I は次のようにして定める. step3. 説明がちょっと長くなるよ.

(i) 確率 $P(z<-z_0)$ は次の図（標準正規分布）の斜線部の面積である.

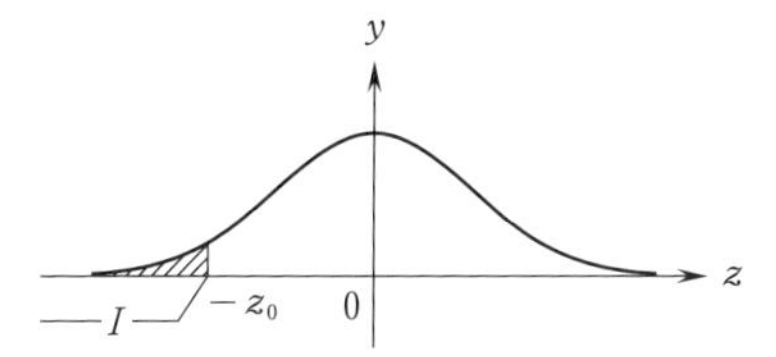

図の片側に斜線部があることから，**片側検定**という.

(ii) 標準正規分布の分布曲線は y 軸について対称なので，上図の斜線部の面積は，次図の斜線部の面積 $P(0\leqq z\leqq z_0)$ を「y 軸より右側の面積」である 0.5 から引いたものとなり

$$P(z<-z_0)=P(z>z_0)=0.5-P(0\leqq z\leqq z_0)$$

となる.

斜線部の面積

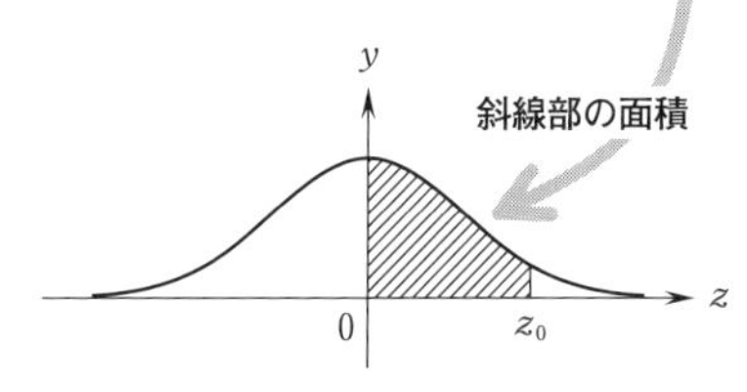

(iii) よって，$\alpha=5\,\%=0.05$ の場合は，$P(z<-z_0)=\alpha$ となるのは，

$$0.05=P(z<-z_0)=0.5-P(0\leqq z\leqq z_0)$$

となり

$$P(0 \leqq z \leqq z_0) = 0.45$$

となるときであり，母平均の片側検定の説明で調べたように，$z_0 = 1.64$ となる．

以上より，**$\alpha = 5$ %の場合，棄却域は**

$$\boldsymbol{I : z < -1.64}$$ step3 完成！

となる．

$R = 18$ % $= 0.18$ であるから，① より

$$z = \frac{0.18 - 0.2}{0.01} = -2$$

となり，棄却域 I に入る．step4

よって，帰無仮説 $p = 0.2$ は棄却され，対立仮説 $p < 0.2$ が成り立つといえる．

（答）

練習問題 13

以下の問題を解答するにあたっては，必要に応じて次ページにある正規分布表を用いてよい．

(1) ある洋菓子店では手作りで板チョコを大量に作っている．そのうちの 100 枚の重さを調べたところ，1 枚の重さの標本平均は $\overline{X}=50$(g)，標本標準偏差が $S=2$(g) であった．標本の大きさ 100 は十分大きいので，板チョコ 1 枚の重さの母標準偏差 σ(g) は $\sigma=S=2$ としてよい．

板チョコ 1 枚の重さの母平均を m(g) とする．$m=49$ と仮定すると，$\overline{X}$ は

正規分布 $N\left(\underbrace{\boxed{\text{アイ}}}_{\text{平均}},\ \underbrace{\dfrac{\boxed{\text{ウ}}}{\boxed{\text{エオ}}}}_{\text{分散}}\right)$ に近似的に従う．

$m \neq 49$ といえるか．有意水準 5 %で検定をすると [カ].

[カ] に当てはまるものを次の⓪～②から選べ．

⓪ $m \neq 49$ といえる　　① $m=49$ といえる

② $m \neq 49$ とも $m=49$ とも判断できない

(2) ある市にあるショッピングセンター「B マート」は，その市の市民のうち 20 %に知られている．知名度を上げるために宣伝活動を強化した．

その後，この市の市民のうち B マートを知っている人の割合を $p(0 \leqq p \leqq 1)$ とし，無作為に選んだ 100 人に市民のうち B マートを知っている人の割合を $R(0 \leqq R \leqq 1)$ とする．

100 人は十分多いので，R は正規分布に近似的に従い，その標準偏差は $\dfrac{\sqrt{p(1-p)}}{\boxed{\text{キク}}}$ となる．

実際に無作為に選んだ 100 人の市民を選び B マートを知っているか調べたところ，28 人が知っていた．

宣伝を強化したので $p \geqq 0.2$ としてよい．$p>0.2$ といえるか．有意水準 5 % で片側検定をすると [ケ].

[ケ] に当てはまるものを次の⓪～②から選べ．

⓪ $p>0.2$ といえる　　① $p=0.2$ といえる

② $p>0.2$ とも $p=0.2$ とも判断できない

(解答は 2 ページ後)

正　規　分　布　表

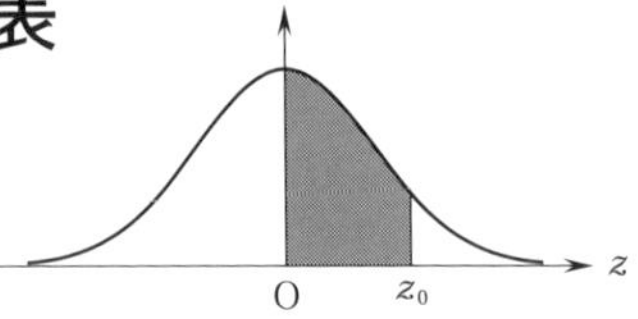

次の表は，標準正規分布の正規分布曲線における右図の灰色部分の面積の値をまとめたものである。

z_0	0.00	0.01	0.02	0.03	0.04	0.05	0.06	0.07	0.08	0.09
0.0	0.0000	0.0040	0.0080	0.0120	0.0160	0.0199	0.0239	0.0279	0.0319	0.0359
0.1	0.0398	0.0438	0.0478	0.0517	0.0557	0.0596	0.0636	0.0675	0.0714	0.0753
0.2	0.0793	0.0832	0.0871	0.0910	0.0948	0.0987	0.1026	0.1064	0.1103	0.1141
0.3	0.1179	0.1217	0.1255	0.1293	0.1331	0.1368	0.1406	0.1443	0.1480	0.1517
0.4	0.1554	0.1591	0.1628	0.1664	0.1700	0.1736	0.1772	0.1808	0.1844	0.1879
0.5	0.1915	0.1950	0.1985	0.2019	0.2054	0.2088	0.2123	0.2157	0.2190	0.2224
0.6	0.2257	0.2291	0.2324	0.2357	0.2389	0.2422	0.2454	0.2486	0.2517	0.2549
0.7	0.2580	0.2611	0.2642	0.2673	0.2704	0.2734	0.2764	0.2794	0.2823	0.2852
0.8	0.2881	0.2910	0.2939	0.2967	0.2995	0.3023	0.3051	0.3078	0.3106	0.3133
0.9	0.3159	0.3186	0.3212	0.3238	0.3264	0.3289	0.3315	0.3340	0.3365	0.3389
1.0	0.3413	0.3438	0.3461	0.3485	0.3508	0.3531	0.3554	0.3577	0.3599	0.3621
1.1	0.3643	0.3665	0.3686	0.3708	0.3729	0.3749	0.3770	0.3790	0.3810	0.3830
1.2	0.3849	0.3869	0.3888	0.3907	0.3925	0.3944	0.3962	0.3980	0.3997	0.4015
1.3	0.4032	0.4049	0.4066	0.4082	0.4099	0.4115	0.4131	0.4147	0.4162	0.4177
1.4	0.4192	0.4207	0.4222	0.4236	0.4251	0.4265	0.4279	0.4292	0.4306	0.4319
1.5	0.4332	0.4345	0.4357	0.4370	0.4382	0.4394	0.4406	0.4418	0.4429	0.4441
1.6	0.4452	0.4463	0.4474	0.4484	0.4495	0.4505	0.4515	0.4525	0.4535	0.4545
1.7	0.4554	0.4564	0.4573	0.4582	0.4591	0.4599	0.4608	0.4616	0.4625	0.4633
1.8	0.4641	0.4649	0.4656	0.4664	0.4671	0.4678	0.4686	0.4693	0.4699	0.4706
1.9	0.4713	0.4719	0.4726	0.4732	0.4738	0.4744	0.4750	0.4756	0.4761	0.4767
2.0	0.4772	0.4778	0.4783	0.4788	0.4793	0.4798	0.4803	0.4808	0.4812	0.4817
2.1	0.4821	0.4826	0.4830	0.4834	0.4838	0.4842	0.4846	0.4850	0.4854	0.4857
2.2	0.4861	0.4864	0.4868	0.4871	0.4875	0.4878	0.4881	0.4884	0.4887	0.4890
2.3	0.4893	0.4896	0.4898	0.4901	0.4904	0.4906	0.4909	0.4911	0.4913	0.4916
2.4	0.4918	0.4920	0.4922	0.4925	0.4927	0.4929	0.4931	0.4932	0.4934	0.4936
2.5	0.4938	0.4940	0.4941	0.4943	0.4945	0.4946	0.4948	0.4949	0.4951	0.4952
2.6	0.4953	0.4955	0.4956	0.4957	0.4959	0.4960	0.4961	0.4962	0.4963	0.4964
2.7	0.4965	0.4966	0.4967	0.4968	0.4969	0.4970	0.4971	0.4972	0.4973	0.4974
2.8	0.4974	0.4975	0.4976	0.4977	0.4977	0.4978	0.4979	0.4979	0.4980	0.4981
2.9	0.4981	0.4982	0.4982	0.4983	0.4984	0.4984	0.4985	0.4985	0.4986	0.4986
3.0	0.4987	0.4987	0.4987	0.4988	0.4988	0.4989	0.4989	0.4989	0.4990	0.4990

解答

(1)　対立仮説は「$m \neq 49$」，帰無仮説は「$m=49$」である．

　$m=49$ が正しいと仮定する．

$\overline{X}$ の平均は $m=$ アイ $\boxed{49}$，分散は $\dfrac{2^2}{100}=\dfrac{\boxed{1}}{\boxed{25}}$（ウ / エオ）

となる．

標本平均 $\overline{X}$ の平均は母平均に等しく，$\overline{X}$ の分散は $\dfrac{(\text{母分散})}{(\text{標本の大きさ})}$

　$\overline{X}$ の標準偏差は $\sqrt{(\text{分散})}=\sqrt{\dfrac{1}{25}}=\dfrac{1}{5}=0.2$ となり，$\overline{X}$ を標準化すると

$$z=\frac{\overline{X}-49}{0.2} \qquad \cdots\cdots\cdots ①$$

となる．

　有意水準 5 %での棄却域を

　$I:|z|>z_0$　すなわち「$z<z_0$　または $z_0<z$」

とする．

$$P(|z|>z_0)=5\ \%=0.05$$

ということであり，

「母平均の両側検定」で説明したように

$$z_0=1.96$$

となるから

$$I:z<-1.96 \quad \text{または} \quad 1.96<z$$

となる．

第 1.13.3 節をみよ．
斜線部の面積が
5 %＝0.05

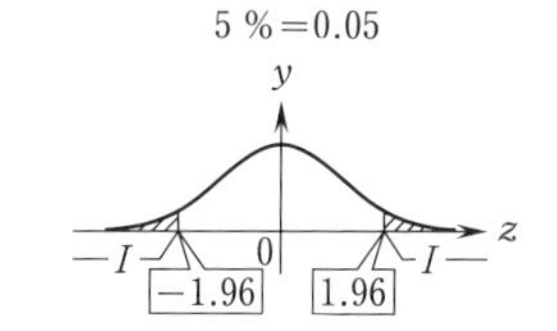

　本問では $\overline{X}=50$ なので，① に代入すると

$$z=\frac{50-49}{0.2}=5$$

となり，棄却域 I に入る．

　したがって，帰無仮説 $m=49$ を棄却し，対立仮説 $m \neq 49$ が成り立つといえる．

　よって，カ $\boxed{⓪}$ が当てはまる．

（注） この洋菓子店は第 1.11 節**例 1** に登場した店であり，板チョコ 1 枚の重さ m(g) の信頼度 95 % の信頼区間は

$$49.61 \leqq m \leqq 50.39$$

となっていた．有意水準 5 % の仮説検定で「$m=49$」を棄却したのは（詳しく説明しないが）当然なのである．

（注終り）

(2) 母比率が p なので，無作為に 100 人選んだときの標本比率 R の標準偏差は

$$\sqrt{\frac{p(1-p)}{100}}=\frac{\sqrt{p(1-p)}}{\boxed{10}}.$$

キク

母比率が p のとき，大きさ n の標本について，標本比率 R の分散は

$$\frac{p(1-p)}{n}$$

標準偏差は $\sqrt{(\text{分散})}$ なので

$$\sqrt{\frac{p(1-p)}{n}}$$

宣伝を強化したので，知名度が 20 パーセントより下がるとは考えられないから，$p \geqq 0.2(=20\ \%)$ としてよい．

したがって，対立仮説は「$p>0.2$」，帰無仮説は「$p=0.2$」である．

$p=0.2$ がなりたつと仮定する．

標本の大きさ 100 は十分大きいので，標本比率 R は正規分布に近似的に従い

- 平均は $p=0.2$
- 標準偏差は $\dfrac{\sqrt{0.2(1-0.2)}}{10}=\dfrac{\sqrt{0.16}}{10}=0.04$

となり，R を標準化すると

$$z=\frac{R-0.2}{0.04} \qquad \cdots\cdots\cdots ②$$

有意水準 5 % で対立仮説 $p>0.2$ を検定する**片側検定**の場合の棄却域 I は，第 1.13.5 節「母平均の片側検定」で説明したように

$$I: z>1.64$$

斜線部の面積が
5 % = 0.05

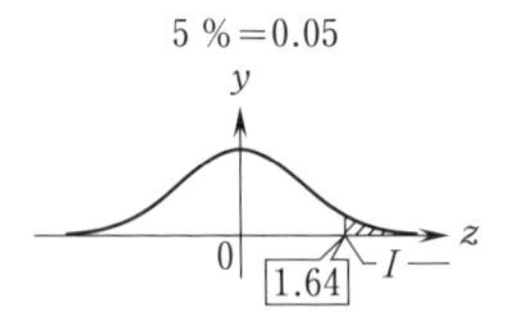

100 人のうち 28 人が B マートを知っていたので，標本比率 R は

$$R=\frac{28}{100}=0.28$$

となり，②に代入すると

$$z=\frac{0.28-0.2}{0.04}=2$$

となり，棄却域 I に入る．

帰無仮説 $p=0.2$ を棄却し，対立仮説 $p>0.2$ が成り立つといえる．よって，ケ ⓪ が当てはまる．

1.14 確率密度関数の定義と目的

この節の概要

「相対度数のヒストグラム」を**微分・積分**（強力な計算法！）で扱えるように一般化した**確率密度関数**について解説する．第1.13節までで扱ってきた標準正規分布のグラフは，確率密度関数のグラフの最も重要な例である．

1.14.1 相対度数のヒストグラムから確率密度関数へ

ある高校の3年生100人の身長は次のようになった．

身長の階級(cm)	度数	相対度数
155以上160未満	10	0.1
160 ～ 165	25	0.25
165 ～ 170	30	0.3
170 ～ 175	20	0.2
175 ～ 180	10	0.1
180 ～ 185	5	0.05
合計	100	1.00

この場合の「度数」は人数，**「相対度数」は全体の人数100人に対する割合**だ．

数学Ⅰ「データの分析」で扱った**ヒストグラム**（柱状グラフ）を用いて，この相対度数をヒストグラムで表すと次のようになる．

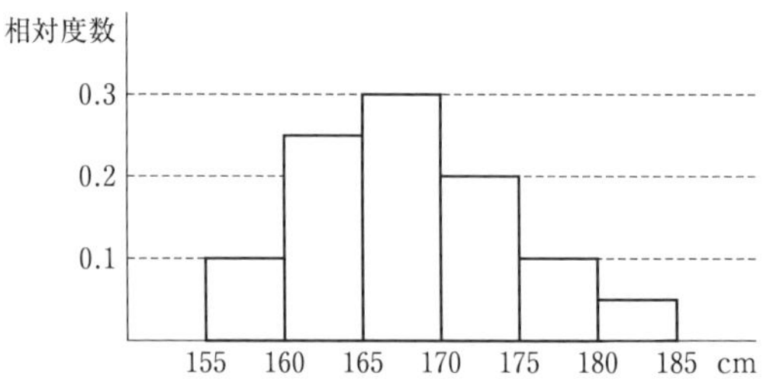

さて，このヒストグラムを次のように解釈してみよう．

step1 ヒストグラム全体の面積（次の図の斜線部）を1とする．**「1」は相対度数の合計**のことだ．

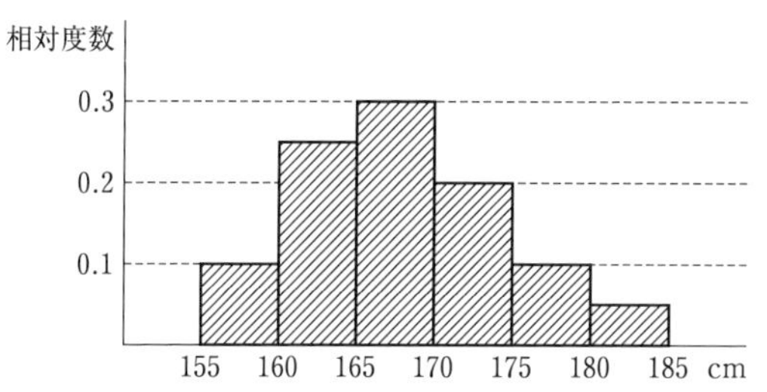

step2　すると，例えば「165 cm 以上 170 cm 未満」の相対度数（全体に対する割合）である 0.3 は，次の図の**斜線部の面積**を表すことになる．

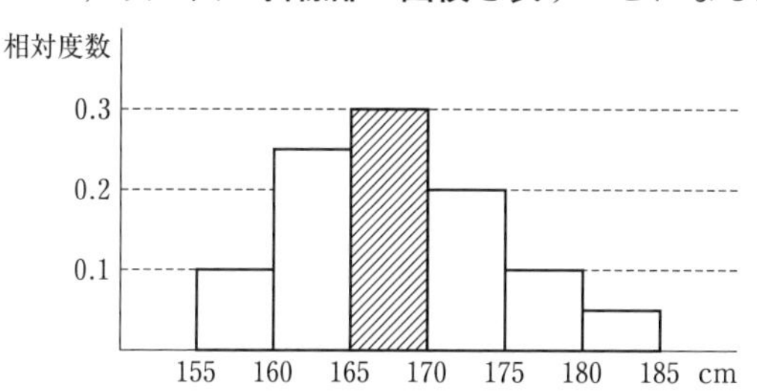

step3　さらに例えば「165 cm 以上 175 cm 未満」の相対度数（全体に対する割合）である $0.3+0.2=0.5$ は，次の図の**斜線部の面積**を表すことになる．

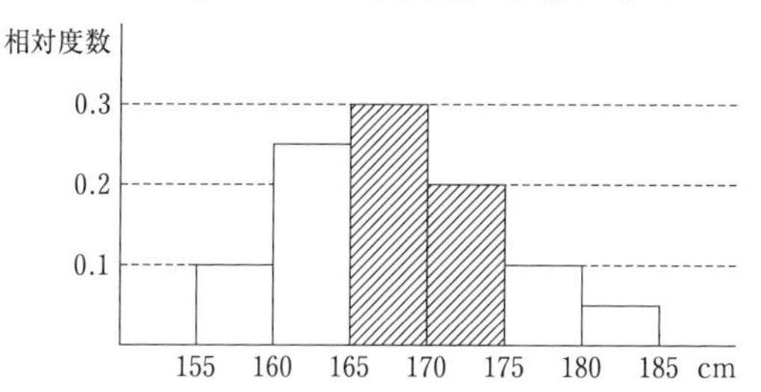

step4　ではこの高校の 3 年生 100 人から無作為に一人を選ぶとき，「165 cm 以上 175 cm 未満」である**確率**はどうなるだろう．それは「165 cm 以上 175 cm 未満」の相対度数（全体に対する割合）であるから，次の図の**斜線部の面積**で表されることになる．（先ほどの図と同じ．（^_^;)）

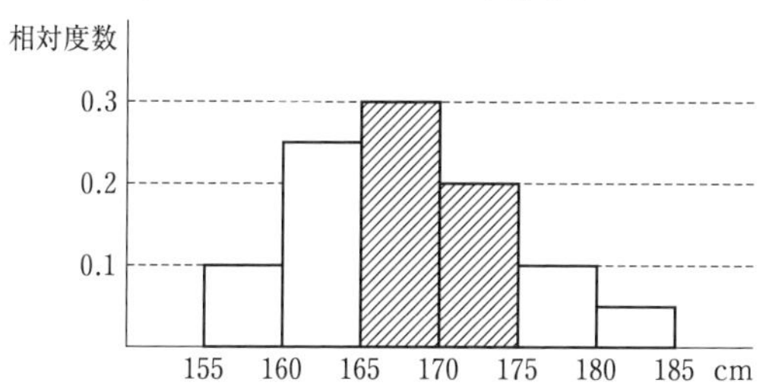

以上を参考に，**確率密度関数**（相対度数に対するヒストグラムを一般化したもの）を次のように定義する．

確率密度関数の定義

次の性質を満たす $f(x)$ を，確率変数 X に対する確率密度関数という．

- すべての実数 x に対して $f(x) \geqq 0$（ヒストグラムの『柱』は横軸より上に伸ばすことに相当）
- $a \leqq X \leqq b$ となる確率 $P(a \leqq X \leqq b)$ は，$y=f(x)$ のグラフと x 軸，直線 $x=a$，$x=b$ で囲まれた斜線部（もちろん $a \leqq x \leqq b$ の部分）の面積で表される．次の図はその例．（前ページの step4 に相当）

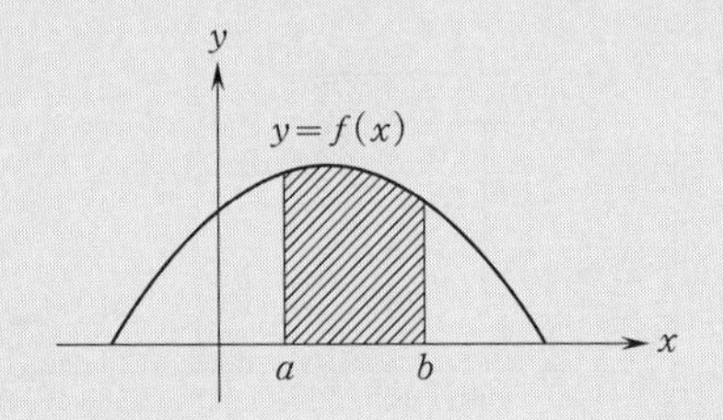

この確率変数 X はとり得る値が連続して変化するから，連続型確率変数という．

X の最小値を α，最大値を β とすると $P(\alpha \leqq X \leqq \beta)=1$ である（全事象の確率は1ということ）．例えば上の図において $f(\alpha)=f(\beta)=0$ だとすれば，$P(\alpha \leqq X \leqq \beta)=1$ は「次の図の斜線部の面積が1」と言う意味になる．

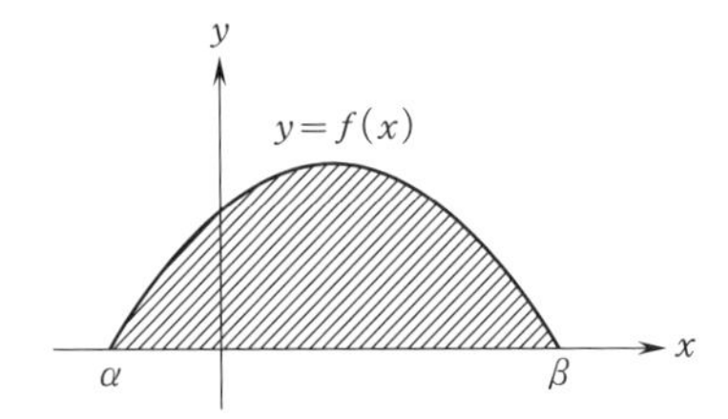

「全事象の確率が1」は確率密度関数を決定する問題で手がかりになる．

標準正規分布の分布曲線（次の図）は $\boldsymbol{y=f(x)=\frac{1}{\sqrt{2\pi}}e^{-\frac{x^2}{2}}}$ のグラフであったが（第1.6節参照），この $f(x)$ も確率密度関数である．というか，**確率密度関数の最も重要な例**である（この式を覚える必要はない）．

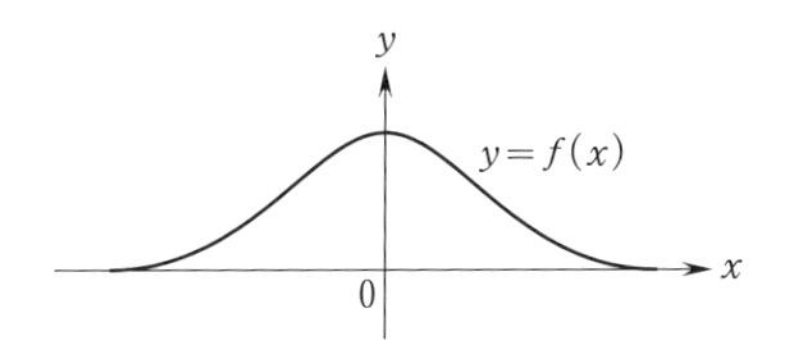

実際，標準正規分布に従う確率変数 X が $0 \leqq X \leqq z_0$ となる確率（z_0 は正とする）は次の図の斜線部の面積で表される … というのが第 1.12 節までで繰り返し扱ったことであった．これは連続型確率変数 X の確率密度関数が $f(x)$ であることを意味する！

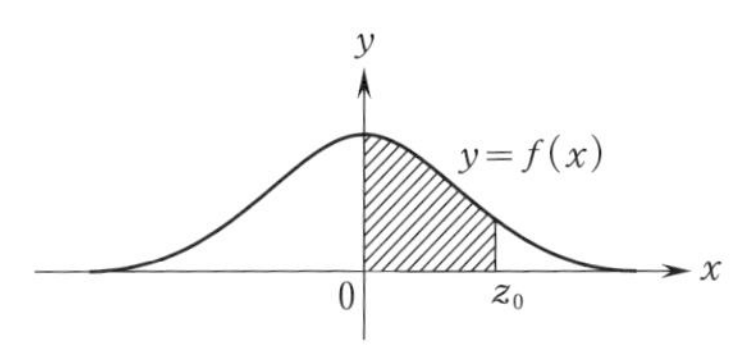

重要

連続型確率変数として最も重要なのが，第 1.13 節までで扱った標準正規分布に従う確率変数である．第 1.14 節と第 1.15 節では，一般的な連続型確率変数を扱う．共通テストでもここまで問われる可能性があるので勉強しておこう．

1.14.2　確率密度関数を考える目的

図形の面積は積分で求められることを数学 II の「微分・積分」で学ぶ．この**微分・積分というのはものすごく強力な計算方法**であるから，これを利用すると統計についてよく分かるはずだ．

それが確率密度関数を導入する目的だ．

標準正規分布の様々な性質もそれによって解明された … ということの詳しい説明は本書の範囲を超えてしまう．是非，大学で学んで欲しい．

1.14.3　確率密度関数の具体例

（例 1）

連続型確率変数 X のとり得る範囲は $0 \leqq X \leqq 2$ であり，その確率密度関数を $y = \dfrac{1}{2}x$ とする．

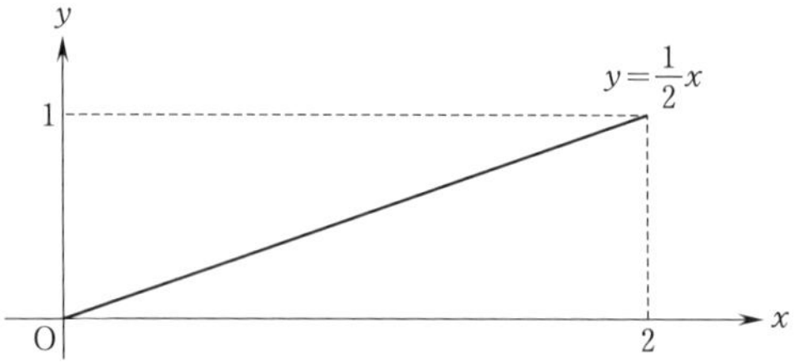

(1) $0 \leqq X \leqq 2$ となる確率は1であり，斜線部の面積である．$\dfrac{1}{2} \cdot 2 \cdot 1 = 1$ だ！

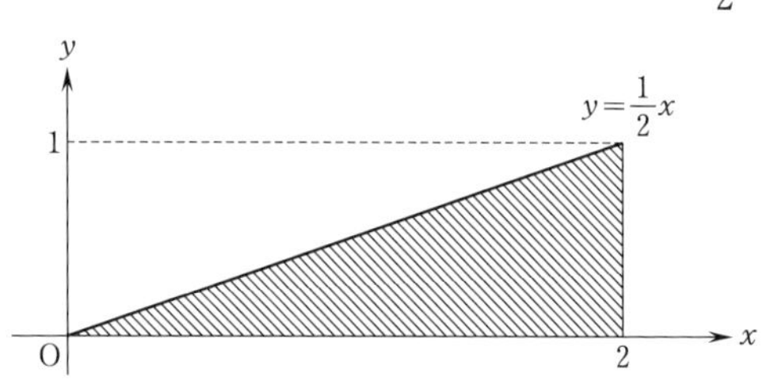

(2) $0 \leqq X \leqq 1$ となる確率は，次の図の斜線部の面積であるから，

$$\frac{1}{2} \cdot 1 \cdot \frac{1}{2} = \frac{1}{4}$$

となる．

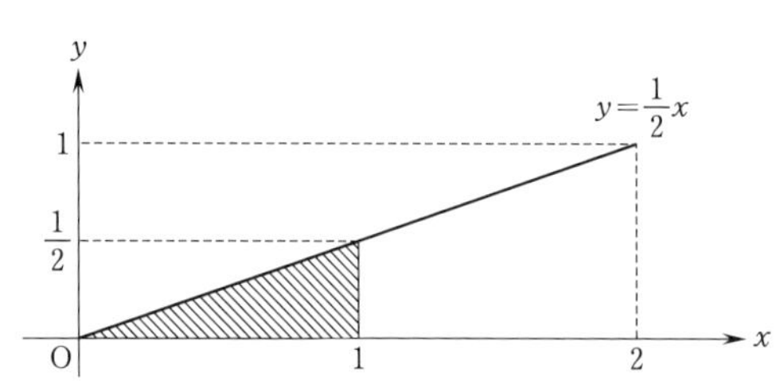

(3) $1 \leqq X \leqq 1.6$ となる確率は，次の図の斜線部の面積であるから，台形の面積公式より

$$\frac{1}{2}(0.5 + 0.8) \cdot 0.6 = 0.39$$

となる．

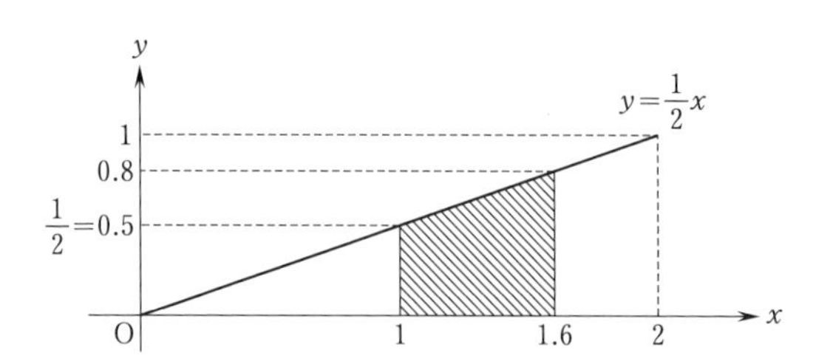

（例 2）

今度は，確率を求めるのに積分を使う例を見よう．

連続型確率変数 X のとり得る範囲は $0 \leqq X \leqq 1$ であり，その確率密度関数を $y=-6x(x-1)$ とする．

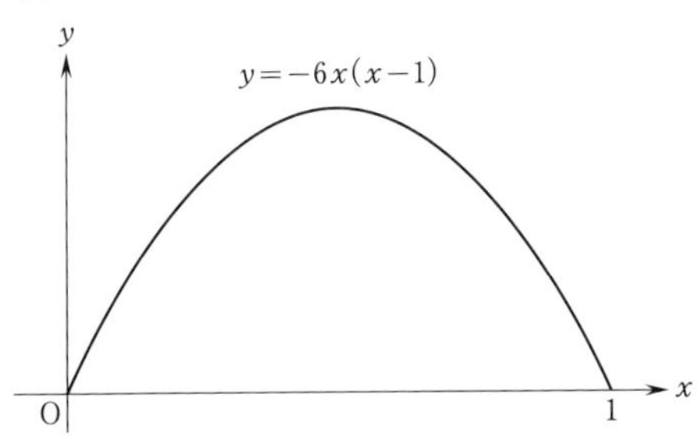

(1) $0 \leqq X \leqq 1$ となる確率は 1 であり，次の図の斜線部の面積である．

実際，公式 $\int_a^b (x-a)(x-b)\,dx = -\frac{1}{6}(b-a)^3$ を用いて

$$\int_0^1 -6x(x-1)\,dx = \frac{6}{6}(1-0)^3 = 1$$

となる．

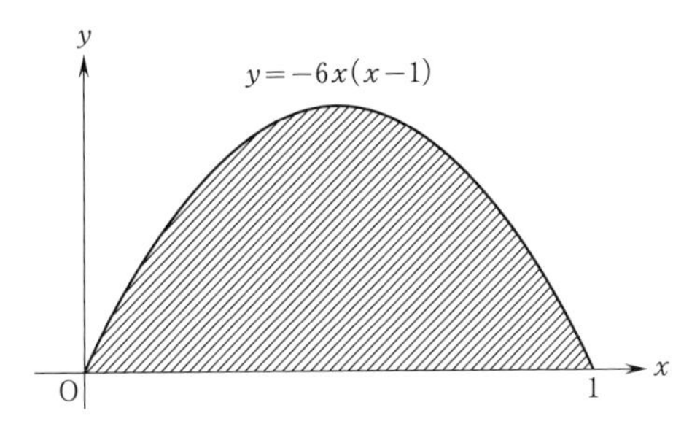

(2) $0 \leqq X \leqq \frac{1}{3}$ となる確率は，次の図の斜線部の面積であるから，

$$\int_0^{\frac{1}{3}} -6x(x-1)\,dx = \Big[-2x^3+3x^2\Big]_0^{\frac{1}{3}} = -\frac{2}{27}+\frac{1}{3} = \frac{7}{27}$$

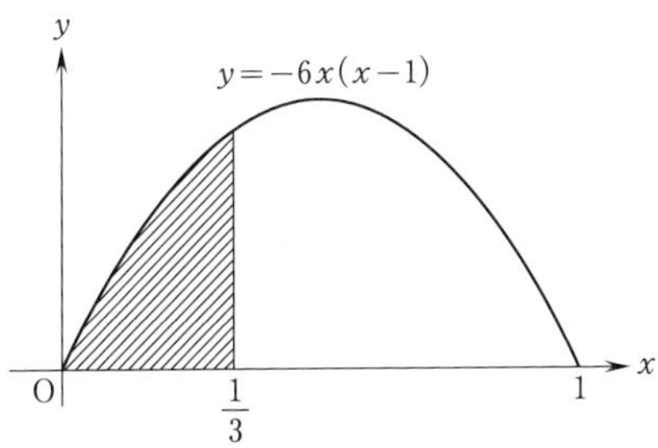

(3)　$\dfrac{1}{3} \leqq X \leqq \dfrac{1}{2}$ となる確率は，次の図の斜線部の面積であるから

$$\int_{\frac{1}{3}}^{\frac{1}{2}} -6x(x-1)\,dx = \Big[-2x^3+3x^2\Big]_{\frac{1}{3}}^{\frac{1}{2}} = -\frac{1}{4}+\frac{3}{4}-\left(-\frac{2}{27}+\frac{1}{3}\right) = \frac{13}{54}$$

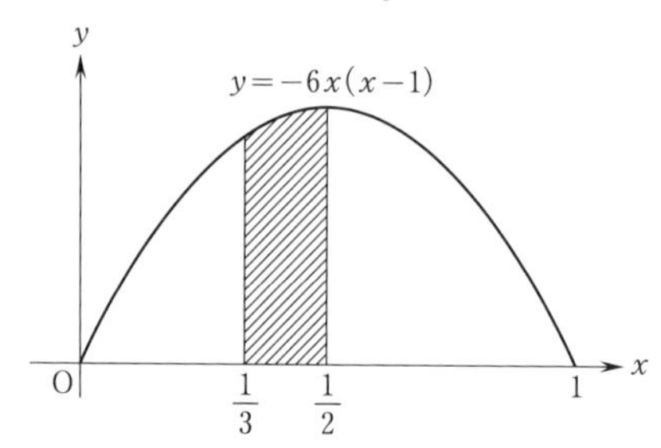

練習問題 14

連続型確率変数 X のとり得る範囲は $0 \leqq X \leqq 2$ であり，その確率密度関数は

$$f(x)=ax(2-x) \quad (a \text{ は正の定数})$$

と表されている．このとき，次の問いに答えよ．

(1) $0 \leqq X \leqq 2$ となる確率は

$$\int_0^2 f(x)\,dx = \boxed{\text{ア}}$$

となるから，$a=\dfrac{\boxed{\text{イ}}}{\boxed{\text{ウ}}}$ である．

(2) $0 \leqq X \leqq \dfrac{1}{2}$ となる確率は $\dfrac{\boxed{\text{エ}}}{\boxed{\text{オカ}}}$ である．

また，$\dfrac{1}{2} \leqq X \leqq 1$ となる確率は $\dfrac{\boxed{\text{キク}}}{\boxed{\text{ケコ}}}$ である．

（解答は次ページ）

解答

(1) $0 \leqq X \leqq 2$ となる確率は，全事象の確率であるから

$$\int_0^2 f(x)\,dx = \boxed{1}\ (\text{ア})$$

左辺が表すのが全事象の確率なので，その値は1である．

よって

$$\int_0^2 \underbrace{-ax(x-2)}_{f(x)}\,dx = \frac{a}{6}(2-0)^3 = \frac{4}{3}a = 1$$

したがって，$a = \dfrac{\boxed{3}\ (\text{イ})}{\boxed{4}\ (\text{ウ})}$.

(2) (1)より $f(x) = \dfrac{3}{4}x(2-x) = \dfrac{3}{4}(2x-x^2)$.

$0 \leqq X \leqq \dfrac{1}{2}$ となる確率は次の**図1**の斜線部の面積である．

確率密度関数の基本！

図1

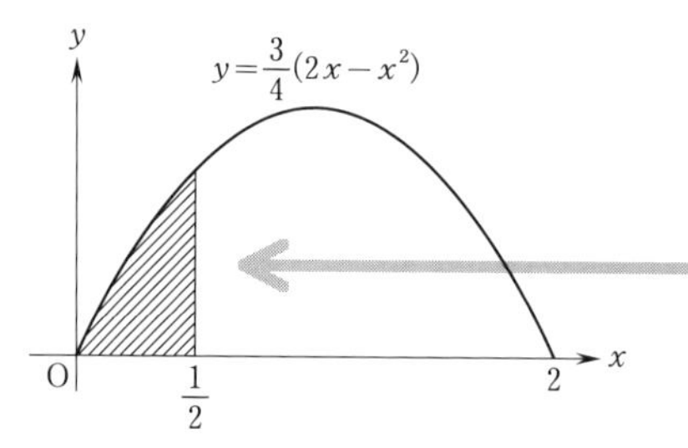

つまり

$$\int_0^{\frac{1}{2}} f(x)\,dx = \int_0^{\frac{1}{2}} \frac{3}{4}(2x-x^2)\,dx$$

$$= \frac{3}{4}\left[x^2 - \frac{1}{3}x^3\right]_0^{\frac{1}{2}}$$

$$= \frac{\boxed{5}\ (\text{エ})}{\boxed{32}\ (\text{オカ})}$$

$\dfrac{1}{2} \leqq X \leqq 1$ となる確率は，次の**図 2** の斜線部の面積である．

図 2

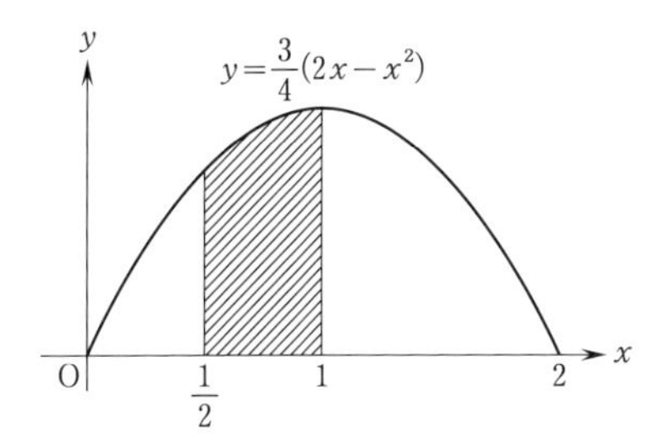

$y=f(x)=\dfrac{3}{4}(2x-x^2)$ のグラフは放物線であり，軸 $x=1$ について対称であるから次の**図 3** の斜線部の面積は $\dfrac{1}{2}$ になる．（$\displaystyle\int_0^2 f(x)\,dx=1$ の半分！）

図 3

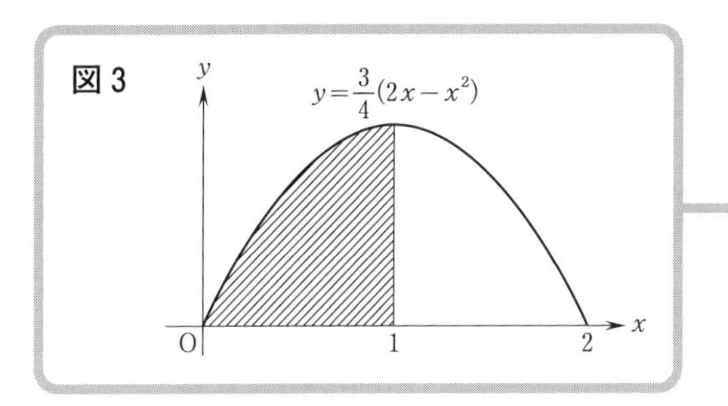

下図の網掛けの部分の面積は，全事象の確率だから 1.

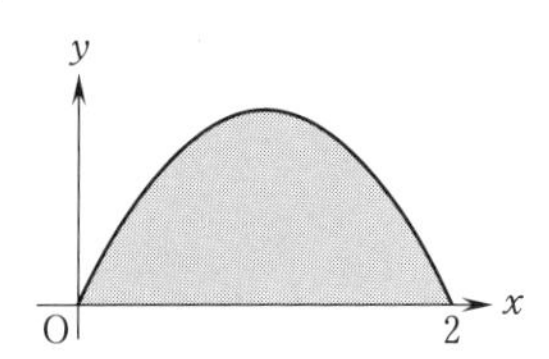

左図の斜線部の面積は，その半分なので $\dfrac{1}{2}$.

以上より，$\dfrac{1}{2} \leqq X \leqq 1$ となる確率は

（図 2 の斜線部の面積）

＝（図 3 の斜線部の面積）－（図 1 の斜線部の面積）

$=\dfrac{1}{2}-\dfrac{5}{32}$

$=\dfrac{\boxed{11}}{\boxed{32}}$ （キク／ケコ）

1.15 連続型確率変数の平均と分散

この節の概要

前節で学んだ連続型確率変数について，その平均と分散を確率密度関数を用いて計算する方法を解説する．

1.15.1 $\int_\alpha^\beta f(x)\,dx$ という記号の意味

連続型確率変数 X に対する確率密度関数を $f(x)$ とする．

X のとり得る範囲を $\alpha \leqq X \leqq \beta$ とすると，前節で見たように全事象の確率は

$$\int_\alpha^\beta f(x)\,dx=1$$

であり，これは $y=f(x)$ のグラフを次の図のようなものだとすると斜線部の面積が1となることを意味した．

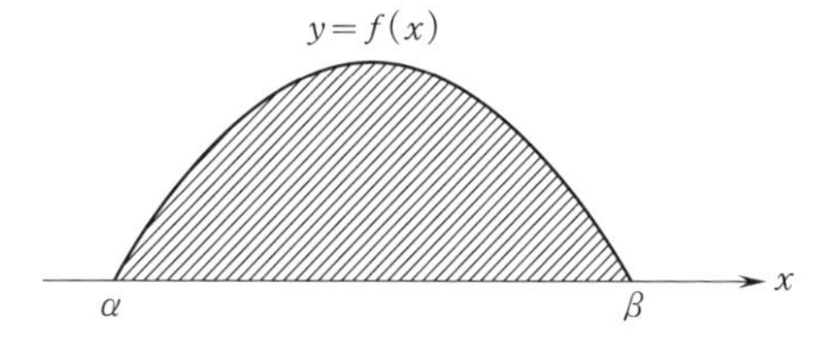

$\int_\alpha^\beta f(x)\,dx$ という記号はライプニッツ（ドイツの哲学者，数学者．1646 ～ 1716.）が作った．$\int$ は「和」を表すラテン語 summa（英語だと sum）の頭文字 s だ．s は当時 $\int$ と書いたのだそうだ．おそらく当時のペンだとこうやって伸ばして書くのが書きやすかったのではないかな．

みんな知ってる $\int_\alpha^\beta f(x)\,dx$ の求め方

$F'(x)=f(x)$ となるとき

$$\int_\alpha^\beta f(x)\,dx=\Big[F(x)\Big]_\alpha^\beta=F(\beta)-F(\alpha)$$

という計算法もライプニッツは記号とともに編み出した．（同時期にライプニッツとは独立にニュートン（万有引力の発見で有名なイギリスの物理学者，数学者．1642 ～1727）も積分を発見しているが，用いた記号は全く違う．）

ライプニッツがこの積分の記号に込めた意味は次のようになる．

ライプニッツによる $\int_{\alpha}^{\beta} f(x)\,dx$ の意味

dx をものすごく 0 に近い数とする．（ライプニッツは**無限小**（むげんしょう）と呼んだ．第 1.17.6 節参照）

x を α から β まで dx ずつ変化させ，$f(x)\,dx$ をすべてたしたもの　…★

を

$$\int_{\alpha}^{\beta} f(x)\,dx$$

と表す．（$\int$ が「和」，「たす」を表している．）

ライプニッツが作った積分記号を今でも我々が使っているのは，これが積分の本質を表していて使いやすいからだ．例えば

$$\alpha \leqq x \leqq \beta \text{ のとき，} f(x) \geqq 0$$

となる場合は，$\int_{\alpha}^{\beta} f(x)\,dx$ は前ページの図のような図形の面積を表すが，そのことを上記の★に従って確認してみよう．

step1　dx をものすごく 0 に近い正の数として，次の図のような縦が $f(x)$ で横が dx の長方形を考える．その面積は $f(x)\,dx$ である．

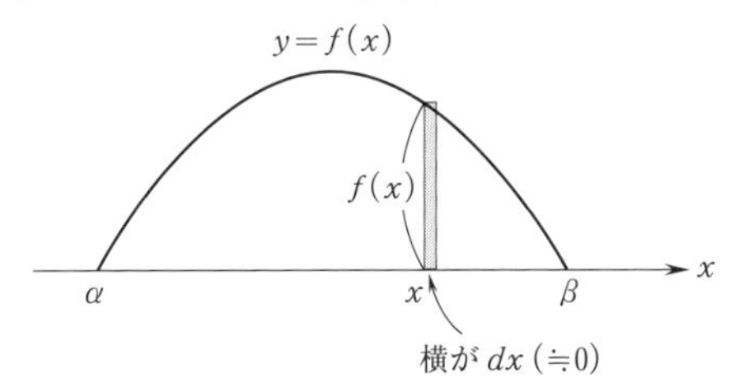

step2　こういう長方形を $\alpha \leqq x \leqq \beta$ の範囲で端から端まで図のように敷き詰める．隣り合う長方形は互いに接している．つまり，長方形の左端の x 座標は α から β まで dx ずつ大きくなっている．（正確には「$\beta - dx$ まで」だが，dx はものすごく 0 に近いので「β まで」と言ってよい．）

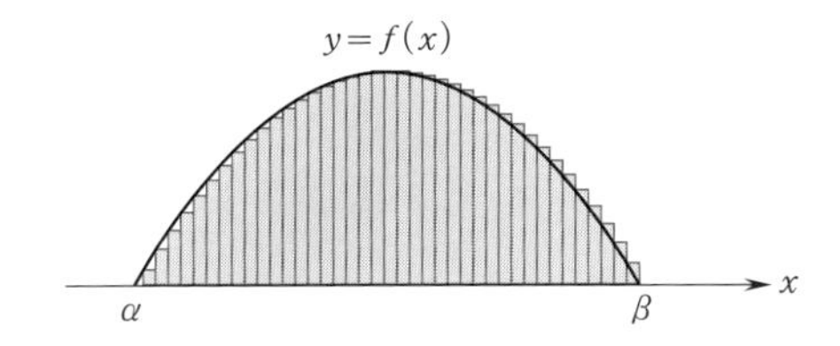

このような長方形の面積 $f(x)\,dx$ をすべてたしたものはライプニッツの考え方★により

$$\int_{\alpha}^{\beta} f(x)\,dx$$

と表される.

step3 step2 の図の長方形の幅 dx はものすごく 0 に近いものなので，長方形が $y=f(x)$ のグラフから出たり入ったりしている部分は実際は目に見えないぐらい小さくて（デコボコが見えたら dx はもっと小さくせよ！），

$$\int_{\alpha}^{\beta} f(x)\,dx$$

は図の網掛けの部分の面積そのものになる.

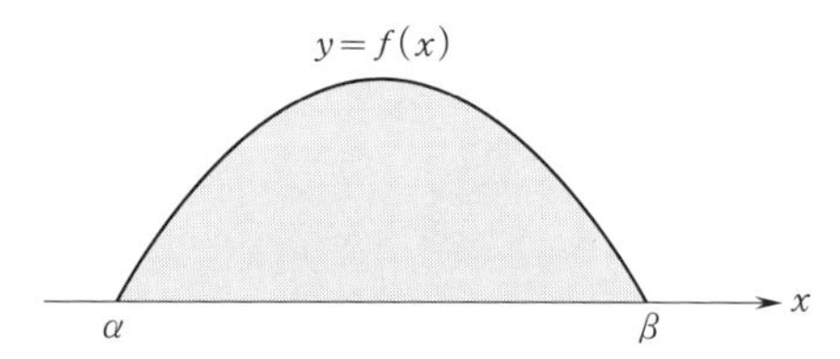

数学Ⅲの履修者は「これは**区分求積法**のアイデアだ」と思うはずだ. **その通りです.** ■

step2 の図を再掲する.

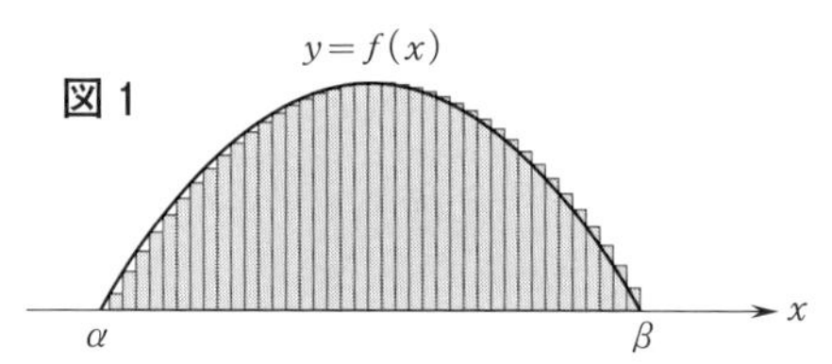

上の図の「柱が並んでいる様子」は**ヒストグラムに見える**だろう.

今考えているヒストグラムは相対度数のヒストグラムなので「1つの柱に対する X の値」は「柱の左下の x（柱の幅 dx が非常に狭いので右下でもよい）」だとし，X がその値になる確率は**柱の面積 $f(x)\,dx$** で表される（次図を見よ）.

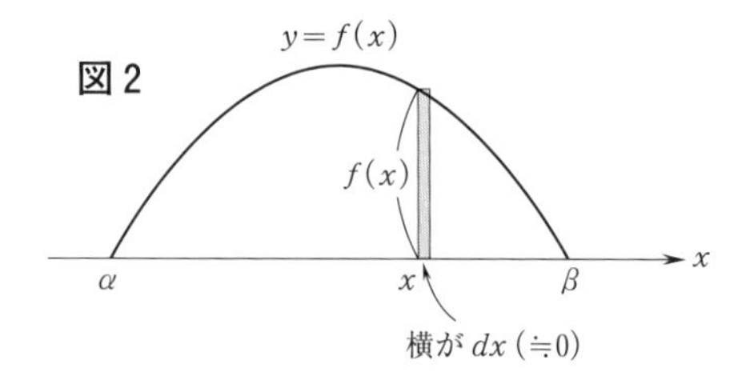

図 1 のヒストグラム全体の面積は，**図 2** の柱の面積「確率 $f(x)\,dx$」の合計であるから，全事象の確率 1 になる．つまり

$$\int_{\alpha}^{\beta} f(x)\,dx = 1$$

と言う確率密度関数の性質は，「相対度数のヒストグラム全体の面積は全事象の確率 1」ということを**ライプニッツの考え方★で定積分によって表したもの**である．

1.15.2　連続型確率変数の平均

確率変数の平均の定義を確認しよう．（第 1.1 節参照）

取り得る値が有限個である確率変数 X の平均の定義

確率変数 X の取り得る値が x_1，x_2，x_3，…，x_n であるとし，

$P(X=x_k)=p_k$（$X=x_k$ となる確率だよ）

とする．このとき X の平均（平均値，期待値）は，

$$E(X)=\sum_{k=1}^{n} x_k p_k = x_1p_1+x_2p_2+\cdots+x_np_n \quad \cdots\cdots ①$$

つまり，X の平均は

「(X の取り得る値)×(その値を取る確率)」をすべてたしたもの　………②

となる．

この定義 ① は連続型確率変数 X には使えない．x_k が無数にあるからだ．

そこで ② に注目する．

連続型確率変数 X に対する確率密度関数を $f(x)$ とし，X の取り得る範囲が $\alpha \leqq X \leqq \beta$ としよう．

図 2（再掲）

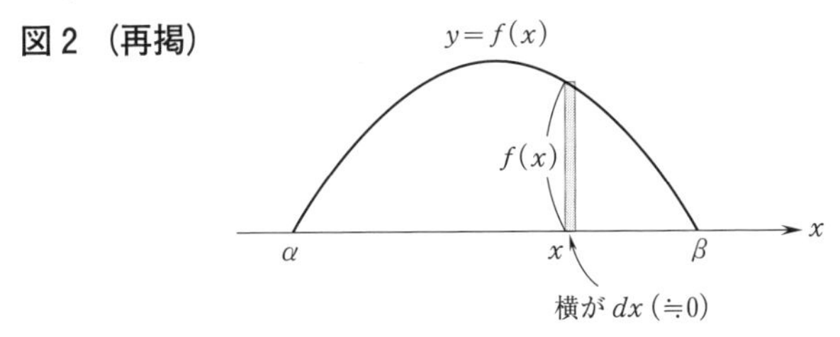

図 2 のように **X の値が x になる確率は $f(x)\,dx$（斜線部の面積．相対度数のヒストグラムの柱の面積）**となるから，

「(X の取り得る値)×(その値を取る確率)」

とは，$\boldsymbol{xf(x)\,dx}$ となる．

2ページ前の**図1**の“ヒストグラム”(柱の幅がものすごく0に近い数 dx だ) を参考にすると，**x の値は α から β まで dx ずつ変化すると考えられる**.

したがって，② を言い換えた「$xf(x)\,dx$ をすべてたす」とは，ライプニッツの考え方 ★ により

$$\int_\alpha^\beta xf(x)\,dx$$

となる．これを連続型確率変数 X の平均の定義とする.

連続型確率変数の平均の定義

連続型確率変数 X に対する確率密度関数を $f(x)$ とし，X の取り得る範囲が $\alpha \leqq X \leqq \beta$ とするとき，X の平均 $E(X)$ を

$$E(X)=\int_\alpha^\beta xf(x)\,dx$$

と定める．($f(x)\,dx$ が，相対度数のヒストグラムの柱の面積＝確率を表していると考えるとよい.)

1.15.3 連続型確率変数の平均の例

(例1)

第1.14.3節の**例1**での連続型確率変数 X を考えよう．つまり，X のとり得る範囲は $0 \leqq X \leqq 2$ であり，その確率密度関数は $y=\frac{1}{2}x$ であった.

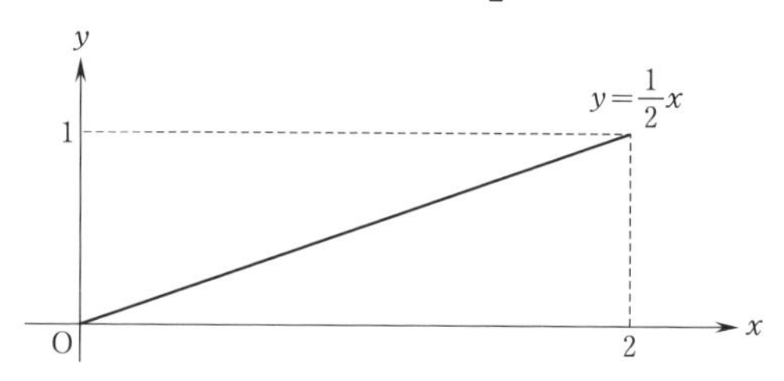

このXの平均 $E(X)$ は

$$E(X)=\int_0^2 x\cdot\underbrace{\frac{1}{2}x\,dx}_{\text{確率}}=\left[\frac{1}{6}x^3\right]_0^2 dx=\frac{4}{3}$$

(例2)

第1.14.3節の**例2**での連続型確率変数 X を考えよう．つまり，X のとり得る範囲は $0 \leqq X \leqq 1$ であり，その確率密度関数は $y=-6x(x-1)$ であった.

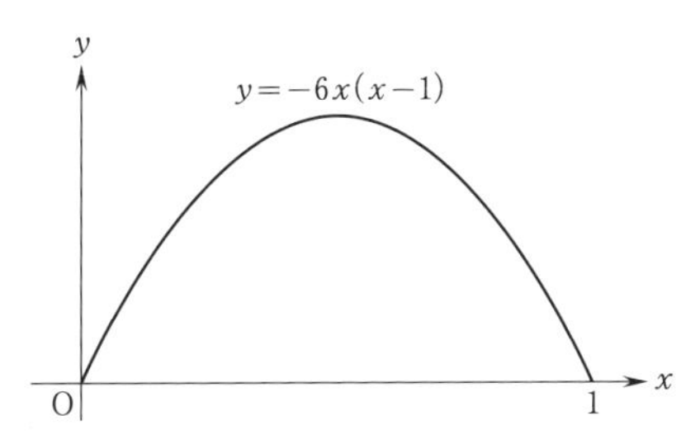

この X の平均 $E(X)$ は

$$E(X)=\int_0^1 x\cdot\underbrace{\{-6x(x-1)\}\,dx}_{\text{確率}}$$

$$=\int_0^1 -6(x^3-x^2)\,dx$$

$$=-6\left[\frac{x^4}{4}-\frac{x^3}{3}\right]_0^1$$

$$=\frac{1}{2}$$

1.15.4　平均の計算テクニック～平均と重心

この本の読者の多くは共通テスト対策のために本書を勉強しているはずだ．だから，解答時間を短縮するために役立つ，平均を求める重要なテクニックを解説しておく．

まず，平面図形の重心を定義しておく．

平面図形の重心

平面図形 D が均一な薄い板でできていると考えたとき，その重さが釣り合う点Gを「D の重心」と呼ぶ．（重さの中心だから重心なのだ．）

すなわち，Gに細く丈夫な紐を接着しその紐で静かに D を持ち上げると，D を水平に保ったまま持ち上げることができる．（次図がそのイメージ）

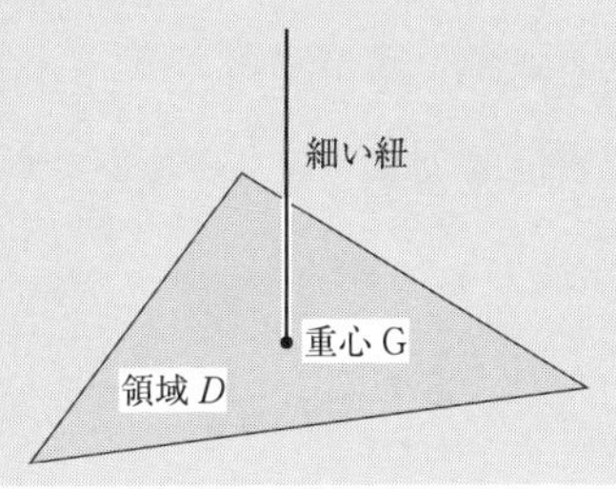

この節の理論的なことは，**第1.17節で補足として解説しておく**ので興味と余裕があれば読んでおいて欲しい．しかし，大半の読者は「**共通テストまで後1ヶ月もない！**」と言う状況であろうから**第1.17節は大学入学後に読んでくれればよく**，取りあえず本書を信用してもらって以下を読んで欲しい．

重心を簡単に求めるために重要なのは次の性質である．

重心の性質

性質1．三角形の重心（3本の中線の交点として定まるもの）は，前記の意味でも重心である．
性質2．図形 D が直線 l について対称であれば，D の重心Gは l 上にある．
性質3．図形 D が点Aについて対称であれば，D の重心GはAに一致する．（注．この性質は $E(X)$ の計算にはあまり関係しない）

連続型確率変数 X の平均 $E(X)$ を簡単に求めるために役立つのが，次の性質だ．

平均 $E(X)$ の図形的意味と計算テクニック

連続型確率変数 X の確率密度関数が $f(x)$ であり，X の取り得る範囲が $\alpha \leqq X \leqq \beta$ のとき，
領域 D「$0 \leqq y \leqq f(x)$ かつ $\alpha \leqq x \leqq \beta$」の重心Gの x 座標が $E(X)$ である．
したがって，$E(X)$ を求めるテクニックとして次の2つがある．

1．D が三角形の場合，頂点を $(x_k,\ y_k)$ $(k=1,\ 2,\ 3)$ と表すと，Gの x 座標 $E(X)$ は，

$$E(X)=\frac{x_1+x_2+x_3}{3}$$

となる．

2．D が直線 $x=a$ について対称な場合，Gは $x=a$ 上にあるから，Gの x 座標 $E(X)$ は

$$E(X)=a$$

となる．

（注．D は「$f(x)$ のグラフと x 軸とで**はさまれた領域**」ということであり，$f(x)$ **のグラフに端点があるときはそこから x 軸に垂線を下ろして D を考える**のである．）

このテクニックを利用できる例を見よう．

（例1）

第1.15.3節の例1における連続型確率変数 X を考えよう．X のとり得る範囲は $0 \leqq X \leqq 2$ であり，その確率密度関数は $y=\frac{1}{2}x$ であった．

したがって，この場合の領域 D は

$$D : 0 \leqq x \leqq 2,\ 0 \leqq y \leqq \frac{1}{2}x$$

となり，これは次図の斜線部である．

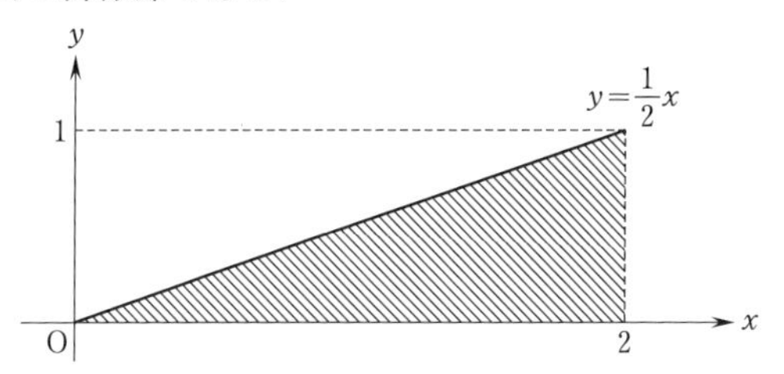

これは三角形になっているから，その重心 G の x 座標 $E(X)$ は

$$E(X)=\frac{0+2+2}{3}=\frac{4}{3}.$$

第 1.15.3 節の例 1 では積分を用いてこの $E(X)$ を求めたが，それよりはるかに簡単である．

（例 2）

第 1.15.3 節の例 2 における連続型確率変数 X を考えよう．つまり，X のとり得る範囲は $0\leqq X\leqq 1$ であり，その確率密度関数は $y=-6x(x-1)$ であった．

したがって，この場合の領域 D は

$$D：0\leqq x\leqq 1,\ 0\leqq y\leqq -6x(x-1)$$

となり，図の斜線部である．

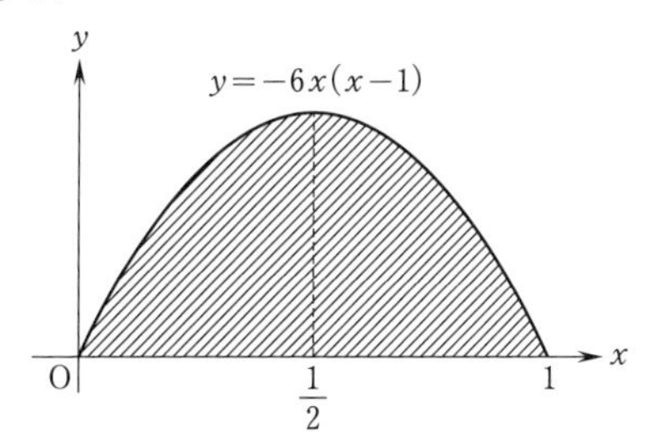

D は放物線の軸 $x=\frac{1}{2}$ について対称となるから，D の重心 G は直線 $x=\frac{1}{2}$ の上にある．

よって，その x 座標 $E(X)$ は

$$E(X)=\frac{1}{2}$$

とすぐに分かる．これも第 1.15.3 節の例 2 で積分を用いて $E(X)$ を求めたが，それよりはるかに簡単である（一瞬！）．

1.15.5 平均を求めるテクニックの注意！

三角形の重心は，頂点の座標から簡単に求められる．すなわち，三角形の3つの頂点を（x_k，y_k）（$k=1$，2，3）とすれば，重心Gは

$$\mathrm{G}\left(\frac{x_1+x_2+x_3}{3},\ \frac{y_1+y_2+y_3}{3}\right)$$

である．しかし，**三角形以外の多角形（四角形など）ではこんな簡単には重心は求められない**．例えば，ここまでで扱ってきた領域Dに当たるものが一般的な四角形（対称性がない歪んだ四角形）になった場合は，平均$E(X)$は素直に定積分によって求めよう．（共通テスト対策演習問題第8回(1)参照）

1.15.6 連続型確率変数の分散

確率変数の分散の定義を確認しよう．（第1.1節参照）

取り得る値が有限個である確率変数 X の分散の定義

確率変数 X の取り得る値が x_1，x_2，x_3，…，x_n であるとし，

$P(X=x_k)=p_k$ （$X=x_k$ となる確率だよ）

とし，X の平均（平均値，期待値）を

$$\overline{X}=E(X)$$

とする．（注．$\overline{\ \ }$ は「平（たいら）にする（平均を取る）」という気持ちを表す記号．）

このとき，X の分散は

$$V(X)=\sum_{k=1}^{n}(x_k-\overline{X})^2p_k \quad \cdots\cdots ③$$

つまり，X の分散は

「(X の取り得る値 $-\overline{X}$)^2×(その値を取る確率)」をすべてたしたもの ……… ④

となる．

この定義③は連続型確率変数Xには使えない．x_kが無数にあるからだ．**そこで④に注目する．**

連続型確率変数Xに対する確率密度関数を $f(x)$ とし，Xの取りうる範囲が $\alpha \leqq X \leqq \beta$ とする．

第1.15.1節の**図2**をもう一度見てみよう（次ページ）．

図 2 （再掲）

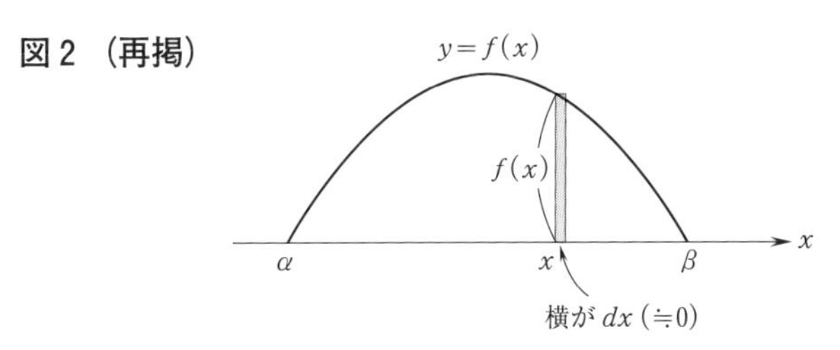

図 2 のように **X の値が x になる確率は $f(x)\,dx$ (斜線部の面積．相対度数のヒストグラムの柱の面積)** となるから，「(X の取り得る値 $-\overline{X}$)^2×(その値を取る確率)」とは，$(x-\overline{X})^2 f(x)\,dx$ となる．

第 1.15.1 節の**図 1** の“ヒストグラム”（柱の幅がものすごく 0 に近い数 dx だ）を参考にすると，**x の値は α から β まで dx ずつ変化すると考えられる**．

したがって，④を言い換えた「$(x-\overline{X})^2 f(x)\,dx$ をすべてたす」とは，ライプニッツの考え方★により

$$\int_\alpha^\beta (x-\overline{X})^2 f(x)\,dx$$

となる．これを連続型確率変数 X の分散の定義とする．

連続型確率変数の分散の定義

連続型確率変数 X に対する確率密度関数を $f(x)$ とし，X の取り得る範囲が $\alpha \leqq X \leqq \beta$ とし，X の平均を $\overline{X}=E(X)$ とする．

このとき，X の分散 $V(X)$ を

$$V(X)=\int_\alpha^\beta (x-\overline{X})^2 f(x)\,dx \quad \cdots\cdots\cdots ⑤$$

と定める．

(**例**)

第 1.15.3 節の**例 1** における連続型確率変数 X を考えよう．X のとり得る範囲は $0 \leqq X \leqq 2$ であり，その確率密度関数は $y=\frac{1}{2}x$，平均は $E(X)=\frac{4}{3}$ であった．

したがって，X の分散は

$$V(X)=\int_0^2 \Big(x-\underbrace{\frac{4}{3}}_{E(X)}\Big)^2 \times \underbrace{\frac{1}{2}x\,dx}_{確率}$$

$$=\frac{1}{2}\int_0^2 \left(x^3-\frac{8}{3}x^2+\frac{16}{9}x\right)dx$$

$$=\frac{1}{2}\left[\frac{x^4}{4}-\frac{8}{9}x^3+\frac{8}{9}x^2\right]_0^2=\frac{2}{9}$$

1.15.7 分散を計算しやすくする公式

⑤において $\overline{X}$ はたいてい面倒な値なので，$(x-\overline{X})^2$ の部分の計算が面倒になる．そこで次のように工夫しよう．⑤より

$$V(X)=\int_\alpha^\beta (x-\overline{X})^2 f(x)\,dx$$

$$=\int_\alpha^\beta (x^2-2\overline{X}x+\overline{X}^2) f(x)\,dx$$

（$\overline{X}$ は定数であることに注意して展開する）

$$=\int_\alpha^\beta x^2 f(x)\,dx-2\overline{X}\underbrace{\int_\alpha^\beta xf(x)\,dx}_{E(X)=\overline{X}\text{ である}}+\overline{X}^2\times\underbrace{\int_\alpha^\beta f(x)\,dx}_{\text{全事象の確率なので }1}$$

$$=\int_\alpha^\beta x^2 f(x)\,dx-2\overline{X}^2+\overline{X}^2$$

$$=\underbrace{\int_\alpha^\beta x^2 f(x)\,dx}_{\text{計算しやすい！}}-\overline{X}^2$$

整理すると次のようになる．

連続型確率変数の分散を計算しやすくする公式

連続型確率変数 X に対する確率密度関数を $f(x)$ とし，X の取り得る範囲が $\alpha \leqq X \leqq \beta$ とし，X の平均を $E(X)$ とする．

このとき，X の分散 $V(X)$ は

$$V(X)=\int_\alpha^\beta x^2 f(x)\,dx-\{E(X)\}^2 \quad \cdots\cdots\cdots ⑥$$

となる．

この式の $\int_\alpha^\beta x^2 f(x)\,dx$ をライプニッツの考え方★と確率密度関数 $f(x)$ の性質を用いて解釈すると…

step1 X の取り得る値 x は α から β まで dx（ものすごく0に近い値）ずつ変化する．

step2 $f(x)\,dx$（相対度数のヒストグラムの柱の面積）は $X=x$ となる確率である．

step3 X^2 の値 x^2 と，その確率 $f(x)\,dx$ をかけて得られる $x^2 f(x)\,dx$ をすべてたす（$\int$）ということなので，**$\int_\alpha^\beta x^2 f(x)\,dx$ は X^2 の平均 $E(X^2)$ を表している．**

つまり，⑥は

$$\boldsymbol{V(X)=E(X^2)-\{E(X)\}^2} \qquad \cdots\cdots\cdots ⑦$$

と表すこともでき，これは第 1.2.3 節で扱った公式(4)そのものである．

(例)

第 1.15.6 節の例で扱った連続型確率変数 X は，とり得る範囲は $0 \leqq X \leqq 2$ であり，その確率密度関数は $y=\frac{1}{2}x$，平均は $E(X)=\frac{4}{3}$ であった．

⑥（つまり⑦）を用いて分散 $V(X)$ を求めてみよう．

$$V(X)=\underbrace{\int_0^2 x^2 \times \underbrace{\frac{1}{2}x\,dx}_{\text{確率}}}_{E(X^2)}-\underbrace{\left(\frac{4}{3}\right)^2}_{\{E(X)\}^2}$$

$$=\left[\frac{1}{8}x^4\right]_0^2-\frac{16}{9}=\frac{2}{9}.$$

こちらの方が計算しやすいはずだ．

⑦と同様に，**第 1.2 節で解説した平均と分散についての公式はすべて連続型確率変数についても成り立つ**…というのは既に第 1.7 節以降で用いている．成り立たなかったら困るしね．(^^;;

例えば，a と b は定数とするとき，連続型確率変数 X についても

$$E(aX+b)=aE(X)+b,\quad V(aX+b)=a^2V(X)$$

となる．共通テストで連続型確率変数が扱われるときは，ここまで聞かれるはずだ．

練習問題 15

(1)　連続型確率変数 X のとり得る範囲は $0 \leqq X \leqq 1$ であり，その確率密度関数は

$$f(x) = ax^2(1-x) \quad (a \text{ は正の定数})$$

と表されている．このとき，次の問いに答えよ．

(i)　$0 \leqq X \leqq 1$ となる確率は

$$\int_0^1 f(x)\,dx = \boxed{\text{ア}}$$

となるから，$a = \boxed{\text{イウ}}$ である．

(ii)　X の平均 $E(X)$ は $\dfrac{\boxed{\text{エ}}}{\boxed{\text{オ}}}$，分散 $V(X)$ は $\dfrac{\boxed{\text{カ}}}{\boxed{\text{キク}}}$ となる．

(2)　連続型確率変数 X のとり得る範囲は $-1 \leqq X \leqq a$（a は正の定数）であり，その確率密度関数は

$$f(x) = \begin{cases} \dfrac{1}{2}(x+1) & (-1 \leqq x \leqq 0), \\ \dfrac{1}{2a}(a-x) & (0 \leqq x \leqq a) \end{cases}$$

と表されている．このとき，次の問いに答えよ．

(i)　$-1 \leqq X \leqq a$ となる確率は

$$\int_{-1}^a f(x)\,dx = \boxed{\text{ケ}}$$

となるから，$a = \boxed{\text{コ}}$ である．

(ii)　X の平均 $E(X)$ は $\dfrac{\boxed{\text{サ}}}{\boxed{\text{シ}}}$ となる．

(iii)　$Y = 3X+1$ とすると，Y の平均 $E(Y)$ は $\boxed{\text{ス}}$ となる．

（解答は次ページ）

解答

(1)(i)　$0 \leqq X \leqq 1$ となる確率は，全事象の確率であるから

$$\int_0^1 f(x)\,dx = \boxed{1}\ (\text{ア})$$

よって

$$\int_0^1 \underbrace{a(x^2 - x^3)}_{f(x)}\,dx = a\left[\frac{x^3}{3} - \frac{x^4}{4}\right]_0^1 = \frac{a}{12} = 1$$

したがって，$a = \boxed{12}$ (イウ).

(ii)　(1) より $f(x) = 12x^2(1-x) = 12(x^2 - x^3)$

X の平均 $E(X)$ は

$$E(X) = \int_0^1 xf(x)\,dx$$

連続型確率変数 X の平均 $E(X)$ の定義．X の取り得る範囲が $0 \leqq X \leqq 1$ であり，$f(x)$ が確率密度関数．

$$= \int_0^1 12(x^3 - x^4)\,dx$$

$$= 12\left[\frac{x^4}{4} - \frac{x^5}{5}\right]_0^1$$

$$= \frac{\boxed{3}\ (\text{エ})}{\boxed{5}\ (\text{オ})}$$

X の分散 $V(X)$ は

$$V(X) = \int_0^1 x^2 f(x)\,dx - \left(\frac{3}{5}\right)^2$$

分散の公式
$V(X) = E(X^2) - \{E(X)\}^2$

$$= \int_0^1 12(x^4 - x^5)\,dx - \frac{9}{25}.$$

$$= 12\left[\frac{x^5}{5} - \frac{x^6}{6}\right]_0^1 - \frac{9}{25}$$

$$= \frac{\boxed{1}\ (\text{カ})}{\boxed{25}\ (\text{キク})}$$

(2)(i) $-1 \leqq X \leqq a$ となる確率は，全事象の確率であるから

$$\int_{-1}^{a} f(x)\,dx = \boxed{1}^{\text{ケ}}$$

これは次の図の斜線部の三角形の面積である．

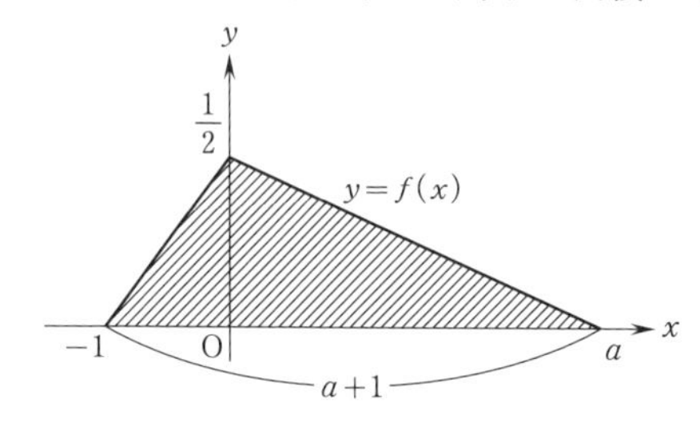

よって

$$\frac{1}{2}(a+1)\cdot\frac{1}{2}=1$$

したがって，$a=\boxed{3}^{\text{コ}}$.

(ii) 斜線部が三角形であるから，X の平均 $E(X)$ はその重心の x 座標である．よって

$$E(X)=\frac{-1+0+3}{3}=\frac{\boxed{2}^{\text{サ}}}{\boxed{3}_{\text{シ}}}$$

(別解)

平均 $E(X)$ の定義に従い，定積分により求めてみよう．

(i)より $a=3$ であるから，X の確率密度関数 $f(x)$ は次のようになる．

$$f(x)=\begin{cases} \dfrac{1}{2}(x+1) & (-1 \leqq x \leqq 0), \\ \dfrac{1}{6}(3-x) & (0 \leqq x \leqq 3) \end{cases}$$

よって

$$E(X)=\int_{-1}^{3}xf(x)\,dx$$

$$=\int_{-1}^{0}x\cdot\frac{1}{2}(x+1)\,dx+\int_{0}^{3}x\cdot\frac{1}{6}(3-x)\,dx$$

$-1\leqq x\leqq 0$ と $0\leqq x\leqq 3$ で $f(x)$ を表す式が異なるので，積分区間を分ける．

$$=\frac{1}{2}\left[\frac{x^3}{3}+\frac{x^2}{2}\right]_{-1}^{0}+\frac{1}{6}\left[\frac{3}{2}x^2-\frac{x^3}{3}\right]_{0}^{3}$$

$$=\frac{2}{3}$$

（別解終り）

$$E(Y)=E(3X+1)$$

$$=3E(X)+1$$

平均の公式
$E(aX+b)=aE(X)+b$
(a，b は定数)

$$=3\cdot\frac{2}{3}+1$$

ス

$$=\boxed{3}$$

1.16 補足1～「標本分散の平均」と「標本平均の分散」

この節の概要

「標本の大きさが十分大きければ，標本分散は母分散にほぼ等しい」という事実をここまで用いてきた．これを「標本分散の平均がどうなるか」という観点から第1.16.2節で解説する．

第1.16.3節以降は**「2個のデータの差の2乗」の平均を2で割って得られる不偏分散**（大学の統計学に登場する）を紹介し「**どんな母集団と標本でも，標本の不偏分散の平均が母集団の不偏分散に等しい**」という面白い定理を解説する．

第1.16.1,2節は共通テストレベルなので是非勉強して欲しいが，**第1.16.3節以降は大学入学後に読めばよい**．大学の統計学で不偏分散に悩んだときに役立つだろう．

1.16.1 標本分散の平均～基本問題

「標本分散の平均」についての共通テストレベルの計算問題を紹介する．

大きさが2の標本の標本分散の平均

母集団の大きさを $N(\geqq 2)$ とし，その母分散は σ^2 とする．ここから無作為に2個の標本を取り，その標本分散を S^2 とし，S^2 の平均を $E(S^2)$ とする．

このとき，次が成り立つことを示せ．

(1) $N=3$ のとき

$$E(S^2)=\frac{3}{4}\sigma^2$$

(2) N が十分大きいときは

$$E(S^2)=\frac{1}{2}\sigma^2$$

(注．(1)の $N=3$ は「十分大きい」に当てはまらないから，(2)と異なる結果になる．)

ポイント 第1.2.3節「分散の公式～いつでも成り立つもの」で解説したように，一般にデータ X について，分散を $V(X)$，平均を $E(X)$，X^2 の平均を $E(X^2)$ と表すと

$$V(X)=E(X^2)-\{E(X)\}^2$$

が成り立ち，分散についての証明はこの式が使いやすい．

証明

(1) $N=3$ なので，母集団を

$$X=a,\ b,\ c$$

とする．

X の平均 $E(X)$，X^2 の平均 $E(X^2)$ は次のようになる．

$$E(X)=\frac{a+b+c}{3},\quad E(X^2)=\frac{a^2+b^2+c^2}{3}$$

よって，X の分散（母分散）$V(X)=\sigma^2$ は

$$\sigma^2=\underbrace{\frac{a^2+b^2+c^2}{3}}_{E(X^2)}-\Bigl(\underbrace{\frac{a+b+c}{3}}_{E(X)}\Bigr)^2$$

$$=\frac{2}{9}(a^2+b^2+c^2-ab-bc-ca) \qquad \cdots\cdots\cdots ①$$

母集団から2個を無作為に取りだした標本を

$$x=x_1,\ x_2$$

とする．

${x_1}^2$ の平均 $E({x_1}^2)$ は次のようになる．

$$\underbrace{E({x_1}^2)=\frac{a^2+b^2+c^2}{3}}_{\text{当たり前}}=E(X^2)$$

同様に

$$E({x_2}^2)=E(X^2)$$

x の平均 $E(x)$，x^2 の平均 $E(x^2)$ は次のようになる．

$$E(x)=\frac{x_1+x_2}{2},\quad E(x^2)=\frac{{x_1}^2+{x_2}^2}{2}$$

よって，標本分散 S^2 は

$$S^2=E(x^2)-E(x)^2$$

$$=\frac{{x_1}^2+{x_2}^2}{2}-\left(\frac{x_1+x_2}{2}\right)^2$$

$$=\frac{{x_1}^2+{x_2}^2-2x_1x_2}{4}$$

したがって，S^2 の平均 $E(S^2)$ は

$$E(S^2)=E\left(\frac{{x_1}^2+{x_2}^2-2x_1x_2}{4}\right)$$

$$=\frac{\overbrace{E({x_1}^2)}^{E(X^2)}+\overbrace{E({x_2}^2)}^{E(X^2)}-2E(x_1x_2)}{4}$$

$$=\frac{E(X^2)-E(x_1x_2)}{2} \quad \cdots\cdots\cdots ②$$

x_1 と x_2 の選び方は $3\cdot2=6$ 通りあり

$$E(x_1x_2)=\frac{ab+ac+ba+bc+ca+cb}{6}$$

$$=\frac{ab+bc+ca}{3}$$

② より

$$E(S^2)=\frac{\dfrac{a^2+b^2+c^2}{3}-\dfrac{ab+bc+ca}{3}}{2}$$

$$=\frac{\overbrace{a^2+b^2+c^2-ab-bc-ca}^{\text{この分子は①より}\frac{9}{2}\sigma^2}}{6}$$

$$=\frac{3}{4}\sigma^2$$

（証明終り）

(2) 母集団のデータを X とし，その平均を $E(X)$，分散を $\sigma^2=V(X)$ とし，X^2 の平均を $E(X^2)$ とすると

$$\sigma^2=E(X^2)-\{E(X)\}^2$$

となる．

2個の標本を

$$x=x_1,\ x_2$$

とする．(1) と同様に

$$E({x_1}^2)=E({x_2}^2)=E(X^2)$$

$$\underbrace{E(x)=\overline{x}}_{\overline{x}\text{の定義}}=\frac{x_1+x_2}{2},\quad \underbrace{E(x^2)=\overline{x^2}}_{\overline{x^2}\text{の定義}}=\frac{{x_1}^2+{x_2}^2}{2}$$

$$E(\overline{x})=E\left(\frac{x_1+x_2}{2}\right)=\frac{E(x_1)+E(x_2)}{2}=\frac{E(X)+E(X)}{2}=E(X)$$

$$E(\overline{x^2})=E\left(\frac{{x_1}^2+{x_2}^2}{2}\right)=\frac{\overbrace{E({x_1}^2)}^{E(X^2)}+\overbrace{E({x_1}^2)}^{E(X^2)}}{2}=E(X^2)$$

標本分散 S^2 は

$$S^2=E(x^2)-E(x)^2=\overline{x^2}-\overline{x}^2$$

よって

$$E(S^2)=E(\overline{x^2}-\overline{x}^2)=\underbrace{E(\overline{x^2})}_{E(X^2)}-\underbrace{E(\overline{x}^2)}_{\boxed{なんとかしよう}} \quad \cdots\cdots\cdots ③$$

N が十分大きいので大きさ2の標本は互いに独立（互いに影響しない）となり，（(1)とはここが異なる）

標本平均 $\overline{x}$ の分散は

$$\underbrace{\frac{\sigma^2}{2}=V(\overline{x})}_{第1.9.2節の公式}=\underbrace{E(\overline{x}^2)}_{\boxed{注目}}-\underbrace{E(\overline{x})^2}_{E(X)^2}$$

第1.9.2節で扱った「標本平均 $\overline{x}$ の分散 $V(\overline{x})$」の公式

母集団の母分散を σ^2 とし，大きさ n の標本の標本平均を $\overline{x}$ とする．

母集団の大きさが n より十分大きいとすると，標本は互いに独立となり

$$V(\overline{x})=\frac{\sigma^2}{n}$$

よって

$$E(\overline{x}^2)=E(X)^2+\frac{\sigma^2}{2} \quad \boxed{なんとかなった！}$$

③より

$$E(S^2)=\underbrace{E(X^2)-E(X)^2}_{\sigma^2}-\frac{\sigma^2}{2}=\frac{\sigma^2}{2}$$

（証明終り）

1.16.2 標本分散の平均〜母集団が標本より十分大きい場合

大学で統計を学ぶときに重要な公式を紹介する.

標本分散の平均〜母集団が標本より十分大きい場合

母集団の分散（母分散）は σ^2 とする．母集団から無作為に n 個の標本を取り，その標本分散を S^2 とし，S^2 の平均を $E(S^2)$ とする.

母集団の大きさが標本の大きさ n より十分大きいとき，次が成り立つ.

$$E(S^2)=\left(1-\frac{1}{n}\right)\sigma^2$$

（注．実は母集団が十分大きければ，n によらずこの式は成り立つ．第1.16.4節の例9の上を見よ.）

したがって，**n が十分大きいときは** $E(S^2)\fallingdotseq\sigma^2$ となるので，**S^2 はほぼ σ^2 と見なすことができる**のである.

ポイント 前節の(2)の証明を一般化すればよく，本質的に同じように証明できる.

証明

母集団のデータを X とし，その平均を $E(X)$，分散を $\sigma^2=V(X)$ とし，X^2 の平均を $E(X^2)$ とすると

$$\sigma^2=E(X^2)-\{E(X)\}^2$$

となる.

n 個の標本を

$$x=x_1,\ x_2,\ x_3,\ \cdots,\ x_n$$

とする．前節の証明と同様に

$$E(x_k)=E(X),\ E({x_k}^2)=E(X^2),\ k=1,\ 2,\ 3,\ \cdots,\ n$$

となる.

$$\underbrace{E(x)=\overline{x}}_{\overline{x}\text{ の定義}}=\frac{\sum_{k=1}^{n}x_k}{n},\quad \underbrace{E(x^2)=\overline{x^2}}_{\overline{x^2}\text{ の定義}}=\frac{\sum_{k=1}^{n}{x_k}^2}{n}$$

$$E(\overline{x})=E\left(\frac{\sum_{k=1}^{n}x_k}{n}\right)=\frac{\sum_{k=1}^{n}\overbrace{E(x_k)}^{E(X)}}{n}=\frac{nE(X)}{n}=E(X)$$

$$E(\overline{x^2})=E\left(\frac{\sum_{k=1}^{n}{x_k}^2}{n}\right)=\frac{\sum_{k=1}^{n}\overbrace{E({x_k}^2)}^{E(X^2)}}{n}=\frac{nE(X^2)}{n}=E(X^2)$$

標本分散 S^2 は

$$S^2 = E(x^2) - E(x)^2 = \overline{x^2} - \overline{x}^2$$

よって

$$E(S^2) = E(\overline{x^2} - \overline{x}^2) = \underbrace{E(\overline{x^2})}_{E(X^2)} - \underbrace{E(\overline{x}^2)}_{\boxed{\text{なんとかしよう}}} \quad \cdots\cdots\cdots①$$

母集団の大きさが標本の大きさ n より十分大きいので，標本は互いに独立となり，標本平均 $\overline{x}$ の分散は

$$\underbrace{\frac{\sigma^2}{n} = V(\overline{x})}_{\text{第1.9.2節の公式}} = \underbrace{E(\overline{x}^2)}_{\boxed{\text{注目}}} - \underbrace{E(\overline{x})^2}_{E(X)^2}$$

よって

$$E(\overline{x}^2) = E(X)^2 + \frac{\sigma^2}{n} \quad \boxed{\text{なんとかなった！}}$$

① に代入し

$$E(S^2) = \underbrace{E(X^2) - E(X)^2}_{\sigma^2} - \frac{\sigma^2}{n} = \left(1 - \frac{1}{n}\right)\sigma^2$$

（証明終り）

1.16.3 不偏分散の性質

ここからは第1.16節の最後までは，共通テストの範囲を超えているから大学入学後に読めばよい．興味と時間がある受験生のために説明しておく．

前節での標本を考える．

前節で示した式の両辺を $1 - \frac{1}{n} = \frac{n-1}{n}$ で割ると，$\frac{n}{n-1}E(S^2) = E\left(\frac{n}{n-1}S^2\right)$ より

$$E\left(\frac{n}{n-1}S^2\right) = \sigma^2 \quad \cdots\cdots\cdots①$$

となる．

標本 x の標本平均を $E(x) = \overline{x}$ とすると，標本分散 S^2 の定義から

$$S^2 = \frac{\sum_{k=1}^{n}(x_k - \overline{x})^2}{n}$$

となり，

$$\frac{n}{n-1}S^2=\underbrace{\frac{\sum_{k=1}^{n}(x_k-\overline{x})^2}{n-1}}_{U^2\text{とする}}$$

よって，① から

$$E(U^2)=\sigma^2 \qquad \cdots\cdots\cdots ②$$

$\sum_{k=1}^{n}(x_k-\overline{x})^2$ を標本の大きさ n で割れば標本分散 S^2 であるが，U^2 は $n-1$ で割っているので S^2 より少し大きくなる．しかし，U^2 は母集団の大きさが標本の大きさ n より十分大きい場合に，**平均 $E(U^2)$ が母分散になる**という優れた性質 ② を持つ．（注．**実は母集団の大きさが十分大きければ，$n(\geqq 2)$ はなんでもよい**．第 1.16.4 節の最後に解説する．）

共通テストには関係ない大学の統計学での話だが，この U^2 を**不偏分散**（ふへんぶんさん．**偏**に注意）と呼び，標本分散より優れていると見ることが多い．

実際，不偏分散 U^2 は**予想外の姿**を秘めている．その性質を調べることで分散・標本分散の性質も分かりやすくなる…ということを以下では解説する．

今後，第 1.16 節では特に断らないかぎりは以下のような記号を用いる．ただし，分母に「$N-1$」や「$n-1$」が現れる場合は，当然 $N\geqq 2$ とか $n\geqq 2$ と言う条件のもとで考えるが，そのことは**いちいち明記しない**．

母集団の大きさを N とし，母集団のデータを

$$X=X_1,\ X_2,\ X_3,\ \cdots,\ X_N$$

とする．

ここから無作為に選んだ大きさ n の標本を

$$x=x_1,\ x_2,\ x_3,\ \cdots,\ x_n$$

とする．

重要な統計的数値が次の表のようになる．母集団と標本では，大文字か小文字かの違いだけで同じ定め方をしている．

	母集団	標本
データの平均	$E(X)=\overline{X}=\dfrac{\sum_{k=1}^{N}X_k}{N}$	$E(x)=\overline{x}=\dfrac{\sum_{k=1}^{n}x_k}{n}$
データの2乗の平均	$E(X^2)=\overline{X^2}=\dfrac{\sum_{k=1}^{N}{X_k}^2}{N}$	$E(x^2)=\overline{x^2}=\dfrac{\sum_{k=1}^{n}{x_k}^2}{n}$
分散	$\sigma^2=\dfrac{\sum_{k=1}^{N}(X_k-\overline{X})^2}{N}$	$S^2=\dfrac{\sum_{k=1}^{n}(x_k-\overline{x})^2}{n}$
不偏分散の定義	$w^2=\dfrac{\sum_{k=1}^{N}(X_k-\overline{X})^2}{\boldsymbol{N-1}}$	$U^2=\dfrac{\sum_{k=1}^{n}(x_k-\overline{x})^2}{\boldsymbol{n-1}}$

不偏分散の定義の分母に注目して欲しい．分散の定義の分母から1引いただけである．たったこれだけの違いで不偏分散が美しい性質をもつ…と言うことを順次説明する．

母集団の不偏分散を表す記号は特に定まっていないので本書では w^2 を用いることにする．

$E(X)$ と $\overline{X}$ のように2通りの記号があるのは，見やすい方を使うためである．例えば「$\overline{x}$ の平均」は $E(\overline{x})$ を使う．$E(E(x))$ や $\overline{\overline{x}}$ でも同じ意味になるのだが，分かりにくいから普通は使わない．

母集団のデータ X の式 $f(X)$ の値の平均を $E(f(X))$ や $\overline{f(X)}$ で表すことにする(すでに $E(X^2)=\overline{X^2}$ は使っている)．標本のデータ x についての $E(f(x))$ や $\overline{f(x)}$ も同様である．

母集団から無作為に2個のデータ X，X' を取り出しときの積 XX' を考えよう．**XX' の平均 $E(XX')$，$\overline{XX'}$ を考察することが不偏分散の性質を調べるポイントなのだ．**

XX' の取り得る値は

$$X_iX_j \quad (1 \leqq i < j \leqq N)$$

となり，${}_N\mathrm{C}_2$ 通りある．

この総和を

$$\sum_{1 \leqq i < j \leqq N} X_iX_j$$

と表す．

記号 $\sum\limits_{P(i,j)} f(i,j)$

整数 i，j についての命題を $P(i,j)$ とするとき

$$\sum_{P(i,j)} f(i,j)$$

とは

$P(i,j)$ を満たすようなすべての整数の組 (i,j) について，$f(i,j)$ を足したもの

という意味になる.

例えば

$$\sum_{1 \leqq i < j \leqq 3} X_i X_j = X_1X_2 + X_1X_3 + X_2X_3$$

となり，これを用いると次のようになる.

$$\left(\sum_{k=1}^{3} X_k\right)^2 = (X_1 + X_2 + X_3)^2$$

$$= \sum_{k=1}^{3} {X_k}^2 + 2\sum_{1 \leqq i < j \leqq 3} X_i X_j$$

X_iX_j は ${}_N\mathrm{C}_2$ 通りあるので，XX' の平均 $E(XX')$，$\overline{XX'}$ は次のようになる.

$$E(XX') = \overline{XX'} = \frac{\sum\limits_{1 \leqq i < j \leqq N} X_i X_j}{{}_N\mathrm{C}_2} \quad \cdots\cdots\cdots ③$$

（例 1）

$N=3$ とし，母集団を

$$X = a,\ \ b,\ \ c$$

とすると

$$E(XX') = \overline{XX'} = \frac{ab + bc + ca}{3}$$

■

次の公式が不偏分散を調べるのに大きく役に立つ.

母集団の不偏分散 w^2 の公式 1

$$w^2 = E(X^2) - E(XX') = \overline{X^2} - \overline{XX'} \quad \cdots\cdots\cdots ④$$

証明

母分散 σ^2 の公式

$$\sigma^2 = \overline{X^2} - \overline{X}^2 \quad (V(X) = E(X^2) - E(X)^2 \text{ と同じ式})$$

が ④ に似ているから利用しよう．

w^2 と σ^2 の定義から

$$\sigma^2=\frac{N-1}{N}w^2$$

となるので

$$\frac{N-1}{N}w^2=\overline{X^2}-\overline{X}^2$$

$$=\overline{X^2}-\left(\frac{\sum_{k=1}^{N}X_k}{N}\right)^2$$

$$=\overline{X^2}-\frac{\overbrace{\sum_{k=1}^{N}X_k^{\ 2}}^{N\overline{X^2}\text{ になる}}+2\times\overbrace{\sum_{1\leqq i<j\leqq N}X_iX_j}^{③\text{ より }{}_N\mathrm{C}_2\overline{XX'}}}{N^2}$$

$$=\frac{N-1}{N}\overline{X^2}-\underbrace{\frac{2}{N^2}\cdot\frac{N(N-1)}{2}}_{\frac{N-1}{N}\text{ になる}}\overline{XX'}$$

$$\therefore\quad w^2=\overline{X^2}-\overline{XX'}$$

（証明終り）

（例 2）

$N=3$ とし，母集団を

$$X=a,\ b,\ c$$

とする．

このとき，母集団の不偏分散 w^2 は

$$w^2=\overline{X^2}-\overline{XX'}$$

$$=\frac{a^2+b^2+c^2}{3}-\frac{ab+bc+ca}{3}$$

■

④ をさらに書き換える準備をする．

母集団から無作為に 2 個のデータ X，X' を取り出したとき，**差の 2 乗$(X-X')^2$** を考えよう．X と X' の**ずれ** $X-X'$ を考えるのだが，$X-X'$ が正のときと負のときを同じ扱いにしたいので 2 乗するのである．この考え方は第 1.1 節で分散 $V(X)$ を定めたときと同じだ．

$(X-X')^2$ の取り得る値は

$$(X_i-X_j)^2 \quad (1 \leqq i < j \leqq N)$$

となり，${}_N C_2$ 通りあるから，その平均 $E((X-X')^2)$，$\overline{(X-X')^2}$ は次のようになる．

$$E((X-X')^2)=\overline{(X-X')^2}=\frac{\displaystyle\sum_{1\leqq i<j\leqq N}(X_i-X_j)^2}{{}_N C_2} \quad \cdots\cdots\cdots ⑤$$

（例3）

$N=3$ とし，母集団を

$$X=a,\ b,\ c$$

とする．このとき

$$E((X-X')^2)=\frac{(a-b)^2+(b-c)^2+(c-a)^2}{3}$$
$$=2\cdot\frac{a^2+b^2+c^2-ab-bc-ca}{3}$$

■

⑤ の左辺を変形しよう．

$$E((X-X')^2)=E(X^2+X'^2-2XX')$$
$$=E(X^2)+E(X'^2)-2E(XX')$$

X'^2 が X^2 より大きくなりやすい傾向にあるとか小さくなりやすい傾向にあるとかはあり得ないから

$$E(X'^2)=E(X^2)$$

となるので

$$E((X-X')^2)=2E(X^2)-2E(XX')$$
$$=2w^2 \quad (\because ④)$$

よって，次が成り立つ．

母集団の不偏分散 w^2 の公式 2

$$w^2=\frac{1}{2}E((X-X')^2)=\frac{1}{2}\overline{(X-X')^2} \quad \cdots\cdots\cdots ⑥$$

不偏分散がデータの散らばり方を考えるのに非常に役に立つ本質的な理由がこの式だ．右辺はデータの散らばり方についての単純な式（2個のデータの差の2乗を考えるだけ）になっている．⑥ は次のようになる．

$$\underbrace{\frac{\displaystyle\sum_{k=1}^{N}(X_k-\overline{X})^2}{N-1}}_{w^2\text{の定義}}=\frac{1}{2}\overline{(X-X')^2}$$

この左辺が意味するのは

- データ X_k が平均 $\overline{X}$ からどれぐらい散らばっているかの度合いを表す．これが小さければ X_k は $\overline{X}$ の辺りに集中しているし，大きければ X_k は $\overline{X}$ から離れたところにも多いはず

ということだ．それに対して右辺は

- 「$(X_i-X_j)^2$ の平均 $\overline{(X-X')^2}$」のちょうど半分．これが小さければ「$(X_i-X_j)^2$ が小さい」つまり値が近いデータが多いはずだし，大きければ「$(X_i-X_j)^2$ が大きい」つまり値が離れたデータも多いはず

ということであり両辺の値が関係することは推測できるが，**この2つが完全に一致するというのは**驚きである．しかも，**どんな母集団でもそうなっている**というのは，本当に予想外のことだろう．

(例4)

$N=3$ とし，母集団を

$$X=a,\ b,\ c$$

とする．

このとき，母集団の不偏分散 w^2 は⑥より

$$\begin{aligned} w^2 &= \frac{1}{2}\overline{(X-X')^2} \\ &= \frac{1}{2}\cdot\frac{(a-b)^2+(b-c)^2+(c-a)^2}{3} \\ &= \frac{a^2+b^2+c^2-ab-bc-ca}{3} \end{aligned}$$

■

$$\text{標本}：x=x_1,\ x_2,\ x_3,\ \cdots,\ x_n$$

について考えよう．

ここから無作為に2個のデータ x，x' を取り出しときの積 xx'，差の2乗 $(x-x')^2$ についても，母集団の場合と同様に考え平均は

$$E(xx')=\overline{xx'}=\frac{\displaystyle\sum_{1\leqq i<j\leqq n}x_ix_j}{{}_n\mathrm{C}_2}$$

$$E((x-x')^2)=\overline{(x-x')^2}=\frac{\displaystyle\sum_{1\leqq i<j\leqq n}(x_i-x_j)^2}{{}_n\mathrm{C}_2}$$

となる．

(例 5)

$n=3$ とし，標本を

$$x=x_1,\ x_2,\ x_3$$

とすると

$$\overline{xx'}=\frac{x_1x_2+x_2x_3+x_3x_1}{3}$$

$$\overline{(x-x')^2}=\frac{(x_1-x_2)^2+(x_2-x_3)^2+(x_3-x_1)^2}{3}$$

$$=2\cdot\frac{{x_1}^2+{x_2}^2+{x_3}^2-x_1x_2-x_2x_3-x_3x_1}{3}$$

■

標本分散 S^2 について，母分散 σ^2 と同様に

$$S^2=E(x^2)-E(x)^2=\overline{x^2}-\overline{x}^2$$

が成り立つ．実際に確かめてみると，S^2 の定義から

$$nS^2=\sum_{k=1}^{n}(x_k-\overline{x})^2$$

$$=\sum_{k=1}^{n}({x_k}^2-2\overline{x}\,x_k+\overline{x}^2)$$

($\overline{x}$ が定数であることを用いて)

$$=\underbrace{\sum_{k=1}^{n}{x_k}^2}_{n\overline{x^2}\text{ であり}}-2\overline{x}\underbrace{\sum_{k=1}^{n}x_k}_{n\overline{x}\text{ である}}+n\overline{x}^2$$

$$=n\overline{x^2}-n\overline{x}^2$$

$$\therefore\quad S^2=\overline{x^2}-\overline{x}^2 \qquad \cdots\cdots\cdots ⑦$$

(注．同様に $\sigma^2=\overline{X^2}-\overline{X}^2$ を示すこともできる．)

したがって

$$\sigma^2=\overline{X^2}-\overline{X}^2$$

から ④ を示したのとまったく同様にして ⑦ から次の公式が示される．④ の証明の「N，X，X_k」などをそれぞれ「n，x，x_k」などに変えるだけである．

標本の不偏分散 U^2 の公式 1

$$U^2=E(x^2)-E(xx')=\overline{x^2}-\overline{xx'} \qquad \cdots\cdots\cdots ⑧$$

④ から ⑥ を示したのと同様にして，⑧ から次のことが示される．

標本の不偏分散 U^2 の公式 2

$$U^2=\frac{1}{2}E((x-x')^2)=\frac{1}{2}\overline{(x-x')^2} \quad \cdots\cdots\cdots ⑨$$

（例 6）

$n=3$ とし，標本を

$$x=x_1,\ x_2,\ x_3$$

とすると，不偏分散 U^2 は ⑧ を用いれば

$$U^2=\overline{x^2}-\overline{xx'}$$
$$=\frac{x_1{}^2+x_2{}^2+x_3{}^2}{3}-\frac{x_1x_2+x_2x_3+x_3x_1}{3}$$

⑨ を用いれば

$$U^2=\frac{1}{2}\overline{(x-x')^2}$$
$$=\frac{1}{2}\cdot\frac{(x_1-x_2)^2+(x_2-x_3)^2+(x_3-x_1)^2}{3}$$
$$=\frac{x_1{}^2+x_2{}^2+x_3{}^2-x_1x_2-x_2x_3-x_3x_1}{3}$$

■

U^2 の平均 $E(U^2)$ について考えよう．つまり，**n を定めておいて，大きさ n の標本を無作為に選ぶこと（選んだものは元に戻す）を繰り返したとき**，U^2 の平均 $E(U^2)$ を考察しよう．

無作為に標本を選ぶとき，そのうちの 1 つ x_k が $E(X)$ より大きくなりやすい傾向にあるとか小さくなりやすい傾向にあるとかはあり得ないから

$$E(x_k)=E(X) \quad (k=1,\ 2,\ 3,\ \cdots,\ n)$$

となり，同様に

$$E(x_k{}^2)=E(X^2) \quad (k=1,\ 2,\ 3,\ \cdots,\ n)$$
$$E(x_ix_j)=E(XX') \quad (1 \leqq i<j \leqq n)$$
$$E((x_i-x_j)^2)=E((X-X')^2) \quad (1 \leqq i<j \leqq n)$$

となる．

このことと，④ と ⑧，あるいは ⑥ と ⑨ から次の重要な定理が導かれる．

標本の不偏分散の平均は，母集団の不偏分散に等しい

$$E(U^2)=w^2 \quad \cdots\cdots\cdots Ⓤ$$

証明

⑨ から

$$U^2=\frac{1}{2}\overline{(x-x')^2}$$

$$\therefore\quad E(U^2)=\frac{1}{2}E\left(\overline{(x-x')^2}\right) \qquad \cdots\cdots\cdots ⑩$$

$$=\frac{1}{2}E\left(\frac{\displaystyle\sum_{1\leqq i<j\leqq n}(x_i-x_j)^2}{{}_n\mathrm{C}_2}\right)$$

$$=\frac{1}{2}\cdot\underbrace{\frac{\displaystyle\sum_{1\leqq i<j\leqq n}\overbrace{E((x_i-x_j)^2)}^{E((X-X')^2)\text{ に等しい}}}{{}_n\mathrm{C}_2}}_{E((x_i-x_j)^2)\text{は}{}_n\mathrm{C}_2\text{個ある}}$$

$$=\frac{1}{2}\cdot\frac{{}_n\mathrm{C}_2E((X-X')^2)}{{}_n\mathrm{C}_2}$$

$$=\frac{1}{2}E((X-X')^2)$$

$$=w^2\quad(\because ⑥)$$

（証明終り）

どんな母集団と，そのどんな標本でも（もちろん無作為にデータを選ぶ）データの散らばり方（不偏分散）の平均が母集団の散らばり方（不偏分散）になってしまうというのは面白い．「標本平均の平均は母平均に等しい」と同様のことが，“データの散らばり方”についても成り立つのである．

また，上の証明は丁寧に式変形を行ったが，もっと簡単にもできる．すなわち，無作為にデータを選ぶのだから $\overline{(x-x')^2}$ が $E((X-X')^2)$ より大きくなりやすい傾向にあるとか小さくなりやすい傾向にあるとかはあり得ないから

$$E\left(\overline{(x-x')^2}\right)=E((X-X')^2)$$

は明らかである．これが納得出来るのなら ⑩ の段階で直ちに

$$E(U^2)=\frac{1}{2}E\left(\overline{(x-x')^2}\right)=\frac{1}{2}E((X-X')^2)=w^2$$

となり，Ⓤの証明があっという間に終わる．

同様に

$$E(\overline{x^2})=E(X^2),\quad E(\overline{xx'})=E(XX')$$

が当たり前と思えるなら，⑧ から

$$
\begin{aligned}
U^2 &= \overline{x^2} - \overline{xx'} \\
\therefore\quad E(U^2) &= E(\overline{x^2} - \overline{xx'}) \\
&= E(\overline{x^2}) - E(\overline{xx'}) \\
&= E(X^2) - E(XX') \\
&= w^2 \quad (\because ④)
\end{aligned}
$$

と Ⓤが簡単に証明できる．

(例7)

$N=3$ とし，母集団を

$$X = a,\ b,\ c$$

としよう．

母集団の不偏分散 w^2 は，④ より

$$
\begin{aligned}
w^2 &= \overline{X^2} - \overline{XX'} \\
&= \frac{a^2+b^2+c^2}{3} - \frac{ab+bc+ca}{3}
\end{aligned}
$$

大きさが2の標本を無作為に選び

$$x = x_1,\ x_2$$

としよう．

この標本の不偏分散は，⑧ より

$$
\begin{aligned}
U^2 &= \overline{x^2} - \overline{xx'} \\
&= \frac{{x_1}^2 + {x_2}^2}{2} - x_1 x_2
\end{aligned}
$$

よって

$$
\begin{aligned}
E(U^2) &= E\left(\frac{{x_1}^2 + {x_2}^2}{2} - x_1 x_2\right) \\
&= \frac{E({x_1}^2) + E({x_2}^2)}{2} - E(x_1 x_2) \\
&= \frac{1}{2}\Bigl(\underbrace{\frac{a^2+b^2+c^2}{3}}_{\text{素朴に求めた}} + \frac{a^2+b^2+c^2}{3}\Bigr) - \underbrace{\frac{ab+bc+ca}{3}}_{\text{これも素朴に}} \\
&= \frac{a^2+b^2+c^2}{3} - \frac{ab+bc+ca}{3} \\
&= w^2
\end{aligned}
$$

確かに Ⓤが成り立つ．■

次節では Ⓤを用いて標本分散の平均，不偏分散の平均について調べる．

1.16.4　標本分散の平均，不偏分散の平均

w^2 と U^2 の定義から

$$w^2=\frac{N}{N-1}\sigma^2,\quad U^2=\frac{n}{n-1}S^2$$

となるので，Ⓤに代入し

$$\underbrace{E\left(\frac{n}{n-1}S^2\right)}_{\frac{n}{n-1}E(S^2)}=\frac{N}{N-1}\sigma^2$$

両辺に $\dfrac{n-1}{n}=1-\dfrac{1}{n}$ をかけると次の式が成り立つ．

標本分散の平均～一般形

$$E(S^2)=\left(1-\frac{1}{n}\right)\frac{N}{N-1}\sigma^2$$

（例 8）

第 1.16.1 節の(1)「$E(S^2)=\dfrac{3}{4}\sigma^2$」は $N=3$，$n=2$ とした場合である．■

普通の標本調査では母集団の大きさ N は非常に大きい．したがって，$\dfrac{N}{N-1}$ は1と見なしてよいので，次の式を得る．

標本分散の平均～母集団が十分大きい場合

母集団の大きさ N が十分大きいとき，次が成り立つ．

$$E(S^2)=\left(1-\frac{1}{n}\right)\sigma^2$$

（例 9）

第 1.16.1 節(2)「$E(S^2)=\dfrac{1}{2}\sigma^2$」は N が十分大きいので $\dfrac{N}{N-1}$ は1と見なしてよく，$n=2$ とした場合である．■

さらに n も十分大きければ（当然 $N(\geqq n)$ も十分大きくなる），$1-\dfrac{1}{n}$ を1と見

なしてよいので，次を得る．

標本分散の平均～標本が十分大きい場合

標本の大きさ n が十分大きい場合

$$E(S^2)=\sigma^2$$

したがって，標本が十分大きい場合は標本分散 S^2 を母分散 σ^2 と見なしてよいのである．ただし，実際の調査・標本調査では標本の大きさを十分大きくできないことも多いので，この式を使えない場合も多い．

Ⓤは次の式であった．

$$E(U^2)=w^2=\frac{N}{N-1}\sigma^2$$

N が十分大きいときは，$\frac{N}{N-1}$ を 1 と見なしてよいので，次の重要な結果を得る．

不偏分散の平均～母集団が十分大きい場合

母集団が十分大きい場合，そこから無作為に大きさ n の標本を取り，不偏分散を U^2 とすると，U^2 の平均について

$$E(U^2)=\sigma^2$$

特に大きさ 2 の標本 $x=x_1$，x_2 の場合は，U^2 の定義より $U^2=\frac{1}{2}(x_1-x_2)^2$ となるから

$$\frac{1}{2}E\left((x_1-x_2)^2\right)=\sigma^2$$

この式は厳密には「≒」であるが，実用上は「＝」としてよい．Ⓤはどんな N でもよく厳密に「＝」である．

母集団が十分大きい場合，2 個のデータを無作為に選んで x_1-x_2 の値**のみ**記録する（x_1，x_2 の値自体は記録しない）ということを十分たくさん繰り返し $\frac{1}{2}E\left((x_1-x_2)^2\right)$ を求めると σ^2 が得られるというのは，面白い．母平均（に近い値）がわからなくても母分散 σ^2（に近い値）が求められるのである．ここから $\frac{1}{2}(x_1-x_2)^2$ が重要と予想でき，⑥ や ⑨ の発見に至るのだろう，たぶん．

標本調査を行う場合，母集団が十分大きいのは当たり前であり，標本から不偏分散

を求めると**標本の大きさ n によらず**その平均が母分散 σ^2 であるというのは，不偏分散の優れた性質である．母分散が知りたいし，実際の標本調査では標本の大きさを十分大きくできない場合も多いから，標本分散より不偏分散の方が優れている．

分散よりも不偏分散の方がきれいな性質をもつのは，標本の不偏分散 U^2 なら

$$U^2=\frac{1}{2}E((x-x')^2)$$

というように平均“$E(\quad)$”を1回取るだけで“データの散らばり方”を簡潔に表しているからだ．

これが分散だと，標本分散 S^2 は

$$S^2=E\Big((x-\overline{x})^2\Big)=E\Big((x-E(x))^2\Big)$$

となり，平均“$E(\quad)$”を取る操作が二重になって，複雑になってしまう．不偏分散の方が簡潔なだけに本質的と言えるだろう．

とは言え，S^2 と U^2 の定義の違いは $\sum_{k=1}^{n}(x_k-\overline{x})^2$ を n で割るか，$n-1$ で割るかだけの違いである．それなのにこれほど性質に違いがあるのを不思議に感じるのも当たり前だ．強いて説明するなら，どれか1つのデータ x_k（どれでもよい）を基準として「**他の $n-1$ 個のデータ**が x_k からどれだけ離れているか」により“データの散らばり方”が定まるのだから $n-1$ で割る方がよい，ということだと思う．

多くの統計の入門書には「N が n より十分大きいとき，$E(U^2)=\sigma^2$」という意味のことが書いてある．言い換えれば「**n が N より十分小さいとき**，$E(U^2)=\sigma^2$」ということだ(**標本が小さいと**データの散らばり方に母集団のそれが反映するという，冷静に考えたら奇妙な定理)．しかし，逆に**n が N に近いぐらい大きいときは** $U^2 \fallingdotseq \sigma^2$ となるのが U^2 の定義から明らかなので $E(U^2)=\sigma^2$ が成り立つはずだ．ということは N が大きければ**n が小さくても大きくても $E(U^2)=\sigma^2$** となる．それなら**途中の n でも成り立つ**のではないか，と予想でき実際にそうなることが示せたのだ．

1.16.5　標本平均の分散〜一般形

第1.9.2節で学んだように，母集団の大きさが標本の大きさ n より十分大きい場合（普通の標本調査では成り立つ）は，標本が互いに独立になるので，標本平均 $\overline{x}$ の分

散 $V(\overline{x})$ は

$$V(\overline{x})=\frac{\sigma^2}{n} \quad (\sigma^2 \text{ は母分散})$$

となった.

しかし，母集団が標本より十分大きいという条件を仮定していない場合，この式は成り立たない．その場合は次のようになる.

標本平均の分散～一般形

母集団の大きさを N とし，母分散は σ^2，母集団の不偏分散は w^2 とする．ここから無作為に n 個の標本を取り標本平均を $\overline{x}$ とし，$\overline{x}$ の分散を $V(\overline{x})$ とする.

このとき，次が成り立つ.

$$V(\overline{x})=\frac{N-n}{Nn}w^2=\frac{N-n}{(N-1)n}\sigma^2 \qquad \cdots\cdots\cdots ①$$

(注) N が n に比べて十分大きいと

$$\frac{N-n}{(N-1)n}=\frac{1-\dfrac{n}{N}}{\left(1-\dfrac{1}{N}\right)n}\fallingdotseq\frac{1}{n}$$

となるので，$V(\overline{x})$ は $\dfrac{\sigma^2}{n}$ となるのである. ■

証明

方針

$$V(\overline{x})=E(\overline{x}^2)-E(\overline{x})^2$$

を用いる．分散についての証明はこの式が使いやすいから，$E(\overline{x})$ と $E(\overline{x}^2)$ を求めよう.

標本平均 $\overline{x}$ は

$$\overline{x}=\frac{\sum_{k=1}^{n}x_k}{n}$$

よって，$\overline{x}$ の平均 $E(\overline{x})$ は

$$E(\overline{x})=E\left(\frac{\sum_{k=1}^{n}x_k}{n}\right)$$

$$=\frac{\sum_{k=1}^{n}E(x_k)}{n}$$

$(E(x_k)$ はすべて母平均 $E(X)$ に等しくなり)

$$=\frac{nE(X)}{n}$$

$$=E(X) \qquad \cdots\cdots\cdots ②$$

$$\overline{x}^2=\left(\frac{\sum_{k=1}^{n}x_k}{n}\right)^2$$

$$=\frac{1}{n^2}\sum_{k=1}^{n}x_k{}^2+\frac{2}{n^2}\sum_{1\leqq i<j\leqq n}x_ix_j$$

ポイント

同じような計算を繰り返し行ってきたから，もう大丈夫だろう．

$$E(aX+bY)=aE(X)+bE(Y) \quad (a,\ b \text{ は定数})$$

を使って，計算を簡単にしよう．

両辺の平均を取ると

$$E(\overline{x}^2)=\frac{1}{n^2}\sum_{k=1}^{n}E(x_k{}^2)+\frac{2}{n^2}\times\underbrace{\sum_{1\leqq i<j\leqq n}E(x_ix_j)}_{E(x_ix_j)\text{ は }{}_n\mathrm{C}_2\text{ 個ある}}$$

$(E(x_k{}^2)$ はすべて $E(X^2)$ だし，$E(x_ix_j)$ はすべて $E(XX')$ に等しい)

$$=\frac{1}{n^2}\cdot nE(X^2)+\frac{2}{n^2}{}_n\mathrm{C}_2E(XX')$$

$$w^2=E(X^2)-E(XX')$$

より，$E(XX')=E(X^2)-w^2$ となるから

$$E(\overline{x}^2)=\frac{1}{n}E(X^2)+\frac{2}{n^2}\cdot\frac{n(n-1)}{2}\{E(X^2)-w^2\}$$

$$=E(X^2)-\frac{n-1}{n}w^2 \qquad \cdots\cdots\cdots ③$$

$$V(\overline{x})=E(\overline{x}^2)-E(\overline{x})^2$$

$$=③-②^2$$

$$=\underbrace{E(X^2)-E(X)^2}_{\text{これは }\sigma^2=\frac{N-1}{N}w^2}-\frac{n-1}{n}w^2$$

$$=\frac{n(N-1)-N(n-1)}{Nn}w^2$$

$$=\frac{N-n}{Nn}w^2$$

$$=\frac{N-n}{(N-1)n}\sigma^2 \quad \left(\because \ w^2=\frac{N}{N-1}\sigma^2\right)$$

（証明終り）

具体例として，例えば，$n=1$ としてみよう．母集団から1個のデータ x を無作為に取るのである．その平均 $\overline{x}$ は x そのものだから

$$V(\overline{x})=\underbrace{V(x)=\sigma^2}_{\text{母分散}\,\sigma^2\,\text{とはこういうものだ}}$$

となる．

①で $n=1$ としてみると

$$V(\overline{x})=\frac{N-1}{(N-1)1}\sigma^2=\sigma^2$$

となり，確かに成り立っている．■

1.17 補足2～重心の理論的解説

この節の概要

第1.15節で利用した「平面図形の重心」について理論的な部分を解説する．興味と余裕があれば読んで欲しいが，共通テスト対策には知らなくても大丈夫なので**大学入学後に読んでもらえば十分だ**.

1.17.1 平面図形の重心の素朴な定義

2点 $P_1(x_1,\ y_1)$ と $P_2(x_2,\ y_2)$ に同じ重さの極めて小さい重りをおけば，この重さは P_1P_2 の中点 $M\left(\dfrac{x_1+x_2}{2},\ \dfrac{y_1+y_2}{2}\right)$ で釣り合う．M の座標は P_1 と P_2 の座標を平均したものである．これを一般化しよう．

xy 平面上の図形 D を考える．ただし，D は有限な範囲にあるとする．

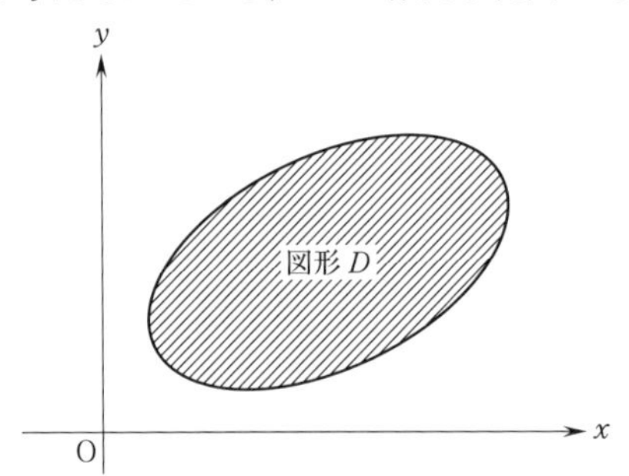

D が薄い均一な板でできていると考えるとき，その重さが釣り合う点 $G(X,\ Y)$ を D の**重心**と呼ぶ．これは D に含まれる点 $(x,\ y)$ の座標を平均して得られる点である．すなわち

$$X=\frac{(D\text{ に含まれる点の }x\text{ 座標の総和})}{(D\text{ に含まれる点の個数})},\qquad \cdots\cdots\cdots ①$$

$$Y=\frac{(D\text{ に含まれる点の }y\text{ 座標の総和})}{(D\text{ に含まれる点の個数})}$$

となる … **としたいのだが，ここに大きな問題がある**．D に含まれる点の個数は**無限**だから，分母は無限大だし，分子の無限個の数の総和を求めるのは困難だ！

X を定めるために，次のような工夫をする．

step1 まず D をすごく小さな正方形で分割する．この正方形は大きさは一定とし，極めて小さいと思って欲しい．**微小正方形**と呼ぼう．（でも，次図では見やす

いように少し大きめの正方形で分割している．(^^;;)

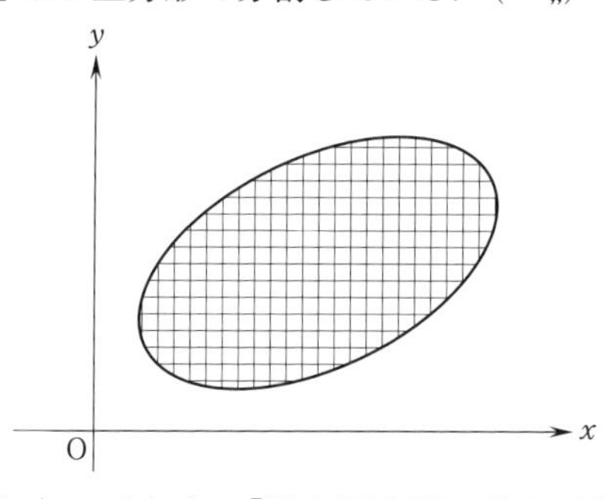

図形 D を「点の集まり」ではなく，**「微小正方形の集まり」**と考えることにする．“点”は無数にあるから困るが（有限個の点では D を埋め尽くせない！），微小正方形ならものすごくたくさんでも**有限個**なので計算できる．

「D の境界線の付近だと正方形が欠けたりしてますけど」と思うだろうが，そういうのは少ないので無視しよう（無視して下さい）．

step2　微小正方形が n 個（ものすごく大きい数）あるとして，微小正方形に1番から n 番まで番号を付けよう．***i* 番目の正方形 $\mathbf{P}_i$**（図では■で表した）の左下の頂点の座標を $(x_i,\ y_i)$ と表し，これを **$\mathbf{P}_i$ の座標**と呼び $\mathrm{P}_i(x_i,\ y_i)$ と表そう．

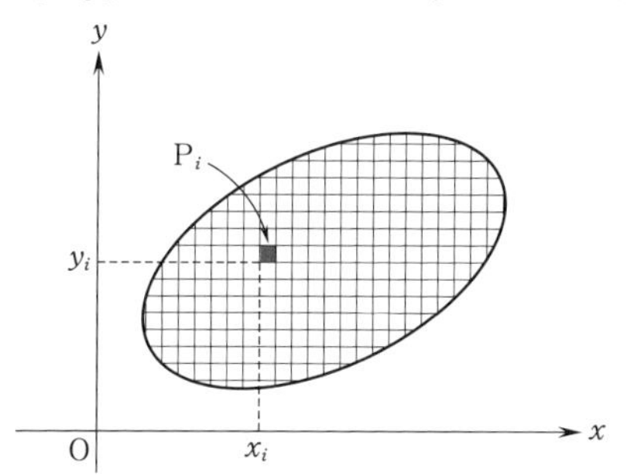

注意1．「左下」にしたのは特に意味はなくて，図を書きやすかったからだ(^^)．微小正方形なので，左下でも右上でも真ん中でも座標はほとんど同じだからどこでもよい．ここでは「左下」と決めただけだ．

注意2．「正方形の座標？」と思うかも知れないが，微小正方形はものすごく小さくて，きみたちが答案に xy 平面を書いて「・点A」とか書くときの「・」よりはるかに小さいから座標を考えてもよいのだ．

step3　微小正方形1つの面積を dS と表そう．どの微小正方形も同じ大きさなので面積も同じ dS になる．上図の■の面積も dS だ．

したがって，D に含まれる微小正方形の個数 n は

$$n = \frac{(D\text{の面積})}{dS}$$

となる．(正確には n は $\dfrac{(D\text{の面積})}{dS}$ より少し小さいはずだが，微小正方形はものすごく小さくて D をぎっしり埋め尽くしているから，「＝」としてしまってかまわない.)

以上より，① の「点」を「微小正方形」に変えて書き直すと

$$\begin{aligned} X &= \frac{(D\text{に含まれる微小正方形の}\,x\,\text{座標の総和})}{(D\text{に含まれる微小正方形の個数})} \\ &= \frac{\sum_{i=1}^{n} x_i}{n} \\ &= \frac{\sum_{i=1}^{n} x_i}{\dfrac{(D\text{の面積})}{dS}} \\ &= \frac{\sum_{i=1}^{n} x_i\,dS}{(D\text{の面積})} \end{aligned}$$

となる．

以上より，D の重心 $\mathrm{G}(X,\ Y)$ について，①（直感的にはわかりやすいが無限が現れ計算できない！）を書き直して

$$X = \frac{\sum_{i=1}^{n} x_i\,dS}{(D\text{の面積})} \qquad \cdots\cdots\cdots ②$$

と定義する．Y についても同様である．

この定義は，D に微小正方形が偏りなく分布している（step1 の図がそうでしょ）と考えて定めているから，「**D が薄い均一な板でできている**」と考えていることになる．「薄い」のは平面図形だから当たり前で（分厚いと平面図形じゃない），「均一」が重要だ．これが第 1.15.4 節で定めた重心の意味である．

1.17.2　平面図形の重心の計算しやすい定義

② のように重心 G の x 座標を定義したが，分子の「$\sum_{i=1}^{n} x_i\,dS$」がこのままでは計算しにくい．ここを工夫しよう．

step1 先ほどの図の■の上下にある微小正方形はどれも「x 座標が x_i」となる．これらをまとめて赤く塗ろう．(次図)

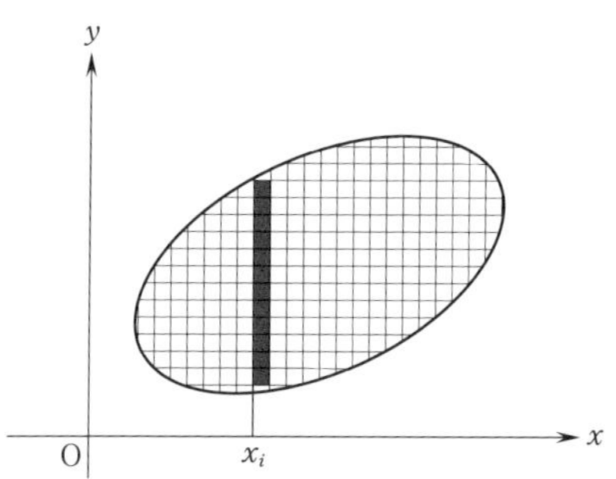

step2 x_i を単に x と表し，赤い長方形の幅を dx，高さを $l(x)$ と表そう．微小正方形はすごく小さいものなので dx は非常に0に近くなる．(次図)

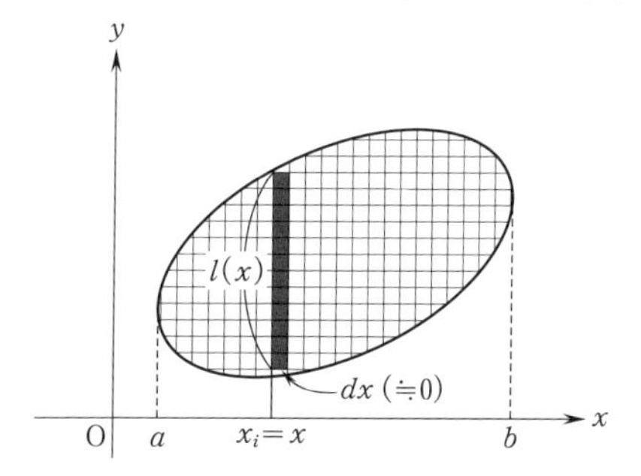

x 座標が x の点を通り x 軸に垂直な直線で D を切った切り口の長さが $l(x)$ である．

この赤い長方形の部分について「$x_i dS$ の和」は

$$x_i \times (\text{赤い長方形の面積}) = x \times \underbrace{l(x)\,dx}_{\text{長方形の面積}}$$

となる．

したがって

$$\sum_{i=1}^{n} x_i\,dS = \sum x \times l(x)\,dx$$

(右辺は，x を dx ずつ変化させながら $x \times l(x)\,dx$ の和を取る)

となり，D が $a \leqq x \leqq b$ の範囲にあるとすると，これは第1.15.1節で解説したライプニッツの考え方★により

$$\sum x \times l(x)\,dx = \int_a^b x \times l(x)\,dx$$

と，定積分を用いて表される．これが ② の右辺の分子である．

step3 さらに，$l(x)$ の定め方（次図．微小正方形はかなり小さくした）から，② の右辺の分母の「D の面積」は

$$(D\text{ の面積})=\int_a^b l(x)\,dx$$

となる（x 軸に垂直に切った切り口の長さ $l(x)$ を x で積分したら面積になる，と数学Ⅱの微積分で勉強したね）．

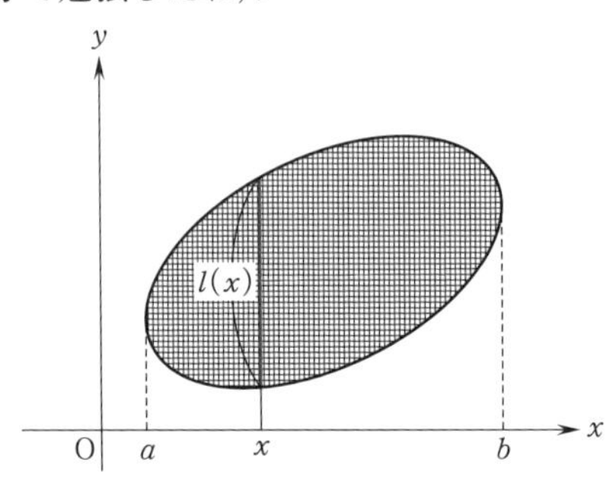

以上より，② を定積分を用いて書き直そう．

平面図形の重心の定積分による定義

xy 平面上に図形 D があり，

- D は $a\leqq x\leqq b$ の範囲にある．
- x 座標が x の点を通り x 軸に垂直な直線で D を切った切り口の長さを $l(x)$ とする．

このとき，D の重心 G$(X,\ Y)$ について

$$X=\frac{\displaystyle\int_a^b x\times l(x)\,dx}{\displaystyle\int_a^b l(x)\,dx} \qquad \cdots\cdots ③$$

と定める．右辺の分母は D の面積である．

Y についても同様であり，すなわち

- D は $c\leqq y\leqq d$ の範囲にある．
- y 座標が y の点を通り y 軸に垂直な直線で D を切った切り口の長さを $m(y)$ とするとき

$$Y=\frac{\displaystyle\int_c^d y\times m(y)\,dy}{\displaystyle\int_c^d m(y)\,dy} \qquad \cdots\cdots ④$$

と定める．右辺の分母は D の面積である．

1.17.3　三角形の重心を定積分で確認

（例1）

3点O(0, 0)，A(1, 0)，B(0, 1)を頂点とする三角形OABの重心G(X, Y)は，もちろん

$$X=Y=\frac{0+0+1}{3}=\frac{1}{3}$$

であるが，先ほどの定積分を用いた定義③，④により確認してみよう．

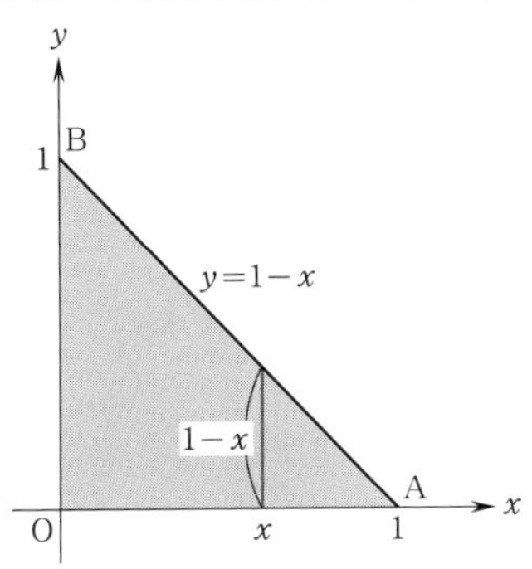

直線AB：$y=1-x$ であるから，この場合は $l(x)=1-x$ である．

よって③より

$$X=\frac{\displaystyle\int_0^1 x(1-x)\,dx}{(\triangle\text{OAB の面積})}$$

$$=\frac{\left[\dfrac{x^2}{2}-\dfrac{x^3}{3}\right]_0^1}{\dfrac{1}{2}}$$

$$=\frac{\dfrac{1}{6}}{\dfrac{1}{2}}=\frac{1}{3}$$

確かに $X=\dfrac{1}{3}$ となった．$Y=\dfrac{1}{3}$ についても④から同様である．

（例2）

もう少し一般的な三角形で重心を確認してみる．

a, b, c は正とし，3点A(a, 0)，B($-b$, 0)，C(0, c)を頂点とする三角形ABCの重心G(X, Y)を考えよう．

もちろん

$$X=\frac{a-b+0}{3}=\frac{a-b}{3},\quad Y=\frac{0+0+c}{3}=\frac{c}{3}$$

であるが，先ほどの積分を用いた定義③，④によりこのことを確かめよう．

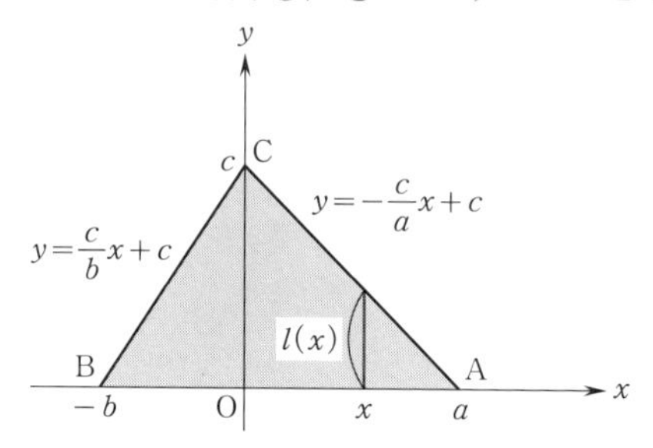

直線BCと直線CAの方程式から

$$l(x)=\begin{cases}\dfrac{c}{b}x+c & (-b\leqq x\leqq 0\text{ のとき}),\\[2ex] -\dfrac{c}{a}x+c & (0\leqq x\leqq a\text{ のとき})\end{cases}$$

となるから，③より

$$X=\frac{\displaystyle\int_{-b}^{a}x\times l(x)\,dx}{(\triangle\text{ABC の面積})}$$

$$=\frac{\displaystyle\int_{-b}^{0}x\times\left(\frac{c}{b}x+c\right)dx+\int_{0}^{a}x\times\left(-\frac{c}{a}x+c\right)dx}{\dfrac{1}{2}(a+b)c}$$

$$=\frac{\left[\dfrac{c}{3b}x^3+\dfrac{c}{2}x^2\right]_{-b}^{0}+\left[-\dfrac{c}{3a}x^3+\dfrac{c}{2}x^2\right]_{0}^{a}}{\dfrac{1}{2}(a+b)c}$$

$$=\frac{-\dfrac{cb^2}{6}+\dfrac{ca^2}{6}}{\dfrac{1}{2}(a+b)c}=\frac{\dfrac{1}{6}c(a+b)(a-b)}{\dfrac{1}{2}(a+b)c}$$

$$=\frac{a-b}{3}\ \text{（できた！）}$$

次は $Y=\dfrac{c}{3}$ を，先ほどの積分を用いた定義④により確かめよう．

直線 CA：$y=-\dfrac{c}{a}x+c$ より $x=\underbrace{-\dfrac{a}{c}y+a}_{⑤とする}$

直線 BC：$y=\dfrac{c}{b}x+c$ より $x=\underbrace{\dfrac{b}{c}y-b}_{⑥とする}$

となるから，y 座標が y $(0\leqq y\leqq c)$ の点を通り y 軸に垂直な直線で三角形 ABC を切った切り口の長さ $m(y)$ は

$$\begin{aligned} m(y)&=⑤-⑥\\ &=-\frac{a}{c}y+a-\left(\frac{b}{c}y-b\right)\\ &=(a+b)\left(-\frac{1}{c}y+1\right) \end{aligned}$$

となる．（次図）

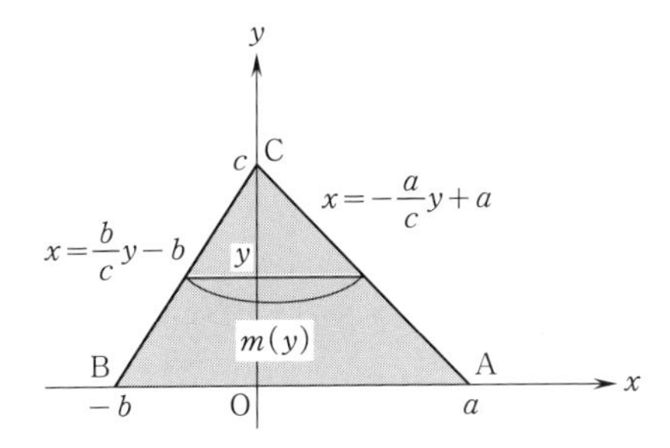

よって ④ より

$$\begin{aligned} Y&=\frac{\displaystyle\int_0^c y\times m(y)\,dy}{(\triangle \mathrm{ABC}\ の面積)}\\ &=\frac{\displaystyle\int_0^c y\times(a+b)\left(-\frac{1}{c}y+1\right)dy}{\dfrac{1}{2}(a+b)c}\\ &=\frac{\left[-\dfrac{y^3}{3c}+\dfrac{y^2}{2}\right]_0^c}{\dfrac{1}{2}c}\\ &=\frac{\dfrac{c^2}{6}}{\dfrac{1}{2}c}=\frac{c}{3}\ （できた！） \end{aligned}$$

1.17.4　図形が線対称の場合の重心を定積分で確認

図形 D が y 軸について対称の場合は，その重心Gは y 軸上にある．このことを定積分を用いて具体例で確認しよう．

a は正とし，

$$D : 0 \leqq y \leqq a^2 - x^2$$

としよう．この D は $-a \leqq x \leqq a$ の部分にあり，y 軸について対称である．(次図)

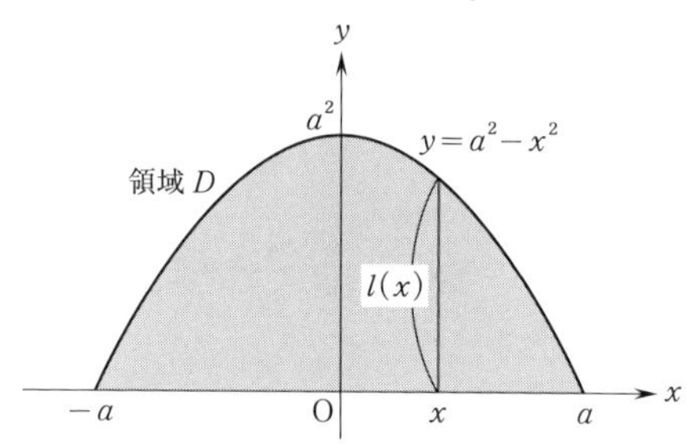

D の重心を $\mathrm{G}(X,\ Y)$ とし，Gが y 軸上にあること，すなわち $X=0$ となることを積分で確認しよう．

$l(x)=a^2-x^2$ であるから，③ より

$$X=\frac{\displaystyle\int_{-a}^{a} x \times l(x)\,dx}{(D\text{の面積})}$$

$$=\frac{\displaystyle\int_{-a}^{a} (a^2x-x^3)\,dx}{(D\text{の面積})}$$

$$=0 \quad (a^2x-x^3\ \text{が奇関数であることより})$$

図形 D が直線 l について対称の場合は，その重心Gは l 上にあることは上記のように計算で確かめることも容易だし，第1.17.1節での「重心の素朴な定義②」からもほとんど明らかだろう．

1.17.5　連続型確率変数の平均は重心の x 座標

第 1.17.4 節で述べた次の性質を証明しよう．

平均 $E(X)$ の図形的意味と計算テクニック（再掲）

連続型確率変数 X の確率密度関数が $f(x)$ であり，X の取り得る範囲が $\alpha \leqq X \leqq \beta$ のとき，領域 D「$0 \leqq y \leqq f(x)$ かつ $\alpha \leqq X \leqq \beta$」の重心 G の x 座標が $E(X)$ である．

【証明】

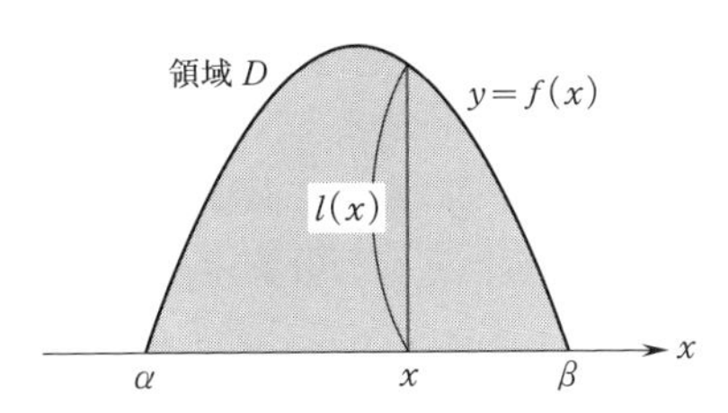

領域 D の重心を $G(X_G,\ Y_G)$ とする．

重心の定義 ③ において，この場合は $l(x)=f(x)$ であるから

$$X_G=\frac{\int_\alpha^\beta xf(x)\,dx}{(D\text{ の面積})}$$

となる．

ここで，$f(x)$ は確率密度関数であるから

$$(D\text{ の面積})=\underbrace{\int_\alpha^\beta f(x)\,dx=1}_{\text{全事象の確率}}$$

となり

$$X_G=\underbrace{\int_\alpha^\beta xf(x)\,dx=E(X)}_{E(X)\text{ の定義}}$$

（証明終り）

この証明を見れば明らかだと思うが，図形の重心の定義さえ理解できれば，「連続型確率変数の平均」が領域 D の重心の x 座標になることは当たり前のことなのだ．

1.17.6 おまけ1〜ライプニッツの dx とは何か

この節は**大学入試に全く関係ない話**なので，読まなくても構わないし，読んでいて分からなくなったらもう読まなくてよい（数学Ⅲの履修者なら次の節を読もう）．あくまで，“おまけ”だ．

ここまで dx は「ものすごく0に近い数」と説明してきたが，この記号を作ったライプニッツは**無限小**と呼んでいた．「**0ではないけど限りなく0に近い数**」と言うものだ．使いやすいので他の数学者も無限小として使っていたが，**厳密さに欠ける**と批判され，19世紀以降は dx は無限小ではなく「微積分の計算のための便利な記号」として扱われることが多くなった（置換積分の計算が典型例）．

しかし，1960年頃アブラハム・ロビンソン（アメリカの数学者．1918〜1974.）が**無限小を厳密に定義**することに成功した．昔のヒット曲に

　　きみが思うよりボクはきみが好き

という歌詞で「限りなく好き」を表したものがあるが，ロビンソンは無限小を

　　きみが思うより0に近い数

として厳密に定義する方法を見いだした．ライプニッツの無限小 dx を現代数学にふさわしい形で甦らせたのだ．

具体的には，準備として次のような性質を持つ正の整数「$^*n$」を1つ定める．左上に＊を付けているのは「この数は普通じゃないよ」という気持ちだ．

$^*n$ の性質

$^*n$ は正の整数であり，

$$^*n>1,\ \ ^*n>2,\ \ ^*n>3,\ \ \cdots \qquad \cdots\cdots ☆$$

を満たす．（「…」が重要）

☆には $^*n>100$ が書いてあるし，$^*n>1000000000000000$ も書いてある．何か大きい整数を思い浮かべて欲しい（例えば 123456789012345678901234567890 とか）．それよりも $^*n$ が大きい，という不等式が☆の「…」の部分にちゃんと書いてある．つまり，**$^*n$ はきみが思うどんな数よりも大きいのだ**．

☆には無限個の不等式が書いてあるが，これを面倒だからと言って「$^*n$ はすべての正の整数より大きい」とは**書けない**．そう書いてしまうと，$^*n+1$ も正の整数だから「$^*n>{}^*n+1$」すなわち「$0>1$」となるから不合理になる．☆には無限個の不等式を書くしかない．

「こんな数はあり得ない！」と思うのが当然だが，ロビンソンは「$^*n$ を用いた **1 つの**証明において，☆の無限個の不等式のうち使われるのは**有限個**だから，**その**証明において $^*n$ は“十分大きい整数”に置き換えられる」ということに気づき（コロンブスの卵！），「**$^*n$ を用いて証明できることと，$^*n$ を用いないで証明できることは同じだ**」と示した．

よって，$^*n$ を用いるかどうかは，使った方が議論しやすいかどうかで決めればよい．どちらの立場でも「証明できること」は同じなのだから．

そこで $^*n$ を使うことにして，「$dx=\dfrac{1}{^*n}$」と定めよう．

- $^*n>10$ であるから，$0<dx=\dfrac{1}{^*n}<\dfrac{1}{10}$.
- $^*n>100$ であるから，$0<dx=\dfrac{1}{^*n}<\dfrac{1}{100}$.
- $^*n>1000$ であるから，$0<dx=\dfrac{1}{^*n}<\dfrac{1}{1000}$ **（以下同様）**

となるから，$dx=\dfrac{1}{^*n}$ は「きみが思うどんな数より 0 に近い正の数」であり，ライプニッツの「0 ではないけど限りなく 0 に近い正の数」を実現している．彼の無限小の正当性が 300 年後に明らかにされたのだ．すごい話だと思う．

ライプニッツが天才的な直感で実行したことを，ロビンソンが正当化した方法でたどってみると…

step1　$\alpha \leqq x \leqq \beta$ のときに $f(x) \geqq 0$ とする．このとき，$^*n$ を十分大きい整数として次の図のような「縦が $f(x)$，横が $dx=\dfrac{1}{^*n}$ の長方形」を考える．

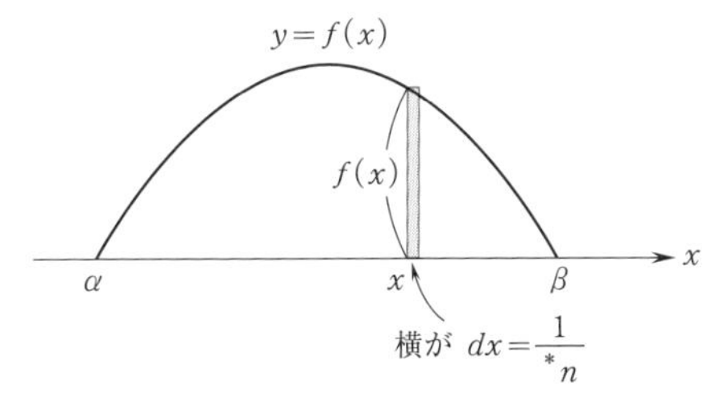

step2　このような長方形を $\alpha \leqq x \leqq \beta$ の範囲で端から端まで図のように敷き詰める．

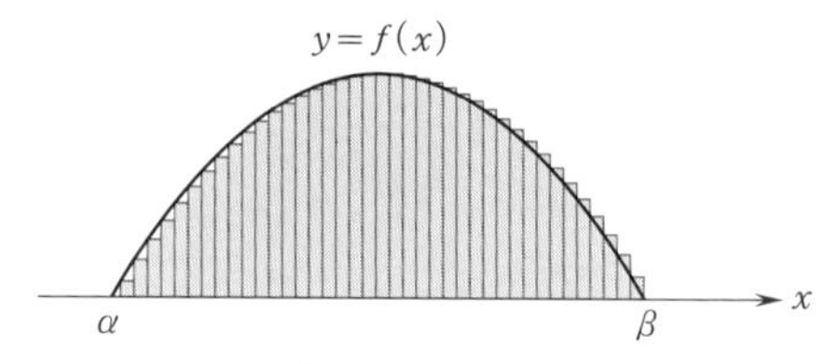

この長方形の面積の和を $\int_{\alpha}^{\beta} f(x)\,dx$ と表す.

step3 ここで ${}^*n$ の性質☆を使うと, step2 の図の長方形の幅 $dx=\dfrac{1}{{}^*n}$ は「どんな数よりも 0 に近い」ので, 長方形が $y=f(x)$ のグラフから出たり入ったりしている部分はなくなり, step2 の図は次の図に変わる. (次の図に段々近づいてくるのでなはく, ☆を使うと**瞬時に変わる**のだよ.)

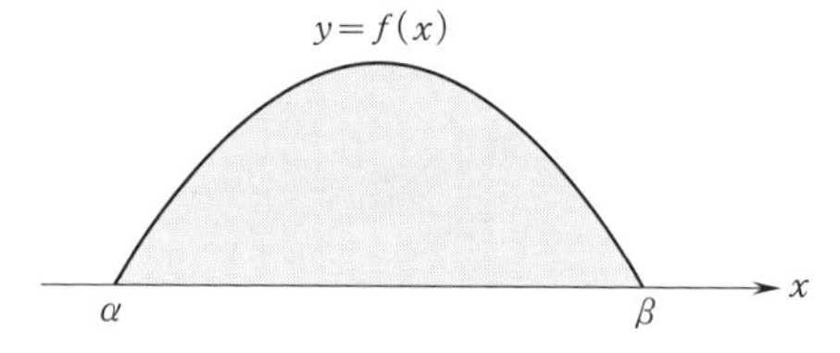

したがって, 図の網掛けの部分の面積が $\int_{\alpha}^{\beta} f(x)\,dx$ になる.

第 1.15.1 節で紹介したライプニッツの考え方★はこのように解釈できる.

■

このような解釈によって, 第 1.14.1 節での確率密度関数の定義を見直してみよう. 確率密度関数の意味がよく分かるはずだ.

確率密度関数の定義 (再掲)

次の性質を満たす $f(x)$ を, 確率変数 X に対する確率密度関数という.

- すべての実数 x に対して $f(x) \geqq 0$ (ヒストグラムの『柱』は横軸より上に伸ばすことに相当)
- $a \leqq X \leqq b$ となる確率 $P(a \leqq X \leqq b)$ は, $y=f(x)$ のグラフと x 軸, 直線 $x=a$, $x=b$ で囲まれた斜線部 (もちろん $a \leqq x \leqq b$ の部分) の面積で表される. 次の図はその例.

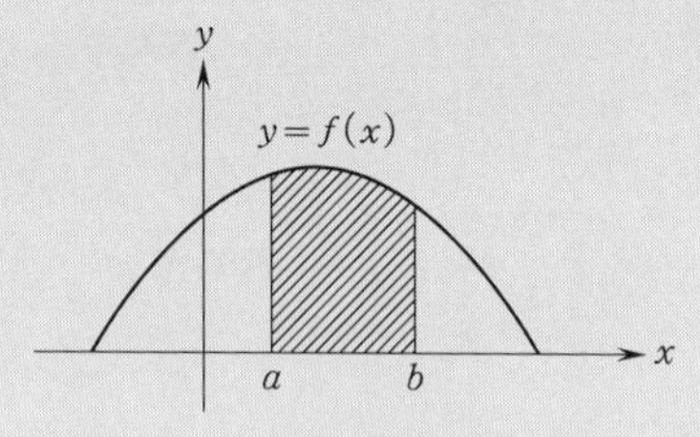

この確率変数 X はとり得る値が連続して変化するから, 連続型確率変数と言う.

「図の斜線部の面積が $a \leqq X \leqq b$ となる確率 $P(a \leqq X \leqq b)$ を表す」とは次のように解釈できる.

step1　連続型確率変数 X の確率密度関数が $f(x)$ であるとは，X の相対度数のヒストグラムの柱が次の図のような「縦が $f(x)$，横が $dx=\dfrac{1}{{}^*n}$ の長方形」で表されると言うことだ. ただし，${}^*n$ は「十分大きい整数」として $dx=\dfrac{1}{{}^*n}$ を定めている.

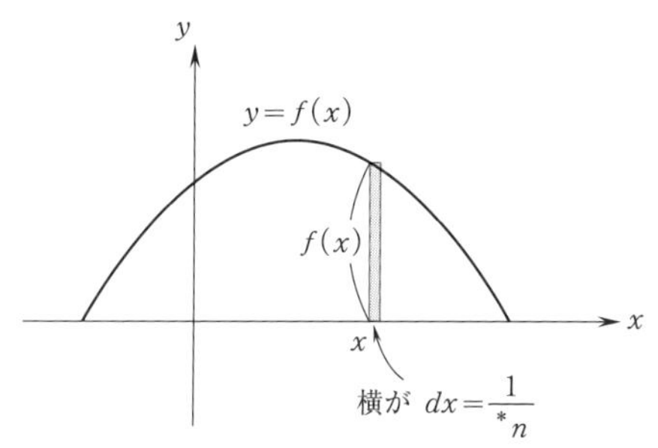

step2　a と b $(a<b)$ が X の取り得る値だとしよう. $x=a$ を含む柱と，$x=b$ を含む柱がある（次図）.

図 1

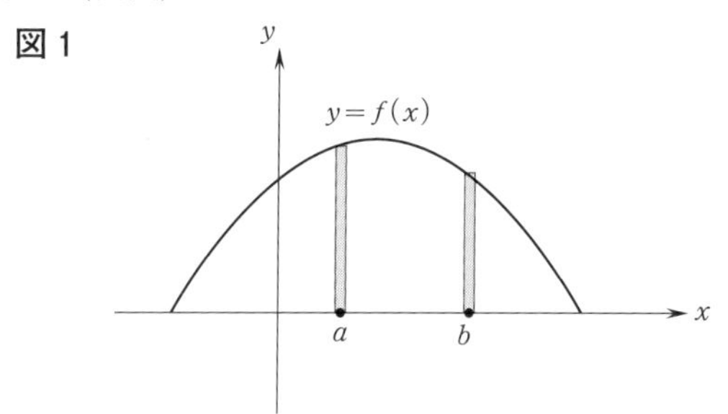

$x=a$ が柱の左端か右端か途中かとか気になるかも知れないが（上図では“途中”に書いた），柱の幅 dx がものすごく 0 に近いので，それは気にしなくてよい. $x=b$ についても同様だ.

したがって，$a \leqq X \leqq b$ に対する柱全体は次の図になる.

図 2

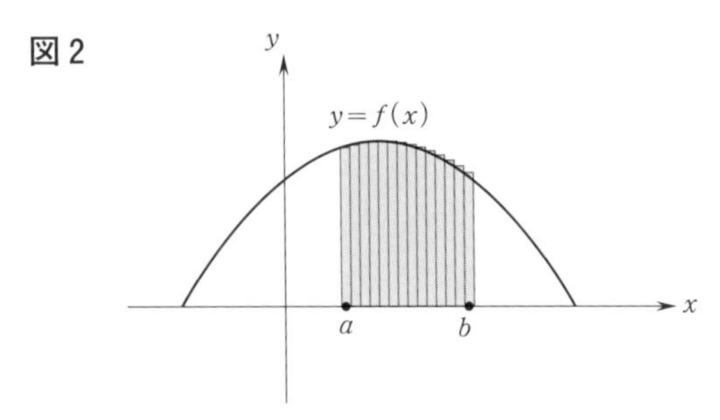

相対度数のヒストグラムの性質からこの面積が確率 $P(a \leqq X \leqq b)$ であり，

x を a から b まで dx ずつ変化させ，柱の面積 $f(x)\,dx$ をすべて足す

となるからライプニッツの考え方★により

$$\int_a^b f(x)\,dx$$

と表される．

step3 ここで ${}^*n$ の性質☆を使うと，step2 の**図 2** の柱の幅 $dx=\dfrac{1}{{}^*n}$ は「どんな数よりも 0 に近い」ので，柱が $y=f(x)$ のグラフから出たり入ったりしている部分はなくなり，$x=a$ から左にはみ出ている部分もなくなるし，$x=b$ から右へはみ出ている部分もなくなる．

よって，step2 の**図 2** は次の斜線部に変わる．次の図に段々近づいてくるのではなく，☆を使うと**瞬時に変わる**．

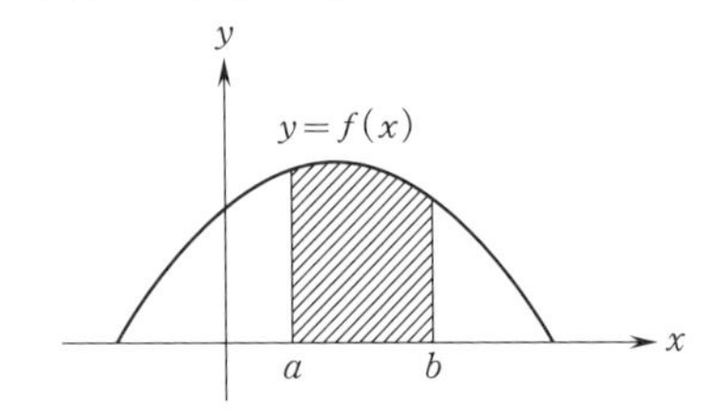

以上より，斜線部の面積 $\int_a^b f(x)\,dx$ が確率 $P(a \leqq X \leqq b)$ を表すことが納得できるだろう． ■

このように無限小 dx を利用すると，「確率密度関数を積分すると確率になる」とは「相対度数のヒストグラム（全体の面積を 1 とする）では柱の面積の和が確率を表す」を書き換えたものだとよく分かる．

無限小と同様に，**微小正方形はきみが思うどんな正方形よりも小さい正方形だ．**

以上の話が面白かったら，大学1年程度の解析を勉強した後に「超準解析」（ちょうじゅんかいせき）を勉強するとよい．無限小の正式な使い方がわかる．また，ネットには「non-standard analysis」（この訳語が超準解析）を解説する動画（たいてい英語）がたくさん公開されているから見るのもよいだろう．

もう少し言っておくと「超準解析」を含む「数理論理学」はとても面白い学問だ．量子力学との深い関係も研究されている（どちらも世界の成り立ちに関わる）．この問題集の読者の誰かが興味を持ってくれると私はバトンを渡したことになるので，楽しみにしている（大学受験の問題集でここまで解説できただけでも楽しいけどね）．

1.17.7　おまけ2（数Ⅲ履修者向け）～バームクーヘン公式とパップス・ギュルダンの定理は同じもの

ここからは共通テストとも確率統計とも**全く関係ない話**である．数Ⅲが入試に必要な者向けに“おまけ”を解説する．

数Ⅲ履修者向けのおまけ

バームクーヘン公式とパップス・ギュルダンの定理は同値な定理である．すなわち，同一の内容を前者は積分で表し，後者は図形的に表している．

ここでいうバームクーヘン公式（受験業界での俗称）とは次のことである．

バームクーヘン公式

定数 a, b は $0 \leqq a < b$ を満たすものとし，連続関数 $f(x)$ は $a \leqq x \leqq b$ において $f(x) \geqq 0$ を満たすとする．

このとき，曲線 $C : y = f(x)$，直線 $x = a$，$x = b$，x 軸とで囲まれた図形 D（右図の網掛けの部分）を y 軸の周りに回転してできる立体の体積 V は

$$V = \int_a^b 2\pi x f(x)\,dx \qquad \cdots\cdots ⑦$$

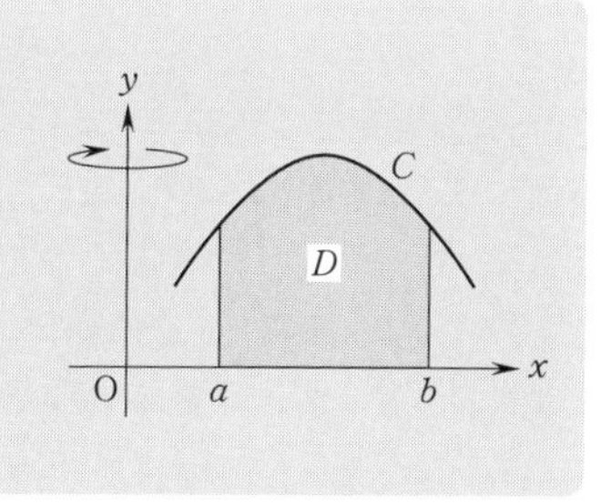

「これが何故成り立つの？」「何故バームクーヘン公式と呼ぶの？」など疑問はあるだろうが，そこまで説明するのは本書の目的から逸脱するのでここではしない．いろいろな本に書いてあるので調べて欲しい．

ここで，D の面積を S とし，重心を $\mathrm{G}(X,\ Y)$ としよう．ここまで何度も考察してきたように

$$X=\frac{\int_a^b xf(x)\,dx}{S}$$

となるから

$$\int_a^b xf(x)\,dx=XS$$

となり，両辺×2π とすると

$$\int_a^b 2\pi xf(x)\,dx=2\pi XS$$

となる．つまり，⑦ は

$$V=2\pi XS \qquad \cdots\cdots\cdots ⑧$$

となる．

ここで，

$X=$(D の重心 G から回転軸である y 軸までの距離)

ということに注目すると

$2\pi X=$(重心 G が回転軸の周りに回転してできる円周の長さ)

となる．

したがって，⑧ は

$V=$(重心 G が回転軸の周りに回転してできる円周の長さ)×(D の面積)

ということになる．

これを用いてバームクーヘン公式が次の定理に書き直せることがわかる．

パップス・ギュルダンの定理

直線 l と図形 D は同一平面上にあり，D は l に関して片側にあるとする（D は l に接しても良いが，交わってはいけない）．

この D を l の周りに回転してできる立体（右図参照）の体積を V，D の面積を S，D の重心 G と l との距離を R とすると

$V=$(G が描く円周の長さ)×(Dの面積)

$=2\pi RS.$

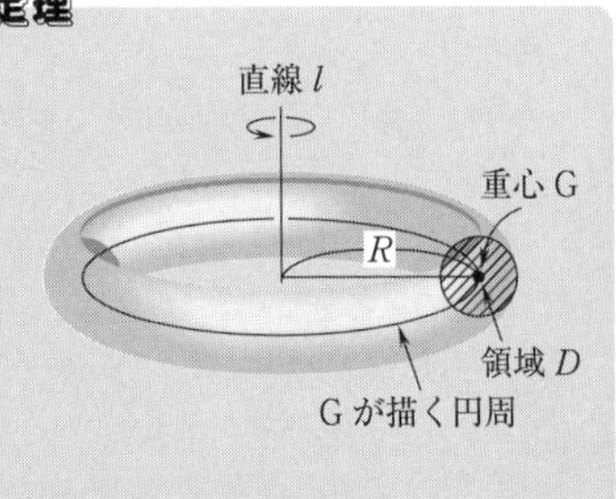

つまり，上図の立体を切って，体積を変えないように“上手に”伸ばすと次のような立体になるということである．

$2\pi R$

領域 D
(面積が S)

逆に，重心の定義を利用してパップス・ギュルダンの定理からバームクーヘン公式を導くのも容易だ．つまり，バームクーヘン公式とパップス・ギュルダンの定理は，**重心の定義を理解していれば，同じ内容を前者は積分で表し，後者は図形的に表したと簡単に分かるはずだ．**

統計からかけ離れた話題になってしまった．“おまけ”はここまでにしよう．　■

第 2 章

共通テスト対策演習問題

共通テスト数学 II・B の「確率・統計」を想定した演習問題を 14 回分掲載しています.

ただし, **偶数回はその直前の回の類題です. 例えば, 第 2 回は第 1 回の類題です.**

ここまでの基本事項と練習問題を勉強していれば共通テストの「確率・統計」は 20 点満点中の 16 点は取れるはずですから, 奇数回を解いて 15 点以下の場合はよく復習してから次の偶数回を解いてみて下さい.

また, 以下の 3 点に注意して下さい.

1. 小数の形で解答する場合, 指定された桁数の一つ下の桁を四捨五入し解答して下さい. また, 必要に応じて, 指定された桁まで⓪にマークして下さい.
   例えば, [ア].[イウ] に 2.5 と答えたいときは, 2.50 として答えて下さい.
2. 問題の文中の二重四角で表記された [[エ]] などには, 選択肢から一つを選んで, 答えて下さい。
3. 同一の問題文中に [オカ], [[キ]] などが 2 度以上現れる場合, 原則として, 2 度目以降は, [オカ], [[キ]] のように細字で表記します。

第1回　(配点　20)

(1)　袋の中に白球が3個，赤球が2個入っている。ここから同時に2個を取り出すとき，取り出した白球の個数をX，袋の中に残っている白球の個数をYとする。

確率変数Xについて，$X=k$となる確率$P(X=k)$ $(k=0,\ 1,\ 2)$ はそれぞれ

$$P(X=0)=\frac{\boxed{ア}}{\boxed{イウ}},\quad P(X=1)=\frac{\boxed{エ}}{\boxed{オ}}$$

$$P(X=2)=\frac{\boxed{カ}}{\boxed{イウ}}$$

であり，平均(期待値)は$\dfrac{\boxed{キ}}{\boxed{ク}}$，分散は$\dfrac{\boxed{ケ}}{\boxed{コサ}}$である。

$Y=\boxed{シ}-X$となることから，確率変数Yの平均は$\dfrac{\boxed{ス}}{\boxed{セ}}$，分散は$\dfrac{\boxed{ソ}}{\boxed{タチ}}$である。

(次ページに続く。)

(2)　以下の問題では，必要に応じてこの問題の最後にある正規分布表を用いてよい。

母平均が m である母集団から大きさ400の標本を無作為に選んだところ，標本平均が $\overline{X}$，標本標準偏差が S となった。

このとき，m に対する信頼度95％の信頼区間は［ツ］であり，信頼度99％の信頼区間は［テ］である。［ツ］，［テ］に当てはまる最も適切なものを，次の⓪～⑤のうちから一つずつ選べ。ただし，同じものを繰り返し選んでもよい。

⓪　$\overline{X}-0.95S \leqq m \leqq \overline{X}+0.95S$　　①　$\overline{X}-0.99S \leqq m \leqq \overline{X}+0.99S$

②　$\overline{X}-1.96S \leqq m \leqq \overline{X}+1.96S$　　③　$\overline{X}-2.58S \leqq m \leqq \overline{X}+2.58S$

④　$\overline{X}-0.098S \leqq m \leqq \overline{X}+0.098S$　　⑤　$\overline{X}-0.129S \leqq m \leqq \overline{X}+0.129S$

［テ］で選んだ信頼度99％の信頼区間を $A \leqq m \leqq B$ と表す。

n は十分大きいものとし，この母集団から大きさが n の標本を無作為に選んだところ，標本標準偏差は S とほぼ等しくなった。

さらに，この標本から母平均 m に対する信頼度99％の信頼区間を求めたところ $C \leqq m \leqq D$ となり，

$$\frac{D-C}{B-A}=\frac{1}{2}$$

となった。

この n の値はほぼ［ト］である。［ト］に当てはまる最も適切なものを，次の⓪～③のうちから一つ選べ。

⓪　100　　①　200　　②　800　　③　1600

（次ページに続く。）

正 規 分 布 表

次の表は，標準正規分布の正規分布曲線における右図の灰色部分の面積の値をまとめたものである。

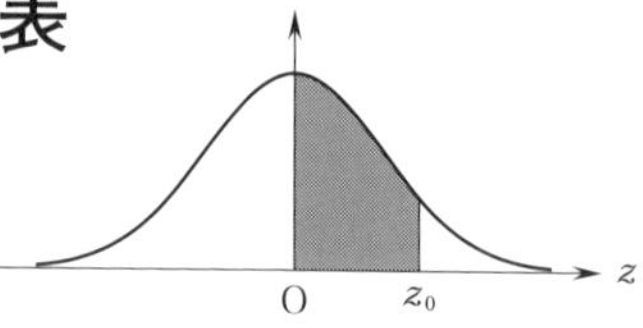

z_0	0.00	0.01	0.02	0.03	0.04	0.05	0.06	0.07	0.08	0.09
0.0	0.0000	0.0040	0.0080	0.0120	0.0160	0.0199	0.0239	0.0279	0.0319	0.0359
0.1	0.0398	0.0438	0.0478	0.0517	0.0557	0.0596	0.0636	0.0675	0.0714	0.0753
0.2	0.0793	0.0832	0.0871	0.0910	0.0948	0.0987	0.1026	0.1064	0.1103	0.1141
0.3	0.1179	0.1217	0.1255	0.1293	0.1331	0.1368	0.1406	0.1443	0.1480	0.1517
0.4	0.1554	0.1591	0.1628	0.1664	0.1700	0.1736	0.1772	0.1808	0.1844	0.1879
0.5	0.1915	0.1950	0.1985	0.2019	0.2054	0.2088	0.2123	0.2157	0.2190	0.2224
0.6	0.2257	0.2291	0.2324	0.2357	0.2389	0.2422	0.2454	0.2486	0.2517	0.2549
0.7	0.2580	0.2611	0.2642	0.2673	0.2704	0.2734	0.2764	0.2794	0.2823	0.2852
0.8	0.2881	0.2910	0.2939	0.2967	0.2995	0.3023	0.3051	0.3078	0.3106	0.3133
0.9	0.3159	0.3186	0.3212	0.3238	0.3264	0.3289	0.3315	0.3340	0.3365	0.3389
1.0	0.3413	0.3438	0.3461	0.3485	0.3508	0.3531	0.3554	0.3577	0.3599	0.3621
1.1	0.3643	0.3665	0.3686	0.3708	0.3729	0.3749	0.3770	0.3790	0.3810	0.3830
1.2	0.3849	0.3869	0.3888	0.3907	0.3925	0.3944	0.3962	0.3980	0.3997	0.4015
1.3	0.4032	0.4049	0.4066	0.4082	0.4099	0.4115	0.4131	0.4147	0.4162	0.4177
1.4	0.4192	0.4207	0.4222	0.4236	0.4251	0.4265	0.4279	0.4292	0.4306	0.4319
1.5	0.4332	0.4345	0.4357	0.4370	0.4382	0.4394	0.4406	0.4418	0.4429	0.4441
1.6	0.4452	0.4463	0.4474	0.4484	0.4495	0.4505	0.4515	0.4525	0.4535	0.4545
1.7	0.4554	0.4564	0.4573	0.4582	0.4591	0.4599	0.4608	0.4616	0.4625	0.4633
1.8	0.4641	0.4649	0.4656	0.4664	0.4671	0.4678	0.4686	0.4693	0.4699	0.4706
1.9	0.4713	0.4719	0.4726	0.4732	0.4738	0.4744	0.4750	0.4756	0.4761	0.4767
2.0	0.4772	0.4778	0.4783	0.4788	0.4793	0.4798	0.4803	0.4808	0.4812	0.4817
2.1	0.4821	0.4826	0.4830	0.4834	0.4838	0.4842	0.4846	0.4850	0.4854	0.4857
2.2	0.4861	0.4864	0.4868	0.4871	0.4875	0.4878	0.4881	0.4884	0.4887	0.4890
2.3	0.4893	0.4896	0.4898	0.4901	0.4904	0.4906	0.4909	0.4911	0.4913	0.4916
2.4	0.4918	0.4920	0.4922	0.4925	0.4927	0.4929	0.4931	0.4932	0.4934	0.4936
2.5	0.4938	0.4940	0.4941	0.4943	0.4945	0.4946	0.4948	0.4949	0.4951	0.4952
2.6	0.4953	0.4955	0.4956	0.4957	0.4959	0.4960	0.4961	0.4962	0.4963	0.4964
2.7	0.4965	0.4966	0.4967	0.4968	0.4969	0.4970	0.4971	0.4972	0.4973	0.4974
2.8	0.4974	0.4975	0.4976	0.4977	0.4977	0.4978	0.4979	0.4979	0.4980	0.4981
2.9	0.4981	0.4982	0.4982	0.4983	0.4984	0.4984	0.4985	0.4985	0.4986	0.4986
3.0	0.4987	0.4987	0.4987	0.4988	0.4988	0.4989	0.4989	0.4989	0.4990	0.4990

第２回　（配点　20）　～第１回の類題～

(1)　袋の中に白球が３個，赤球が４個入っている。ここから同時に２個を取り出すとき，取り出した白球の個数を X とする。

確率変数 X について，$X=k$ となる確率 $P(X=k)$ $(k=0,\ 1,\ 2)$ はそれぞれ

$$P(X=0)=\frac{\boxed{\text{ア}}}{\boxed{\text{イ}}},\quad P(X=1)=\frac{\boxed{\text{ウ}}}{\boxed{\text{イ}}}$$

$$P(X=2)=\frac{\boxed{\text{エ}}}{\boxed{\text{イ}}}$$

であり，平均(期待値)は $\dfrac{\boxed{\text{オ}}}{\boxed{\text{カ}}}$，分散は $\dfrac{\boxed{\text{キク}}}{\boxed{\text{ケコ}}}$ である。

確率変数 Y を $Y=7X-1$ と定めると，Y の平均(期待値)は $\boxed{\text{サ}}$，分散は $\boxed{\text{シス}}$ である。

（次ページに続く。）

(2) 以下の問題では，必要に応じてこの問題の最後にある正規分布表を用いてよい。

母平均が m である母集団から大きさ900の標本を無作為に選んだところ，標本平均が $\overline{X}$，標本標準偏差が S となった。

このとき，m に対する信頼度95％の信頼区間は

$$\overline{X} - \boxed{\text{セ}}\,S \leqq m \leqq \overline{X} + \boxed{\text{セ}}\,S$$

であり，信頼度99％の信頼区間は

$$\overline{X} - \boxed{\text{ソ}}\,S \leqq m \leqq \overline{X} + \boxed{\text{ソ}}\,S$$

である。［セ］，［ソ］に当てはまる最も適切なものを，次の⓪〜⑤のうちから一つずつ選べ。ただし，同じものを繰り返し選んでもよい。

⓪ 0.95　　① 0.99　　② 1.96
③ 2.58　　④ 0.065　　⑤ 0.086

m に対する信頼度99％の信頼区間 $\overline{X} - \boxed{\text{ソ}}\,S \leqq m \leqq \overline{X} + \boxed{\text{ソ}}\,S$ を $A \leqq m \leqq B$ と表す。

n は十分大きいものとし，この母集団から大きさが n の標本を無作為に選んだところ，標本標準偏差は S とほぼ等しくなった。

さらに，この標本から母平均 m に対する信頼度99％の信頼区間を求めたところ $C \leqq m \leqq D$ となり，

$$\frac{D-C}{B-A} = \frac{1}{3}$$

となった。

この n の値はほぼ［タ］である。［タ］に当てはまる最も適切なものを，次の⓪〜③のうちから一つ選べ。

⓪ 100　　① 300　　② 2700　　③ 8100

（次ページに続く。）

正　規　分　布　表

次の表は，標準正規分布の正規分布曲線における右図の灰色部分の面積の値をまとめたものである。

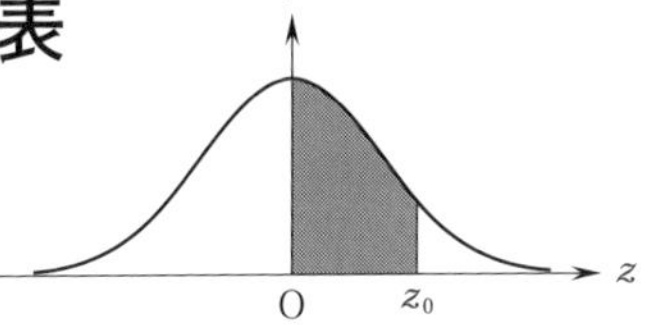

z_0	0.00	0.01	0.02	0.03	0.04	0.05	0.06	0.07	0.08	0.09
0.0	0.0000	0.0040	0.0080	0.0120	0.0160	0.0199	0.0239	0.0279	0.0319	0.0359
0.1	0.0398	0.0438	0.0478	0.0517	0.0557	0.0596	0.0636	0.0675	0.0714	0.0753
0.2	0.0793	0.0832	0.0871	0.0910	0.0948	0.0987	0.1026	0.1064	0.1103	0.1141
0.3	0.1179	0.1217	0.1255	0.1293	0.1331	0.1368	0.1406	0.1443	0.1480	0.1517
0.4	0.1554	0.1591	0.1628	0.1664	0.1700	0.1736	0.1772	0.1808	0.1844	0.1879
0.5	0.1915	0.1950	0.1985	0.2019	0.2054	0.2088	0.2123	0.2157	0.2190	0.2224
0.6	0.2257	0.2291	0.2324	0.2357	0.2389	0.2422	0.2454	0.2486	0.2517	0.2549
0.7	0.2580	0.2611	0.2642	0.2673	0.2704	0.2734	0.2764	0.2794	0.2823	0.2852
0.8	0.2881	0.2910	0.2939	0.2967	0.2995	0.3023	0.3051	0.3078	0.3106	0.3133
0.9	0.3159	0.3186	0.3212	0.3238	0.3264	0.3289	0.3315	0.3340	0.3365	0.3389
1.0	0.3413	0.3438	0.3461	0.3485	0.3508	0.3531	0.3554	0.3577	0.3599	0.3621
1.1	0.3643	0.3665	0.3686	0.3708	0.3729	0.3749	0.3770	0.3790	0.3810	0.3830
1.2	0.3849	0.3869	0.3888	0.3907	0.3925	0.3944	0.3962	0.3980	0.3997	0.4015
1.3	0.4032	0.4049	0.4066	0.4082	0.4099	0.4115	0.4131	0.4147	0.4162	0.4177
1.4	0.4192	0.4207	0.4222	0.4236	0.4251	0.4265	0.4279	0.4292	0.4306	0.4319
1.5	0.4332	0.4345	0.4357	0.4370	0.4382	0.4394	0.4406	0.4418	0.4429	0.4441
1.6	0.4452	0.4463	0.4474	0.4484	0.4495	0.4505	0.4515	0.4525	0.4535	0.4545
1.7	0.4554	0.4564	0.4573	0.4582	0.4591	0.4599	0.4608	0.4616	0.4625	0.4633
1.8	0.4641	0.4649	0.4656	0.4664	0.4671	0.4678	0.4686	0.4693	0.4699	0.4706
1.9	0.4713	0.4719	0.4726	0.4732	0.4738	0.4744	0.4750	0.4756	0.4761	0.4767
2.0	0.4772	0.4778	0.4783	0.4788	0.4793	0.4798	0.4803	0.4808	0.4812	0.4817
2.1	0.4821	0.4826	0.4830	0.4834	0.4838	0.4842	0.4846	0.4850	0.4854	0.4857
2.2	0.4861	0.4864	0.4868	0.4871	0.4875	0.4878	0.4881	0.4884	0.4887	0.4890
2.3	0.4893	0.4896	0.4898	0.4901	0.4904	0.4906	0.4909	0.4911	0.4913	0.4916
2.4	0.4918	0.4920	0.4922	0.4925	0.4927	0.4929	0.4931	0.4932	0.4934	0.4936
2.5	0.4938	0.4940	0.4941	0.4943	0.4945	0.4946	0.4948	0.4949	0.4951	0.4952
2.6	0.4953	0.4955	0.4956	0.4957	0.4959	0.4960	0.4961	0.4962	0.4963	0.4964
2.7	0.4965	0.4966	0.4967	0.4968	0.4969	0.4970	0.4971	0.4972	0.4973	0.4974
2.8	0.4974	0.4975	0.4976	0.4977	0.4977	0.4978	0.4979	0.4979	0.4980	0.4981
2.9	0.4981	0.4982	0.4982	0.4983	0.4984	0.4984	0.4985	0.4985	0.4986	0.4986
3.0	0.4987	0.4987	0.4987	0.4988	0.4988	0.4989	0.4989	0.4989	0.4990	0.4990

第3回　(配点　20)

(1)　1個のさいころを投げ，出た目が3の倍数であれば2点が与えられ，3の倍数以外であれば1点が与えられるというゲームを2回行う。1回目の得点を X，2回目の得点を Y とする。

$X=k$ となる確率 $P(X=k)$ $(k=1,\ 2)$ はそれぞれ

$$P(X=1)=\frac{\boxed{ア}}{\boxed{イ}},\quad P(X=2)=\frac{\boxed{ウ}}{\boxed{イ}}$$

であり，X の平均 (期待値) は $E(X)=\dfrac{\boxed{エ}}{\boxed{オ}}$，分散は $V(X)=\dfrac{\boxed{カ}}{\boxed{キ}}$

である。

X と Y は $\boxed{ク}$。

$\boxed{ク}$ に当てはまる最も適切なものを，次の⓪と①のうちから一つ選べ。

⓪　独立である　　　　①　独立でない

$X+Y$ の平均は $E(X+Y)=\dfrac{\boxed{ケ}}{\boxed{コ}}$，分散は $V(X+Y)=\dfrac{\boxed{サ}}{\boxed{シ}}$ である。

また，XY の平均は $E(XY)=\dfrac{\boxed{スセ}}{\boxed{ソ}}$ である。

$3X-3Y$ の平均は $E(3X-3Y)=\boxed{タ}$，分散は $V(3X-3Y)=\boxed{チ}$ である。

(次ページに続く。)

(2) 以下の問題では，必要に応じてこの問題の最後にある正規分布表を用いてよい。また，$\sqrt{21}=4.58$ としてよい。

ある工場では同一の製品を大量に生産している。この製品が不良品である割合（母比率）p を推定しよう。

無作為に選んだ n 個のうちの不良品の割合（標本比率）R は正規分布に近似的に従うとしてよく，その平均は [ツ]，標準偏差は [テ] である。

[ツ] と [テ] に当てはまる最も適切なものを，次の⓪～⑤のうちから一つずつ選べ。ただし，同じものを繰り返し選んでもよい。

⓪ p　① $\dfrac{p}{n}$　② $\sqrt{np(1-p)}$

③ $n\sqrt{p(1-p)}$　④ $\sqrt{\dfrac{p(1-p)}{n}}$　⑤ $\dfrac{\sqrt{p(1-p)}}{n}$

無作為に100個の製品を選んだところ，不良品は16個であったとする。

100は十分大きいとしてよいので p は標本比率にほぼ等しいとしてよく，[テ] の p を 0.[トナ] に置き換えて，R の標準偏差は 0.[ニヌネ] としてよい。

よって

$$z=\frac{R-p}{0.\boxed{ニヌネ}}$$

とおくと，z は標準正規分布に従う。

この標本から得られる，母比率 p に対する信頼度 95 %の信頼区間は

[ノ] $\leqq p \leqq$ [ハ]

であり，信頼度 99 %の信頼区間は

[ヒ] $\leqq p \leqq$ [フ]

である。[ノ] ～ [フ] に当てはまる最も適切なものを，次の⓪～⑦のうちから一つずつ選べ。ただし，同じものを繰り返し選んでもよい。

⓪ 0.021　① 0.043　② 0.065　③ 0.087

④ 0.233　⑤ 0.255　⑥ 0.277　⑦ 0.299

（次ページに続く。）

正 規 分 布 表

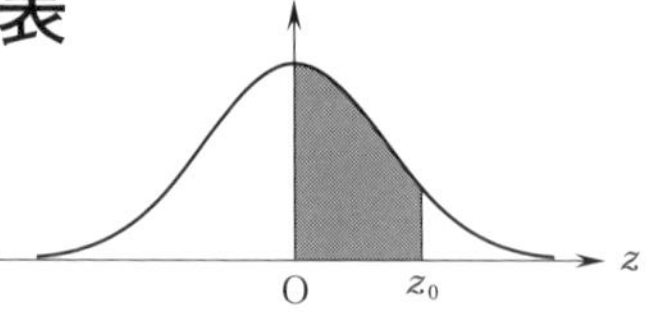

次の表は，標準正規分布の正規分布曲線における右図の灰色部分の面積の値をまとめたものである。

z_0	0.00	0.01	0.02	0.03	0.04	0.05	0.06	0.07	0.08	0.09
0.0	0.0000	0.0040	0.0080	0.0120	0.0160	0.0199	0.0239	0.0279	0.0319	0.0359
0.1	0.0398	0.0438	0.0478	0.0517	0.0557	0.0596	0.0636	0.0675	0.0714	0.0753
0.2	0.0793	0.0832	0.0871	0.0910	0.0948	0.0987	0.1026	0.1064	0.1103	0.1141
0.3	0.1179	0.1217	0.1255	0.1293	0.1331	0.1368	0.1406	0.1443	0.1480	0.1517
0.4	0.1554	0.1591	0.1628	0.1664	0.1700	0.1736	0.1772	0.1808	0.1844	0.1879
0.5	0.1915	0.1950	0.1985	0.2019	0.2054	0.2088	0.2123	0.2157	0.2190	0.2224
0.6	0.2257	0.2291	0.2324	0.2357	0.2389	0.2422	0.2454	0.2486	0.2517	0.2549
0.7	0.2580	0.2611	0.2642	0.2673	0.2704	0.2734	0.2764	0.2794	0.2823	0.2852
0.8	0.2881	0.2910	0.2939	0.2967	0.2995	0.3023	0.3051	0.3078	0.3106	0.3133
0.9	0.3159	0.3186	0.3212	0.3238	0.3264	0.3289	0.3315	0.3340	0.3365	0.3389
1.0	0.3413	0.3438	0.3461	0.3485	0.3508	0.3531	0.3554	0.3577	0.3599	0.3621
1.1	0.3643	0.3665	0.3686	0.3708	0.3729	0.3749	0.3770	0.3790	0.3810	0.3830
1.2	0.3849	0.3869	0.3888	0.3907	0.3925	0.3944	0.3962	0.3980	0.3997	0.4015
1.3	0.4032	0.4049	0.4066	0.4082	0.4099	0.4115	0.4131	0.4147	0.4162	0.4177
1.4	0.4192	0.4207	0.4222	0.4236	0.4251	0.4265	0.4279	0.4292	0.4306	0.4319
1.5	0.4332	0.4345	0.4357	0.4370	0.4382	0.4394	0.4406	0.4418	0.4429	0.4441
1.6	0.4452	0.4463	0.4474	0.4484	0.4495	0.4505	0.4515	0.4525	0.4535	0.4545
1.7	0.4554	0.4564	0.4573	0.4582	0.4591	0.4599	0.4608	0.4616	0.4625	0.4633
1.8	0.4641	0.4649	0.4656	0.4664	0.4671	0.4678	0.4686	0.4693	0.4699	0.4706
1.9	0.4713	0.4719	0.4726	0.4732	0.4738	0.4744	0.4750	0.4756	0.4761	0.4767
2.0	0.4772	0.4778	0.4783	0.4788	0.4793	0.4798	0.4803	0.4808	0.4812	0.4817
2.1	0.4821	0.4826	0.4830	0.4834	0.4838	0.4842	0.4846	0.4850	0.4854	0.4857
2.2	0.4861	0.4864	0.4868	0.4871	0.4875	0.4878	0.4881	0.4884	0.4887	0.4890
2.3	0.4893	0.4896	0.4898	0.4901	0.4904	0.4906	0.4909	0.4911	0.4913	0.4916
2.4	0.4918	0.4920	0.4922	0.4925	0.4927	0.4929	0.4931	0.4932	0.4934	0.4936
2.5	0.4938	0.4940	0.4941	0.4943	0.4945	0.4946	0.4948	0.4949	0.4951	0.4952
2.6	0.4953	0.4955	0.4956	0.4957	0.4959	0.4960	0.4961	0.4962	0.4963	0.4964
2.7	0.4965	0.4966	0.4967	0.4968	0.4969	0.4970	0.4971	0.4972	0.4973	0.4974
2.8	0.4974	0.4975	0.4976	0.4977	0.4977	0.4978	0.4979	0.4979	0.4980	0.4981
2.9	0.4981	0.4982	0.4982	0.4983	0.4984	0.4984	0.4985	0.4985	0.4986	0.4986
3.0	0.4987	0.4987	0.4987	0.4988	0.4988	0.4989	0.4989	0.4989	0.4990	0.4990

第4回　(配点　20)　～第3回の類題～

(1)　1個のさいころを投げ，出た目を4で割った余りを得点とするゲームを2回行う。

1回目の得点を X，2回目の得点を Y とする。

$X=k$ となる確率 $P(X=k)$ $(k=0,\ 1,\ 2,\ 3)$ はそれぞれ

$$P(X=0)=P(X=3)=\frac{\boxed{\text{ア}}}{\boxed{\text{イ}}},\quad P(X=1)=P(X=2)=\frac{\boxed{\text{ウ}}}{\boxed{\text{エ}}}$$

であり，X の平均(期待値)は $E(X)=\dfrac{\boxed{\text{オ}}}{\boxed{\text{カ}}}$，分散は $V(X)=\dfrac{\boxed{\text{キク}}}{\boxed{\text{ケコ}}}$

である。

$X+Y$ の平均は $E(X+Y)=\boxed{\text{サ}}$，分散は $V(X+Y)=\dfrac{\boxed{\text{シス}}}{\boxed{\text{セ}}}$ である。

また，$4XY$ の平均は $E(4XY)=\boxed{\text{ソ}}$ である。

$3X-Y$ の平均は $E(3X-Y)=\boxed{\text{タ}}$，分散は $V(3X-Y)=\dfrac{\boxed{\text{チツ}}}{\boxed{\text{テ}}}$

である。

(次ページに続く。)

(2) 以下の問題では，必要に応じてこの問題の最後にある正規分布表を用いてよい。また，$\sqrt{2}=1.41$ としてよい。

ある市に本社を置くA電機は，その市の世帯のうちA電機の製品を購入したことのある世帯の割合（母比率）p を推定しようと，無作為に200世帯を選び調査をした。

この200世帯のうちA電機の製品を購入したことのある世帯の割合（標本比率）R は正規分布に近似的に従うとしてよく，その平均は ト ，標準偏差は ナ である。

ト と ナ に当てはまる最も適切なものを，次の⓪～⑤のうちから一つずつ選べ。ただし，同じものを繰り返し選んでもよい。

⓪ p　① $\dfrac{p}{200}$　② $\sqrt{200p(1-p)}$

③ $200\sqrt{p(1-p)}$　④ $\sqrt{\dfrac{p(1-p)}{200}}$　⑤ $\dfrac{\sqrt{p(1-p)}}{200}$

この200世帯のうちA電機の製品を購入したことのあるのは72世帯であった。

200は十分大きいとしてよいので p は標本比率にほぼ等しいとしてよく，ナ の p を0. ニヌ に置き換えて，R の標準偏差は0. ネノハ としてよい。

よって，$z=\dfrac{R-p}{0.\boxed{\text{ネノハ}}}$ とおくと，z は標準正規分布に従う。

この標本から得られる，母比率 p に対する信頼度95 %の信頼区間は

ヒ $\leqq p \leqq$ フ

であり，信頼度99 %の信頼区間は

ヘ $\leqq p \leqq$ ホ

である。ヒ ～ ホ に当てはまる最も適切なものを，次の⓪～⑦のうちから一つずつ選べ。ただし，同じものを繰り返し選んでもよい。

⓪ 0.25　① 0.27　② 0.29　③ 0.31

④ 0.41　⑤ 0.43　⑥ 0.45　⑦ 0.47

（次ページに続く。）

正 規 分 布 表

次の表は，標準正規分布の正規分布曲線における右図の灰色部分の面積の値をまとめたものである。

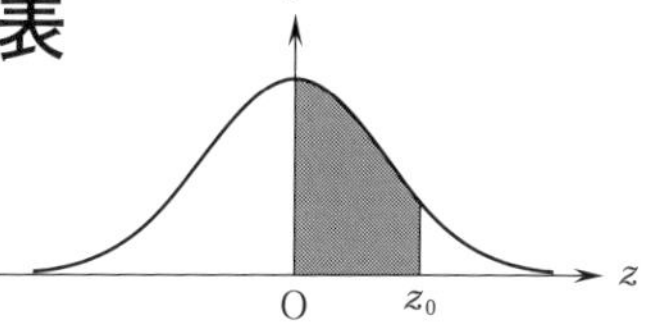

z_0	0.00	0.01	0.02	0.03	0.04	0.05	0.06	0.07	0.08	0.09
0.0	0.0000	0.0040	0.0080	0.0120	0.0160	0.0199	0.0239	0.0279	0.0319	0.0359
0.1	0.0398	0.0438	0.0478	0.0517	0.0557	0.0596	0.0636	0.0675	0.0714	0.0753
0.2	0.0793	0.0832	0.0871	0.0910	0.0948	0.0987	0.1026	0.1064	0.1103	0.1141
0.3	0.1179	0.1217	0.1255	0.1293	0.1331	0.1368	0.1406	0.1443	0.1480	0.1517
0.4	0.1554	0.1591	0.1628	0.1664	0.1700	0.1736	0.1772	0.1808	0.1844	0.1879
0.5	0.1915	0.1950	0.1985	0.2019	0.2054	0.2088	0.2123	0.2157	0.2190	0.2224
0.6	0.2257	0.2291	0.2324	0.2357	0.2389	0.2422	0.2454	0.2486	0.2517	0.2549
0.7	0.2580	0.2611	0.2642	0.2673	0.2704	0.2734	0.2764	0.2794	0.2823	0.2852
0.8	0.2881	0.2910	0.2939	0.2967	0.2995	0.3023	0.3051	0.3078	0.3106	0.3133
0.9	0.3159	0.3186	0.3212	0.3238	0.3264	0.3289	0.3315	0.3340	0.3365	0.3389
1.0	0.3413	0.3438	0.3461	0.3485	0.3508	0.3531	0.3554	0.3577	0.3599	0.3621
1.1	0.3643	0.3665	0.3686	0.3708	0.3729	0.3749	0.3770	0.3790	0.3810	0.3830
1.2	0.3849	0.3869	0.3888	0.3907	0.3925	0.3944	0.3962	0.3980	0.3997	0.4015
1.3	0.4032	0.4049	0.4066	0.4082	0.4099	0.4115	0.4131	0.4147	0.4162	0.4177
1.4	0.4192	0.4207	0.4222	0.4236	0.4251	0.4265	0.4279	0.4292	0.4306	0.4319
1.5	0.4332	0.4345	0.4357	0.4370	0.4382	0.4394	0.4406	0.4418	0.4429	0.4441
1.6	0.4452	0.4463	0.4474	0.4484	0.4495	0.4505	0.4515	0.4525	0.4535	0.4545
1.7	0.4554	0.4564	0.4573	0.4582	0.4591	0.4599	0.4608	0.4616	0.4625	0.4633
1.8	0.4641	0.4649	0.4656	0.4664	0.4671	0.4678	0.4686	0.4693	0.4699	0.4706
1.9	0.4713	0.4719	0.4726	0.4732	0.4738	0.4744	0.4750	0.4756	0.4761	0.4767
2.0	0.4772	0.4778	0.4783	0.4788	0.4793	0.4798	0.4803	0.4808	0.4812	0.4817
2.1	0.4821	0.4826	0.4830	0.4834	0.4838	0.4842	0.4846	0.4850	0.4854	0.4857
2.2	0.4861	0.4864	0.4868	0.4871	0.4875	0.4878	0.4881	0.4884	0.4887	0.4890
2.3	0.4893	0.4896	0.4898	0.4901	0.4904	0.4906	0.4909	0.4911	0.4913	0.4916
2.4	0.4918	0.4920	0.4922	0.4925	0.4927	0.4929	0.4931	0.4932	0.4934	0.4936
2.5	0.4938	0.4940	0.4941	0.4943	0.4945	0.4946	0.4948	0.4949	0.4951	0.4952
2.6	0.4953	0.4955	0.4956	0.4957	0.4959	0.4960	0.4961	0.4962	0.4963	0.4964
2.7	0.4965	0.4966	0.4967	0.4968	0.4969	0.4970	0.4971	0.4972	0.4973	0.4974
2.8	0.4974	0.4975	0.4976	0.4977	0.4977	0.4978	0.4979	0.4979	0.4980	0.4981
2.9	0.4981	0.4982	0.4982	0.4983	0.4984	0.4984	0.4985	0.4985	0.4986	0.4986
3.0	0.4987	0.4987	0.4987	0.4988	0.4988	0.4989	0.4989	0.4989	0.4990	0.4990

第5回 (配点 20)

(1) 1個のさいころを12回投げ，1の目が出た回数を X とする。

$X=k$ ($k=0$, 1, 2, …, 12) となる確率は

$${}_{12}\mathrm{C}_k\left(\frac{\boxed{\text{ア}}}{\boxed{\text{イ}}}\right)^k\left(\frac{\boxed{\text{ウ}}}{\boxed{\text{エ}}}\right)^{12-k}$$

となり，X は $\boxed{\text{オ}}$ に従う。

$\boxed{\text{オ}}$ に当てはまる最も適切なものを，次の⓪～②のうちから一つ選べ。

⓪ 二項分布　　① 標準正規分布　　② 正規分布

したがって，X の平均(期待値)は $\boxed{\text{カ}}$，分散は $\dfrac{\boxed{\text{キ}}}{\boxed{\text{ク}}}$ となり，X^2 の平均は $\dfrac{\boxed{\text{ケコ}}}{\boxed{\text{サ}}}$ となる。

1個のさいころを12回投げ，1の目が出た回数を X，1の目が出なかった回数を Y とするとき，$W=XY$ を得点とするゲームを行う。

$$W=\boxed{\text{シス}}X-X^2$$

と表されるから，W の平均は $\dfrac{\boxed{\text{セソ}}}{\boxed{\text{タ}}}$ となる。

(次ページに続く。)

(2)　以下の問題では，必要に応じてこの問題の最後にある正規分布表を用いてよい。

1，2，3，4と書かれた4枚のカードから無作為に1枚を取り出し元に戻すという操作を1200回行う。

このとき，4と書かれたカードを取り出した回数をXとする。

$X=k$ $(k=0,\ 1,\ 2,\ \cdots,\ 1200)$ となる確率は

$$ {}_{1200}\mathrm{C}_k\left(\frac{\boxed{チ}}{\boxed{ツ}}\right)^k\left(\frac{\boxed{テ}}{\boxed{ト}}\right)^{1200-k} $$

となり，Xの平均(期待値)は［ナニヌ］，分散は［ネノハ］である。

1200は十分大きいのでXは正規分布に従うとしてよく

$$ z=\frac{X-\boxed{ナニヌ}}{\boxed{ヒフ}} $$

とおくとzは標準正規分布に従う。

これを利用すると，$X\leqq 320$ となる確率は［ヘ］，$290\leqq X\leqq 320$ となる確率は［ホ］である。

［ヘ］と［ホ］に当てはまる最も適切なものを，次の⓪～⑦のうちから一つずつ選べ。ただし，同じものを繰り返し選んでもよい。

⓪　0.61　　①　0.66　　②　0.71　　③　0.76

④　0.81　　⑤　0.86　　⑥　0.91　　⑦　0.96

（次ページに続く。）

正 規 分 布 表

次の表は，標準正規分布の正規分布曲線における右図の灰色部分の面積の値をまとめたものである。

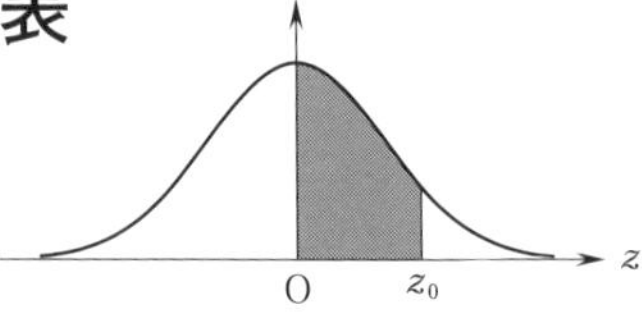

z_0	0.00	0.01	0.02	0.03	0.04	0.05	0.06	0.07	0.08	0.09
0.0	0.0000	0.0040	0.0080	0.0120	0.0160	0.0199	0.0239	0.0279	0.0319	0.0359
0.1	0.0398	0.0438	0.0478	0.0517	0.0557	0.0596	0.0636	0.0675	0.0714	0.0753
0.2	0.0793	0.0832	0.0871	0.0910	0.0948	0.0987	0.1026	0.1064	0.1103	0.1141
0.3	0.1179	0.1217	0.1255	0.1293	0.1331	0.1368	0.1406	0.1443	0.1480	0.1517
0.4	0.1554	0.1591	0.1628	0.1664	0.1700	0.1736	0.1772	0.1808	0.1844	0.1879
0.5	0.1915	0.1950	0.1985	0.2019	0.2054	0.2088	0.2123	0.2157	0.2190	0.2224
0.6	0.2257	0.2291	0.2324	0.2357	0.2389	0.2422	0.2454	0.2486	0.2517	0.2549
0.7	0.2580	0.2611	0.2642	0.2673	0.2704	0.2734	0.2764	0.2794	0.2823	0.2852
0.8	0.2881	0.2910	0.2939	0.2967	0.2995	0.3023	0.3051	0.3078	0.3106	0.3133
0.9	0.3159	0.3186	0.3212	0.3238	0.3264	0.3289	0.3315	0.3340	0.3365	0.3389
1.0	0.3413	0.3438	0.3461	0.3485	0.3508	0.3531	0.3554	0.3577	0.3599	0.3621
1.1	0.3643	0.3665	0.3686	0.3708	0.3729	0.3749	0.3770	0.3790	0.3810	0.3830
1.2	0.3849	0.3869	0.3888	0.3907	0.3925	0.3944	0.3962	0.3980	0.3997	0.4015
1.3	0.4032	0.4049	0.4066	0.4082	0.4099	0.4115	0.4131	0.4147	0.4162	0.4177
1.4	0.4192	0.4207	0.4222	0.4236	0.4251	0.4265	0.4279	0.4292	0.4306	0.4319
1.5	0.4332	0.4345	0.4357	0.4370	0.4382	0.4394	0.4406	0.4418	0.4429	0.4441
1.6	0.4452	0.4463	0.4474	0.4484	0.4495	0.4505	0.4515	0.4525	0.4535	0.4545
1.7	0.4554	0.4564	0.4573	0.4582	0.4591	0.4599	0.4608	0.4616	0.4625	0.4633
1.8	0.4641	0.4649	0.4656	0.4664	0.4671	0.4678	0.4686	0.4693	0.4699	0.4706
1.9	0.4713	0.4719	0.4726	0.4732	0.4738	0.4744	0.4750	0.4756	0.4761	0.4767
2.0	0.4772	0.4778	0.4783	0.4788	0.4793	0.4798	0.4803	0.4808	0.4812	0.4817
2.1	0.4821	0.4826	0.4830	0.4834	0.4838	0.4842	0.4846	0.4850	0.4854	0.4857
2.2	0.4861	0.4864	0.4868	0.4871	0.4875	0.4878	0.4881	0.4884	0.4887	0.4890
2.3	0.4893	0.4896	0.4898	0.4901	0.4904	0.4906	0.4909	0.4911	0.4913	0.4916
2.4	0.4918	0.4920	0.4922	0.4925	0.4927	0.4929	0.4931	0.4932	0.4934	0.4936
2.5	0.4938	0.4940	0.4941	0.4943	0.4945	0.4946	0.4948	0.4949	0.4951	0.4952
2.6	0.4953	0.4955	0.4956	0.4957	0.4959	0.4960	0.4961	0.4962	0.4963	0.4964
2.7	0.4965	0.4966	0.4967	0.4968	0.4969	0.4970	0.4971	0.4972	0.4973	0.4974
2.8	0.4974	0.4975	0.4976	0.4977	0.4977	0.4978	0.4979	0.4979	0.4980	0.4981
2.9	0.4981	0.4982	0.4982	0.4983	0.4984	0.4984	0.4985	0.4985	0.4986	0.4986
3.0	0.4987	0.4987	0.4987	0.4988	0.4988	0.4989	0.4989	0.4989	0.4990	0.4990

第６回　（配点　20）　～第５回の類題～

(1)　1 枚の硬貨を 200 回投げ，表の出た回数を X とする。

$X=k$ （$k=0$，1，2，…，200）となる確率は

$${}_{200}\mathrm{C}_k\left(\frac{\boxed{\text{ア}}}{\boxed{\text{イ}}}\right)^{200}$$

となる。

したがって，X の平均（期待値）は $\boxed{\text{ウエオ}}$，分散は $\boxed{\text{カキ}}$ となり，X^2 の平均は $\boxed{\text{クケコサシ}}$ となる。

1 枚の硬貨を 200 回投げ，表の出た回数を X，裏の出た回数を Y とするとき，$W=\dfrac{XY}{50}$ を得点とするゲームを行う。

$$W=\boxed{\text{ス}}X-\frac{X^2}{50}$$

と表されるから，W の平均は $\boxed{\text{セソタ}}$ となる。

（次ページに続く。）

(2) 以下の問題では，必要に応じてこの問題の最後にある正規分布表を用いてよい。ただし，$\sqrt{2}=1.414$ としてよい。

(1)で定めた X は正規分布に従うとしてよく

$$z=\frac{X-\boxed{ウエオ}}{\boxed{チ}\sqrt{\boxed{ツ}}}$$

とおくと z は標準正規分布に従う。

z を利用して，$X=100$ となる確率と $X=105$ となる確率を求めよう。

$X=100$ となるのは $99.5 \leqq X \leqq 100.5$ となるときであるとしてよく，これを用いると $X=100$ となる確率は $\boxed{テ}$ である。

$X=105$ となるのは $104.5 \leqq X \leqq 105.5$ となるときであるとしてよく，これを用いると $X=105$ となる確率は $\boxed{ト}$ である。

$\boxed{テ}$ と $\boxed{ト}$ に当てはまる最も適切なものを，次の⓪～⑦のうちから一つずつ選べ。ただし，同じものを繰り返し選んでもよい。

⓪ 0.033　① 0.036　② 0.043　③ 0.046
④ 0.053　⑤ 0.056　⑥ 0.063　⑦ 0.066

（次ページに続く。）

正　規　分　布　表

次の表は，標準正規分布の正規分布曲線における右図の灰色部分の面積の値をまとめたものである。

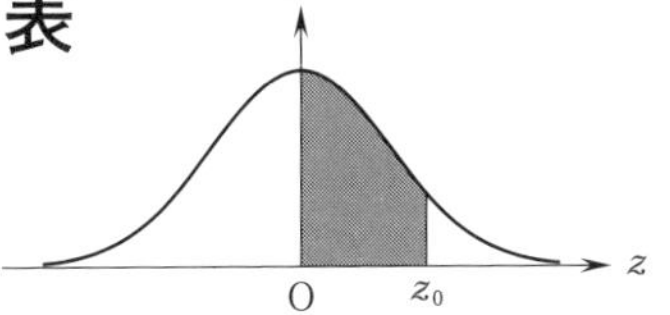

z_0	0.00	0.01	0.02	0.03	0.04	0.05	0.06	0.07	0.08	0.09
0.0	0.0000	0.0040	0.0080	0.0120	0.0160	0.0199	0.0239	0.0279	0.0319	0.0359
0.1	0.0398	0.0438	0.0478	0.0517	0.0557	0.0596	0.0636	0.0675	0.0714	0.0753
0.2	0.0793	0.0832	0.0871	0.0910	0.0948	0.0987	0.1026	0.1064	0.1103	0.1141
0.3	0.1179	0.1217	0.1255	0.1293	0.1331	0.1368	0.1406	0.1443	0.1480	0.1517
0.4	0.1554	0.1591	0.1628	0.1664	0.1700	0.1736	0.1772	0.1808	0.1844	0.1879
0.5	0.1915	0.1950	0.1985	0.2019	0.2054	0.2088	0.2123	0.2157	0.2190	0.2224
0.6	0.2257	0.2291	0.2324	0.2357	0.2389	0.2422	0.2454	0.2486	0.2517	0.2549
0.7	0.2580	0.2611	0.2642	0.2673	0.2704	0.2734	0.2764	0.2794	0.2823	0.2852
0.8	0.2881	0.2910	0.2939	0.2967	0.2995	0.3023	0.3051	0.3078	0.3106	0.3133
0.9	0.3159	0.3186	0.3212	0.3238	0.3264	0.3289	0.3315	0.3340	0.3365	0.3389
1.0	0.3413	0.3438	0.3461	0.3485	0.3508	0.3531	0.3554	0.3577	0.3599	0.3621
1.1	0.3643	0.3665	0.3686	0.3708	0.3729	0.3749	0.3770	0.3790	0.3810	0.3830
1.2	0.3849	0.3869	0.3888	0.3907	0.3925	0.3944	0.3962	0.3980	0.3997	0.4015
1.3	0.4032	0.4049	0.4066	0.4082	0.4099	0.4115	0.4131	0.4147	0.4162	0.4177
1.4	0.4192	0.4207	0.4222	0.4236	0.4251	0.4265	0.4279	0.4292	0.4306	0.4319
1.5	0.4332	0.4345	0.4357	0.4370	0.4382	0.4394	0.4406	0.4418	0.4429	0.4441
1.6	0.4452	0.4463	0.4474	0.4484	0.4495	0.4505	0.4515	0.4525	0.4535	0.4545
1.7	0.4554	0.4564	0.4573	0.4582	0.4591	0.4599	0.4608	0.4616	0.4625	0.4633
1.8	0.4641	0.4649	0.4656	0.4664	0.4671	0.4678	0.4686	0.4693	0.4699	0.4706
1.9	0.4713	0.4719	0.4726	0.4732	0.4738	0.4744	0.4750	0.4756	0.4761	0.4767
2.0	0.4772	0.4778	0.4783	0.4788	0.4793	0.4798	0.4803	0.4808	0.4812	0.4817
2.1	0.4821	0.4826	0.4830	0.4834	0.4838	0.4842	0.4846	0.4850	0.4854	0.4857
2.2	0.4861	0.4864	0.4868	0.4871	0.4875	0.4878	0.4881	0.4884	0.4887	0.4890
2.3	0.4893	0.4896	0.4898	0.4901	0.4904	0.4906	0.4909	0.4911	0.4913	0.4916
2.4	0.4918	0.4920	0.4922	0.4925	0.4927	0.4929	0.4931	0.4932	0.4934	0.4936
2.5	0.4938	0.4940	0.4941	0.4943	0.4945	0.4946	0.4948	0.4949	0.4951	0.4952
2.6	0.4953	0.4955	0.4956	0.4957	0.4959	0.4960	0.4961	0.4962	0.4963	0.4964
2.7	0.4965	0.4966	0.4967	0.4968	0.4969	0.4970	0.4971	0.4972	0.4973	0.4974
2.8	0.4974	0.4975	0.4976	0.4977	0.4977	0.4978	0.4979	0.4979	0.4980	0.4981
2.9	0.4981	0.4982	0.4982	0.4983	0.4984	0.4984	0.4985	0.4985	0.4986	0.4986
3.0	0.4987	0.4987	0.4987	0.4988	0.4988	0.4989	0.4989	0.4989	0.4990	0.4990

第 7 回 （配点 20）

(1) 連続型確率変数 X の取り得る値の範囲は $-1 \leqq X \leqq 2$ であって，その確率密度関数が

$$f(x)=\begin{cases} a(x+1) & (-1 \leqq x \leqq 0 \text{ のとき }), \\ -\dfrac{1}{2}a(x-2) & (0 \leqq x \leqq 2 \text{ のとき }) \end{cases}$$

であるとする。ただし，a は正の実数である。

このとき，$a=\dfrac{\boxed{\text{ア}}}{\boxed{\text{イ}}}$ であり，$0 \leqq X \leqq 1$ となる確率は $\dfrac{\boxed{\text{ウ}}}{\boxed{\text{エ}}}$ である。

また，X の平均は $\dfrac{\boxed{\text{オ}}}{\boxed{\text{カ}}}$ であり，分散は $\dfrac{\boxed{\text{キ}}}{\boxed{\text{クケ}}}$ である。

（次ページに続く。）

(2)　連続型確率変数 X の取り得る値の範囲は $0 \leqq X \leqq 3$ であって，その確率密度関数が

$$f(x)=ax(3-x)$$

であるとする。ただし，a は正の実数である。

このとき，$a=\dfrac{\boxed{コ}}{\boxed{サ}}$ であり，$2 \leqq X \leqq 3$ となる確率は $\dfrac{\boxed{シ}}{\boxed{スセ}}$ である。

また，X の平均は $\dfrac{\boxed{ソ}}{\boxed{タ}}$ であり，分散は $\dfrac{\boxed{チ}}{\boxed{ツテ}}$ である。

さらに，$Y=2X+6$ とおくと，Y の平均は $\boxed{ト}$，分散は $\dfrac{\boxed{ナ}}{\boxed{ニ}}$ である。

第８回　（配点　20）　～第７回の類題～

(1)　連続型確率変数 X の取り得る値の範囲は $-1 \leqq X \leqq 1$ であって，その確率密度関数が

$$f(x)=\begin{cases} a(x+1) & (-1 \leqq x \leqq 0 \text{ のとき}), \\ a & (0 \leqq x \leqq 1 \text{ のとき}) \end{cases}$$

であるとする。ただし，a は正の実数である。

このとき，$a=\dfrac{\boxed{\text{ア}}}{\boxed{\text{イ}}}$ であり，$-\dfrac{1}{2} \leqq X \leqq 1$ となる確率は $\dfrac{\boxed{\text{ウエ}}}{\boxed{\text{オカ}}}$ である。

また，X の平均は $\dfrac{\boxed{\text{キ}}}{\boxed{\text{ク}}}$ であり，分散は $\dfrac{\boxed{\text{ケコ}}}{\boxed{\text{サシス}}}$ である。

（次ページに続く。）

(2)　連続型確率変数 X の取り得る値の範囲は $0 \leqq X \leqq 1$ であって，その確率密度関数が

$$f(x)=a(x-x^3)$$

であるとする。ただし，a は正の実数である。

このとき，$a=\boxed{\text{セ}}$ であり，$0 \leqq X \leqq \dfrac{1}{2}$ となる確率は $\dfrac{\boxed{\text{ソ}}}{\boxed{\text{タチ}}}$ である。

また，X の平均は $\dfrac{\boxed{\text{ツ}}}{\boxed{\text{テト}}}$ であり，分散は $\dfrac{\boxed{\text{ナニ}}}{\boxed{\text{ヌネノ}}}$ である。

さらに，$Y=3X-1$ とおくと，Y の平均は $\dfrac{\boxed{\text{ハ}}}{\boxed{\text{ヒ}}}$，分散は $\dfrac{\boxed{\text{フヘ}}}{\boxed{\text{ホマ}}}$ である。

第9回　（配点　20）

以下の問題では，必要に応じてこの問題の最後にある正規分布表を用いてよい。

(1)　10万人が受験する試験を行った。受験者の点数を X とすると，X は正規分布に従い，平均が43点，標準偏差が20点になった。

$$z=\frac{X-43}{20}$$

と定めると，z の平均は［ア］，標準偏差は［イ］である。

さらに

$$Y=10z+50$$

と定め，Y を**偏差値**という。

Y の平均は［ウエ］，標準偏差は［オカ］であり

$$z'=\frac{Y-\boxed{キク}}{\boxed{ケコ}}$$

は標準正規分布に従う。

z と z' は［サ］を満たす。［サ］に当てはまる最も適切なものを，次の⓪～②のうちから一つ選べ。

⓪　$z<z'$　　　①　$z=z'$　　　②　$z>z'$

偏差値が55.5の受験者に対しては $z=$［シ］.［スセ］であり，試験の点数は［ソタ］点である。

この受験者は成績順位が上位から数えておよそ［チ］番である。［チ］に当てはまる最も適切なものを，次の⓪～③のうちから一つ選べ。

⓪　44500　　①　29100　　②　22200　　③　19500

この受験生がさらに10点を余計に取っていたら，成績順位はおよそ［ツ］番だけよくなっていた。

［ツ］に当てはまる最も適切なものを，次の⓪～③のうちから一つ選べ。

⓪　1000　　①　11200　　②　12200　　③　14400

（次ページに続く。）

(2)　以下の問題では $\sqrt{3}=1.732$ としてよい。

5万人が受験した試験が行われた。受験者の点数 X 点は本人に通知されるが，その母平均 m 点は公表されないので，m を推定したい。

そこで受験者300名を無作為に選び，点数を調査したところ標本平均 $\overline{X}$ は52点，標本標準偏差 S は12点となった。

このとき，m に対する信頼度95%の信頼区間を $A \leqq m \leqq B$，信頼度99%の信頼区間を $C \leqq m \leqq D$ と表すと，$A=$ テ，$B=$ ト，$C=$ ナ，$D=$ ニ である。

テ ～ ニ に当てはまる最も適切なものを，次の⓪～⑦のうちから一つずつ選べ。ただし，同じものを繰り返し選んでもよい。

⓪　49.5　　①　50.2　　②　50.6　　③　51.1
④　52.9　　⑤　53.4　　⑥　53.8　　⑦　54.5

受験者900名を無作為に選んで X を調査した場合に得られる，母平均 m に対する信頼度95%の信頼区間を $E \leqq m \leqq F$ と表すと

$$\frac{F-E}{B-A}= \boxed{\text{ヌ}}$$

となる。

ヌ に当てはまる最も適切なものを，次の⓪～③のうちから一つ選べ。

⓪　0.21　　①　0.33　　②　0.45　　③　0.58

(次ページに続く。)

正 規 分 布 表

次の表は，標準正規分布の正規分布曲線における右図の灰色部分の面積の値をまとめたものである。

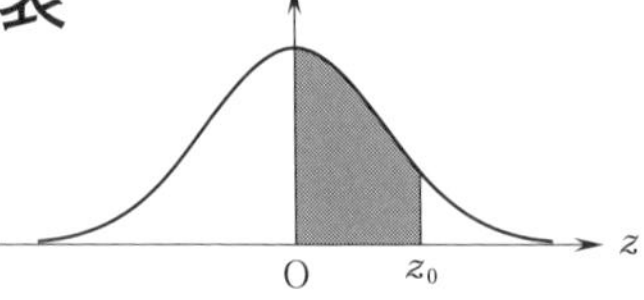

z_0	0.00	0.01	0.02	0.03	0.04	0.05	0.06	0.07	0.08	0.09
0.0	0.0000	0.0040	0.0080	0.0120	0.0160	0.0199	0.0239	0.0279	0.0319	0.0359
0.1	0.0398	0.0438	0.0478	0.0517	0.0557	0.0596	0.0636	0.0675	0.0714	0.0753
0.2	0.0793	0.0832	0.0871	0.0910	0.0948	0.0987	0.1026	0.1064	0.1103	0.1141
0.3	0.1179	0.1217	0.1255	0.1293	0.1331	0.1368	0.1406	0.1443	0.1480	0.1517
0.4	0.1554	0.1591	0.1628	0.1664	0.1700	0.1736	0.1772	0.1808	0.1844	0.1879
0.5	0.1915	0.1950	0.1985	0.2019	0.2054	0.2088	0.2123	0.2157	0.2190	0.2224
0.6	0.2257	0.2291	0.2324	0.2357	0.2389	0.2422	0.2454	0.2486	0.2517	0.2549
0.7	0.2580	0.2611	0.2642	0.2673	0.2704	0.2734	0.2764	0.2794	0.2823	0.2852
0.8	0.2881	0.2910	0.2939	0.2967	0.2995	0.3023	0.3051	0.3078	0.3106	0.3133
0.9	0.3159	0.3186	0.3212	0.3238	0.3264	0.3289	0.3315	0.3340	0.3365	0.3389
1.0	0.3413	0.3438	0.3461	0.3485	0.3508	0.3531	0.3554	0.3577	0.3599	0.3621
1.1	0.3643	0.3665	0.3686	0.3708	0.3729	0.3749	0.3770	0.3790	0.3810	0.3830
1.2	0.3849	0.3869	0.3888	0.3907	0.3925	0.3944	0.3962	0.3980	0.3997	0.4015
1.3	0.4032	0.4049	0.4066	0.4082	0.4099	0.4115	0.4131	0.4147	0.4162	0.4177
1.4	0.4192	0.4207	0.4222	0.4236	0.4251	0.4265	0.4279	0.4292	0.4306	0.4319
1.5	0.4332	0.4345	0.4357	0.4370	0.4382	0.4394	0.4406	0.4418	0.4429	0.4441
1.6	0.4452	0.4463	0.4474	0.4484	0.4495	0.4505	0.4515	0.4525	0.4535	0.4545
1.7	0.4554	0.4564	0.4573	0.4582	0.4591	0.4599	0.4608	0.4616	0.4625	0.4633
1.8	0.4641	0.4649	0.4656	0.4664	0.4671	0.4678	0.4686	0.4693	0.4699	0.4706
1.9	0.4713	0.4719	0.4726	0.4732	0.4738	0.4744	0.4750	0.4756	0.4761	0.4767
2.0	0.4772	0.4778	0.4783	0.4788	0.4793	0.4798	0.4803	0.4808	0.4812	0.4817
2.1	0.4821	0.4826	0.4830	0.4834	0.4838	0.4842	0.4846	0.4850	0.4854	0.4857
2.2	0.4861	0.4864	0.4868	0.4871	0.4875	0.4878	0.4881	0.4884	0.4887	0.4890
2.3	0.4893	0.4896	0.4898	0.4901	0.4904	0.4906	0.4909	0.4911	0.4913	0.4916
2.4	0.4918	0.4920	0.4922	0.4925	0.4927	0.4929	0.4931	0.4932	0.4934	0.4936
2.5	0.4938	0.4940	0.4941	0.4943	0.4945	0.4946	0.4948	0.4949	0.4951	0.4952
2.6	0.4953	0.4955	0.4956	0.4957	0.4959	0.4960	0.4961	0.4962	0.4963	0.4964
2.7	0.4965	0.4966	0.4967	0.4968	0.4969	0.4970	0.4971	0.4972	0.4973	0.4974
2.8	0.4974	0.4975	0.4976	0.4977	0.4977	0.4978	0.4979	0.4979	0.4980	0.4981
2.9	0.4981	0.4982	0.4982	0.4983	0.4984	0.4984	0.4985	0.4985	0.4986	0.4986
3.0	0.4987	0.4987	0.4987	0.4988	0.4988	0.4989	0.4989	0.4989	0.4990	0.4990

第10回　（配点　20）　～第9回の類題～

以下の問題では，必要に応じてこの問題の最後にある正規分布表を用いてよい。

(1)　10万人が受験する試験を行った。受験者の点数を X とすると，X は正規分布に従い，平均が45点，標準偏差が16点になった。

$$Y=10\cdot\frac{X-45}{16}+50$$

と定め，Y を**偏差値**という。

Y の平均は **アイ**，標準偏差は **ウエ** であり

$$z=\frac{Y-\boxed{\text{オカ}}}{\boxed{\text{キク}}}$$

は標準正規分布に従う。

偏差値が45の受験者に対しては試験の点数は **ケコ** 点であり，$z=$ **サシ** . **スセ** である。

この受験者は成績順位が上位から数えておよそ **ソ** 番である。**ソ** に当てはまる最も適切なものを，次の⓪～③のうちから一つ選べ。

⓪　45000　　①　55000　　②　69000　　③　72000

この試験で成績順が上位から4万番になるには，z がおよそ **タ** となればよく，**チ** 点ぐらいを取ればよい。

タ と **チ** に当てはまる最も適切なものを，次の⓪～⑦のうちから一つずつ選べ。ただし，同じものを繰り返し選んでもよい。

⓪　0.26　　①　0.40　　②　1.29　　③　1.96
④　45　　⑤　49　　⑥　55　　⑦　59

（次ページに続く。）

(2) 以下の問題では $\sqrt{2}=1.414$ としてよい。

ある県の各世帯当たりの年間の食料費の平均を X 万円とし，X の母平均 m（単位は万円）を推定するために無作為に 400 世帯を選び調査した。

この場合の標本平均 $\overline{X}$ は 80 であり，標本標準偏差 S は 25 となった。

このとき，m に対する信頼度 95 %の信頼区間を $A \leqq m \leqq B$，信頼度 99 %の信頼区間を $C \leqq m \leqq D$ と表すと，$A=$ ツ，$B=$ テ，$C=$ ト，$D=$ ナ である。

ツ ～ ナ に当てはまる最も適切なものを，次の⓪～⑦のうちから一つずつ選べ。ただし，同じものを繰り返し選んでもよい。

⓪ 76.8　① 77.6　② 78.1　③ 78.8
④ 81.2　⑤ 81.9　⑥ 82.5　⑦ 83.2

この県の 800 世帯を無作為に選んで X を調査した場合に得られる，母平均 m に対する信頼度 99 %の信頼区間を $E \leqq m \leqq F$ と表すと

$$\frac{F-E}{D-C}= \boxed{\text{ニ}}, \quad \frac{B-A}{D-C}= \boxed{\text{ヌ}}$$

となる。

ニ と ヌ に当てはまる最も適切なものを，次の⓪～⑦のうちから一つずつ選べ。ただし，同じものを繰り返し選んでもよい。

⓪ 0.50　① 0.54　② 0.60　③ 0.65
④ 0.70　⑤ 0.76　⑥ 0.80　⑦ 0.87

（次ページに続く。）

正規分布表

次の表は，標準正規分布の正規分布曲線における右図の灰色部分の面積の値をまとめたものである。

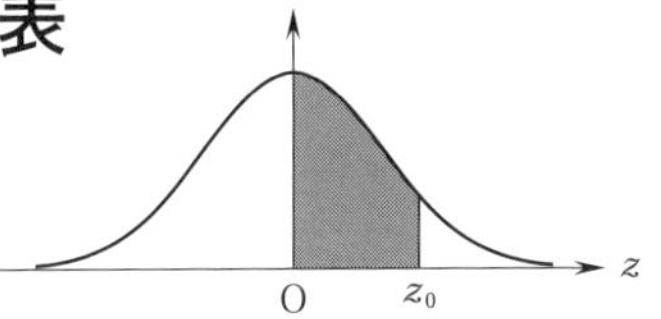

z_0	0.00	0.01	0.02	0.03	0.04	0.05	0.06	0.07	0.08	0.09
0.0	0.0000	0.0040	0.0080	0.0120	0.0160	0.0199	0.0239	0.0279	0.0319	0.0359
0.1	0.0398	0.0438	0.0478	0.0517	0.0557	0.0596	0.0636	0.0675	0.0714	0.0753
0.2	0.0793	0.0832	0.0871	0.0910	0.0948	0.0987	0.1026	0.1064	0.1103	0.1141
0.3	0.1179	0.1217	0.1255	0.1293	0.1331	0.1368	0.1406	0.1443	0.1480	0.1517
0.4	0.1554	0.1591	0.1628	0.1664	0.1700	0.1736	0.1772	0.1808	0.1844	0.1879
0.5	0.1915	0.1950	0.1985	0.2019	0.2054	0.2088	0.2123	0.2157	0.2190	0.2224
0.6	0.2257	0.2291	0.2324	0.2357	0.2389	0.2422	0.2454	0.2486	0.2517	0.2549
0.7	0.2580	0.2611	0.2642	0.2673	0.2704	0.2734	0.2764	0.2794	0.2823	0.2852
0.8	0.2881	0.2910	0.2939	0.2967	0.2995	0.3023	0.3051	0.3078	0.3106	0.3133
0.9	0.3159	0.3186	0.3212	0.3238	0.3264	0.3289	0.3315	0.3340	0.3365	0.3389
1.0	0.3413	0.3438	0.3461	0.3485	0.3508	0.3531	0.3554	0.3577	0.3599	0.3621
1.1	0.3643	0.3665	0.3686	0.3708	0.3729	0.3749	0.3770	0.3790	0.3810	0.3830
1.2	0.3849	0.3869	0.3888	0.3907	0.3925	0.3944	0.3962	0.3980	0.3997	0.4015
1.3	0.4032	0.4049	0.4066	0.4082	0.4099	0.4115	0.4131	0.4147	0.4162	0.4177
1.4	0.4192	0.4207	0.4222	0.4236	0.4251	0.4265	0.4279	0.4292	0.4306	0.4319
1.5	0.4332	0.4345	0.4357	0.4370	0.4382	0.4394	0.4406	0.4418	0.4429	0.4441
1.6	0.4452	0.4463	0.4474	0.4484	0.4495	0.4505	0.4515	0.4525	0.4535	0.4545
1.7	0.4554	0.4564	0.4573	0.4582	0.4591	0.4599	0.4608	0.4616	0.4625	0.4633
1.8	0.4641	0.4649	0.4656	0.4664	0.4671	0.4678	0.4686	0.4693	0.4699	0.4706
1.9	0.4713	0.4719	0.4726	0.4732	0.4738	0.4744	0.4750	0.4756	0.4761	0.4767
2.0	0.4772	0.4778	0.4783	0.4788	0.4793	0.4798	0.4803	0.4808	0.4812	0.4817
2.1	0.4821	0.4826	0.4830	0.4834	0.4838	0.4842	0.4846	0.4850	0.4854	0.4857
2.2	0.4861	0.4864	0.4868	0.4871	0.4875	0.4878	0.4881	0.4884	0.4887	0.4890
2.3	0.4893	0.4896	0.4898	0.4901	0.4904	0.4906	0.4909	0.4911	0.4913	0.4916
2.4	0.4918	0.4920	0.4922	0.4925	0.4927	0.4929	0.4931	0.4932	0.4934	0.4936
2.5	0.4938	0.4940	0.4941	0.4943	0.4945	0.4946	0.4948	0.4949	0.4951	0.4952
2.6	0.4953	0.4955	0.4956	0.4957	0.4959	0.4960	0.4961	0.4962	0.4963	0.4964
2.7	0.4965	0.4966	0.4967	0.4968	0.4969	0.4970	0.4971	0.4972	0.4973	0.4974
2.8	0.4974	0.4975	0.4976	0.4977	0.4977	0.4978	0.4979	0.4979	0.4980	0.4981
2.9	0.4981	0.4982	0.4982	0.4983	0.4984	0.4984	0.4985	0.4985	0.4986	0.4986
3.0	0.4987	0.4987	0.4987	0.4988	0.4988	0.4989	0.4989	0.4989	0.4990	0.4990

第11回　（配点　20）

(1)　生徒8人に30点満点の小テストを行った。その得点 X（点）は次の通りである。

生徒	A	B	C	D	E	F	G	H
X	5	7	7	9	13	15	21	27

$Y=\dfrac{X-13}{2}$ とおくと，Y の平均は［ア］点，分散は［イウ］となる。

したがって，X の平均は［エオ］点，分散は［カキ］である。

後日，生徒Iが同じ小テストを受けたが，勉強不足のため得点は4点であった。

生徒Iを含めた9人で得点の平均，分散を計算し直すと，平均は［クケ］点，分散は［コサ］.［シ］である。

（次ページに続く。）

(2)　以下の問題では，必要に応じてこの問題の最後にある正規分布表を用いてよい。

テレビドラマ「サクセス」を見ている人の割合（母比率）p を推定するために，全国から無作為に 900 人を選び，このドラマを見ている人の割合（標本比率）R を調べた。

R は正規分布に近似的に従うとしてよく，その平均は［ス］，標準偏差は［セ］である。

［ス］と［セ］に当てはまる最も適切なものを，次の⓪～⑤のうちから一つずつ選べ。ただし，同じものを繰り返し選んでもよい。

⓪　p　　①　$\dfrac{p}{900}$　　②　$30\sqrt{p(1-p)}$

③　$900\sqrt{p(1-p)}$　　④　$\dfrac{\sqrt{p(1-p)}}{30}$　　⑤　$\dfrac{\sqrt{p(1-p)}}{900}$

この 900 人のうち「サクセス」を見ている人は 180 人であった。

900 は十分大きいから，$z=\dfrac{R-［ス］}{0.［ソタチツ］}$ とおくと，z は標準正規分布に従う。

この標本から得られる，母比率 p に対する信頼度 95 %の信頼区間を

$A \leqq p \leqq B$

と表すと，$A=$［テ］，$B=$［ト］である。

［テ］と［ト］に当てはまる最も適切なものを，次の⓪～⑦のうちから一つずつ選べ。ただし，同じものを繰り返し選んでもよい。

⓪　0.166　　①　0.174　　②　0.182　　③　0.190

④　0.210　　⑤　0.226　　⑥　0.234　　⑦　0.240

全国から無作為に 6400 人を選んで得られる，母比率 p に対する信頼度 95 %の信頼区間を $C \leqq p \leqq D$ とすると

$$\frac{D-C}{B-A}=0.［ナニヌ］$$

となる。

（次ページに続く。）

正規分布表

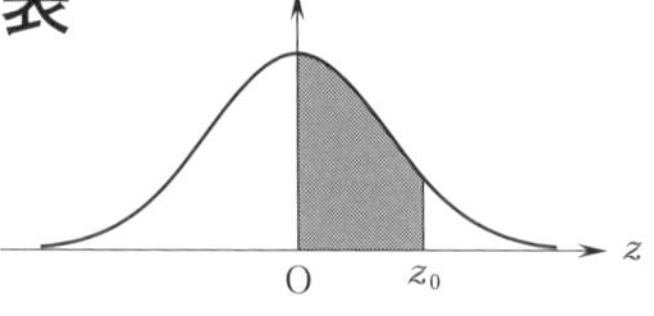

次の表は，標準正規分布の正規分布曲線における右図の灰色部分の面積の値をまとめたものである。

z_0	0.00	0.01	0.02	0.03	0.04	0.05	0.06	0.07	0.08	0.09
0.0	0.0000	0.0040	0.0080	0.0120	0.0160	0.0199	0.0239	0.0279	0.0319	0.0359
0.1	0.0398	0.0438	0.0478	0.0517	0.0557	0.0596	0.0636	0.0675	0.0714	0.0753
0.2	0.0793	0.0832	0.0871	0.0910	0.0948	0.0987	0.1026	0.1064	0.1103	0.1141
0.3	0.1179	0.1217	0.1255	0.1293	0.1331	0.1368	0.1406	0.1443	0.1480	0.1517
0.4	0.1554	0.1591	0.1628	0.1664	0.1700	0.1736	0.1772	0.1808	0.1844	0.1879
0.5	0.1915	0.1950	0.1985	0.2019	0.2054	0.2088	0.2123	0.2157	0.2190	0.2224
0.6	0.2257	0.2291	0.2324	0.2357	0.2389	0.2422	0.2454	0.2486	0.2517	0.2549
0.7	0.2580	0.2611	0.2642	0.2673	0.2704	0.2734	0.2764	0.2794	0.2823	0.2852
0.8	0.2881	0.2910	0.2939	0.2967	0.2995	0.3023	0.3051	0.3078	0.3106	0.3133
0.9	0.3159	0.3186	0.3212	0.3238	0.3264	0.3289	0.3315	0.3340	0.3365	0.3389
1.0	0.3413	0.3438	0.3461	0.3485	0.3508	0.3531	0.3554	0.3577	0.3599	0.3621
1.1	0.3643	0.3665	0.3686	0.3708	0.3729	0.3749	0.3770	0.3790	0.3810	0.3830
1.2	0.3849	0.3869	0.3888	0.3907	0.3925	0.3944	0.3962	0.3980	0.3997	0.4015
1.3	0.4032	0.4049	0.4066	0.4082	0.4099	0.4115	0.4131	0.4147	0.4162	0.4177
1.4	0.4192	0.4207	0.4222	0.4236	0.4251	0.4265	0.4279	0.4292	0.4306	0.4319
1.5	0.4332	0.4345	0.4357	0.4370	0.4382	0.4394	0.4406	0.4418	0.4429	0.4441
1.6	0.4452	0.4463	0.4474	0.4484	0.4495	0.4505	0.4515	0.4525	0.4535	0.4545
1.7	0.4554	0.4564	0.4573	0.4582	0.4591	0.4599	0.4608	0.4616	0.4625	0.4633
1.8	0.4641	0.4649	0.4656	0.4664	0.4671	0.4678	0.4686	0.4693	0.4699	0.4706
1.9	0.4713	0.4719	0.4726	0.4732	0.4738	0.4744	0.4750	0.4756	0.4761	0.4767
2.0	0.4772	0.4778	0.4783	0.4788	0.4793	0.4798	0.4803	0.4808	0.4812	0.4817
2.1	0.4821	0.4826	0.4830	0.4834	0.4838	0.4842	0.4846	0.4850	0.4854	0.4857
2.2	0.4861	0.4864	0.4868	0.4871	0.4875	0.4878	0.4881	0.4884	0.4887	0.4890
2.3	0.4893	0.4896	0.4898	0.4901	0.4904	0.4906	0.4909	0.4911	0.4913	0.4916
2.4	0.4918	0.4920	0.4922	0.4925	0.4927	0.4929	0.4931	0.4932	0.4934	0.4936
2.5	0.4938	0.4940	0.4941	0.4943	0.4945	0.4946	0.4948	0.4949	0.4951	0.4952
2.6	0.4953	0.4955	0.4956	0.4957	0.4959	0.4960	0.4961	0.4962	0.4963	0.4964
2.7	0.4965	0.4966	0.4967	0.4968	0.4969	0.4970	0.4971	0.4972	0.4973	0.4974
2.8	0.4974	0.4975	0.4976	0.4977	0.4977	0.4978	0.4979	0.4979	0.4980	0.4981
2.9	0.4981	0.4982	0.4982	0.4983	0.4984	0.4984	0.4985	0.4985	0.4986	0.4986
3.0	0.4987	0.4987	0.4987	0.4988	0.4988	0.4989	0.4989	0.4989	0.4990	0.4990

第 12 回　（配点　20）　～第 11 回の類題～

⑴「点数を 0.5 点刻みで付ける」という信念をもつＰ先生が生徒 8 人に小テストを行った。その得点 X（点）は次の通りである。

生徒	A	B	C	D	E	F	G	H
X	3.5	4.5	5.5	6.5	8.5	8.5	9.5	13.5

$Y=X-8.5$ とおくと，Y の平均は［アイ］点，分散は［ウ］となる。

したがって，X の平均は［エ］.［オ］点，分散は［カ］である。

後日，生徒Ｉが同じ小テストを受け，生徒Ｉを含めた 9 人で得点の平均を求めると，元の平均より 0.5 点高くなった。

生徒Ｉの得点は［キク］点であり，9 人の得点の分散は［ケコ］である。

（次ページに続く。）

(2) 以下の問題では，必要に応じてこの問題の最後にある正規分布表を用いてよい。また，$\sqrt{3}=1.732$ としてよい．

テレビドラマ「ファイト」を見ている人の割合（母比率）p を推定するために，全国から無作為に 400 人を選び，このドラマを見ている人の割合（標本比率）R を調べた。R は正規分布に近似的に従うとしてよく，その平均は［サ］，標準偏差は［シ］である。

［サ］と［シ］に当てはまる最も適切なものを，次の⓪～⑤のうちから一つずつ選べ。ただし，同じものを繰り返し選んでもよい。

⓪ p　① $\dfrac{p}{400}$　② $20\sqrt{p(1-p)}$

③ $400\sqrt{p(1-p)}$　④ $\dfrac{\sqrt{p(1-p)}}{20}$　⑤ $\dfrac{\sqrt{p(1-p)}}{400}$

この 400 人のうち「ファイト」を見ている人は 100 人であった。

400 は十分大きいから，$z=\dfrac{R-\boxed{サ}}{0.\boxed{スセソタ}}$ とおくと，z は標準正規分布に従う。

この標本から得られる，母比率 p に対する信頼度 95 %の信頼区間を

$A \leqq p \leqq B$

と表すと，$A=$［チ］，$B=$［ツ］である。

［チ］と［ツ］に当てはまる最も適切なものを，次の⓪～⑦のうちから一つずつ選べ。ただし，同じものを繰り返し選んでもよい。

⓪ 0.195　① 0.207　② 0.222　③ 0.245
④ 0.255　⑤ 0.278　⑥ 0.293　⑦ 0.305

全国から無作為に 6400 人を選んで得られる，母比率 p に対する信頼度 95 %の信頼区間を $C \leqq p \leqq D$ とすると

$$\frac{D-C}{B-A}=0.\boxed{テト}$$

となる。

（次ページに続く。）

正　規　分　布　表

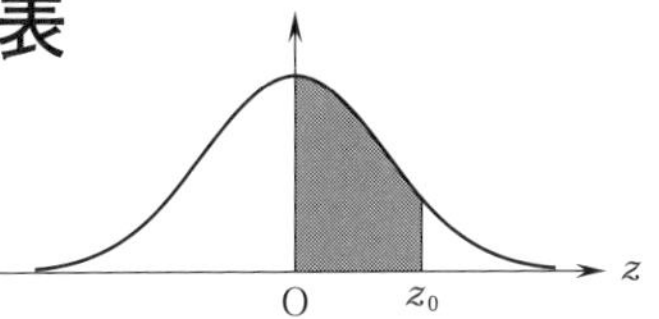

次の表は，標準正規分布の正規分布曲線における右図の灰色部分の面積の値をまとめたものである。

z_0	0.00	0.01	0.02	0.03	0.04	0.05	0.06	0.07	0.08	0.09
0.0	0.0000	0.0040	0.0080	0.0120	0.0160	0.0199	0.0239	0.0279	0.0319	0.0359
0.1	0.0398	0.0438	0.0478	0.0517	0.0557	0.0596	0.0636	0.0675	0.0714	0.0753
0.2	0.0793	0.0832	0.0871	0.0910	0.0948	0.0987	0.1026	0.1064	0.1103	0.1141
0.3	0.1179	0.1217	0.1255	0.1293	0.1331	0.1368	0.1406	0.1443	0.1480	0.1517
0.4	0.1554	0.1591	0.1628	0.1664	0.1700	0.1736	0.1772	0.1808	0.1844	0.1879
0.5	0.1915	0.1950	0.1985	0.2019	0.2054	0.2088	0.2123	0.2157	0.2190	0.2224
0.6	0.2257	0.2291	0.2324	0.2357	0.2389	0.2422	0.2454	0.2486	0.2517	0.2549
0.7	0.2580	0.2611	0.2642	0.2673	0.2704	0.2734	0.2764	0.2794	0.2823	0.2852
0.8	0.2881	0.2910	0.2939	0.2967	0.2995	0.3023	0.3051	0.3078	0.3106	0.3133
0.9	0.3159	0.3186	0.3212	0.3238	0.3264	0.3289	0.3315	0.3340	0.3365	0.3389
1.0	0.3413	0.3438	0.3461	0.3485	0.3508	0.3531	0.3554	0.3577	0.3599	0.3621
1.1	0.3643	0.3665	0.3686	0.3708	0.3729	0.3749	0.3770	0.3790	0.3810	0.3830
1.2	0.3849	0.3869	0.3888	0.3907	0.3925	0.3944	0.3962	0.3980	0.3997	0.4015
1.3	0.4032	0.4049	0.4066	0.4082	0.4099	0.4115	0.4131	0.4147	0.4162	0.4177
1.4	0.4192	0.4207	0.4222	0.4236	0.4251	0.4265	0.4279	0.4292	0.4306	0.4319
1.5	0.4332	0.4345	0.4357	0.4370	0.4382	0.4394	0.4406	0.4418	0.4429	0.4441
1.6	0.4452	0.4463	0.4474	0.4484	0.4495	0.4505	0.4515	0.4525	0.4535	0.4545
1.7	0.4554	0.4564	0.4573	0.4582	0.4591	0.4599	0.4608	0.4616	0.4625	0.4633
1.8	0.4641	0.4649	0.4656	0.4664	0.4671	0.4678	0.4686	0.4693	0.4699	0.4706
1.9	0.4713	0.4719	0.4726	0.4732	0.4738	0.4744	0.4750	0.4756	0.4761	0.4767
2.0	0.4772	0.4778	0.4783	0.4788	0.4793	0.4798	0.4803	0.4808	0.4812	0.4817
2.1	0.4821	0.4826	0.4830	0.4834	0.4838	0.4842	0.4846	0.4850	0.4854	0.4857
2.2	0.4861	0.4864	0.4868	0.4871	0.4875	0.4878	0.4881	0.4884	0.4887	0.4890
2.3	0.4893	0.4896	0.4898	0.4901	0.4904	0.4906	0.4909	0.4911	0.4913	0.4916
2.4	0.4918	0.4920	0.4922	0.4925	0.4927	0.4929	0.4931	0.4932	0.4934	0.4936
2.5	0.4938	0.4940	0.4941	0.4943	0.4945	0.4946	0.4948	0.4949	0.4951	0.4952
2.6	0.4953	0.4955	0.4956	0.4957	0.4959	0.4960	0.4961	0.4962	0.4963	0.4964
2.7	0.4965	0.4966	0.4967	0.4968	0.4969	0.4970	0.4971	0.4972	0.4973	0.4974
2.8	0.4974	0.4975	0.4976	0.4977	0.4977	0.4978	0.4979	0.4979	0.4980	0.4981
2.9	0.4981	0.4982	0.4982	0.4983	0.4984	0.4984	0.4985	0.4985	0.4986	0.4986
3.0	0.4987	0.4987	0.4987	0.4988	0.4988	0.4989	0.4989	0.4989	0.4990	0.4990

第13回　(配点　20)

以下の問題では，必要に応じてこの問題の最後にある正規分布表を用いてよい。

(1)　ある農家はスイカを栽培している。例年，収穫したスイカ1個の重さは平均が1000 gである。

今年収穫したスイカから無作為に25個選ぶと，1個の重さの平均 $\overline{X}$ は980 gとなり，標準偏差は100 gとなった。標本の大きさ25は十分大きいから，今年収穫したスイカ全体についても1個の重さの標準偏差は100 gとしてよい。

$\overline{X}$ の標準偏差は **アイ** (g) となる。

今年収穫したスイカ全体について，1個の重さの平均 m(g) は例年と異なっているといえるか。有意水準5％で検定すると **ウ** 。

ウ に当てはまるものを次の⓪～②から選べ。

⓪　$m \neq 1000$ といえる　　①　$m = 1000$ といえる

②　$m \neq 1000$ とも $m = 1000$ とも判断できない

(次ページに続く。)

(2)　以下では $\sqrt{2}=1.41$ としてよい。

あるサプリメントは販売が好調で，購入した顧客の 60 %から好評価を得ている。顧客のアンケートにもとづき，不満という評価になる点について改善した。したがって，顧客の好評価の割合が上がることはあっても下がることはないと考えてよい。

顧客全体について好評価とする者の割合を $p(0<p<1)$ とし，顧客から無作為に 75 人選んだとき，この中で好評価とする者の割合を $R(0\leqq R\leqq 1)$ とする。

標本の大きさ 75 は十分大きいので R は正規分布に近似的に従うとしてよく，R の標準偏差は $\sqrt{\dfrac{p(1-p)}{\boxed{\text{エオ}}}}$ となる。

実際に顧客から無作為に 75 人を選び調査したところ，54 人が好評価であった。

このとき，$p>0.6\,(=60\ \%)$ といえるか有意水準 5 %で片側検定する場合，帰無仮説は［カ］であり，［キ］。

［カ］に当てはまるものを次の⓪～②から選べ。

⓪　$p=0.6$　　①　$p\neq 0.6$　　②　$p<0.6$

［キ］に当てはまるものを次の⓪～②から選べ。

⓪　$p>0.6$ といえる　　①　$p=0.6$ といえる

②　$p>0.6$ とも $p=0.6$ とも判断できない

（次ページに続く。）

正 規 分 布 表

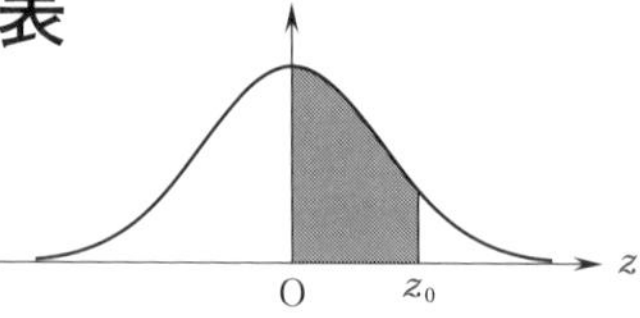

次の表は，標準正規分布の正規分布曲線における右図の灰色部分の面積の値をまとめたものである。

z_0	**0.00**	**0.01**	**0.02**	**0.03**	**0.04**	**0.05**	**0.06**	**0.07**	**0.08**	**0.09**
0.0	0.0000	0.0040	0.0080	0.0120	0.0160	0.0199	0.0239	0.0279	0.0319	0.0359
0.1	0.0398	0.0438	0.0478	0.0517	0.0557	0.0596	0.0636	0.0675	0.0714	0.0753
0.2	0.0793	0.0832	0.0871	0.0910	0.0948	0.0987	0.1026	0.1064	0.1103	0.1141
0.3	0.1179	0.1217	0.1255	0.1293	0.1331	0.1368	0.1406	0.1443	0.1480	0.1517
0.4	0.1554	0.1591	0.1628	0.1664	0.1700	0.1736	0.1772	0.1808	0.1844	0.1879
0.5	0.1915	0.1950	0.1985	0.2019	0.2054	0.2088	0.2123	0.2157	0.2190	0.2224
0.6	0.2257	0.2291	0.2324	0.2357	0.2389	0.2422	0.2454	0.2486	0.2517	0.2549
0.7	0.2580	0.2611	0.2642	0.2673	0.2704	0.2734	0.2764	0.2794	0.2823	0.2852
0.8	0.2881	0.2910	0.2939	0.2967	0.2995	0.3023	0.3051	0.3078	0.3106	0.3133
0.9	0.3159	0.3186	0.3212	0.3238	0.3264	0.3289	0.3315	0.3340	0.3365	0.3389
1.0	0.3413	0.3438	0.3461	0.3485	0.3508	0.3531	0.3554	0.3577	0.3599	0.3621
1.1	0.3643	0.3665	0.3686	0.3708	0.3729	0.3749	0.3770	0.3790	0.3810	0.3830
1.2	0.3849	0.3869	0.3888	0.3907	0.3925	0.3944	0.3962	0.3980	0.3997	0.4015
1.3	0.4032	0.4049	0.4066	0.4082	0.4099	0.4115	0.4131	0.4147	0.4162	0.4177
1.4	0.4192	0.4207	0.4222	0.4236	0.4251	0.4265	0.4279	0.4292	0.4306	0.4319
1.5	0.4332	0.4345	0.4357	0.4370	0.4382	0.4394	0.4406	0.4418	0.4429	0.4441
1.6	0.4452	0.4463	0.4474	0.4484	0.4495	0.4505	0.4515	0.4525	0.4535	0.4545
1.7	0.4554	0.4564	0.4573	0.4582	0.4591	0.4599	0.4608	0.4616	0.4625	0.4633
1.8	0.4641	0.4649	0.4656	0.4664	0.4671	0.4678	0.4686	0.4693	0.4699	0.4706
1.9	0.4713	0.4719	0.4726	0.4732	0.4738	0.4744	0.4750	0.4756	0.4761	0.4767
2.0	0.4772	0.4778	0.4783	0.4788	0.4793	0.4798	0.4803	0.4808	0.4812	0.4817
2.1	0.4821	0.4826	0.4830	0.4834	0.4838	0.4842	0.4846	0.4850	0.4854	0.4857
2.2	0.4861	0.4864	0.4868	0.4871	0.4875	0.4878	0.4881	0.4884	0.4887	0.4890
2.3	0.4893	0.4896	0.4898	0.4901	0.4904	0.4906	0.4909	0.4911	0.4913	0.4916
2.4	0.4918	0.4920	0.4922	0.4925	0.4927	0.4929	0.4931	0.4932	0.4934	0.4936
2.5	0.4938	0.4940	0.4941	0.4943	0.4945	0.4946	0.4948	0.4949	0.4951	0.4952
2.6	0.4953	0.4955	0.4956	0.4957	0.4959	0.4960	0.4961	0.4962	0.4963	0.4964
2.7	0.4965	0.4966	0.4967	0.4968	0.4969	0.4970	0.4971	0.4972	0.4973	0.4974
2.8	0.4974	0.4975	0.4976	0.4977	0.4977	0.4978	0.4979	0.4979	0.4980	0.4981
2.9	0.4981	0.4982	0.4982	0.4983	0.4984	0.4984	0.4985	0.4985	0.4986	0.4986
3.0	0.4987	0.4987	0.4987	0.4988	0.4988	0.4989	0.4989	0.4989	0.4990	0.4990

第 14 回　（配点　20）　～第 13 回の類題～

以下の問題では，必要に応じてこの問題の最後にある正規分布表を用いてよい。

(1)　以下では $\sqrt{3}=1.73$ としてよい.

ある作物の種子の発芽率を $p(0<p<1)$ とし，この種子を無作為に 100 個選んだときの発芽率を $R(0\leqq R\leqq 1)$ とする。

$$z=\frac{R-p}{\dfrac{\sqrt{p(1-p)}}{\boxed{\text{アイ}}}}\quad\left(\boxed{\text{アイ}}>0\right)$$

とおくと，z は標準正規分布に従う。

この種子の通常の発芽率は 75 %であるが，この種子 100 個を無作為に選びある薬液に浸してから栽培したところ 87 個が発芽した。

この薬液に種子を浸した場合の発芽率を $p(0<p<1)$ とし，$p\neq 0.75$ (=75 %) といえるか有意水準 1 %で検定すると $\boxed{\text{ウ}}$。

$\boxed{\text{ウ}}$ に当てはまるものを次の⓪～②から選べ。

⓪　$p\neq 0.75$ といえる　　①　$p=0.75$ といえる

②　$p\neq 0.75$ とも $p=0.75$ とも判断できない

（次ページに続く。）

(2) 重さ 200 g と表示されている大量の缶詰から無作為に 100 個を選び，重さを測ったところ，1 個の重さの平均は 198 g，その標準偏差は 5 g であった．

缶詰全体の 1 個あたりの重さの平均を m(g) とする．標本の大きさ 100 は十分大きいから，缶詰全体についても 1 個あたりの重さの標準偏差は 5 g としてよい．

缶詰の重さが 200 g より重い場合は顧客は満足し，200 g より軽いと顧客は不満を感じるから $m<200$ か片側検定したい．

帰無仮説は **エ** である．

エ に当てはまるものを次の⓪～②から選べ。

⓪ $m=200$　　① $m\neq200$　　② $m>200$

$m<200$ といえるか有意水準 5 %で片側検定すると **オ** 。

オ に当てはまるものを次の⓪～②から選べ。

⓪ $m<200$ といえる　　① $m=200$ といえる

② $m<200$ とも $m=200$ とも判断できない

（次ページに続く。）

正　規　分　布　表

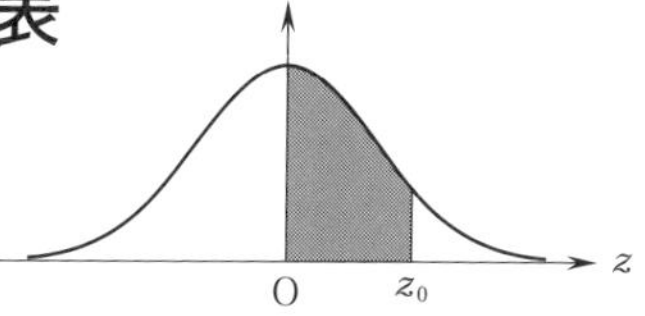

次の表は，標準正規分布の正規分布曲線における右図の灰色部分の面積の値をまとめたものである。

z_0	0.00	0.01	0.02	0.03	0.04	0.05	0.06	0.07	0.08	0.09
0.0	0.0000	0.0040	0.0080	0.0120	0.0160	0.0199	0.0239	0.0279	0.0319	0.0359
0.1	0.0398	0.0438	0.0478	0.0517	0.0557	0.0596	0.0636	0.0675	0.0714	0.0753
0.2	0.0793	0.0832	0.0871	0.0910	0.0948	0.0987	0.1026	0.1064	0.1103	0.1141
0.3	0.1179	0.1217	0.1255	0.1293	0.1331	0.1368	0.1406	0.1443	0.1480	0.1517
0.4	0.1554	0.1591	0.1628	0.1664	0.1700	0.1736	0.1772	0.1808	0.1844	0.1879
0.5	0.1915	0.1950	0.1985	0.2019	0.2054	0.2088	0.2123	0.2157	0.2190	0.2224
0.6	0.2257	0.2291	0.2324	0.2357	0.2389	0.2422	0.2454	0.2486	0.2517	0.2549
0.7	0.2580	0.2611	0.2642	0.2673	0.2704	0.2734	0.2764	0.2794	0.2823	0.2852
0.8	0.2881	0.2910	0.2939	0.2967	0.2995	0.3023	0.3051	0.3078	0.3106	0.3133
0.9	0.3159	0.3186	0.3212	0.3238	0.3264	0.3289	0.3315	0.3340	0.3365	0.3389
1.0	0.3413	0.3438	0.3461	0.3485	0.3508	0.3531	0.3554	0.3577	0.3599	0.3621
1.1	0.3643	0.3665	0.3686	0.3708	0.3729	0.3749	0.3770	0.3790	0.3810	0.3830
1.2	0.3849	0.3869	0.3888	0.3907	0.3925	0.3944	0.3962	0.3980	0.3997	0.4015
1.3	0.4032	0.4049	0.4066	0.4082	0.4099	0.4115	0.4131	0.4147	0.4162	0.4177
1.4	0.4192	0.4207	0.4222	0.4236	0.4251	0.4265	0.4279	0.4292	0.4306	0.4319
1.5	0.4332	0.4345	0.4357	0.4370	0.4382	0.4394	0.4406	0.4418	0.4429	0.4441
1.6	0.4452	0.4463	0.4474	0.4484	0.4495	0.4505	0.4515	0.4525	0.4535	0.4545
1.7	0.4554	0.4564	0.4573	0.4582	0.4591	0.4599	0.4608	0.4616	0.4625	0.4633
1.8	0.4641	0.4649	0.4656	0.4664	0.4671	0.4678	0.4686	0.4693	0.4699	0.4706
1.9	0.4713	0.4719	0.4726	0.4732	0.4738	0.4744	0.4750	0.4756	0.4761	0.4767
2.0	0.4772	0.4778	0.4783	0.4788	0.4793	0.4798	0.4803	0.4808	0.4812	0.4817
2.1	0.4821	0.4826	0.4830	0.4834	0.4838	0.4842	0.4846	0.4850	0.4854	0.4857
2.2	0.4861	0.4864	0.4868	0.4871	0.4875	0.4878	0.4881	0.4884	0.4887	0.4890
2.3	0.4893	0.4896	0.4898	0.4901	0.4904	0.4906	0.4909	0.4911	0.4913	0.4916
2.4	0.4918	0.4920	0.4922	0.4925	0.4927	0.4929	0.4931	0.4932	0.4934	0.4936
2.5	0.4938	0.4940	0.4941	0.4943	0.4945	0.4946	0.4948	0.4949	0.4951	0.4952
2.6	0.4953	0.4955	0.4956	0.4957	0.4959	0.4960	0.4961	0.4962	0.4963	0.4964
2.7	0.4965	0.4966	0.4967	0.4968	0.4969	0.4970	0.4971	0.4972	0.4973	0.4974
2.8	0.4974	0.4975	0.4976	0.4977	0.4977	0.4978	0.4979	0.4979	0.4980	0.4981
2.9	0.4981	0.4982	0.4982	0.4983	0.4984	0.4984	0.4985	0.4985	0.4986	0.4986
3.0	0.4987	0.4987	0.4987	0.4988	0.4988	0.4989	0.4989	0.4989	0.4990	0.4990

河合塾
SERIES

高得点がねらえる分野をどこよりも詳しく解説

教科書だけでは足りない

大学入試攻略

統計的な推測

別冊

解答・解説編

河合塾講師
長谷川進 著

河合出版

河合塾
SERIES

高得点がねらえる分野をどこよりも詳しく解説

教科書だけでは足りない

大学入試攻略

統計的な推測

別冊 解答・解説編

河合塾講師
長谷川 進 著

河合出版

第1回解答

解答記号	正解	配点	自己採点
$\frac{\text{ア}}{\text{イウ}}$	$\frac{1}{10}$	2	
$\frac{\text{エ}}{\text{オ}}$	$\frac{3}{5}$	2	
カ	3	1	
$\frac{\text{キ}}{\text{ク}}$	$\frac{6}{5}$	2	
$\frac{\text{ケ}}{\text{コサ}}$	$\frac{9}{25}$	2	
シ	3	1	
$\frac{\text{ス}}{\text{セ}}$	$\frac{9}{5}$	2	
$\frac{\text{ソ}}{\text{タチ}}$	$\frac{9}{25}$	2	
ツ	④	2	
テ	⑤	2	
ト	③	2	

解説 平均などの基本公式と，母平均の推定の方法を確認しよう.

(1) 袋の中に白球が3個，赤球が2個入っていて，ここから同時に2個を取り出す方法は全部で

$${}_5C_2=\frac{5\cdot4}{2}=10 \text{（通り）}$$

確率を求めるときは「もの」はすべて区別するから，5個の球はすべて区別する.

取り出した白球の個数を X とすると

$$P(X=0)=\frac{\overbrace{{}_2C_2}^{\text{赤2個を取る}}}{10}=\frac{\boxed{1}}{\boxed{10}} \quad \text{（ア／イウ）}$$

$P(X=k)$ は $X=k$ となる確率を表すが，共通テストでは説明無しで使われることがある.

$$P(X=1)=\frac{\overbrace{3\cdot2}^{\text{白1個と赤1個を取る}}}{10}=\frac{\boxed{3}}{\boxed{5}} \quad \text{（エ／オ）}$$

$$P(X=2)=\frac{\overbrace{{}_3C_2}^{\text{白2個を取る}}}{10}=\frac{\boxed{3}_{\text{カ}}}{10}$$

$P(X=2)$
$=1-P(X=0)-P(X=1)$
として求めてもよい.

よって，X の平均 $E(X)$ は

$$E(X)=0\cdot\frac{1}{10}+1\cdot\frac{3}{5}+2\cdot\frac{3}{10}$$

$$=\frac{\boxed{6}_{\text{キ}}}{\boxed{5}_{\text{ク}}}\quad\cdots\cdots\text{①}$$

平均の定義
X の取り得る値が x_k $(1\leqq k\leqq n)$ であり，$X=x_k$ となる確率を p_k と表すと，X の**平均**は

$$E(X)=\sum_{k=1}^{n}x_kp_k$$

X の分散 $V(X)$ は

$$V(X)=E(X^2)-\{E(X)\}^2$$

$$=\underbrace{0^2\cdot\frac{1}{10}+1^2\cdot\frac{3}{5}+2^2\cdot\frac{3}{10}}_{\text{これが}E(X^2)}-\left(\frac{6}{5}\right)^2$$

$$=\frac{\boxed{9}_{\text{ケ}}}{\boxed{25}_{\text{コサ}}}\quad\cdots\cdots\text{②}$$

分散の公式
X の値が簡単な整数（X^2 が求めやすい）の場合に使うとよい.

袋の中に残っている白球の個数を Y とすると，白球が全部で3個なので

$$Y=\boxed{3}_{\text{シ}}-X$$

となり，確率変数 Y の平均 $E(Y)$ は

$$E(Y)=E(3-X)$$
$$=3-E(X)$$

$$=3-\frac{6}{5}\quad\text{（① より）}$$

$$=\frac{\boxed{9}_{\text{ス}}}{\boxed{5}_{\text{セ}}}$$

平均の公式
$E(aX+b)=aE(X)+b$
（a，b は定数）

Y の分散 $V(Y)$ は

$$V(Y) = V(3-X) = (-1)^2 V(X)$$

分散の公式
$V(aX+b) = a^2 V(X)$
(a, b は定数)

$$= \frac{\boxed{9}}{\boxed{25}} \quad (② より)$$

ソ タチ

(2) 母平均が m である母集団から大きさが 400 の標本を無作為に選んだ標本平均が $\overline{X}$ である.

母標準偏差を σ とすると，400 は十分大きいので $\overline{X}$ は正規分布 $N\left(\underbrace{m}_{平均},\ \underbrace{\frac{\sigma^2}{400}}_{分散}\right)$ に近似的に従う.

重要!! 母平均が m，母分散が σ^2 の母集団から大きさ n の標本を無作為に選ぶとき，n が十分大きければ，標本平均 $\overline{X}$ は
- 平均が m
- 分散が $\frac{\sigma^2}{n}$

の正規分布 $N\left(m,\ \frac{\sigma^2}{n}\right)$ に近似的に従う.

$\overline{X}$ の標準偏差は $\sqrt{\frac{\sigma^2}{400}} = \frac{\sigma}{20}$ である.

標本の大きさが十分大きいので，母標準偏差 σ は標本標準偏差 S にほぼ等しいとしてよいから，$\overline{X}$ の標準偏差は $\frac{S}{20}$ としてよい.

よって，標本平均 $\overline{X}$ は平均が m，標準偏差が $\frac{S}{20}$ の正規分布に従うとしてよい. ………③

$\overline{X}$ が正規分布に従うので

$$z = \frac{\overline{X} - (\overline{X}の平均)}{(\overline{X}の標準偏差)} = \frac{\overline{X} - m}{\frac{S}{20}} \quad ………④$$

とおくと，z は標準正規分布に従う.

重要!! 正規分布表を使うために，標準正規分布に従う z を考える.

m に対する信頼度 95 %の信頼区間を得るには，まず

$$P(-z_0 \leqq z \leqq z_0) = \frac{95}{100} = 0.95 \quad ………⑤$$

となる z_0 を以下のようにして求める.

step1 この確率は次の図（標準正規分布）の斜線部

の面積である.

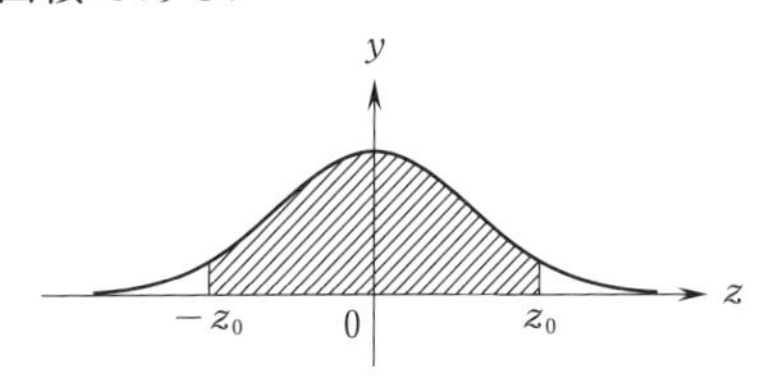

step2　標準正規分布の分布曲線は y 軸について対称なので，上の図の斜線部の面積は，次の図の斜線部の面積 $P(0 \leqq z \leqq z_0)$ の2倍である.

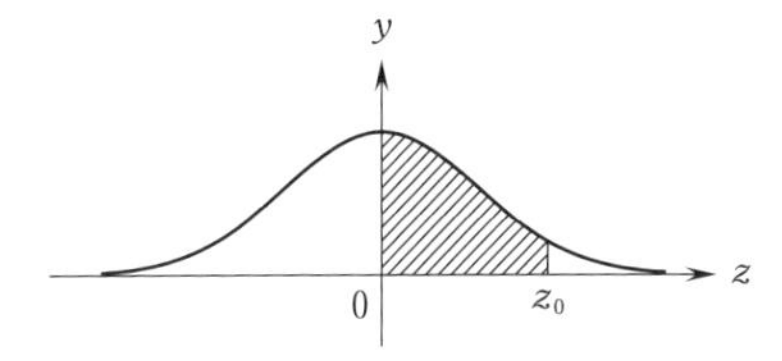

よって，$P(-z_0 \leqq z \leqq z_0) = 2P(0 \leqq z \leqq z_0)$ となり，これが0.95となるのは，

$$P(0 \leqq z \leqq z_0) = \frac{0.95}{2} = 0.475$$

となるときである.

step3　次ページの正規分布表に書かれた面積の値で0.475に近いものを探すと，0.4750 が見つかる.

step4　そこから左と上を見ると z_0 の整数部分と小数第1位までが 1.9，z_0 の小数第2位が6（0.06 の部分）と分かる.

step5　以上より，$P(-z_0 \leqq z \leqq z_0) = 0.95$ となる z_0 はおよそ1.96と分かる.

正 規 分 布 表

次の表は，標準正規分布の正規分布曲線における右図の灰色部分の面積の値をまとめたものである。

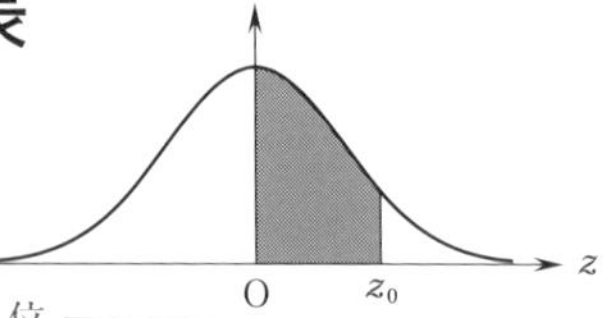

z_0 の小数第 2 位

z_0	0.00	0.01	0.02	0.03	0.04	0.05	0.06	0.07	0.08	0.09
0.0	0.0000	0.0040	0.0080	0.0120	0.0160	0.0199	0.0239	0.0279	0.0319	0.0359
0.1	0.0398	0.0438	0.0478	0.0517	0.0557	0.0596	0.0636	0.0675	0.0714	0.0753
0.2	0.0793	0.0832	0.0871	0.0910	0.0948	0.0987	0.1026	0.1064	0.1103	0.1141
0.3	0.1179	0.1217	0.1255	0.1293	0.1331	0.1368	0.1406	0.1443	0.1480	0.1517
0.4	0.1554	0.1591	0.1628	0.1664	0.1700	0.1736	0.1772	0.1808	0.1844	0.1879
0.5	0.1915	0.1950	0.1985	0.2019	0.2054	0.2088	0.2123	0.2157	0.2190	0.2224
0.6	0.2257	0.2291	0.2324	0.2357	0.2389	0.2422	0.2454	0.2486	0.2517	0.2549
0.7	0.2580	0.2611	0.2642	0.2673	0.2704	0.2734	0.2764	0.2794	0.2823	0.2852
0.8	0.2881	0.2910	0.2939	0.2967	0.2995	0.3023	0.3051	0.3078	0.3106	0.3133
0.9	0.3159	0.3186	0.3212	0.3238	0.3264	0.3289	[illegible]	[illegible]	[illegible]	0.3389
1.0	0.3413	0.3438	0.3461	0.3485	0.3508	0.3531	0.3554	0.3577	0.3599	0.3621
1.1	0.3643	0.3665	0.3686	0.3708	0.3729	0.3749	0.3770	0.3790	0.3810	0.3830
1.2	0.3849	0.3869	0.3888	0.3907	0.3925	0.3944	0.3962	0.3980	0.3997	0.4015
1.3	0.4032	0.4049	0.4066	0.4082	0.4099	0.4115	0.4131	0.4147	0.4162	0.4177
1.4	0.4192	0.4207	0.4222	0.4236	0.4251	0.4265	0.4279	0.4292	0.4306	0.4319
1.5	0.4332	0.4345	0.4357	0.4370	0.4382	0.4394	0.4406	0.4418	0.4429	0.4441
1.6	0.4452	0.4463	0.4474	0.4484	0.4495	0.4505	0.4515	0.4525	0.4535	0.4545
1.7	0.4554	0.4564	0.4573	0.4582	0.4591	0.4599	0.4608	0.4616	0.4625	0.4633
1.8	0.4641	[illegible]	[illegible]	[illegible]	[illegible]	0.4678	0.4686	0.4693	0.4699	0.4706
1.9	0.4713	0.4719	0.4726	0.4732	0.4738	0.4744	0.4750	0.4756	0.4761	0.4767
2.0	0.4772	0.4778	0.4783	0.4788	0.4793	[illegible]	[illegible]	[illegible]	0.4812	0.4817
2.1	0.4821	0.4826	0.4830	0.4834	0.4838	0.4842	0.4846	0.4850	0.4854	0.4857
2.2	0.4861	0.4864	0.4868	0.4871	0.4875	0.4878	0.4881	0.4884	0.4887	0.4890
2.3	0.4893	0.4896	0.4898	0.4901	0.4904	0.4906	0.4909	0.4911	0.4913	0.4916
2.4	0.4918	0.4920	0.4922	0.4925	0.4927	0.4929	0.4931	0.4932	0.4934	0.4936
2.5	0.4938	0.4940	0.4941	0.4943	0.4945	0.4946	0.4948	0.4949	0.4951	0.4952
2.6	0.4953	0.4955	0.4956	0.4957	0.4959	0.4960	0.4961	0.4962	0.4963	0.4964
2.7	0.4965	0.4966	0.4967	0.4968	0.4969	0.4970	0.4971	0.4972	0.4973	0.4974
2.8	0.4974	0.4975	0.4976	0.4977	0.4977	0.4978	0.4979	0.4979	0.4980	0.4981
2.9	0.4981	0.4982	0.4982	0.4983	0.4984	0.4984	0.4985	0.4985	0.4986	0.4986
3.0	0.4987	0.4987	0.4987	0.4988	0.4988	0.4989	0.4989	0.4989	0.4990	0.4990

z_0 の整数部分と小数第 1 位

z_0 の小数第 2 位

z_0 の小数第 1 位まで

ここに 0.4750 がある

以上より，m に対する信頼度 95 %の信頼区間を求めるには

$$-z_0 \leqq z = \frac{\overline{X} - m}{\frac{S}{20}} \leqq z_0 \quad (z_0 = 1.96)$$

より

$$\overline{X} - z_0 \cdot \frac{S}{20} \leqq m \leqq \overline{X} + z_0 \cdot \frac{S}{20}$$

$z_0 = 1.96$ を代入して

$$\overline{X} - 0.098S \leqq m \leqq \overline{X} + 0.098S$$

よって，ツ に当てはまる最も適切なものは ④ である．

m に対する信頼度 99 %の信頼区間を求めるには，まず，④により定めた z に対して，⑤の「95」を「99」に替え

$$P(-z_0 \leqq z \leqq z_0) = \frac{99}{100} = 0.99$$

となる z_0 を求める．

先ほどと同様に

$$P(-z_0 \leqq z \leqq z_0) = 2P(0 \leqq z \leqq z_0) = 0.99$$

となり

$$P(0 \leqq z \leqq z_0) = \frac{0.99}{2} = 0.495$$

次ページの正規分布表で 0.495 に近い値を探すと，0.4949 と 0.4951 が見つかるので

$$z_0 = 2.57 \quad \text{または} \quad 2.58$$

と分かり，ここでは $z_0 = 2.58$ とする．

正 規 分 布 表

次の表は，標準正規分布の正規分布曲線における右図の灰色部分の面積の値をまとめたものである。

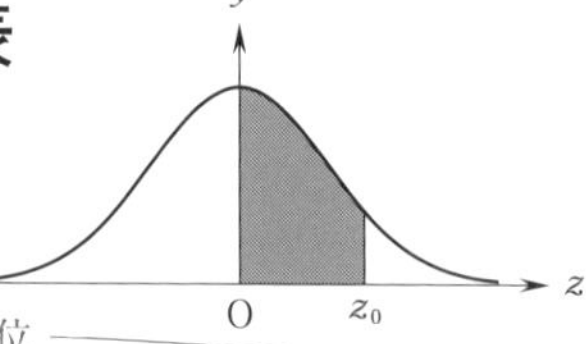

z_0 の小数第 2 位

z_0 の整数部分と小数第 1 位

z_0	0.00	0.01	0.02	0.03	0.04	0.05	0.06	0.07	0.08	0.09
0.0	0.0000	0.0040	0.0080	0.0120	0.0160	0.0199	0.0239	0.0279	0.0319	0.0359
0.1	0.0398	0.0438	0.0478	0.0517	0.0557	0.0596	0.0636	0.0675	0.0714	0.0753
0.2	0.0793	0.0832	0.0871	0.0910	0.0948	0.0987	0.1026	0.1064	0.1103	0.1141
0.3	0.1179	0.1217	0.1255	0.1293	0.1331	0.1368	0.1406	0.1443	0.1480	0.1517
0.4	0.1554	0.1591	0.1628	0.1664	0.1700	0.1736	0.1772	0.1808	0.1844	0.1879
0.5	0.1915	0.1950	0.1985	0.2019	0.2054	0.2088	0.2123	0.2157	0.2190	0.2224
0.6	0.2257	0.2291	0.2324	0.2357	0.2389	0.2422	0.2454	0.2486	0.2517	0.2549
0.7	0.2580	0.2611	0.2642	0.2673	0.2704	0.2734	0.2764	0.2794	0.2823	0.2852
0.8	0.2881	0.2910	0.2939	0.2967	0.2995	0.3023	0.3051	0.3078	0.3106	0.3133
0.9	0.3159	0.3186	0.3212	0.3238	0.3264	0.3289	0.3315	0.3340	0.3365	0.3389
1.0	0.3413	0.3438	0.3461	0.3485	0.3508	0.3531	0.3554	0.3577	0.3599	0.3621
1.1	0.3643	0.3665	0.3686	0.3708	0.3729	[illegible]	[illegible]	[illegible]	0.3810	0.3830
1.2	0.3849	0.3869	0.3888	0.3907	0.3925	0.3944	0.3962	0.3980	0.3997	0.4015
1.3	0.4032	0.4049	0.4066	0.4082	0.4099	0.4115	0.4131	0.4147	0.4162	0.4177
1.4	0.4192	0.4207	0.4222	0.4236	0.4251	0.4265	0.4279	0.4292	0.4306	0.4319
1.5	0.4332	0.4345	0.4357	0.4370	0.4382	0.4394	0.4406	0.4418	0.4429	0.4441
1.6	0.4452	0.4463	0.4474	0.4484	0.4495	0.4505	0.4515	0.4525	0.4535	0.4545
1.7	0.4554	0.4564	0.4573	0.4582	0.4591	0.4599	0.4608	0.4616	0.4625	0.4633
1.8	0.4641	0.4649	0.4656	0.4664	0.4671	0.4678	0.4686	0.4693	0.4699	0.4706
1.9	0.4713	0.4719	0.4726	0.4732	0.4738	0.4744	0.4750	0.4756	0.4761	0.4767
2.0	0.4772	0.4778	0.4783	0.4788	0.4793	0.4798	0.4803	0.4808	0.4812	0.4817
2.1	0.4821	0.4826	0.4830	0.4834	0.4838	0.4842	0.4846	0.4850	0.4854	0.4857
2.2	0.4861	0.4864	0.4868	0.4871	0.4875	0.4878	0.4881	0.4884	0.4887	0.4890
2.3	0.4893	0.4896	0.4898	0.4901	0.4904	0.4906	0.4909	0.4911	0.4913	0.4916
2.4	0.4918	0.4920	[illegible]	[illegible]	[illegible]	0.4929	0.4931	0.4932	0.4934	0.4936
2.5	0.4938	0.4940	0.4941	0.4943	0.4945	0.4946	0.4948	0.4949	0.4951	0.4952
2.6	0.4953	0.4955	0.4956	0.4957	0.4959	0.4960	0.4961	0.4962	0.4963	0.4964
2.7	0.4965	0.4966	0.4967	0.4968	0.4969	0.4970	0.4971	0.4972	0.4973	0.4974
2.8	0.4974	0.4975	0.4976	0.4977	0.4977	0.4978	0.4979	0.4979	0.4980	0.4981
2.9	0.4981	0.4982	0.4982	0.4983	0.4984	0.4984	0.4985	0.4985	0.4986	0.4986
3.0	0.4987	0.4987	0.4987	0.4988	0.4988	0.4989	0.4989	0.4989	0.4990	0.4990

z_0 の小数第 2 位

z_0 の小数第 1 位まで

ここがほぼ 0.495

m に対する信頼度 99 %の信頼区間 I を求めるには

$$-z_0 \leqq z = \frac{\overline{X}-m}{\frac{S}{20}} \leqq z_0 \quad (z_0=2.58)$$

より

$$\overline{X}-2.58\cdot\frac{S}{20} \leqq m \leqq \overline{X}+2.58\cdot\frac{S}{20} \quad \cdots\cdots\cdots ⑥$$

つまり，

$$I : \overline{X}-0.129S \leqq m \leqq \overline{X}+0.129S$$

よって，［テ］に当てはまる最も適切なものは

テ
［⑤］である．

［テ］で選んだ信頼度 99 % の信頼区間を $A \leqq m \leqq B$ と表すと，⑥ と $z_0=2.58$ より

$$A=\overline{X}-2.58\cdot\frac{S}{20},\quad B=\overline{X}+2.58\cdot\frac{S}{20}$$

となり

$$B-A=2\cdot2.58\cdot\frac{S}{20} \quad \cdots\cdots\cdots ⑦$$

◀$B-A$ を「**信頼区間の幅**」という．

n は十分大きいものとし，この母集団から大きさが n の標本を無作為に選んだところ，標本標準偏差は S とほぼ等しくなった．

この場合の標本平均を $\overline{X}'$ とすると，③ と同様に $\overline{X}'$ は平均が m，標準偏差が

$$\frac{(\text{母標準偏差})}{\sqrt{(\text{標本の大きさ})}}=\frac{S}{\sqrt{n}}$$

の正規分布に従うとしてよい．

この標本から母平均 m に対する信頼度 99 %の信頼区間 $I' : C \leqq m \leqq D$ を求めると，⑥ と同様にして

$$I' : \underbrace{\overline{X}'-2.58\cdot\frac{S}{\sqrt{n}}}_{\text{これが}C} \leqq m \leqq \underbrace{\overline{X}'+2.58\cdot\frac{S}{\sqrt{n}}}_{\text{これが}D}$$

となる．

よって

$$D-C=2\cdot 2.58\cdot \frac{S}{\sqrt{n}}$$

$D-C$ を「信頼区間の幅」という.

これと ⑦ より

$$\frac{D-C}{B-A}=\frac{2\cdot 2.58\cdot \frac{S}{\sqrt{n}}}{2\cdot 2.58\cdot \frac{S}{20}}=\frac{20}{\sqrt{n}}$$

これが $\frac{1}{2}$ となるには

$$\sqrt{n}=40$$

となり

$$n=1600$$

この結果を一般化すると，信頼度は変えないで信頼区間の幅を $\frac{1}{k}$ 倍（$k>0$）するには，標本の大きさを k^2 倍すればよいとわかる. 信頼区間の幅を小さくするには手間がかかる！

よって [ト] に当てはまる最も適切なものは，

ト
[③] である.

第2回解答

解答記号	正解	配点	自己採点
$\frac{ア}{イ}$	$\frac{2}{7}$	2	
ウ	4	2	
エ	1	2	
$\frac{オ}{カ}$	$\frac{6}{7}$	2	
$\frac{キク}{ケコ}$	$\frac{20}{49}$	2	
サ	5	2	
シス	20	2	
セ	④	2	
ソ	⑤	2	
タ	③	2	

解説　平均などの基本公式と，母平均の推定の方法を確認しよう．

(1)　袋の中に白球が3個，赤球が4個入っていて，ここから同時に2個を取り出す方法は全部で

$${}_7C_2=\frac{7\cdot 6}{2}=21 \text{（通り）}$$

確率を求めるときは「もの」はすべて区別するから，7個の球はすべて区別する．

取り出した白球の個数を X とすると

$$P(X=0)=\frac{\overbrace{{}_4C_2}^{\text{赤2個を取る}}}{21}=\frac{6}{21}=\frac{\boxed{2}_{\,ア}}{\boxed{7}_{\,イ}}$$

$P(X=k)$ は $X=k$ となる確率を表す．

$$P(X=1)=\frac{\overbrace{3\cdot 4}^{\text{白1個と赤1個を取る}}}{21}=\frac{\boxed{4}_{\,ウ}}{7}$$

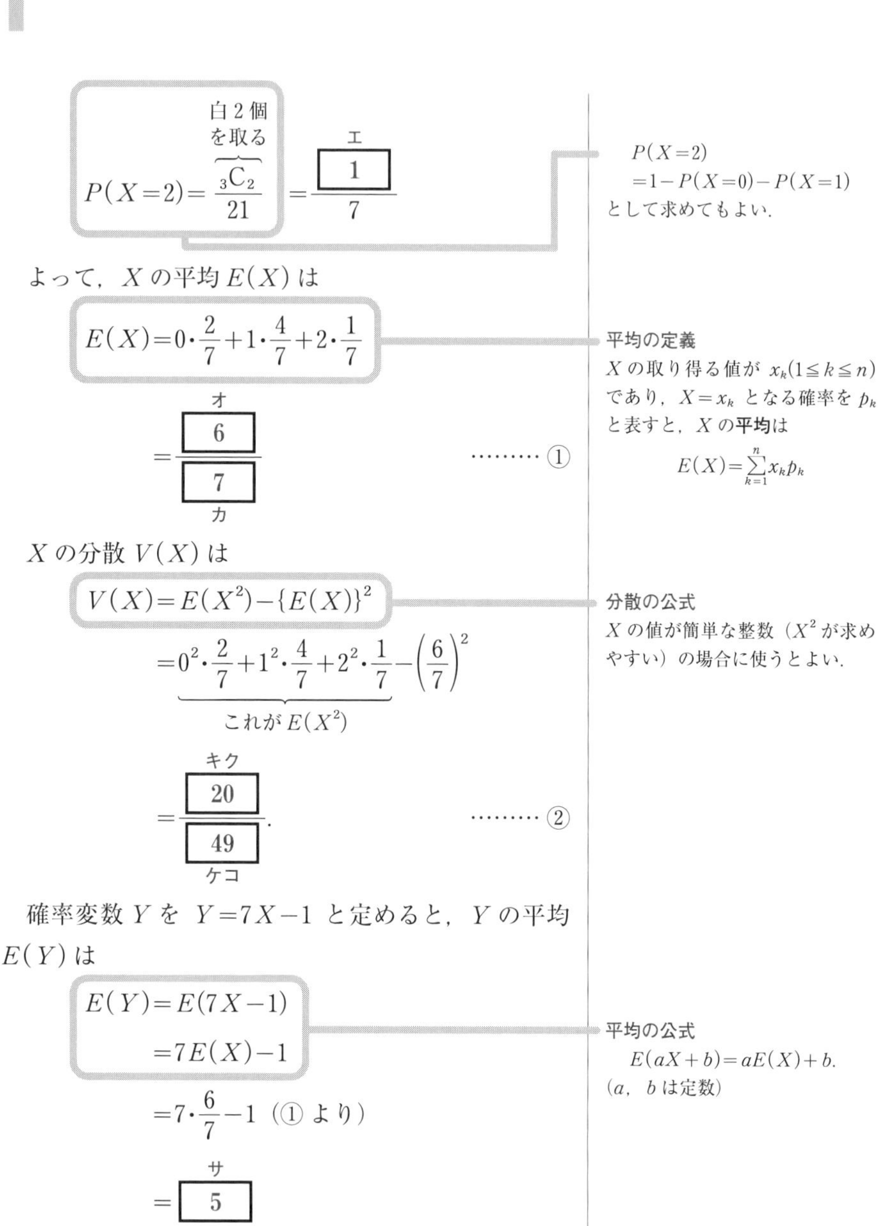

$$P(X=2)=\frac{\overbrace{{}_3\mathrm{C}_2}^{\text{白2個を取る}}}{21}=\frac{\boxed{1}^{\,\text{エ}}}{7}$$

> $P(X=2)$
> $=1-P(X=0)-P(X=1)$
> として求めてもよい.

よって，X の平均 $E(X)$ は

$$E(X)=0\cdot\frac{2}{7}+1\cdot\frac{4}{7}+2\cdot\frac{1}{7}$$

$$=\frac{\boxed{6}^{\,\text{オ}}}{\boxed{7}_{\,\text{カ}}} \qquad \cdots\cdots\cdots ①$$

> **平均の定義**
> X の取り得る値が $x_k(1\leqq k\leqq n)$ であり，$X=x_k$ となる確率を p_k と表すと，X の**平均**は
> $$E(X)=\sum_{k=1}^{n}x_kp_k$$

X の分散 $V(X)$ は

$$V(X)=E(X^2)-\{E(X)\}^2$$

$$=\underbrace{0^2\cdot\frac{2}{7}+1^2\cdot\frac{4}{7}+2^2\cdot\frac{1}{7}}_{\text{これが}E(X^2)}-\left(\frac{6}{7}\right)^2$$

$$=\frac{\boxed{20}^{\,\text{キク}}}{\boxed{49}_{\,\text{ケコ}}}. \qquad \cdots\cdots\cdots ②$$

> **分散の公式**
> X の値が簡単な整数（X^2 が求めやすい）の場合に使うとよい.

確率変数 Y を $Y=7X-1$ と定めると，Y の平均 $E(Y)$ は

$$E(Y)=E(7X-1)$$

$$=7E(X)-1$$

$$=7\cdot\frac{6}{7}-1 \quad (①\text{ より})$$

$$=\boxed{5}^{\,\text{サ}}$$

> **平均の公式**
> $E(aX+b)=aE(X)+b.$
> （a，b は定数）

Y の分散 $V(Y)$ は

$$V(Y)=V(7X-1)$$

$$=7^2V(X)$$

$$=\boxed{20}^{\,\text{シス}} \quad (②\text{ より})$$

> **分散の公式**
> $V(aX+b)=a^2V(X)$
> （a，b は定数）

(2)　母平均が m である母集団から大きさが900の標本を無作為に選んだ標本平均が $\overline{X}$ である．

母標準偏差を σ とすると，900は十分大きいので $\overline{X}$ は正規分布 $N\left(\underbrace{m}_{\text{平均}},\ \underbrace{\frac{\sigma^2}{900}}_{\text{分散}}\right)$ に近似的に従う．

重要!!　母平均が m，母分散が σ^2 の母集団から大きさ n の標本を無作為に選ぶとき，n が十分大きければ，標本平均 $\overline{X}$ は

・平均が m

・分散が $\frac{\sigma^2}{n}$ の正規分布

$N\left(m,\ \frac{\sigma^2}{n}\right)$ に近似的に従う．

$\overline{X}$ の標準偏差は $\sqrt{\frac{\sigma^2}{900}}=\frac{\sigma}{30}$ である．

標本の大きさが十分大きいので，母標準偏差 σ は標本標準偏差 S にほぼ等しいとしてよいから，$\overline{X}$ の標準偏差は $\frac{S}{30}$ としてよい．

よって，標本平均 $\overline{X}$ は平均が m，標準偏差が $\frac{S}{30}$ の正規分布に従うとしてよい．　………③

$\overline{X}$ が正規分布に従うので

$$z=\frac{\overline{X}-(\overline{X}\text{の平均})}{(\overline{X}\text{の標準偏差})}=\frac{\overline{X}-m}{\frac{S}{30}}\quad\cdots\cdots\cdots④$$

とおくと，z は標準正規分布に従う．

重要!!　正規分布表を使うために，標準正規分布に従う z を考える．

m に対する信頼度95％の信頼区間を得るには，まず

$$P(-z_0\leqq z\leqq z_0)=\frac{95}{100}=0.95\quad\cdots\cdots\cdots⑤$$

となる z_0 を以下のようにして求める．

step1　この確率は次の図（標準正規分布）の斜線部の面積である．

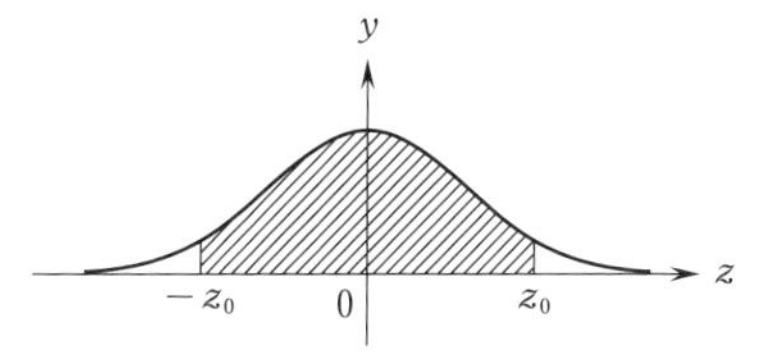

step2　標準正規分布の分布曲線は y 軸について対称

なので，上の図の斜線部の面積は，次の図の斜線部の面積 $P(0 \leqq z \leqq z_0)$ の 2 倍である.

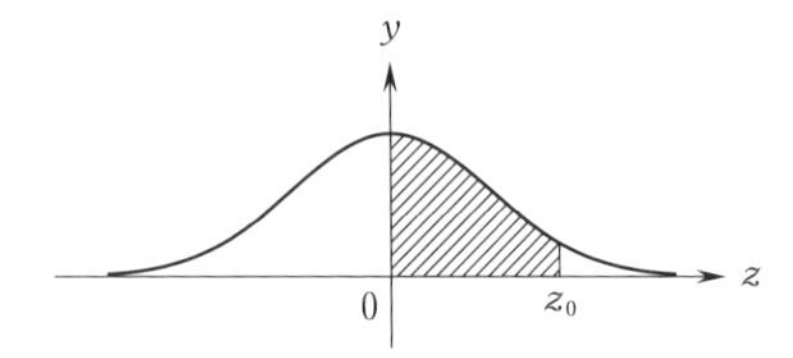

よって，$P(-z_0 \leqq z \leqq z_0) = 2P(0 \leqq z \leqq z_0)$ となり，これが 0.95 となるのは，

$P(0 \leqq z \leqq z_0) = \dfrac{0.95}{2} = 0.475$ となるときである.

step3 次ページの正規分布表に書かれた面積の値で 0.475 に近いものを探すと，0.4750 が見つかる.

step4 そこから左と上を見ると z_0 の整数部分と小数第 1 位までが 1.9，z_0 の小数第 2 位が 6（0.06 の部分）と分かる.

step5 以上より，$P(-z_0 \leqq z \leqq z_0) = 0.95$ となる z_0 はおよそ 1.96 と分かる.

以上より，m に対する信頼度 95 %の信頼区間を求めるには

$$-z_0 \leqq z = \frac{\overline{X} - m}{\frac{S}{30}} \leqq z_0 \quad (z_0 = 1.96)$$

より

$$\overline{X} - z_0 \cdot \frac{S}{30} \leqq m \leqq \overline{X} + z_0 \cdot \frac{S}{30}$$

$z_0 = 1.96$ を代入して

$$\overline{X} - 0.065S \leqq m \leqq \overline{X} + 0.065S$$

よって，セ に当てはまる最も適切なものは

セ
④ である.

正 規 分 布 表

次の表は，標準正規分布の正規分布曲線における右図の灰色部分の面積の値をまとめたものである。

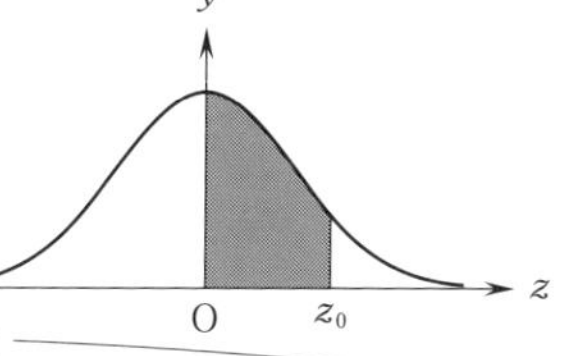

z_0 の小数第 2 位

z_0 の整数部分と小数第 1 位

z_0	0.00	0.01	0.02	0.03	0.04	0.05	0.06	0.07	0.08	0.09
0.0	0.0000	0.0040	0.0080	0.0120	0.0160	0.0199	[illegible]	0.0279	0.0319	0.0359
0.1	0.0398	0.0438	0.0478	0.0517	0.0557	0.0596	0.0636	0.0675	0.0714	0.0753
0.2	0.0793	0.0832	0.0871	0.0910	0.0948	0.0987	0.1026	0.1064	0.1103	0.1141
0.3	0.1179	0.1217	0.1255	0.1293	0.1331	0.1368	0.1406	0.1443	0.1480	0.1517
0.4	0.1554	0.1591	0.1628	0.1664	0.1700	0.1736	0.1772	0.1808	0.1844	0.1879
0.5	0.1915	0.1950	0.1985	0.2019	0.2054	0.2088	0.2123	0.2157	0.2190	0.2224
0.6	0.2257	0.2291	0.2324	0.2357	0.2389	0.2422	0.2454	0.2486	0.2517	0.2549
0.7	0.2580	0.2611	0.2642	0.2673	0.2704	0.2734	0.2764	0.2794	0.2823	0.2852
0.8	0.2881	0.2910	0.2939	0.2967	0.2995	0.3023	0.3051	0.3078	0.3106	0.3133
0.9	0.3159	0.3186	0.3212	0.3238	0.3264	0.3289	[illegible]	[illegible]	[illegible]	0.3389
1.0	0.3413	0.3438	0.3461	0.3485	0.3508	0.3531	0.3554	0.3577	0.3599	0.3621
1.1	0.3643	0.3665	0.3686	0.3708	0.3729	0.3749	0.3770	0.3790	0.3810	0.3830
1.2	0.3849	0.3869	0.3888	0.3907	0.3925	0.3944	0.3962	0.3980	0.3997	0.4015
1.3	0.4032	0.4049	0.4066	0.4082	0.4099	0.4115	0.4131	0.4147	0.4162	0.4177
1.4	0.4192	0.4207	0.4222	0.4236	0.4251	0.4265	0.4279	0.4292	0.4306	0.4319
1.5	0.4332	0.4345	0.4357	0.4370	0.4382	0.4394	0.4406	0.4418	0.4429	0.4441
1.6	0.4452	0.4463	0.4474	0.4484	0.4495	0.4505	0.4515	0.4525	0.4535	0.4545
1.7	0.4554	0.4564	0.4573	0.4582	0.4591	0.4599	0.4608	0.4616	0.4625	0.4633
1.8	0.4641	[illegible]	[illegible]	[illegible]	[illegible]	0.4678	0.4686	0.4693	0.4699	0.4706
1.9	0.4713	0.4719	0.4726	0.4732	0.4738	0.4744	0.4750	0.4756	0.4761	0.4767
2.0	0.4772	0.4778	0.4783	0.4788	0.4793	[illegible]	[illegible]	[illegible]	0.4812	0.4817
2.1	0.4821	0.4826	0.4830	0.4834	0.4838	0.4842	0.4846	0.4850	0.4854	0.4857
2.2	0.4861	0.4864	0.4868	0.4871	0.4875	0.4878	0.4881	0.4884	0.4887	0.4890
2.3	0.4893	0.4896	0.4898	0.4901	0.4904	0.4906	0.4909	0.4911	0.4913	0.4916
2.4	0.4918	0.4920	0.4922	0.4925	0.4927	0.4929	0.4931	0.4932	0.4934	0.4936
2.5	0.4938	0.4940	0.4941	0.4943	0.4945	0.4946	0.4948	0.4949	0.4951	0.4952
2.6	0.4953	0.4955	0.4956	0.4957	0.4959	0.4960	0.4961	0.4962	0.4963	0.4964
2.7	0.4965	0.4966	0.4967	0.4968	0.4969	0.4970	0.4971	0.4972	0.4973	0.4974
2.8	0.4974	0.4975	0.4976	0.4977	0.4977	0.4978	0.4979	0.4979	0.4980	0.4981
2.9	0.4981	0.4982	0.4982	0.4983	0.4984	0.4984	0.4985	0.4985	0.4986	0.4986
3.0	0.4987	0.4987	0.4987	0.4988	0.4988	0.4989	0.4989	0.4989	0.4990	0.4990

z_0 の小数第 2 位

z_0 の小数第 1 位まで

ここに 0.4750 がある

m に対する信頼度 99 %の信頼区間を求めるには，まず，④により定めた z に対して，⑤の「95」を「99」に替え

$$P(-z_0 \leqq z \leqq z_0)=\frac{99}{100}=0.99$$

となる z_0 を求める．

先ほどと同様に

$$P(-z_0 \leqq z \leqq z_0)=2P(0 \leqq z \leqq z_0)=0.99$$

となり

$$P(0 \leqq z \leqq z_0)=\frac{0.99}{2}=0.495$$

次ページの正規分布表で 0.495 に近い値を探すと，0.4949 と 0.4951 が見つかるので

$z_0=2.57$　または　2.58

と分かり，ここでは $z_0=2.58$ とする．

m に対する信頼度 99 %の信頼区間 I を求めるには

$$-z_0 \leqq z=\frac{\overline{X}-m}{\frac{S}{30}} \leqq z_0 \quad (z_0=2.58)$$

より

$$\overline{X}-2.58\cdot\frac{S}{30} \leqq m \leqq \overline{X}+2.58\cdot\frac{S}{30} \qquad \cdots\cdots\cdots ⑥$$

つまり，

$$I : \overline{X}-0.086S \leqq m \leqq \overline{X}+0.086S$$

よって，ソ に当てはまる最も適切なものは

ソ
⑤ である．

⑥で定めた信頼度 99 %の信頼区間を $A \leqq m \leqq B$ と表すと，

◀このとき $B-A$ を「**信頼区間の幅**」という．

$$A=\overline{X}-2.58\cdot\frac{S}{30},\ B=\overline{X}+2.58\cdot\frac{S}{30}$$

となり

$$B-A=2\cdot 2.58\cdot\frac{S}{30} \qquad \cdots\cdots\cdots ⑦$$

正　規　分　布　表

次の表は，標準正規分布の正規分布曲線における右図の灰色部分の面積の値をまとめたものである。

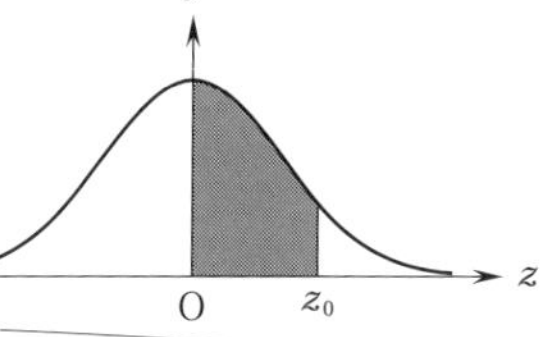

z_0 の小数第２位

z_0	0.00	0.01	0.02	0.03	0.04	0.05	0.06	0.07	0.08	0.09
0.0	0.0000	0.0040	0.0080	0.0120	0.0160	0.0199	0.0239	0.0279	0.0319	0.0359
0.1	0.0398	0.0438	0.0478	0.0517	0.0557	0.0596	0.0636	0.0675	0.0714	0.0753
0.2	0.0793	0.0832	0.0871	0.0910	0.0948	0.0987	0.1026	0.1064	0.1103	0.1141
0.3	0.1179	0.1217	0.1255	0.1293	0.1331	0.1368	0.1406	0.1443	0.1480	0.1517
0.4	0.1554	0.1591	0.1628	0.1664	0.1700	0.1736	0.1772	0.1808	0.1844	0.1879
0.5	0.1915	0.1950	0.1985	0.2019	0.2054	0.2088	0.2123	0.2157	0.2190	0.2224
0.6	0.2257	0.2291	0.2324	0.2357	0.2389	0.2422	0.2454	0.2486	0.2517	0.2549
0.7	0.2580	0.2611	0.2642	0.2673	0.2704	0.2734	0.2764	0.2794	0.2823	0.2852
0.8	0.2881	0.2910	0.2939	0.2967	0.2995	0.3023	0.3051	0.3078	0.3106	0.3133
0.9	0.3159	0.3186	0.3212	0.3238	0.3264	0.3289	0.3315	0.3340	0.3365	0.3389
1.0	0.3413	0.3438	0.3461	0.3485	0.3508	0.3531	0.3554	0.3577	0.3599	0.3621
1.1	0.3643	0.3665	0.3686	0.3708	0.3729	[illegible]	[illegible]	[illegible]	0.3810	0.3830
1.2	0.3849	0.3869	0.3888	0.3907	0.3925	0.3944	0.3962	0.3980	0.3997	0.4015
1.3	0.4032	0.4049	0.4066	0.4082	0.4099	0.4115	0.4131	0.4147	0.4162	0.4177
1.4	0.4192	0.4207	0.4222	0.4236	0.4251	0.4265	0.4279	0.4292	0.4306	0.4319
1.5	0.4332	0.4345	0.4357	0.4370	0.4382	0.4394	0.4406	0.4418	0.4429	0.4441
1.6	0.4452	0.4463	0.4474	0.4484	0.4495	0.4505	0.4515	0.4525	0.4535	0.4545
1.7	0.4554	0.4564	0.4573	0.4582	0.4591	0.4599	0.4608	0.4616	0.4625	0.4633
1.8	0.4641	0.4649	0.4656	0.4664	0.4671	0.4678	0.4686	0.4693	0.4699	0.4706
1.9	0.4713	0.4719	0.4726	0.4732	0.4738	0.4744	0.4750	0.4756	0.4761	0.4767
2.0	0.4772	0.4778	0.4783	0.4788	0.4793	0.4798	0.4803	0.4808	0.4812	0.4817
2.1	0.4821	0.4826	0.4830	0.4834	0.4838	0.4842	0.4846	0.4850	0.4854	0.4857
2.2	0.4861	0.4864	0.4868	0.4871	0.4875	0.4878	0.4881	0.4884	0.4887	0.4890
2.3	0.4893	0.4896	0.4898	0.4901	0.4904	0.4906	0.4909	0.4911	0.4913	0.4916
2.4	0.4918	0.4920	[illegible]	[illegible]	[illegible]	0.4929	0.4931	0.4932	0.4934	0.4936
2.5	0.4938	0.4940	0.4941	0.4943	0.4945	0.4946	0.4948	0.4949	0.4951	0.4952
2.6	0.4953	0.4955	0.4956	0.4957	0.4959	0.4960	0.4961	0.4962	0.4963	0.4964
2.7	0.4965	0.4966	0.4967	0.4968	0.4969	0.4970	0.4971	0.4972	0.4973	0.4974
2.8	0.4974	0.4975	0.4976	0.4977	0.4977	0.4978	0.4979	0.4979	0.4980	0.4981
2.9	0.4981	0.4982	0.4982	0.4983	0.4984	0.4984	0.4985	0.4985	0.4986	0.4986
3.0	0.4987	0.4987	0.4987	0.4988	0.4988	0.4989	0.4989	0.4989	0.4990	0.4990

z_0 の整数部分と小数第１位

z_0 の小数第２位

z_0 の小数第１位まで

ここがほぼ 0.495

n は十分大きいものとし，この母集団から大きさが n の標本を無作為に選んだところ，標本標準偏差は S とほぼ等しくなった．

この場合の標本平均を $\overline{X}'$ とすると，③ と同様に $\overline{X}'$ は平均が m，標準偏差が

$$\frac{(\text{母標準偏差})}{\sqrt{(\text{標本の大きさ})}}=\frac{S}{\sqrt{n}}$$

の正規分布に従うとしてよい．

この標本から母平均 m に対する信頼度 99 %の信頼区間 $I'：C \leqq m \leqq D$ を求めると，⑥ と同様にして

$$I'：\underbrace{\overline{X}'-2.58\cdot\frac{S}{\sqrt{n}}}_{\text{これが}C} \leqq m \leqq \underbrace{\overline{X}'+2.58\cdot\frac{S}{\sqrt{n}}}_{\text{これが}D}$$

となる．

よって

$$D-C=2\cdot2.58\cdot\frac{S}{\sqrt{n}}$$

$D-C$ を「信頼区間の幅」という

これと ⑦ より

$$\frac{D-C}{B-A}=\frac{2\cdot2.58\cdot\frac{S}{\sqrt{n}}}{2\cdot2.58\cdot\frac{S}{30}}=\frac{30}{\sqrt{n}}$$

これが $\frac{1}{3}$ となるには

$$\sqrt{n}=90$$

となり

$$n=8100$$

この結果を一般化すると，信頼度は変えないで信頼区間の幅を $\frac{1}{k}$ 倍 ($k>0$) するには，標本の大きさを k^2 倍すればよいとわかる．信頼区間の幅を小さくするには手間がかかる！

よって，[タ] に当てはまる最も適切なものは，

タ [③] である．

第3回解答

解答記号	正解	配点	自己採点
$\frac{ア}{イ}$	$\frac{2}{3}$	1	
ウ	1	1	
$\frac{エ}{オ}$	$\frac{4}{3}$	1	
$\frac{カ}{キ}$	$\frac{2}{9}$	1	
ク	⓪	1	
$\frac{ケ}{コ}$	$\frac{8}{3}$	1	
$\frac{サ}{シ}$	$\frac{4}{9}$	1	
$\frac{スセ}{ソ}$	$\frac{16}{9}$	1	
タ	0	1	
チ	4	1	

解答記号	正解	配点	自己採点
ツ	⓪	1	
テ	④	1	
トナ	16	1	
ニヌネ	037	1	
ノ	③	2	
ハ	④	2	
ヒ	②	1	
フ	⑤	1	

解説 独立な確率変数についての平均などの基本公式と，母比率の推定の方法を確認しよう．

(1)　さいころの目で3の倍数でないものは 1，2，4，5 の4通りなので

$$P(X=1)=\frac{4}{6}=\frac{\boxed{2}_{ア}}{\boxed{3}_{イ}}$$

3の倍数の目は 3，6 の2通りなので

$$P(X=2)=\frac{2}{6}=\frac{\boxed{1}_{ウ}}{3}$$

X の平均は

$$E(X)=1\cdot\frac{2}{3}+2\cdot\frac{1}{3}=\frac{\boxed{4}_{\text{エ}}}{\boxed{3}_{\text{オ}}}$$

平均の定義
X の取り得る値が $x_k(1\leqq k\leqq n)$ であり，$X=x_k$ となる確率を p_k と表すと，X の**平均**は

$$E(X)=\sum_{k=1}^{n}x_kp_k$$

X の分散 $V(X)$ は

$$V(X)=E(X^2)-\{E(X)\}^2$$

$$=\underbrace{1^2\cdot\frac{2}{3}+2^2\cdot\frac{1}{3}}_{\text{これが}E(X^2)}-\left(\frac{4}{3}\right)^2$$

$$=\frac{\boxed{2}_{\text{カ}}}{\boxed{9}_{\text{キ}}}$$

分散の公式
X の値が簡単な整数（X^2 が求めやすい）の場合に使うとよい．

1回目と2回目のさいころの目は互いに影響しないから，X と Y は独立である．よって，[ク] には

ク [⓪] が当てはまる．

X と同様に，Y の平均は $E(Y)=\frac{4}{3}$，分散は $V(Y)=\frac{2}{9}$ となる．

$X+Y$ の平均は

$$E(X+Y)=E(X)+E(Y)$$

$$=\frac{4}{3}+\frac{4}{3}$$

$$=\frac{\boxed{8}_{\text{ケ}}}{\boxed{3}_{\text{コ}}}$$

平均の公式
$E(X+Y)=E(X)+E(Y)$
これはどんな確率変数 X，Y についても成り立つ．

X と Y が独立なので，$X+Y$ の分散は

$V(X+Y)=V(X)+V(Y)$

$=\frac{2}{9}+\frac{2}{9}$

$=\frac{\boxed{4}}{\boxed{9}}$ （サ／シ）

分散の公式
X と Y が独立（互いに影響しない）のとき，
$V(X+Y)=V(X)+V(Y)$

X と Y が独立なので， XY の平均は

$E(XY)=E(X)E(Y)$

$=\frac{4}{3}\cdot\frac{4}{3}$

$=\frac{\boxed{16}}{\boxed{9}}$ （スセ／ソ）

平均の公式
X と Y が独立（互いに影響しない）のとき，
$E(XY)=E(X)E(Y)$

$3X-3Y$ の平均は

$E(3X-3Y)=E(3X+(-3Y))$

$=E(3X)+E(-3Y)$

（一般に $E(x+y)=E(x)+E(y)$ より）

$=3E(X)-3E(Y)$

（$E(3X)=3E(X)$，
$E(-3Y)=-3E(Y)$ より）

$=3\cdot\frac{4}{3}-3\cdot\frac{4}{3}$

$=\boxed{0}$ （タ）

X と Y が独立なので， $3X-3Y$ の分散は

X と Y が独立なので，$3X$ と $-3Y$ も独立になる（互いに影響しない）．

$V(3X-3Y)=V(3X+(-3Y))$

$=V(3X)+V(-3Y)$

分散の公式
X と Y が独立（互いに影響しない）のとき，
$V(X+Y)=V(X)+V(Y)$

$=3^2V(X)+(-3)^2V(Y)$

分散の公式
$V(aX)=a^2V(X)$
（a は定数）

$=9\cdot\frac{2}{9}+9\cdot\frac{2}{9}$

$=\boxed{4}$ （チ）

(2) 母比率が p である母集団から無作為に n 個を選んだときの標本比率 R は，正規分布

$N\left(\underbrace{p}_{\text{平均}},\ \underbrace{\frac{p(1-p)}{n}}_{\text{分散}}\right)$ に近似的に従う．

重要!! 母比率を推定するにはこれが重要．

$$(\text{分散})=\frac{p(1-p)}{(\text{標本の大きさ})}$$

を忘れたら，第1.12節をもう一度読もう．

つまり，ツ には ⓪ (ツ) が当てはまり，テ には ④ (テ) が当てはまる．

◀ R の標準偏差は

$$\sqrt{(\text{分散})}=\sqrt{\frac{p(1-p)}{n}}$$

であるから ④ (テ) である．

$n=100$ は十分大きいとしてよく，p は標本比率 R にほぼ等しいとしてよいので，テ の p を

$$R=\frac{16}{100}=0.\boxed{16}\ (\text{トナ})$$

に置き換えて，R の標準偏差は

$$\sqrt{\frac{0.16\cdot0.84}{100}}=\sqrt{\frac{16\cdot84}{10^6}}$$
$$=\frac{8\sqrt{21}}{1000}$$
$$=\frac{8\cdot4.58}{1000}$$
$$=0.0366\cdots$$
$$=0.\boxed{037}\ (\text{ニヌネ})$$

したがって

$$z=\frac{R-p}{0.037} \quad \cdots\cdots\cdots ①$$

とおくと，z は標準正規分布に従う．

重要!! 正規分布表を使うために，標準正規分布に従う z を考える．すなわち

$$z=\frac{(\text{標本比率}R)-(R\text{の平均})}{(R\text{の標準偏差})}.$$

ただし，R の平均は母比率 p に等しい．

この標本から得られる，母比率 p に対する信頼度95 %の信頼区間 $A\leqq p\leqq B$ を得るには，まず

$$P(-z_0\leqq z\leqq z_0)=\frac{95}{100}=0.95 \quad \cdots\cdots\cdots ②$$

となる z_0 を以下のようにして求める．

step1 この確率は次の図（標準正規分布）の斜線部の面積である．

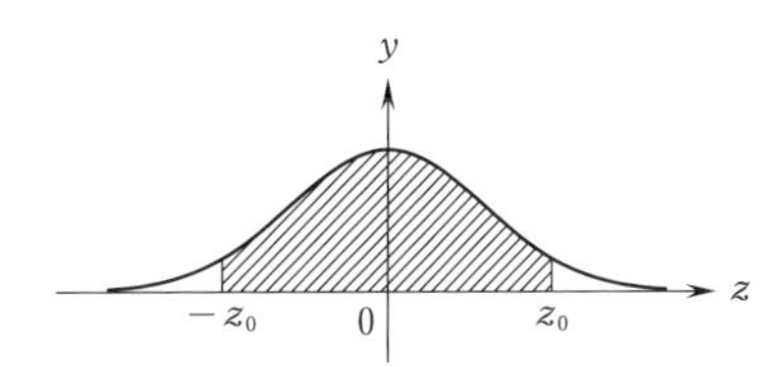

step2　標準正規分布の分布曲線は y 軸について対称なので，上の図の斜線部の面積は，次の図の斜線部の面積 $P(0 \leqq z \leqq z_0)$ の2倍である．

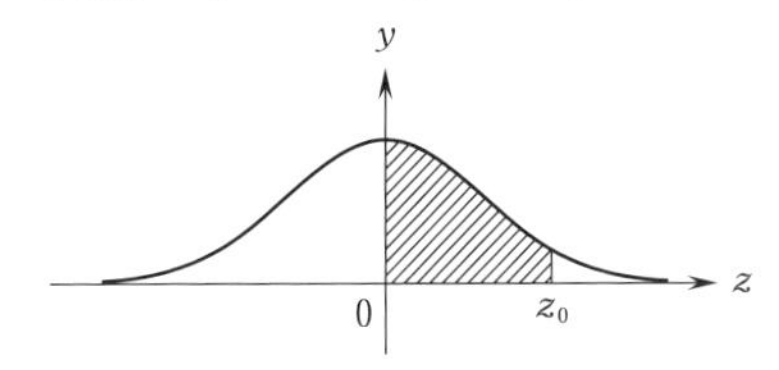

step3　よって，$P(-z_0 \leqq z \leqq z_0) = 2P(0 \leqq z \leqq z_0)$ となり，これが0.95になるのは，

$$P(0 \leqq z \leqq z_0) = \frac{0.95}{2} = 0.475$$

となるときである，

step4　次ページの正規分布表に書かれた面積の値で0.475に近いものを探すと，0.4750 が見つかる．

step5　そこから左と上を見ると z_0 の整数部分と小数第1位までが 1.9，z_0 の小数第2位が6（0.06）と分かる．

step6　以上より

$$P(-z_0 \leqq z \leqq z_0) = 0.95$$

となる z_0 はおよそ1.96と分かる．

正 規 分 布 表

次の表は，標準正規分布の正規分布曲線における右図の灰色部分の面積の値をまとめたものである。

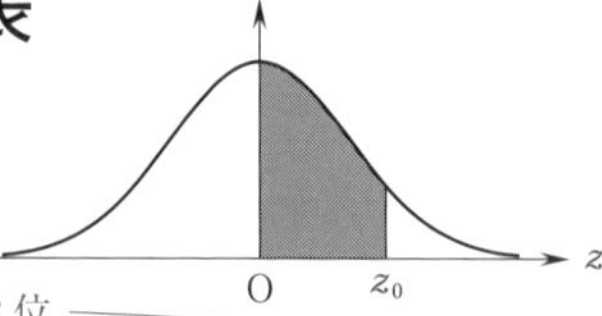

z_0 の小数第 2 位

z_0	0.00	0.01	0.02	0.03	0.04	0.05	0.06	0.07	0.08	0.09
0.0	0.0000	0.0040	0.0080	0.0120	0.0160	0.0199	0.0[illegible]39	0.0279	0.0319	0.0359
0.1	0.0398	0.0438	0.0478	0.0517	0.0557	0.0596	0.0[illegible]36	0.0675	0.0714	0.0753
0.2	0.0793	0.0832	0.0871	0.0910	0.0948	0.0987	0.1[illegible]26	0.1064	0.1103	0.1141
0.3	0.1179	0.1217	0.1255	0.1293	0.1331	0.1368	0.1[illegible]06	0.1443	0.1480	0.1517
0.4	0.1554	0.1591	0.1628	0.1664	0.1700	0.1736	0.1[illegible]72	0.1808	0.1844	0.1879
0.5	0.1915	0.1950	0.1985	0.2019	0.2054	0.2088	0.2[illegible]23	0.2157	0.2190	0.2224
0.6	0.2257	0.2291	0.2324	0.2357	0.2389	0.2422	0.2[illegible]54	0.2486	0.2517	0.2549
0.7	0.2580	0.2611	0.2642	0.2673	0.2704	0.2734	0.2[illegible]64	0.2794	0.2823	0.2852
0.8	0.2881	0.2910	0.2939	0.2967	0.2995	0.3023	0.3[illegible]51	0.3078	0.3106	0.3133
0.9	0.3159	0.3186	0.3212	0.3238	0.3264	0.3289	0.3[illegible]	[illegible]	[illegible]	0.3389
1.0	0.3413	0.3438	0.3461	0.3485	0.3508	0.3531	0.3[illegible]54	0.3577	0.3599	0.3621
1.1	0.3643	0.3665	0.3686	0.3708	0.3729	0.3749	0.3[illegible]70	0.3790	0.3810	0.3830
1.2	0.3849	0.3869	0.3888	0.3907	0.3925	0.3944	0.3[illegible]62	0.3980	0.3997	0.4015
1.3	0.4032	0.4049	0.4066	0.4082	0.4099	0.4115	0.4[illegible]31	0.4147	0.4162	0.4177
1.4	0.4192	0.4207	0.4222	0.4236	0.4251	0.4265	0.4[illegible]79	0.4292	0.4306	0.4319
1.5	0.4332	0.4345	0.4357	0.4370	0.4382	0.4394	0.4[illegible]06	0.4418	0.4429	0.4441
1.6	0.4452	0.4463	0.4474	0.4484	0.4495	0.4505	0.4[illegible]15	0.4525	0.4535	0.4545
1.7	0.4554	0.4564	0.4573	0.4582	0.4591	0.4599	0.4[illegible]08	0.4616	0.4625	0.4633
1.8	0.4641	0.46[illegible]	[illegible]	[illegible]	[illegible]1	0.4678	0.4[illegible]86	0.4693	0.4699	0.4706
1.9	0.4713	0.4719	0.4726	0.4732	0.4738	0.4744	0.4750	0.4756	0.4761	0.4767
2.0	0.4772	0.4778	0.4783	0.4788	0.4793	[illegible]	[illegible]	[illegible]	0.4812	0.4817
2.1	0.4821	0.4826	0.4830	0.4834	0.4838	0.4842	0.4846	0.4850	0.4854	0.4857
2.2	0.4861	0.4864	0.4868	0.4871	0.4875	0.4878	0.4881	0.4884	0.4887	0.4890
2.3	0.4893	0.4896	0.4898	0.4901	0.4904	0.4906	0.4909	0.4911	0.4913	0.4916
2.4	0.4918	0.4920	0.4922	0.4925	0.4927	0.4929	0.4931	0.4932	0.4934	0.4936
2.5	0.4938	0.4940	0.4941	0.4943	0.4945	0.4946	0.4948	0.4949	0.4951	0.4952
2.6	0.4953	0.4955	0.4956	0.4957	0.4959	0.4960	0.4961	0.4962	0.4963	0.4964
2.7	0.4965	0.4966	0.4967	0.4968	0.4969	0.4970	0.4971	0.4972	0.4973	0.4974
2.8	0.4974	0.4975	0.4976	0.4977	0.4977	0.4978	0.4979	0.4979	0.4980	0.4981
2.9	0.4981	0.4982	0.4982	0.4983	0.4984	0.4984	0.4985	0.4985	0.4986	0.4986
3.0	0.4987	0.4987	0.4987	0.4988	0.4988	0.4989	0.4989	0.4989	0.4990	0.4990

z_0 の整数部分と小数第 1 位

z_0 の小数第 2 位

z_0 の小数第 1 位まで

ここに 0.475 がある

以上より，p に対する信頼度95％の信頼区間 $A \leqq p \leqq B$ を求めるには

$$-z_0 \leqq z = \frac{R-p}{0.037} \leqq z_0 \quad (z_0 = 1.96)$$

より

$$R - 0.037z_0 \leqq p \leqq R + 0.037z_0$$

$R = \dfrac{16}{100} = 0.16$，$z_0 = 1.96$ より

$$0.16 - 0.037 \cdot 1.96 \leqq p \leqq 0.16 + 0.037 \cdot 1.96$$

$$\underbrace{0.087}_{\text{これが}A} \leqq p \leqq \underbrace{0.233}_{\text{これが}B}$$

よって，［ノ］，［ハ］に当てはまる最も適切なものはそれぞれ［ノ ③］，［ハ ④］である．

p に対する信頼度99％の信頼区間を求めるには，まず，①により定めた z に対して，②の「95」を「99」に替え

$$P(-z_0 \leqq z \leqq z_0) = \frac{99}{100} = 0.99$$

となる z_0 を求める．

先ほどと同様に

$$P(-z_0 \leqq z \leqq z_0) = 2P(0 \leqq z \leqq z_0) = 0.99$$

となり

$$P(0 \leqq z \leqq z_0) = \frac{0.99}{2} = 0.495$$

次ページの正規分布表で0.495に近い値を探すと，0.4949 と 0.4951 が見つかるので

$z_0 = 2.57$　または　2.58

と分かり，ここでは $z_0 = 2.58$ とする．

正 規 分 布 表

次の表は，標準正規分布の正規分布曲線における右図の灰色部分の面積の値をまとめたものである。

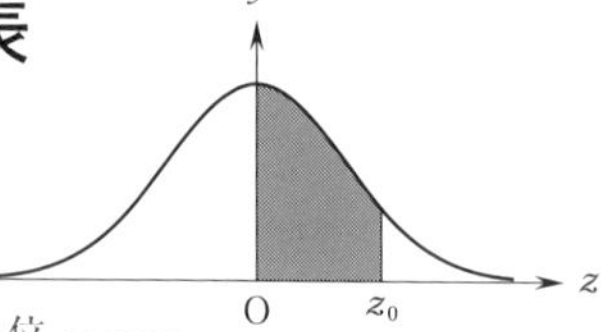

z_0 の小数第 2 位

z_0	0.00	0.01	0.02	0.03	0.04	0.05	0.06	0.07	0.08	0.09
0.0	0.0000	0.0040	0.0080	0.0120	0.0160	0.0199	0.0239	0.0279	0.0319	0.0359
0.1	0.0398	0.0438	0.0478	0.0517	0.0557	0.0596	0.0636	0.0675	0.0714	0.0753
0.2	0.0793	0.0832	0.0871	0.0910	0.0948	0.0987	0.1026	0.1064	0.1103	0.1141
0.3	0.1179	0.1217	0.1255	0.1293	0.1331	0.1368	0.1406	0.1443	0.1480	0.1517
0.4	0.1554	0.1591	0.1628	0.1664	0.1700	0.1736	0.1772	0.1808	0.1844	0.1879
0.5	0.1915	0.1950	0.1985	0.2019	0.2054	0.2088	0.2123	0.2157	0.2190	0.2224
0.6	0.2257	0.2291	0.2324	0.2357	0.2389	0.2422	0.2454	0.2486	0.2517	0.2549
0.7	0.2580	0.2611	0.2642	0.2673	0.2704	0.2734	0.2764	0.2794	0.2823	0.2852
0.8	0.2881	0.2910	0.2939	0.2967	0.2995	0.3023	0.3051	0.3078	0.3106	0.3133
0.9	0.3159	0.3186	0.3212	0.3238	0.3264	0.3289	0.3315	0.3340	0.3365	0.3389
1.0	0.3413	0.3438	0.3461	0.3485	0.3508	0.3531	0.3554	0.3577	0.3599	0.3621
1.1	0.3643	0.3665	0.3686	0.3708	0.3729	[illegible]	[illegible]	[illegible]	0.3810	0.3830
1.2	0.3849	0.3869	0.3888	0.3907	0.3925	[illegible]	[illegible]	[illegible]	0.3997	0.4015
1.3	0.4032	0.4049	0.4066	0.4082	0.4099	0.4115	0.4131	0.4147	0.4162	0.4177
1.4	0.4192	0.4207	0.4222	0.4236	0.4251	0.4265	0.4279	0.4292	0.4306	0.4319
1.5	0.4332	0.4345	0.4357	0.4370	0.4382	0.4394	0.4406	0.4418	0.4429	0.4441
1.6	0.4452	0.4463	0.4474	0.4484	0.4495	0.4505	0.4515	0.4525	0.4535	0.4545
1.7	0.4554	0.4564	0.4573	0.4582	0.4591	0.4599	0.4608	0.4616	0.4625	0.4633
1.8	0.4641	0.4649	0.4656	0.4664	0.4671	0.4678	0.4686	0.4693	0.4699	0.4706
1.9	0.4713	0.4719	0.4726	0.4732	0.4738	0.4744	0.4750	0.4756	0.4761	0.4767
2.0	0.4772	0.4778	0.4783	0.4788	0.4793	0.4798	0.4803	0.4808	0.4812	0.4817
2.1	0.4821	0.4826	0.4830	0.4834	0.4838	0.4842	0.4846	0.4850	0.4854	0.4857
2.2	0.4861	0.4864	0.4868	0.4871	0.4875	0.4878	0.4881	0.4884	0.4887	0.4890
2.3	0.4893	0.4896	0.4898	0.4901	0.4904	0.4906	0.4909	0.4911	0.4913	0.4916
2.4	0.4918	0.4920	[illegible]	[illegible]	[illegible]	0.4929	0.4931	0.4932	0.4934	0.4936
2.5	0.4938	0.4940	0.4941	0.4943	0.4945	0.4946	0.4948	0.4949	0.4951	0.4952
2.6	0.4953	0.4955	0.4956	0.4957	0.4959	0.4960	0.4961	0.4962	0.4963	0.4964
2.7	0.4965	0.4966	0.4967	0.4968	0.4969	0.4970	0.4971	0.4972	0.4973	0.4974
2.8	0.4974	0.4975	0.4976	0.4977	0.4977	0.4978	0.4979	0.4979	0.4980	0.4981
2.9	0.4981	0.4982	0.4982	0.4983	0.4984	0.4984	0.4985	0.4985	0.4986	0.4986
3.0	0.4987	0.4987	0.4987	0.4988	0.4988	0.4989	0.4989	0.4989	0.4990	0.4990

z_0 の整数部分と小数第 1 位

z_0 の小数第 2 位

z_0 の小数第 1 位まで

ここがほぼ 0.495

p に対する信頼度 99 % の信頼区間 $C \leqq p \leqq D$ を求めるには

$$-z_0 \leqq z = \frac{R-p}{0.037} \leqq z_0$$

に $R=0.16$, $z_0=2.58$ を代入し

$$0.16-2.58\cdot 0.037 \leqq p \leqq 0.16+2.58\cdot 0.037$$

$$\underbrace{0.065}_{\text{これが}\,C} \leqq p \leqq \underbrace{0.255}_{\text{これが}\,D}$$

よって, ヒ と フ に当てはまる最も適切なものは, それぞれ ②(ヒ), ⑤(フ) である.

第4回解答

解答記号	正解	配点	自己採点
$\dfrac{\text{ア}}{\text{イ}}$	$\dfrac{1}{6}$	1	
$\dfrac{\text{ウ}}{\text{エ}}$	$\dfrac{1}{3}$	1	
$\dfrac{\text{オ}}{\text{カ}}$	$\dfrac{3}{2}$	1	
$\dfrac{\text{キク}}{\text{ケコ}}$	$\dfrac{11}{12}$	1	
サ	3	1	
$\dfrac{\text{シス}}{\text{セ}}$	$\dfrac{11}{6}$	1	
ソ	9	1	
タ	3	1	
$\dfrac{\text{チツ}}{\text{テ}}$	$\dfrac{55}{6}$	2	

解答記号	正解	配点	自己採点
ト	⓪	1	
ナ	④	1	
ニヌ	36	1	
ネノハ	034	1	
ヒ	②	2	
フ	⑤	2	
ヘ	①	1	
ホ	⑥	1	

解説 独立な確率変数についての平均などの基本公式と，母比率の推定の方法を確認しよう．

(1) さいころの目を4で割った余りは次の通り．

さいころの目	1	2	3	4	5	6
4で割った余り	1	2	3	0	1	2

よって

$$P(X=0)=P(X=3)=\frac{\boxed{1}_{\text{ア}}}{\boxed{6}_{\text{イ}}}$$

◀ $X=0$ となるのは4の1通り．$X=3$ となるのは3の1通り．

$$P(X=1)=P(X=2)=\frac{2}{6}=\frac{\boxed{1}_{\text{ウ}}}{\boxed{3}_{\text{エ}}}$$

◀ $X=1$ となるのは1，5の2通り．$X=2$ となるのは2，6の2通り．

X の平均は

$$E(X)=1\cdot\frac{1}{3}+2\cdot\frac{1}{3}+3\cdot\frac{1}{6}=\frac{\boxed{3}}{\boxed{2}}$$

（オ：3，カ：2）

X の分散 $V(X)$ は

$$V(X)=E(X^2)-\{E(X)\}^2$$

$$=\underbrace{1^2\cdot\frac{1}{3}+2^2\cdot\frac{1}{3}+3^2\cdot\frac{1}{6}}_{\text{これが}E(X^2)}-\left(\frac{3}{2}\right)^2$$

$$=\frac{\boxed{11}}{\boxed{12}}$$

（キク：11，ケコ：12）

X と同様に，Y の平均は $E(Y)=\frac{3}{2}$，分散は $V(Y)=\frac{11}{12}$ となる．

$X+Y$ の平均は

$$E(X+Y)=E(X)+E(Y)$$

$$=\frac{3}{2}+\frac{3}{2}$$

$$=\boxed{3}$$

（サ：3）

1回目と2回目のさいころの目は互いに影響しないので，**X と Y は独立であるから**，$X+Y$ の分散は

$$V(X+Y)=V(X)+V(Y)$$

$$=\frac{11}{12}+\frac{11}{12}$$

$$=\frac{\boxed{11}}{\boxed{6}}$$

（シス：11，セ：6）

平均の定義
X の取り得る値が x_k $(1\leqq k\leqq n)$ であり，$X=x_k$ となる確率を p_k と表すと，X の**平均**は

$$E(X)=\sum_{k=1}^{n}x_kp_k$$

分散の公式
X の値が簡単な整数（X^2 が求めやすい）の場合に使うとよい．

平均の公式
$$E(X+Y)=E(X)+E(Y)$$
これはどんな確率変数 X，Y についても成り立つ．

分散の公式
X と Y が独立（互いに影響しない）のとき，
$$V(X+Y)=V(X)+V(Y)$$

X と Y が独立なので，$4XY$ の平均は

$$E(4XY)=4E(X)E(Y)$$

$$=4\cdot\frac{3}{2}\cdot\frac{3}{2}=\boxed{9}\ (\text{ソ})$$

平均の公式
X と Y が独立（互いに影響しない）であり，a を定数とすると aX と Y も独立であるから
$E(aXY)$
$=E(aX)E(Y)$
$=aE(X)E(Y)$

$3X-Y$ の平均は

$$E(3X-Y)=3E(X)-E(Y)$$

$$=3\cdot\frac{3}{2}-\frac{3}{2}$$

$$=\boxed{3}\ (\text{タ})$$

平均の公式
a，b を定数とすると，一般に
$E(aX+bY)$
$=E(aX)+E(bY)$
$=aE(X)+bE(Y)$

X と Y が独立なので，$3X-Y$ の分散は

$3X$ と $-Y$ も独立．

$$V(3X-Y)=V(3X+(-Y))$$
$$=V(3X)+V(-Y)$$

分散の公式
X と Y が独立（互いに影響しない）のとき，
$V(X+Y)=V(X)+V(Y)$．

$$=3^2V(X)+(-1)^2V(Y)$$

分散の公式
$V(aX)=a^2V(X)$
（a は定数）

$$=9\cdot\frac{11}{12}+\frac{11}{12}$$

$$=\frac{\boxed{55}\ (\text{チツ})}{\boxed{6}\ (\text{テ})}$$

(2) 母比率が p である母集団から無作為に 200 個を選んだときの標本比率 R は，正規分布 $N\left(\underbrace{p}_{\text{平均}},\ \underbrace{\frac{p(1-p)}{200}}_{\text{分散}}\right)$ に近似的に従う．

重要!! 母比率を推定するにはこれが重要．

$$(\text{分散})=\frac{p(1-p)}{(\text{標本の大きさ})}$$

を忘れたら，第 1.12 節をもう一度読もう．

よって，$\boxed{\text{ト}}$ には $\boxed{⓪}$ (ト) が当てはまる．

R の標準偏差は

$$\sqrt{(\text{分散})}=\sqrt{\frac{p(1-p)}{200}}$$

であるから，$\boxed{\text{ナ}}$ には $\boxed{④}$ (ナ) が当てはまる．

200 は十分大きいので p は標本比率 R にほぼ等し

いとしてよく，［ナ］の p を

ニヌ

$$R=\frac{72}{200}=0.\boxed{36}$$

に置き換えて，R の標準偏差は

$$\sqrt{\frac{0.36\cdot 0.64}{200}}=\sqrt{\frac{36\cdot 64}{2\cdot 10^6}}$$

$$=\frac{24\sqrt{2}}{1000}$$

$$=\frac{24\cdot 1.41}{1000}$$

$$=0.03384$$

ネノハ

$$=0.\boxed{034}$$

したがって

$$z=\frac{R-p}{0.034} \qquad \cdots\cdots\cdots ①$$

とおくと，z は標準正規分布に従う．

重要!! 正規分布表を使うために，標準正規分布に従う z を考える．すなわち

$$z=\frac{(\text{標本比率}R)-(R\text{の平均})}{(R\text{の標準偏差})}$$

ただし，R の平均は母比率 p に等しい．

この標本から得られる，母比率 p に対する信頼度 95 %の信頼区間 $A\leqq p\leqq B$ を得るには，まず

$$P(-z_0\leqq z\leqq z_0)=\frac{95}{100}=0.95 \qquad \cdots\cdots\cdots ②$$

となる z_0 を以下のようにして求める．

step1 この確率は次の図（標準正規分布）の斜線部の面積である．

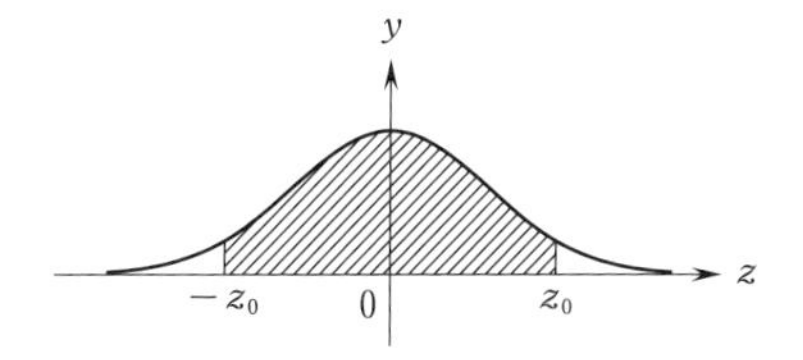

step2 標準正規分布の分布曲線は y 軸について対称なので，上の図の斜線部の面積は，次の図の斜線部の面積 $P(0\leqq z\leqq z_0)$ の2倍である．

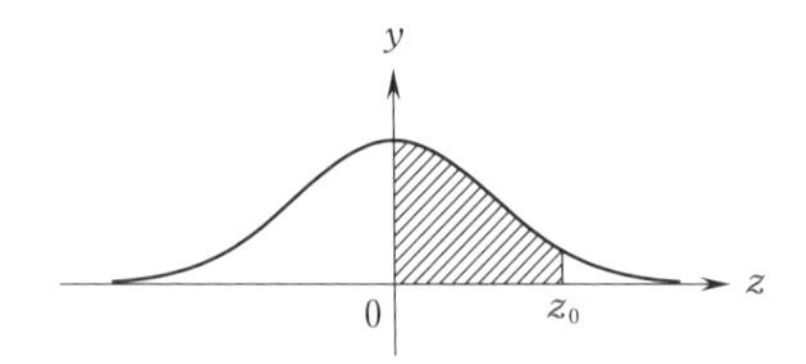

step3　よって，$P(-z_0 \leqq z \leqq z_0)=2P(0 \leqq z \leqq z_0)$ となり，これが 0.95 になるのは，

$$P(0 \leqq z \leqq z_0)=\frac{0.95}{2}=0.475$$

となるときである．

step4　次ページの正規分布表に書かれた面積の値で 0.475 に近いものを探すと，0.4750 が見つかる．

step5　そこから左と上を見ると z_0 の整数部分と小数第 1 位までが 1.9，z_0 の小数第 2 位が 6（0.06）と分かる．

step6　以上より

$$P(-z_0 \leqq z \leqq z_0)=0.95$$

となる z_0 はおよそ 1.96 と分かる．

以上より，p に対する信頼度 95 % の信頼区間 $A \leqq p \leqq B$ を求めるには

$$-z_0 \leqq z=\frac{R-p}{0.034} \leqq z_0 \quad (z_0=1.96)$$

より

$$R-0.034z_0 \leqq p \leqq R+0.034z_0$$

$R=\frac{72}{200}=0.36$，$z_0=1.96$ より

$$0.36-0.034 \cdot 1.96 \leqq p \leqq 0.36+0.034 \cdot 1.96$$

$$\underbrace{0.29}_{\text{これが }A} \leqq p \leqq \underbrace{0.43}_{\text{これが }B}$$

よって，［ヒ］，［フ］に当てはまる最も適切なものはそれぞれ［②］（ヒ），［⑤］（フ）である．

正 規 分 布 表

次の表は，標準正規分布の正規分布曲線における右図の灰色部分の面積の値をまとめたものである。

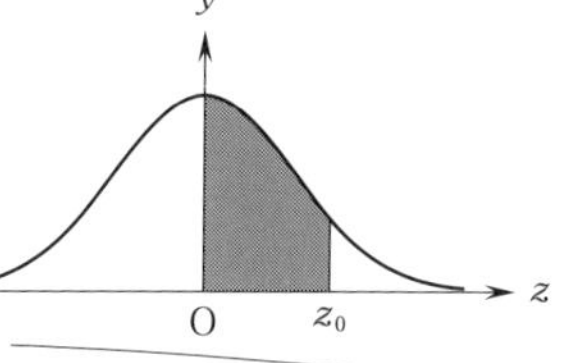

z_0 の小数第２位

z_0 の整数部分と小数第１位

z_0	0.00	0.01	0.02	0.03	0.04	0.05	0.06	0.07	0.08	0.09
0.0	0.0000	0.0040	0.0080	0.0120	0.0160	0.0199	0.0239	0.0279	0.0319	0.0359
0.1	0.0398	0.0438	0.0478	0.0517	0.0557	0.0596	0.0636	0.0675	0.0714	0.0753
0.2	0.0793	0.0832	0.0871	0.0910	0.0948	0.0987	0.1026	0.1064	0.1103	0.1141
0.3	0.1179	0.1217	0.1255	0.1293	0.1331	0.1368	0.1406	0.1443	0.1480	0.1517
0.4	0.1554	0.1591	0.1628	0.1664	0.1700	0.1736	0.1772	0.1808	0.1844	0.1879
0.5	0.1915	0.1950	0.1985	0.2019	0.2054	0.2088	0.2123	0.2157	0.2190	0.2224
0.6	0.2257	0.2291	0.2324	0.2357	0.2389	0.2422	0.2454	0.2486	0.2517	0.2549
0.7	0.2580	0.2611	0.2642	0.2673	0.2704	0.2734	0.2764	0.2794	0.2823	0.2852
0.8	0.2881	0.2910	0.2939	0.2967	0.2995	0.3023	0.3051	0.3078	0.3106	0.3133
0.9	0.3159	0.3186	0.3212	0.3238	0.3264	0.3289	[illegible]	[illegible]	[illegible]	0.3389
1.0	0.3413	0.3438	0.3461	0.3485	0.3508	0.3531	0.3554	0.3577	0.3599	0.3621
1.1	0.3643	0.3665	0.3686	0.3708	0.3729	0.3749	0.3770	0.3790	0.3810	0.3830
1.2	0.3849	0.3869	0.3888	0.3907	0.3925	0.3944	0.3962	0.3980	0.3997	0.4015
1.3	0.4032	0.4049	0.4066	0.4082	0.4099	0.4115	0.4131	0.4147	0.4162	0.4177
1.4	0.4192	0.4207	0.4222	0.4236	0.4251	0.4265	0.4279	0.4292	0.4306	0.4319
1.5	0.4332	0.4345	0.4357	0.4370	0.4382	0.4394	0.4406	0.4418	0.4429	0.4441
1.6	0.4452	0.4463	0.4474	0.4484	0.4495	0.4505	0.4515	0.4525	0.4535	0.4545
1.7	0.4554	0.4564	0.4573	0.4582	0.4591	0.4599	0.4608	0.4616	0.4625	0.4633
1.8	0.4641	[illegible]	[illegible]	[illegible]	[illegible]	0.4678	0.4686	0.4693	0.4699	0.4706
1.9	0.4713	0.4719	0.4726	0.4732	0.4738	0.4744	0.4750	0.4756	0.4761	0.4767
2.0	0.4772	0.4778	0.4783	0.4788	0.4793	[illegible]	[illegible]	[illegible]	0.4812	0.4817
2.1	0.4821	0.4826	0.4830	0.4834	0.4838	0.4842	0.4846	0.4850	0.4854	0.4857
2.2	0.4861	0.4864	0.4868	0.4871	0.4875	0.4878	0.4881	0.4884	0.4887	0.4890
2.3	0.4893	0.4896	0.4898	0.4901	0.4904	0.4906	0.4909	0.4911	0.4913	0.4916
2.4	0.4918	0.4920	0.4922	0.4925	0.4927	0.4929	0.4931	0.4932	0.4934	0.4936
2.5	0.4938	0.4940	0.4941	0.4943	0.4945	0.4946	0.4948	0.4949	0.4951	0.4952
2.6	0.4953	0.4955	0.4956	0.4957	0.4959	0.4960	0.4961	0.4962	0.4963	0.4964
2.7	0.4965	0.4966	0.4967	0.4968	0.4969	0.4970	0.4971	0.4972	0.4973	0.4974
2.8	0.4974	0.4975	0.4976	0.4977	0.4977	0.4978	0.4979	0.4979	0.4980	0.4981
2.9	0.4981	0.4982	0.4982	0.4983	0.4984	0.4984	0.4985	0.4985	0.4986	0.4986
3.0	0.4987	0.4987	0.4987	0.4988	0.4988	0.4989	0.4989	0.4989	0.4990	0.4990

z_0 の小数第２位

z_0 の小数第１位まで

ここに 0.475 がある

p に対する信頼度 99 %の信頼区間を求めるには，まず，①により定めた z に対して，②の「95」を「99」に替え

$$P(-z_0 \leqq z \leqq z_0)=\frac{99}{100}=0.99$$

となる z_0 を求める．

先ほどと同様に

$$P(-z_0 \leqq z \leqq z_0)=2P(0 \leqq z \leqq z_0)=0.99$$

となり

$$P(0 \leqq z \leqq z_0)=0.99=0.495$$

次ページの正規分布表で 0.495 に近い値を探すと，0.4949 と 0.4951 が見つかるので

$$z_0=2.57 \quad \text{または} \quad 2.58$$

と分かり，ここでは $z_0=2.58$ とする．

p に対する信頼度 99 %の信頼区間 $C \leqq p \leqq D$ を求めるには

$$-z_0 \leqq z=\frac{R-p}{0.034} \leqq z_0$$

に $R=0.36$，$z_0=2.58$ を代入し

$$0.36-2.58 \cdot 0.034 \leqq p \leqq 0.36+2.58 \cdot 0.034$$

$$\underbrace{0.27}_{\text{これが}C} \leqq p \leqq \underbrace{0.45}_{\text{これが}D}$$

よって，［ヘ］と［ホ］に当てはまる最も適切なものは，それぞれ［①］（ヘ），［⑥］（ホ）である．

正　規　分　布　表

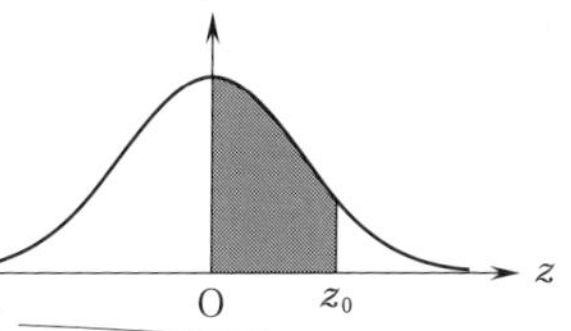

次の表は，標準正規分布の正規分布曲線における右図の灰色部分の面積の値をまとめたものである。

z_0 の小数第２位（列）　／　z_0 の整数部分と小数第１位（行）

z_0	0.00	0.01	0.02	0.03	0.04	0.05	0.06	0.07	0.08	0.09
0.0	0.0000	0.0040	0.0080	0.0120	0.0160	0.0199	0.0239	0.0279	0.0319	0.0359
0.1	0.0398	0.0438	0.0478	0.0517	0.0557	0.0596	0.0636	0.0675	0.0714	0.0753
0.2	0.0793	0.0832	0.0871	0.0910	0.0948	0.0987	0.1026	0.1064	0.1103	0.1141
0.3	0.1179	0.1217	0.1255	0.1293	0.1331	0.1368	0.1406	0.1443	0.1480	0.1517
0.4	0.1554	0.1591	0.1628	0.1664	0.1700	0.1736	0.1772	0.1808	0.1844	0.1879
0.5	0.1915	0.1950	0.1985	0.2019	0.2054	0.2088	0.2123	0.2157	0.2190	0.2224
0.6	0.2257	0.2291	0.2324	0.2357	0.2389	0.2422	0.2454	0.2486	0.2517	0.2549
0.7	0.2580	0.2611	0.2642	0.2673	0.2704	0.2734	0.2764	0.2794	0.2823	0.2852
0.8	0.2881	0.2910	0.2939	0.2967	0.2995	0.3023	0.3051	0.3078	0.3106	0.3133
0.9	0.3159	0.3186	0.3212	0.3238	0.3264	0.3289	0.3315	0.3340	0.3365	0.3389
1.0	0.3413	0.3438	0.3461	0.3485	0.3508	0.3531	0.3554	0.3577	0.3599	0.3621
1.1	0.3643	0.3665	0.3686	0.3708	0.3729	[illegible]	[illegible]	[illegible]	0.3810	0.3830
1.2	0.3849	0.3869	0.3888	0.3907	0.3925	0.3944	0.3962	0.3980	0.3997	0.4015
1.3	0.4032	0.4049	0.4066	0.4082	0.4099	0.4115	0.4131	0.4147	0.4162	0.4177
1.4	0.4192	0.4207	0.4222	0.4236	0.4251	0.4265	0.4279	0.4292	0.4306	0.4319
1.5	0.4332	0.4345	0.4357	0.4370	0.4382	0.4394	0.4406	0.4418	0.4429	0.4441
1.6	0.4452	0.4463	0.4474	0.4484	0.4495	0.4505	0.4515	0.4525	0.4535	0.4545
1.7	0.4554	0.4564	0.4573	0.4582	0.4591	0.4599	0.4608	0.4616	0.4625	0.4633
1.8	0.4641	0.4649	0.4656	0.4664	0.4671	0.4678	0.4686	0.4693	0.4699	0.4706
1.9	0.4713	0.4719	0.4726	0.4732	0.4738	0.4744	0.4750	0.4756	0.4761	0.4767
2.0	0.4772	0.4778	0.4783	0.4788	0.4793	0.4798	0.4803	0.4808	0.4812	0.4817
2.1	0.4821	0.4826	0.4830	0.4834	0.4838	0.4842	0.4846	0.4850	0.4854	0.4857
2.2	0.4861	0.4864	0.4868	0.4871	0.4875	0.4878	0.4881	0.4884	0.4887	0.4890
2.3	0.4893	0.4896	0.4898	0.4901	0.4904	0.4906	0.4909	0.4911	0.4913	0.4916
2.4	0.4918	0.4920	[illegible]	[illegible]	[illegible]	0.4929	0.4931	0.4932	0.4934	0.4936
2.5	0.4938	0.4940	0.4941	0.4943	0.4945	0.4946	0.4948	0.4949	0.4951	0.4952
2.6	0.4953	0.4955	0.4956	0.4957	0.4959	0.4960	0.4961	0.4962	0.4963	0.4964
2.7	0.4965	0.4966	0.4967	0.4968	0.4969	0.4970	0.4971	0.4972	0.4973	0.4974
2.8	0.4974	0.4975	0.4976	0.4977	0.4977	0.4978	0.4979	0.4979	0.4980	0.4981
2.9	0.4981	0.4982	0.4982	0.4983	0.4984	0.4984	0.4985	0.4985	0.4986	0.4986
3.0	0.4987	0.4987	0.4987	0.4988	0.4988	0.4989	0.4989	0.4989	0.4990	0.4990

z_0 の小数第２位

z_0 の小数第１位まで

ここがほぼ 0.495

第5回解答

解答記号	正解	配点	自己採点
$\dfrac{ア}{イ}$	$\dfrac{1}{6}$	1	
$\dfrac{ウ}{エ}$	$\dfrac{5}{6}$	1	
オ	⓪	1	
カ	2	1	
$\dfrac{キ}{ク}$	$\dfrac{5}{3}$	1	
$\dfrac{ケコ}{サ}$	$\dfrac{17}{3}$	2	
シス	12	1	
$\dfrac{セソ}{タ}$	$\dfrac{55}{3}$	2	

解答記号	正解	配点	自己採点
$\dfrac{チ}{ツ}$	$\dfrac{1}{4}$	1	
$\dfrac{テ}{ト}$	$\dfrac{3}{4}$	1	
ナニヌ	300	1	
ネノハ	225	2	
ヒフ	15	1	
ヘ	⑥	2	
ホ	①	2	

解説 二項分布の基本公式と，二項分布を正規分布で近似する方法を確認しよう．

(1) 1個のさいころを12回投げ，1の目の出た回数を X とする．

1回投げるときに1の目の出る確率は $\dfrac{1}{6}$，1の目の出ない確率は $\dfrac{5}{6}$ であるから，

$X=k$ $(k=0,\ 1,\ 2,\ \cdots,\ 12)$ となる確率は

$$ {}_{12}\mathrm{C}_k\left(\frac{\boxed{1}_{ア}}{\boxed{6}_{イ}}\right)^k\left(\frac{\boxed{5}_{ウ}}{\boxed{6}_{エ}}\right)^{12-k} $$

よって，X は二項分布 $B\left(12,\ \dfrac{1}{6}\right)$ に従う．

つまり，オ に当てはまるものは ⓪(オ) である．

X が二項分布 $B\left(12,\ \dfrac{1}{6}\right)$ に従うので，X の平均は

二項分布
1回の試行で事象 A が起きる確率が p である試行を n 回繰り返す反復試行において，A が起きる回数を X とするとき，「X は**二項分布 $B(n,\ p)$ に従う**」という．このとき

$P(X=k)={}_n\mathrm{C}_k p^k(1-p)^{n-k}$

となる．

$$E(X)=12\cdot\frac{1}{6}=\boxed{2}\ (\text{カ})$$

であり，分散は

$$V(X)=12\cdot\frac{1}{6}\cdot\frac{5}{6}=\frac{\boxed{5}\ (\text{キ})}{\boxed{3}\ (\text{ク})}$$

二項分布の公式
X が二項分布 $B(n,\ p)$ に従うとき，X の平均 $E(X)$ は
$$E(X)=np$$
分散 $V(X)$ は
$$V(X)=np(1-p)$$

一般に

$$V(X)=E(X^2)-\{E(X)\}^2$$

◀分散の公式．よく使うね．

が成り立つから，X^2 の平均 $E(X^2)$ は

$$E(X^2)=V(X)+\{E(X)\}^2$$
$$=\frac{5}{3}+2^2$$
$$=\frac{\boxed{17}\ (\text{ケコ})}{\boxed{3}\ (\text{サ})}$$

$V(X)$ と $E(X)$ が求まっているとき，$E(X^2)$ はこうやって求める．

1個のさいころを12回投げ，1の目の出た回数を X，1の目の出なかった回数を Y とすると

$$Y=12-X$$

であるから

$$W=XY=X(12-X)=\boxed{12}\ (\text{シス})\ X-X^2$$

よって，W の平均は

$$E(W)=E(12X-X^2)$$
$$=12E(X)-E(X^2)$$
$$=12\cdot2-\frac{17}{3}$$
$$=\frac{\boxed{55}\ (\text{セソ})}{\boxed{3}\ (\text{タ})}$$

一般に，
$E(ax+by)=aE(x)+bE(y)$
（a，b は定数）

(2)　1，2，3，4と書かれた4枚のカードから無作為に1

枚を取り出すとき，4と書かれたカードを取り出す確率は $\dfrac{1}{4}$ である．

この操作を1200回行うとき，4と書かれたカードを取り出した回数を X とすると，

$X=k$ $(k=0,\ 1,\ 2,\ \cdots,\ 1200)$ となる確率は

$$ {}_{1200}\mathrm{C}_k\left(\frac{1}{4}\right)^k\left(1-\frac{1}{4}\right)^{1200-k} $$

$$ ={}_{1200}\mathrm{C}_k\left(\frac{\boxed{1}_{\text{チ}}}{\boxed{4}_{\text{ツ}}}\right)^k\left(\frac{\boxed{3}_{\text{テ}}}{\boxed{4}_{\text{ト}}}\right)^{1200-k} $$

X は二項分布 $B\left(1200,\ \dfrac{1}{4}\right)$ に従うから，X の平均 $E(X)$ は

$$ E(X)=1200\cdot\frac{1}{4}=\boxed{300}_{\text{ナニヌ}} $$

分散 $V(X)$ は

$$ V(X)=1200\cdot\frac{1}{4}\cdot\frac{3}{4}=\boxed{225}_{\text{ネノハ}} $$

二項分布の公式
X が二項分布 $B(n,\ p)$ に従うとき，X の平均 $E(X)$ は
$E(X)=np$，
分散 $V(X)$ は
$V(X)=np(1-p)$

よって，X の標準偏差 $\sigma(X)$ は

$$ \sigma(X)=\sqrt{V(X)}=\sqrt{225}=\sqrt{15^2}=15 $$

◀標準偏差は3行後で「z」を定めるときに使う．

1200は十分大きいので X は正規分布 $N(\underbrace{300}_{\text{平均}},\ \underbrace{225}_{\text{分散}})$ に従うとしてよく

重要!! X が二項分布 $B(n,\ p)$ に従う場合，n が十分大きければ X は正規分布に従うとしてよい．
X の平均が np，分散が $np(1-p)$ であるから，X は**正規分布**
$$ N(\underbrace{np}_{\text{平均}},\ \underbrace{np(1-p)}_{\text{分散}}) $$
に従う．

$$ z=\frac{X-(X\text{の平均})}{(X\text{の標準偏差})}=\frac{X-300}{\boxed{15}_{\text{ヒフ}}} $$

とおくと，z は標準正規分布に従う．

重要!! 正規分布表を使うために，標準正規分布に従う z を考える．

$$ X=300+15z \quad \cdots\cdots\text{①} $$

となるから

$$X \leqq 320 \iff 300+15z \leqq 320$$
$$\iff z \leqq \frac{20}{15}=\frac{4}{3}=1.333\cdots$$
$$\iff z \leqq 1.33$$

◀正規分布表を使うので，小数第3位を四捨五入する．

$z \leqq 1.33$ となる確率 $P(z \leqq 1.33)$ を以下のようにして求める．

step1　この確率は次の図（標準正規分布）の斜線部の面積である．

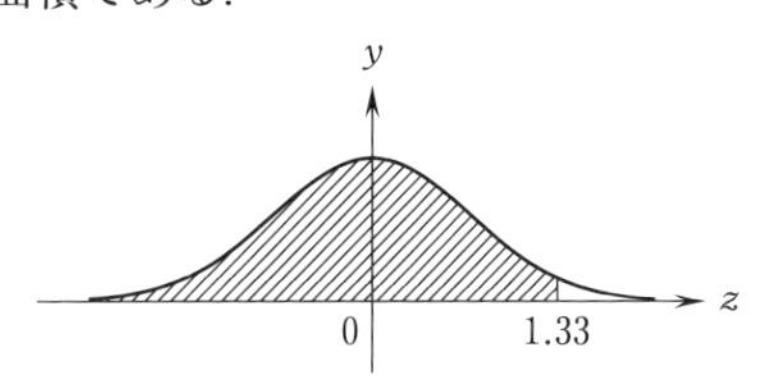

step2　次の図の斜線部の面積は「全事象の確率」なので1である．

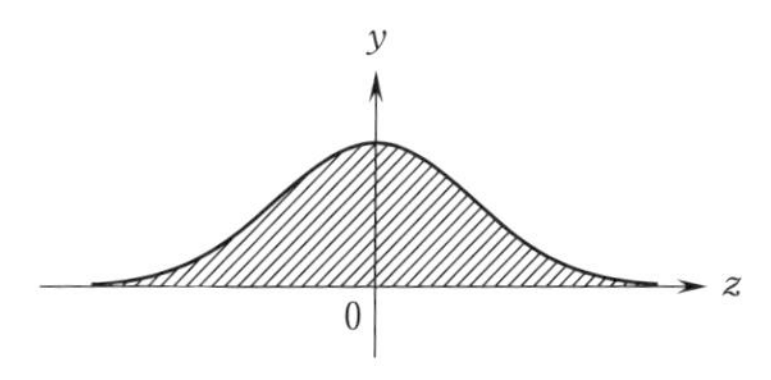

step1の図の斜線部の y 軸より**左側**の部分（次図）の面積は，その半分なので0.5である．

◀標準正規分布の分布曲線は y 軸について対称．

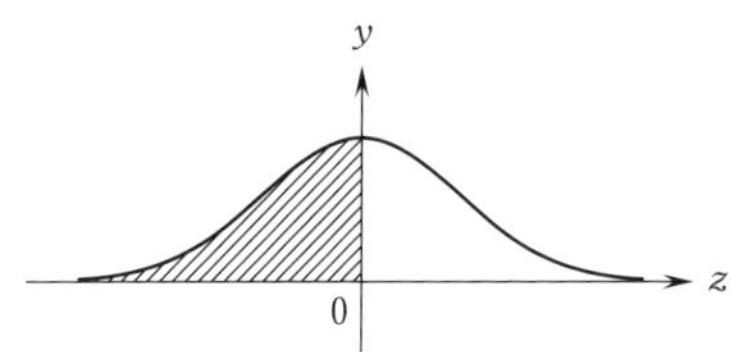

step1の図の斜線部の y 軸より**右側**の部分（次図）の面積は，次ページの正規分布表から0.4082である．　………②

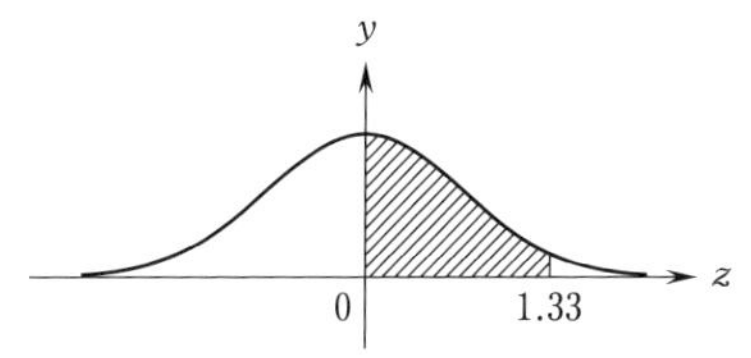

正　規　分　布　表

次の表は，標準正規分布の正規分布曲線における右図の灰色部分の面積の値をまとめたものである。

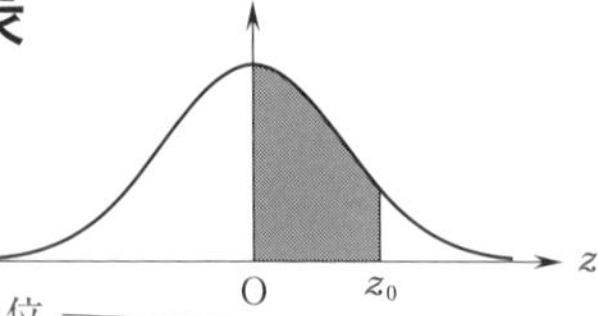

z_0 の小数第 2 位

z_0	0.00	0.01	0.02	0.03	0.04	0.05	0.06	0.07	0.08	0.09
0.0	0.0000	0.0040	0.0080	0.0120	0.0160	0.0199	0.0239	0.0279	0.0319	0.0359
0.1	0.0398	0.0438	0.0478	0.0517	0.0557	0.0596	0.0636	0.0675	0.0714	0.0753
0.2	0.0793	0.0832	0.0871	0.0910	0.0948	0.0987	0.1026	0.1064	0.1103	0.1141
0.3	0.1179	0.1217	0.1255	0.1293	0.1331	0.1368	0.1406	0.1443	0.1480	0.1517
0.4	0.1554	0.1591	0.1628	0.1664	0.1700	0.1736	0.1772	0.1808	0.1844	0.1879
0.5	0.1915	0.1950	0.1985	0.2019	0.2054	0.2088	0.2123	0.2157	0.2190	0.2224
0.6	0.2257	0.2291	0.2324	[illegible]	[illegible]	[illegible]	[illegible]	0.2486	0.2517	0.2549
0.7	0.2580	0.2611	0.2642	0.2673	0.2704	0.2734	0.2764	0.2794	0.2823	0.2852
0.8	0.2881	0.2910	0.2939	0.2967	0.2995	0.3023	0.3051	0.3078	0.3106	0.3133
0.9	0.3159	0.3186	0.3212	0.3238	0.3264	0.3289	0.3315	0.3340	0.3365	0.3389
1.0	0.3413	0.3438	0.3461	0.3485	0.3508	0.3531	0.3554	0.3577	0.3599	0.3621
1.1	0.3643	0.3665	0.3686	0.3708	0.3729	0.3749	0.3770	0.3790	0.3810	0.3830
1.2	[illegible]	[illegible]	[illegible]	[illegible]	0.3925	0.3944	0.3962	0.3980	0.3997	0.4015
1.3	0.4032	0.4049	[illegible]	0.4082	0.4099	0.4115	0.4131	0.4147	0.4162	0.4177
1.4	[illegible]	[illegible]	[illegible]	[illegible]	[illegible]	[illegible]	0.4279	0.4292	0.4306	0.4319
1.5	0.4332	0.4345	0.4357	0.4370	0.4382	0.4394	0.4406	0.4418	0.4429	0.4441
1.6	0.4452	0.4463	0.4474	0.4484	0.4495	0.4505	0.4515	0.4525	0.4535	0.4545
1.7	0.4554	0.4564	0.4573	0.4582	0.4591	0.4599	0.4608	0.4616	0.4625	0.4633
1.8	0.4641	0.4649	0.4656	0.4664	0.4671	0.4678	0.4686	0.4693	0.4699	0.4706
1.9	0.4713	0.4719	0.4726	0.4732	0.4738	0.4744	0.4750	0.4756	0.4761	0.4767
2.0	0.4772	0.4778	0.4783	0.4788	0.4793	0.4798	0.4803	0.4808	0.4812	0.4817
2.1	0.4821	0.4826	0.4830	0.4834	0.4838	0.4842	0.4846	0.4850	0.4854	0.4857
2.2	0.4861	0.4864	0.4868	0.4871	0.4875	0.4878	0.4881	0.4884	0.4887	0.4890
2.3	0.4893	0.4896	0.4898	0.4901	0.4904	0.4906	0.4909	0.4911	0.4913	0.4916
2.4	0.4918	0.4920	0.4922	0.4925	0.4927	0.4929	0.4931	0.4932	0.4934	0.4936
2.5	0.4938	0.4940	0.4941	0.4943	0.4945	0.4946	0.4948	0.4949	0.4951	0.4952
2.6	0.4953	0.4955	0.4956	0.4957	0.4959	0.4960	0.4961	0.4962	0.4963	0.4964
2.7	0.4965	0.4966	0.4967	0.4968	0.4969	0.4970	0.4971	0.4972	0.4973	0.4974
2.8	0.4974	0.4975	0.4976	0.4977	0.4977	0.4978	0.4979	0.4979	0.4980	0.4981
2.9	0.4981	0.4982	0.4982	0.4983	0.4984	0.4984	0.4985	0.4985	0.4986	0.4986
3.0	0.4987	0.4987	0.4987	0.4988	0.4988	0.4989	0.4989	0.4989	0.4990	0.4990

z_0 の整数部分と小数第 1 位

z_0 の小数第 2 位 0.03 から下を見る

z_0 の小数第 1 位までの 1.3 から右を見る

交わった部分が確率

以上より，$P(z \leqq 1.33) = 0.5 + 0.4082 = 0.9082 \fallingdotseq 0.91$ となり，これが $X \leqq 320$ となる確率であるから，

へ に当てはまるものは ⑥ である．

$290 \leqq X \leqq 320$ となる確率を求めるには，まず①を用いて X の範囲を z の範囲に書き直す．

$$290 \leqq \underbrace{X = 300 + 15z}_{\text{これが①}} \leqq 320$$

$$\iff -10 \leqq 15z \leqq 20$$

$$\iff -\frac{2}{3} \leqq z \leqq \frac{4}{3}$$

$$\iff -0.666\cdots \leqq z \leqq 1.333\cdots$$

$$\iff -0.67 \leqq z \leqq 1.33$$

◀正規分布表を使うので，小数第3位を四捨五入．

step1　この確率 $P(-0.67 \leqq z \leqq 1.33)$ は次の図（標準正規分布）の斜線部の面積である．

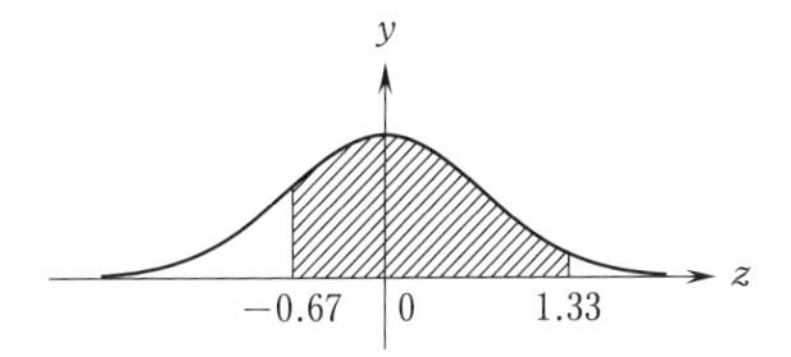

この図の y 軸より**右側**の部分の面積は②で求めた 0.4082 である．

step2　上の図の y 軸より**左側**の部分の面積は，次の図の斜線部の面積に等しい．

◀標準正規分布の分布曲線は y 軸について対称．

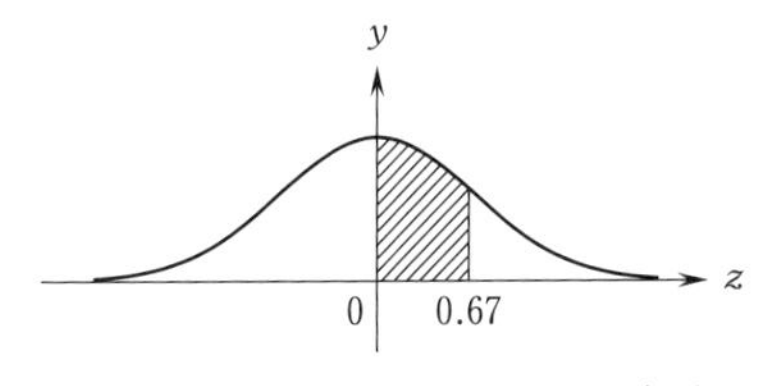

この面積は次ページの正規分布表から 0.2486 と分かる．

正規分布表

次の表は，標準正規分布の正規分布曲線における右図の灰色部分の面積の値をまとめたものである。

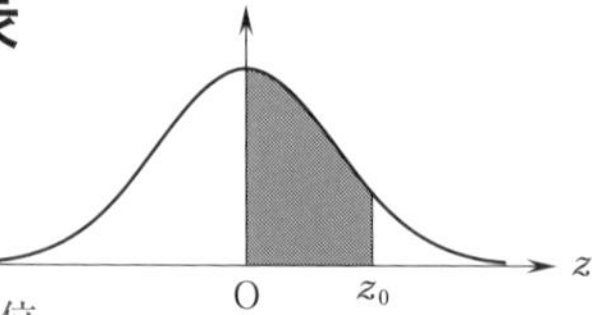

z_0 の小数第 2 位

z_0	0.00	0.01	0.02	0.03	0.04	0.05	0.06	0.07	0.08	0.09
0.0	0.0000	0.0040	0.0080	0.0120	0.0160	0.0199	0.0239	0.0279	0.0319	0.0359
0.1	0.0398	0.0438	0.0478	0.0517	0.0557	0.0596	0.0636	0.0675	0.0714	0.0753
0.2	0.0793	0.0832	0.0871	0.0910	0.0948	0.0987	0.1026	[illegible]	[illegible]	[illegible]
0.3	0.1179	0.1217	0.1255	0.1293	0.1331	0.1368	0.1406	[illegible]	[illegible]	[illegible]
0.4	0.1554	0.1591	0.1628	0.1664	0.1700	0.1736	0.1772	0.1808	0.1844	0.1879
0.5	0.1915	0.1950	0.1985	0.2019	0.2054	0.2088	0.2123	0.2157	0.2190	0.2224
0.6	0.2257	0.2291	[illegible]	[illegible]	[illegible]	0.2422	[illegible]	0.2486	0.2517	0.2549
0.7	0.2580	0.2611	[illegible]	[illegible]	[illegible]	0.2734	[illegible]	[illegible]	[illegible]	0.2852
0.8	0.2881	0.2910	0.2939	0.2967	0.2995	0.3023	0.3051	0.3078	0.3106	0.3133
0.9	0.3159	0.3186	0.3212	0.3238	0.3264	0.3289	0.3315	0.3340	0.3365	0.3389
1.0	0.3413	0.3438	0.3461	0.3485	0.3508	0.3531	0.3554	0.3577	0.3599	0.3621
1.1	0.3643	0.3665	0.3686	0.3708	0.3729	0.3749	0.3770	0.3790	0.3810	0.3830
1.2	0.3849	0.3869	0.3888	0.3907	0.3925	0.3944	0.3962	0.3980	0.3997	0.4015
1.3	0.4032	0.4049	0.4066	0.4082	0.4099	0.4115	0.4131	0.4147	0.4162	0.4177
1.4	0.4192	0.4207	0.4222	0.4236	0.4251	0.4265	0.4279	0.4292	0.4306	0.4319
1.5	0.4332	0.4345	0.4357	0.4370	0.4382	0.4394	0.4406	0.4418	0.4429	0.4441
1.6	0.4452	0.4463	0.4474	0.4484	0.4495	0.4505	0.4515	0.4525	0.4535	0.4545
1.7	0.4554	0.4564	0.4573	0.4582	0.4591	0.4599	0.4608	0.4616	0.4625	0.4633
1.8	0.4641	0.4649	0.4656	0.4664	0.4671	0.4678	0.4686	0.4693	0.4699	0.4706
1.9	0.4713	0.4719	0.4726	0.4732	0.4738	0.4744	0.4750	0.4756	0.4761	0.4767
2.0	0.4772	0.4778	0.4783	0.4788	0.4793	0.4798	0.4803	0.4808	0.4812	0.4817
2.1	0.4821	0.4826	0.4830	0.4834	0.4838	0.4842	0.4846	0.4850	0.4854	0.4857
2.2	0.4861	0.4864	0.4868	0.4871	0.4875	0.4878	0.4881	0.4884	0.4887	0.4890
2.3	0.4893	0.4896	0.4898	0.4901	0.4904	0.4906	0.4909	0.4911	0.4913	0.4916
2.4	0.4918	0.4920	0.4922	0.4925	0.4927	0.4929	0.4931	0.4932	0.4934	0.4936
2.5	0.4938	0.4940	0.4941	0.4943	0.4945	0.4946	0.4948	0.4949	0.4951	0.4952
2.6	0.4953	0.4955	0.4956	0.4957	0.4959	0.4960	0.4961	0.4962	0.4963	0.4964
2.7	0.4965	0.4966	0.4967	0.4968	0.4969	0.4970	0.4971	0.4972	0.4973	0.4974
2.8	0.4974	0.4975	0.4976	0.4977	0.4977	0.4978	0.4979	0.4979	0.4980	0.4981
2.9	0.4981	0.4982	0.4982	0.4983	0.4984	0.4984	0.4985	0.4985	0.4986	0.4986
3.0	0.4987	0.4987	0.4987	0.4988	0.4988	0.4989	0.4989	0.4989	0.4990	0.4990

z_0 の整数部分と小数第 1 位

z_0 の小数第 2 位 0.07 から下を見る

z_0 の小数第 1 位までの 0.6 から右を見る

交わった部分が確率

step3　以上より,

$$P(-0.67 \leqq z \leqq 1.33) = 0.2486 + 0.4082 = 0.6568$$

$290 \leqq X \leqq 320$ となる確率はおよそ 0.6568 となり, 約 0.66 であるから **ホ** に当てはまるものは

ホ
① である.

第6回解答

解答記号	正解	配点	自己採点
$\frac{ア}{イ}$	$\frac{1}{2}$	1	
ウエオ	100	2	
カキ	50	2	
クケコサシ	10050	2	
ス	4	1	
セソタ	199	2	

解答記号	正解	配点	自己採点
チ$\sqrt{ツ}$	$5\sqrt{2}$	3	
テ	⑤	3	
ト	②	4	

解説 **二項分布の基本公式と，二項分布を正規分布で近似する方法を確認しよう．**

(1) 1枚の硬貨を200回投げ，表の出た回数を X とする．

1回投げるときに表の出る確率は $\frac{1}{2}$ であるから

$X=k$ $(k=0,\ 1,\ 2,\ \cdots,\ 200)$ となる確率は

$$ {}_{200}C_k\left(\frac{1}{2}\right)^k\left(1-\frac{1}{2}\right)^{200-k} \quad \cdots\cdots\cdots ① $$

となるから，X は二項分布 $B\left(200,\ \frac{1}{2}\right)$ に従う．

二項分布
1回の試行で事象 A が起きる確率が p である試行を n 回繰り返す反復試行において，A が起きる回数を X とするとき，「X は**二項分布 $B(n,\ p)$** に従う」という．このとき

$P(X=k)={}_nC_k p^k(1-p)^{n-k}$

となる．

$$ ① = {}_{200}C_k\left(\frac{\boxed{1}^{ア}}{\boxed{2}_{イ}}\right)^{200} $$

となる．

X が二項分布 $B\left(200,\ \frac{1}{2}\right)$ に従うので，X の平均は

$$E(X)=200\cdot\frac{1}{2}=\boxed{100}$$ (ウエオ)

であり，分散は

$$V(X)=200\cdot\frac{1}{2}\cdot\frac{1}{2}=\boxed{50}$$ (カキ)

一般に

$$V(X)=E(X^2)-\{E(X)\}^2$$

が成り立つから，X^2 の平均 $E(X^2)$ は

$$E(X^2)=V(X)+\{E(X)\}^2$$
$$=50+100^2$$
$$=\boxed{10050}$$ (クケコサシ)

1枚の硬貨を200回投げ，表の出た回数を X，裏の出た回数を Y とすると

$$Y=200-X$$

であるから

$$W=\frac{XY}{50}=\frac{X(200-X)}{50}=\boxed{4}X-\frac{X^2}{50}$$ (ス)

よって，W の平均は

$$E(W)=E\left(4X-\frac{X^2}{50}\right)$$
$$=4E(X)-\frac{E(X^2)}{50}$$
$$=4\cdot100-\frac{10050}{50}$$
$$=\boxed{199}$$ (セソタ)

(2)　X は二項分布 $B\left(200,\ \frac{1}{2}\right)$ に従い，200は十分大きいので正規分布に従うとしてよい．

二項分布の公式
X が二項分布 $B(n,\ p)$ に従うとき，X の平均 $E(X)$ は
$$E(X)=np$$
分散 $V(X)$ は
$$V(X)=np(1-p)$$

◀分散の公式．よく使うね．

$V(X)$ と $E(X)$ が求まっているとき，$E(X^2)$ はこうやって求める．

一般に，
$E(ax+by)=aE(x)+bE(y)$
（a,b は定数）

X の平均は 100，分散は 50

であるから，X は正規分布 $N(\underbrace{100}_{\text{平均}},\ \underbrace{50}_{\text{分散}})$ に従うとしてよい．

重要!! X が二項分布 $B(n,\ p)$ に従う場合，n が十分大きければ X は正規分布に従うとしてよい．
X の平均が np，分散が $np(1-p)$ であるから，X は**正規分布**

$$N(\underbrace{np}_{\text{平均}},\ \underbrace{np(1-p)}_{\text{分散}})$$

に従う．

X の標準偏差は $\sqrt{50}=5\sqrt{2}$ なので

$$z=\frac{X-(X\text{の平均})}{(X\text{の標準偏差})}=\frac{X-100}{\boxed{5}_{\text{チ}}\sqrt{\boxed{2}_{\text{ツ}}}}$$

とおくと，z は標準正規分布に従う．

重要!! 正規分布表を使うために，標準正規分布に従う z を考える．

$$X=100+5\sqrt{2}\,z \quad \cdots\cdots\cdots ②$$

となり，「$X=100$」を「$99.5\leqq X\leqq 100.5$」とみなして

◀**半数補正**という．

$$99.5\leqq X\leqq 100.5 \iff 99.5\leqq 100+5\sqrt{2}\,z\leqq 100.5$$

$$\iff -\frac{0.5}{5\sqrt{2}}\leqq z\leqq \frac{0.5}{5\sqrt{2}}$$

$$\iff -0.0707\leqq z\leqq 0.0707$$

$$\iff -0.07\leqq z\leqq 0.07$$

◀ $\dfrac{0.5}{5\sqrt{2}}=\dfrac{0.1\cdot\sqrt{2}}{2}=\dfrac{0.1\cdot 1.414}{2}=0.0707$

この後，正規分布表を使うために小数第 3 位を四捨五入して，0.07 とする．

この確率 $P(-0.07\leqq z\leqq 0.07)$ は以下のようにして求める．

step1 この確率は次の図（標準正規分布）の斜線部の面積である．

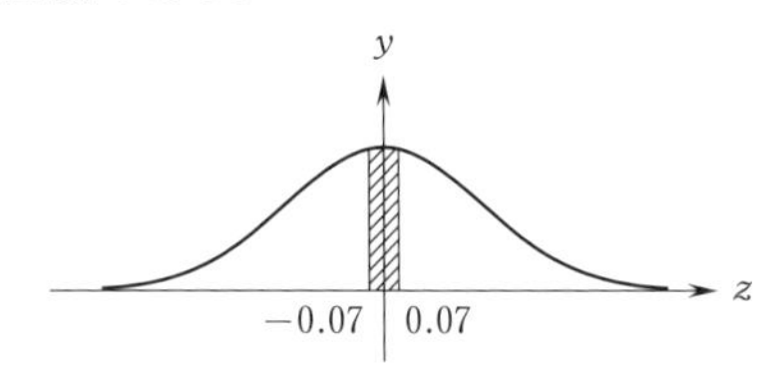

step2 標準正規分布の分布曲線は y 軸について対称なので，上の図の斜線部の面積は次の図の斜線部の面積 $P(0\leqq z\leqq 0.07)$ の 2 倍である．

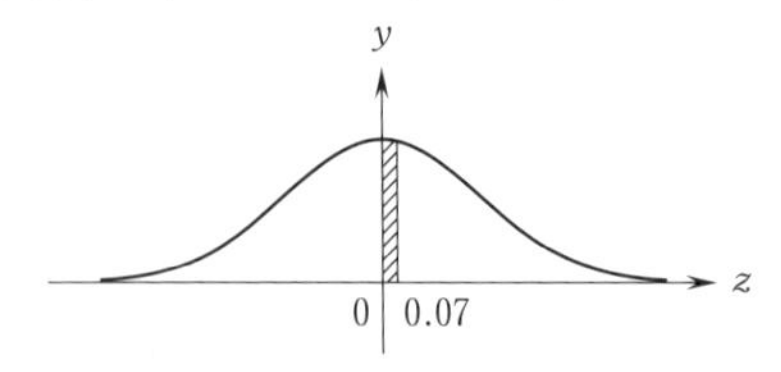

この面積は，次ページの正規分布表から 0.0279 である．

以上より，$P(-0.07 \leqq z \leqq 0.07)=2 \cdot 0.0279=0.0558$ となり，これが $X=100$ となる確率であり，約 0.056 であるから **テ** には **⑤** が当てはまる．

◀実際には
$$P(X=100) = {}_{200}C_{100}\left(\frac{1}{2}\right)^{200} = 0.0563\cdots$$
となる．

$X=105$ となるのは $104.5 \leqq X \leqq 105.5$ となるときと考えてよく，② を用いて

$$104.5 \leqq \underbrace{X=100+5\sqrt{2}z}_{\text{これが②}} \leqq 105.5$$

$$\iff \frac{4.5}{5\sqrt{2}} \leqq z \leqq \frac{5.5}{5\sqrt{2}}$$

$$\iff \frac{0.9 \cdot \sqrt{2}}{2} \leqq z \leqq \frac{1.1 \cdot \sqrt{2}}{2}$$

$$\iff \frac{0.9 \cdot 1.414}{2} \leqq z \leqq \frac{1.1 \cdot 1.414}{2}$$

$$\iff 0.6363 \leqq z \leqq 0.7777$$

$$\iff 0.64 \leqq z \leqq 0.78$$

◀正規分布表を使うために，小数第3位を四捨五入．

この確率 $P(0.64 \leqq z \leqq 0.78)$ は以下のようにして求める．

step1 $P(0.64 \leqq z \leqq 0.78)$ は次の図の斜線部の面積である．

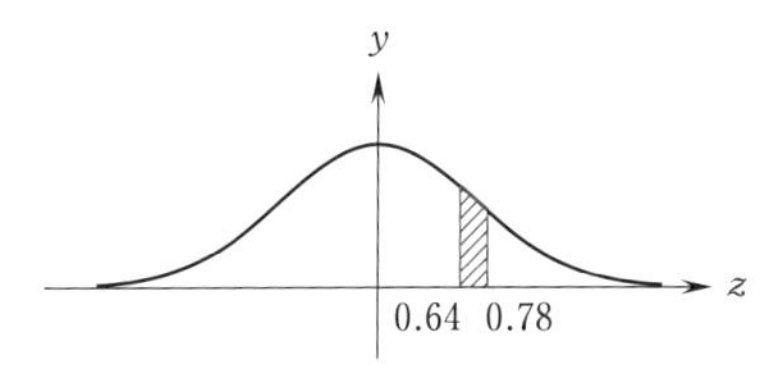

正 規 分 布 表

次の表は，標準正規分布の正規分布曲線における右図の灰色部分の面積の値をまとめたものである。

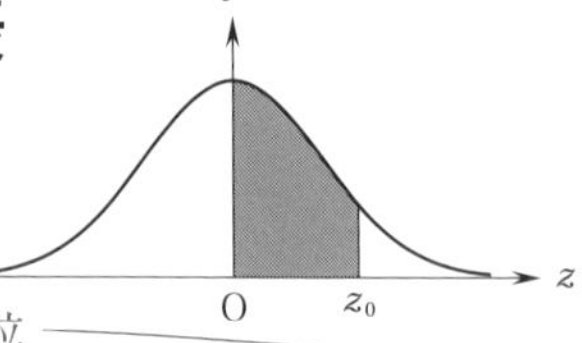

z_0 の小数第 2 位

z_0	0.00	0.01	0.02	0.03	0.04	0.05	0.06	0.07	0.08	0.09
0.0	0.0000	0.0040	0.0080	0.0120	0.0160	0.0199	0.02[illegible]	0.0279	0.0319	0.0359
0.1	0.0398	0.0438	0.0478	0.0517	0.0557	0.0596	0.0636	0.0675	0.0714	0.0753
0.2	0.0793	0.0832	0.0871	0.0910	0.0948	0.0987	0.1026	0.1064	0.1103	0.1141
0.3	0.1179	0.1217	0.1255	0.1293	0.1331	0.1368	0.1406	0.1443	0.1480	0.1517
0.4	0.1554	0.1591	0.1628	0.1664	0.1700	0.1736	0.1772	0.1808	0.1844	0.1879
0.5	0.1915	0.1950	0.1985	0.2019	0.2054	0.2088	0.2123	0.2157	0.2190	0.2224
0.6	0.2257	0.2291	0.2324	0.2357	0.2389	0.2422	0.2454	0.2486	0.2517	0.2549
0.7	0.2580	0.2611	0.2642	0.2673	0.2704	0.2734	0.2764	0.2794	0.2823	0.2852
0.8	0.2881	0.2910	0.2939	0.2967	0.2995	0.3023	0.3051	0.3078	0.3106	0.3133
0.9	0.3159	0.3186	0.3212	0.3238	0.3264	0.3289	0.3315	0.3340	0.3365	0.3389
1.0	0.3413	0.3438	0.3461	0.3485	0.3508	0.3531	0.3554	0.3577	0.3599	0.3621
1.1	0.3643	0.3665	0.3686	0.3708	0.3729	0.3749	0.3770	0.3790	0.3810	0.3830
1.2	0.3849	0.3869	0.3888	0.3907	0.3925	0.3944	0.3962	0.3980	0.3997	0.4015
1.3	0.4032	0.4049	0.4066	0.4082	0.4099	0.4115	0.4131	0.4147	0.4162	0.4177
1.4	0.4192	0.4207	0.4222	0.4236	0.4251	0.4265	0.4279	0.4292	0.4306	0.4319
1.5	0.4332	0.4345	0.4357	0.4370	0.4382	0.4394	0.4406	0.4418	0.4429	0.4441
1.6	0.4452	0.4463	0.4474	0.4484	0.4495	0.4505	0.4515	0.4525	0.4535	0.4545
1.7	0.4554	0.4564	0.4573	0.4582	0.4591	0.4599	0.4608	0.4616	0.4625	0.4633
1.8	0.4641	0.4649	0.4656	0.4664	0.4671	0.4678	0.4686	0.4693	0.4699	0.4706
1.9	0.4713	0.4719	0.4726	0.4732	0.4738	0.4744	0.4750	0.4756	0.4761	0.4767
2.0	0.4772	0.4778	0.4783	0.4788	0.4793	0.4798	0.4803	0.4808	0.4812	0.4817
2.1	0.4821	0.4826	0.4830	0.4834	0.4838	0.4842	0.4846	0.4850	0.4854	0.4857
2.2	0.4861	0.4864	0.4868	0.4871	0.4875	0.4878	0.4881	0.4884	0.4887	0.4890
2.3	0.4893	0.4896	0.4898	0.4901	0.4904	0.4906	0.4909	0.4911	0.4913	0.4916
2.4	0.4918	0.4920	0.4922	0.4925	0.4927	0.4929	0.4931	0.4932	0.4934	0.4936
2.5	0.4938	0.4940	0.4941	0.4943	0.4945	0.4946	0.4948	0.4949	0.4951	0.4952
2.6	0.4953	0.4955	0.4956	0.4957	0.4959	0.4960	0.4961	0.4962	0.4963	0.4964
2.7	0.4965	0.4966	0.4967	0.4968	0.4969	0.4970	0.4971	0.4972	0.4973	0.4974
2.8	0.4974	0.4975	0.4976	0.4977	0.4977	0.4978	0.4979	0.4979	0.4980	0.4981
2.9	0.4981	0.4982	0.4982	0.4983	0.4984	0.4984	0.4985	0.4985	0.4986	0.4986
3.0	0.4987	0.4987	0.4987	0.4988	0.4988	0.4989	0.4989	0.4989	0.4990	0.4990

$z_0=0.07$ に対する確率は…

ここだ！

z_0 の整数部分と小数第 1 位

step2　この面積は**図1**の斜線部の面積 S_1 から**図2**の斜線部の面積 S_2 を引いたものである.

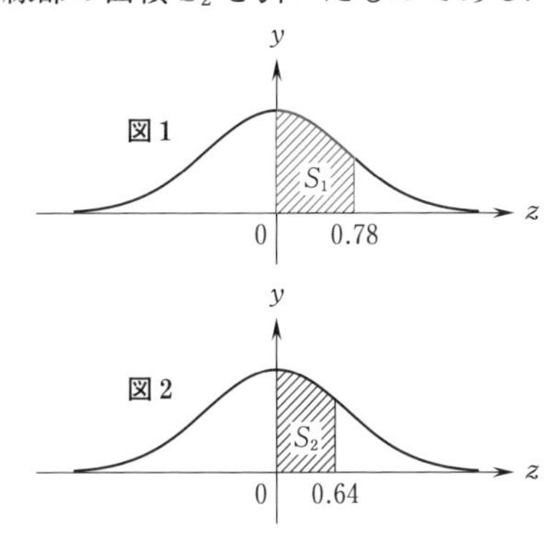

次ページの正規分布表から $S_1 = 0.2823$, $S_2 = 0.2389$ である.

以上より step1 の図の斜線部の面積は

$$P(0.64 \leqq z \leqq 0.78) = S_1 - S_2$$
$$= 0.2823 - 0.2389$$
$$= 0.0434$$

これが $X=105$ となる確率であり約 0.043 となり,

[ト] に当てはまるのは [②] である.

◀実際には

$$P(X=105) = {}_{200}\mathrm{C}_{105}\left(\frac{1}{2}\right)^{200} = 0.0439\cdots$$

となる.

正 規 分 布 表

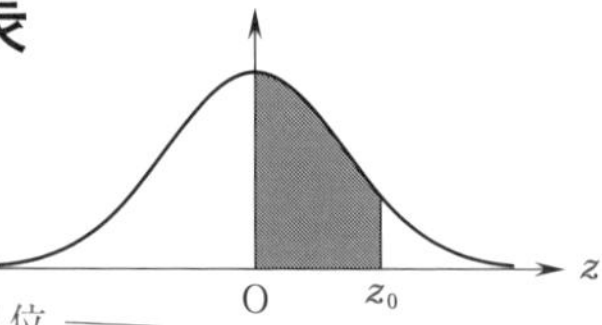

次の表は，標準正規分布の正規分布曲線における右図の灰色部分の面積の値をまとめたものである。

z_0 の小数第 2 位（列見出し） / z_0 の整数部分と小数第 1 位（行見出し）

z_0	0.00	0.01	0.02	0.03	0.04	0.05	0.06	0.07	0.08	0.09
0.0	0.0000	0.0040	0.0080	0.0120	0.0160	0.0199	0.0239	0.0279	0.0319	0.0359
0.1	0.0398	0.0438	0.0478	0.0517	0.0557	0.0596	0.0636	0.0675	0.0714	0.0753
0.2	0.0793	0.0832	0.0871	0.0910	0.0948	0.0987	0.1026	0.1064	0.1103	0.1141
0.3	0.1179	0.1217	0.1255	0.1293	0.1331	0.1368	0.1406	0.1443	0.1480	0.1517
0.4	0.1554	0.1591	0.1628	0.1664	0.1700	0.1736	0.1772	0.1808	0.1844	0.1879
0.5	0.1915	0.1950	0.1985	0.2019	0.2054	0.2088	0.2123	0.2157	0.2190	0.2224
0.6	0.2257	0.2291	0.2324	0.2357	0.2389	0.2422	0.2454	0.2486	0.2517	0.2549
0.7	0.2580	0.2611	0.2642	0.2673	0.2704	0.2734	0.2764	0.2794	0.2823	0.2852
0.8	0.2881	0.2910	0.2939	[illegible]	[illegible]	[illegible]	[illegible]	[illegible]	0.3106	0.3133
0.9	0.3159	0.3186	0.3212	0.3238	0.3264	0.3289	0.3315	0.3340	0.3365	0.3389
1.0	0.3413	0.3438	0.3461	0.3485	0.3508	0.3531	0.3554	0.3577	0.3599	0.3621
1.1	0.3643	0.3665	0.3686	0.3708	0.3729	0.3749	0.3770	0.3790	0.3810	0.3830
1.2	0.3849	0.3869	0.3888	0.3907	0.3925	0.3944	0.3962	0.3980	0.3997	0.4015
1.3	0.4032	0.4049	0.4066	0.4082	0.4099	0.4115	0.4131	0.4147	0.4162	0.4177
1.4	0.4192	0.4207	0.4222	0.4236	0.4251	0.4265	0.4279	0.4292	0.4306	0.4319
1.5	0.4332	0.4345	0.4357	0.4370	0.4382	0.4394	0.4406	0.4418	0.4429	0.4441
1.6	0.4452	0.4463	0.4474	0.4484	0.4495	0.4505	0.4515	0.4525	0.4535	0.4545
1.7	0.4554	0.4564	0.4573	0.4582	0.4591	0.4599	0.4608	0.4616	0.4625	0.4633
1.8	0.4641	0.4649	0.4656	0.4664	0.4671	0.4678	0.4686	0.4693	0.4699	0.4706
1.9	0.4713	0.4719	0.4726	0.4732	0.4738	0.4744	0.4750	0.4756	0.4761	0.4767
2.0	0.4772	0.4778	0.4783	0.4788	0.4793	0.4798	0.4803	0.4808	0.4812	0.4817
2.1	0.4821	0.4826	0.4830	0.4834	0.4838	0.4842	0.4846	0.4850	0.4854	0.4857
2.2	0.4861	0.4864	0.4868	0.4871	0.4875	0.4878	0.4881	0.4884	0.4887	0.4890
2.3	0.4893	0.4896	0.4898	0.4901	0.4904	0.4906	0.4909	0.4911	0.4913	0.4916
2.4	0.4918	0.4920	0.4922	0.4925	0.4927	0.4929	0.4931	0.4932	0.4934	0.4936
2.5	0.4938	0.4940	0.4941	0.4943	0.4945	0.4946	0.4948	0.4949	0.4951	0.4952
2.6	0.4953	0.4955	0.4956	0.4957	0.4959	0.4960	0.4961	0.4962	0.4963	0.4964
2.7	0.4965	0.4966	0.4967	0.4968	0.4969	0.4970	0.4971	0.4972	0.4973	0.4974
2.8	0.4974	0.4975	0.4976	0.4977	0.4977	0.4978	0.4979	0.4979	0.4980	0.4981
2.9	0.4981	0.4982	0.4982	0.4983	0.4984	0.4984	0.4985	0.4985	0.4986	0.4986
3.0	0.4987	0.4987	0.4987	0.4988	0.4988	0.4989	0.4989	0.4989	0.4990	0.4990

$z_0=0.64$ に対する面積 S_2 はこれ↘

$z_0=0.78$ に対する面積 S_1 はこれ↗

第7回解答

解答記号	正解	配点	自己採点
$\frac{\text{ア}}{\text{イ}}$	$\frac{2}{3}$	2	
$\frac{\text{ウ}}{\text{エ}}$	$\frac{1}{2}$	2	
$\frac{\text{オ}}{\text{カ}}$	$\frac{1}{3}$	2	
$\frac{\text{キ}}{\text{クケ}}$	$\frac{7}{18}$	2	
$\frac{\text{コ}}{\text{サ}}$	$\frac{2}{9}$	2	
$\frac{\text{シ}}{\text{スセ}}$	$\frac{7}{27}$	2	
$\frac{\text{ソ}}{\text{タ}}$	$\frac{3}{2}$	2	
$\frac{\text{チ}}{\text{ツテ}}$	$\frac{9}{20}$	2	
ト	9	2	
$\frac{\text{ナ}}{\text{ニ}}$	$\frac{9}{5}$	2	

解説　連続型確率変数の平均と分散の求め方を確認しよう．

(1)　$y=f(x)$ のグラフは次の図の太線部分になる．

図1

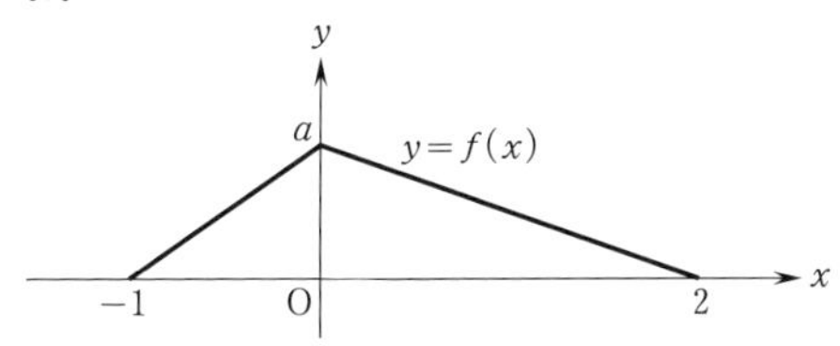

網掛けの部分の面積は全事象の確率なので1である．

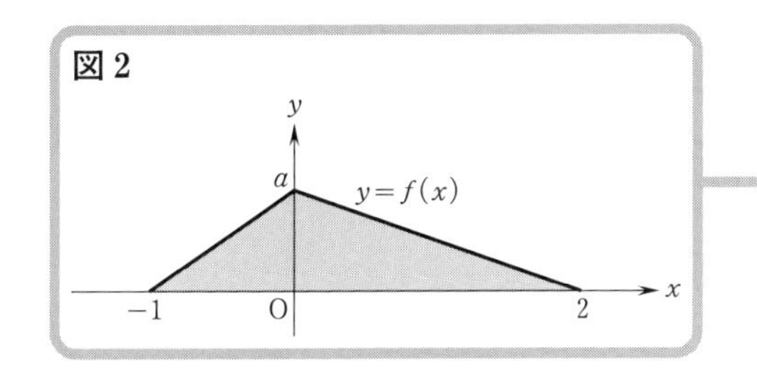

確率密度関数 $f(x)$ のグラフと x 軸とではさまれる領域 D の面積が，全事象の確率1になる．

三角形の面積公式より

$$\frac{1}{2}\cdot 3a=1$$

となり，$a=\frac{\boxed{2}_{ア}}{\boxed{3}_{イ}}$ である.

したがって，$f(x)$ は次のようになる.

$$f(x)=\begin{cases}\frac{2}{3}(x+1) & (-1\leqq x\leqq 0 \text{ のとき}),\\ -\frac{1}{3}(x-2) & (0\leqq x\leqq 2 \text{ のとき})\end{cases}$$

$0\leqq X\leqq 1$ となる確率は，次の図の網掛けの部分の面積である.

図 3

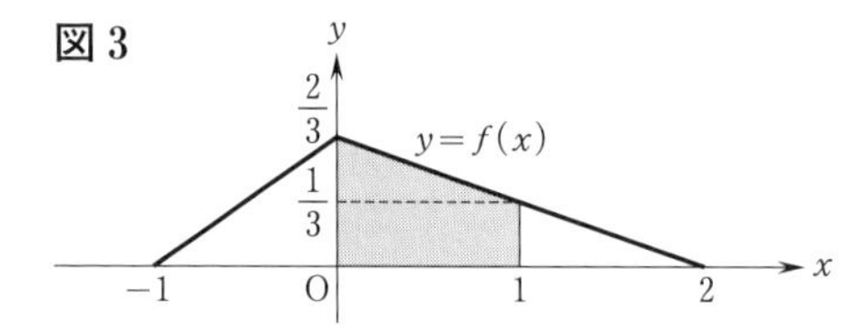

$0\leqq X\leqq 1$ となる確率は，台形の面積公式から

$$\frac{1}{2}\cdot\left(\frac{2}{3}+\frac{1}{3}\right)\cdot 1=\frac{\boxed{1}_{ウ}}{\boxed{2}_{エ}}$$

X の平均を $E(X)$ とする.

$y=f(x)$ のグラフと x 軸とではさまれた部分の領域 D（**図 2** の網掛けの部分）の重心の x 座標が $E(X)$ であり，D が三角形であるから，三角形の重心の公式より

$$E(X)=\frac{-1+0+2}{3}=\frac{\boxed{1}_{オ}}{\boxed{3}_{カ}}$$

($E(X)$ を定義により求める別解)

$E(X)$ の定義から

$$E(X)=\int_{-1}^{2}xf(x)\,dx$$

$$=\int_{-1}^{0}x\times\underbrace{\frac{2}{3}(x+1)}_{f(x)}dx+\int_{0}^{2}x\times\underbrace{\frac{-1}{3}(x-2)}_{f(x)}dx$$

$-1\leqq x\leqq 0$ と $0\leqq x\leqq 2$ とで $f(x)$ を表す式が異なるので，積分区間を分ける．

$$=\frac{2}{3}\left[\frac{x^3}{3}+\frac{x^2}{2}\right]_{-1}^{0}-\frac{1}{3}\left[\frac{x^3}{3}-x^2\right]_{0}^{2}$$

$$=\frac{1}{3}$$

(別解終り)

X の分散 $V(X)$ は

$$V(X)=\underbrace{\int_{-1}^{2}x^2f(x)\,dx}_{E(X^2)}-\{E(X)\}^2$$

$V(X)=E(X^2)-\{E(X)\}^2$ を用いると計算しやすい．

$$=\int_{-1}^{0}x^2\times\underbrace{\frac{2}{3}(x+1)}_{f(x)}dx+\int_{0}^{2}x^2\times\underbrace{\frac{-1}{3}(x-2)}_{f(x)}dx-\left(\frac{1}{3}\right)^2$$

$$=\frac{2}{3}\left[\frac{x^4}{4}+\frac{x^3}{3}\right]_{-1}^{0}-\frac{1}{3}\left[\frac{x^4}{4}-\frac{2}{3}x^3\right]_{0}^{2}-\frac{1}{9}$$

$$=\frac{\boxed{7}}{\boxed{18}}$$

(キ: 7，クケ: 18)

(2)　全事象の確率が

$$1=\int_{0}^{3}f(x)\,dx$$

$$=\int_{0}^{3}-ax(x-3)\,dx$$

$$=-a\cdot\frac{-1}{6}\cdot 3^3$$

$\displaystyle\int_{\alpha}^{\beta}(x-\alpha)(x-\beta)\,dx=-\frac{1}{6}(\beta-\alpha)^3$

$$=\frac{9}{2}a$$

よって，$a=\dfrac{\boxed{2}_{\text{コ}}}{\boxed{9}_{\text{サ}}}$ となる.

したがって

$$f(x)=\frac{2}{9}x(3-x)$$

$2\leqq X\leqq 3$ となる確率は次図の斜線部の面積である.

確率密度関数の基本！

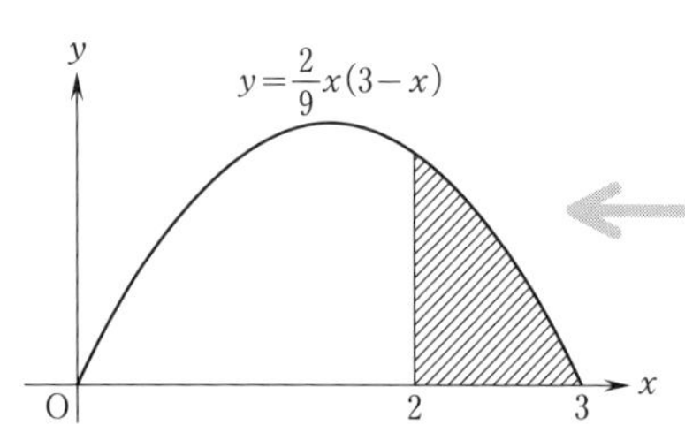

よって，$2\leqq X\leqq 3$ となる確率は

$$\int_2^3 \frac{2}{9}x(3-x)\,dx=\frac{2}{9}\int_2^3(3x-x^2)\,dx$$

$$=\frac{2}{9}\left[\frac{3}{2}x^2-\frac{x^3}{3}\right]_2^3$$

$$=\frac{\boxed{7}_{\text{シ}}}{\boxed{27}_{\text{スセ}}}$$

放物線 $y=f(x)$ と x 軸とではさまれた領域 D（次図の網掛けの部分）の重心の x 座標が，X の平均 $E(X)$ である.

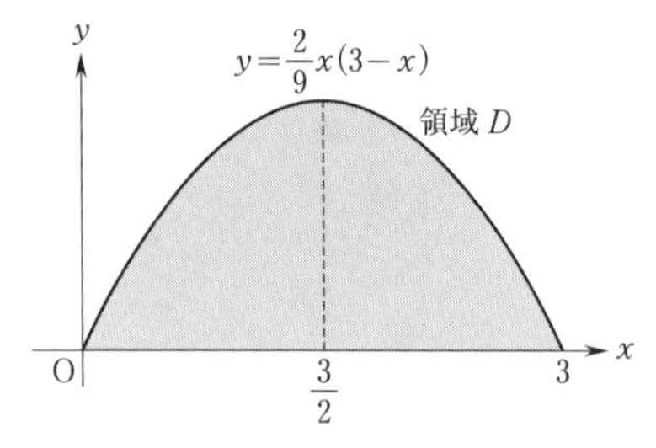

D は軸 $x=\dfrac{3}{2}$ について対称であるから，

$$E(X)=\frac{\boxed{3}_{ソ}}{\boxed{2}_{タ}}$$

($E(X)$ を定義により求める別解)

$$E(X)=\int_0^3 x\times\underbrace{\frac{2}{9}x(3-x)}_{確率}dx$$

$E(X)$ の定義．これで求められるのは大切！

$$=\frac{2}{9}\int_0^3(3x^2-x^3)\,dx$$

$$=\frac{2}{9}\left[x^3-\frac{x^4}{4}\right]_0^3$$

$$=\frac{3}{2}$$

(別解終り)

X の分散 $V(X)$ は

$$V(X)=\underbrace{\int_0^3 x^2f(x)\,dx}_{E(X^2)}-\{E(X)\}^2$$

$V(X)=E(X^2)-\{E(X)\}^2$ を用いると計算しやすい．

$$=\frac{2}{9}\int_0^3(3x^3-x^4)\,dx-\left(\frac{3}{2}\right)^2$$

$$=\frac{2}{9}\left[\frac{3}{4}x^4-\frac{x^5}{5}\right]_0^3-\frac{9}{4}$$

$$=\frac{\boxed{9}_{チ}}{\boxed{20}_{ツテ}}$$

$Y=2X+6$ とおくと，Y の平均 $E(Y)$ は

$$E(Y)=E(2X+6)$$
$$=2E(X)+6$$

平均の公式
$E(aX+b)=aE(X)+b$
(a，b は定数)

$$=2\cdot\frac{3}{2}+6$$

$$=\boxed{9}_{ト}$$

Y の分散 $V(Y)$ は

$$V(Y)=V(2X+6)$$
$$=2^2V(X)$$
$$=4\cdot\frac{9}{20}$$
$$=\frac{\boxed{9}_{ナ}}{\boxed{5}_{ニ}}$$

分散の公式

$V(aX+b)=a^2V(X)$

(a, b は定数)

第8回解答

解答記号	正解	配点	自己採点
$\frac{\text{ア}}{\text{イ}}$	$\frac{2}{3}$	2	
$\frac{\text{ウエ}}{\text{オカ}}$	$\frac{11}{12}$	2	
$\frac{\text{キ}}{\text{ク}}$	$\frac{2}{9}$	2	
$\frac{\text{ケコ}}{\text{サシス}}$	$\frac{37}{162}$	2	
セ	4	2	
$\frac{\text{ソ}}{\text{タチ}}$	$\frac{7}{16}$	2	

解答記号	正解	配点	自己採点
$\frac{\text{ツ}}{\text{テト}}$	$\frac{8}{15}$	2	
$\frac{\text{ナニ}}{\text{ヌネノ}}$	$\frac{11}{225}$	2	
$\frac{\text{ハ}}{\text{ヒ}}$	$\frac{3}{5}$	2	
$\frac{\text{フヘ}}{\text{ホマ}}$	$\frac{11}{25}$	2	

解説　連続型確率変数の平均と分散の求め方を確認しよう.

(1)　$y=f(x)$ のグラフは次の図の太線部分になる.

図1

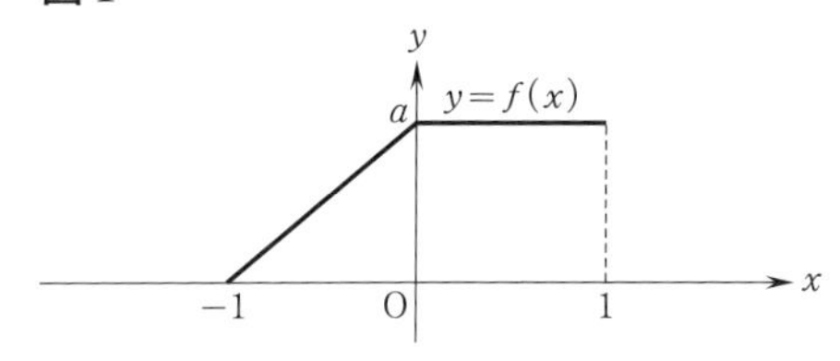

網掛けの部分の面積は全事象の確率なので 1 である.

図2

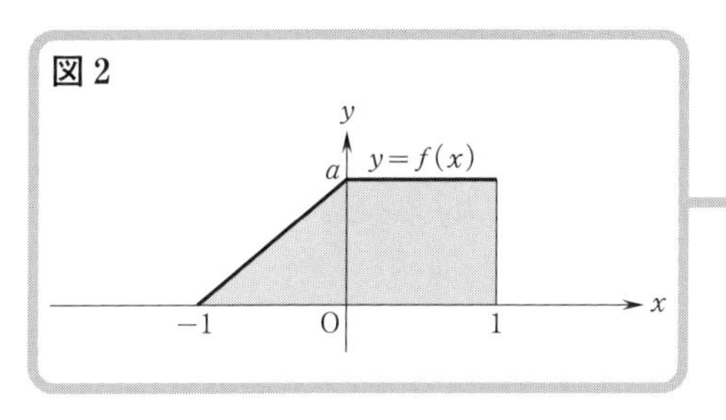

確率密度関数 $f(x)$ のグラフと x 軸とではさまれる領域 D の面積が，全事象の確率 1 になる.

この面積は

$$\frac{1}{2}a+a=\frac{3}{2}a=1$$

となり，$a=\dfrac{\boxed{2}_{\text{ア}}}{\boxed{3}_{\text{イ}}}$ である．

したがって，$f(x)$ は次のようになる．

$$f(x)=\begin{cases}\dfrac{2}{3}(x+1) & (-1\leqq x\leqq 0 \text{ のとき}),\\ \dfrac{2}{3} & (0\leqq x\leqq 1 \text{ のとき})\end{cases}$$

$-\dfrac{1}{2}\leqq X\leqq 1$ となる確率は，次の図の網掛けの部分の面積である．

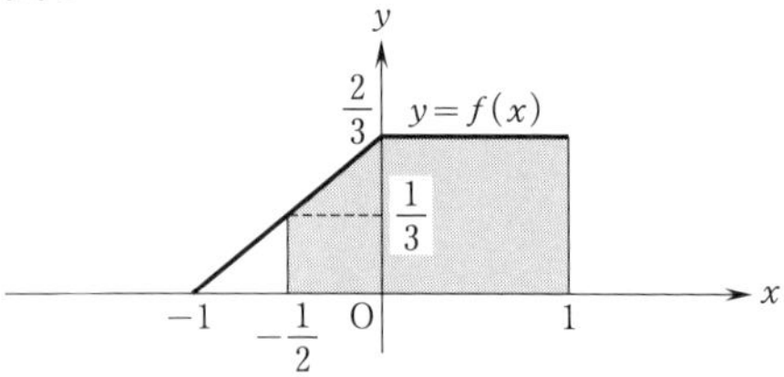

$-\dfrac{1}{2}\leqq X\leqq 1$ となる確率は

$$\underbrace{1}_{\text{全体}}-\underbrace{\frac{1}{2}\cdot\frac{1}{2}\cdot\frac{1}{3}}_{\text{網掛けでない三角形}}=\frac{\boxed{11}_{\text{ウエ}}}{\boxed{12}_{\text{オカ}}}$$

X の平均を $E(X)$ とする．

$E(X)$ の定義から

$$E(X)=\int_{-1}^{1}xf(x)\,dx$$

$$=\int_{-1}^{0}x\times\underbrace{\frac{2}{3}(x+1)}_{f(x)}dx+\int_{0}^{1}x\times\underbrace{\frac{2}{3}}_{f(x)}dx$$

$y=f(x)$ のグラフと x 軸とではさまれた領域（**図2**の網掛けの部分）が対称性の無い四角形なので $E(X)$ は定義により求めるしかない．

$-1\leqq x\leqq 0$ と $0\leqq x\leqq 1$ とで $f(x)$ を表す式が異なるので，積分区間を分ける．

$$=\frac{2}{3}\left[\frac{x^3}{3}+\frac{x^2}{2}\right]_{-1}^{0}+\left[\frac{x^2}{3}\right]_{0}^{1}$$

$$=\frac{\boxed{2}\ (キ)}{\boxed{9}\ (ク)}$$

X の分散 $V(X)$ は

$$V(X)=\underbrace{\int_{-1}^{1}x^2f(x)\,dx}_{E(X^2)}-\{E(X)\}^2$$

$V(X)=E(X^2)-\{E(X)\}^2$ を用いると計算しやすい.

$$=\int_{-1}^{0}x^2\times\underbrace{\frac{2}{3}(x+1)}_{f(x)}dx+\int_{0}^{1}x^2\times\underbrace{\frac{2}{3}}_{f(x)}dx-\left(\frac{2}{9}\right)^2$$

$$=\frac{2}{3}\left[\frac{x^4}{4}+\frac{x^3}{3}\right]_{-1}^{0}+\left[\frac{2}{9}x^3\right]_{0}^{1}-\frac{4}{81}$$

$$=\frac{\boxed{37}\ (ケコ)}{\boxed{162}\ (サシス)}$$

(2)　全事象の確率が

$$1=\int_{0}^{1}f(x)\,dx$$

$$=\int_{0}^{1}a(x-x^3)\,dx$$

$$=a\left[\frac{x^2}{2}-\frac{x^4}{4}\right]_{0}^{1}$$

$$=\frac{1}{4}a$$

よって，$a=\boxed{4}$ (セ) となる.

したがって

$$f(x)=4(x-x^3)$$

$0 \leqq X \leqq \frac{1}{2}$ となる確率は次図の斜線部の面積である.

確率密度関数の基本！
また, $f(x)$ の増減を調べる必要はない. 確率密度関数なのだから $f(x) \geqq 0$ となるのは当たり前だ.

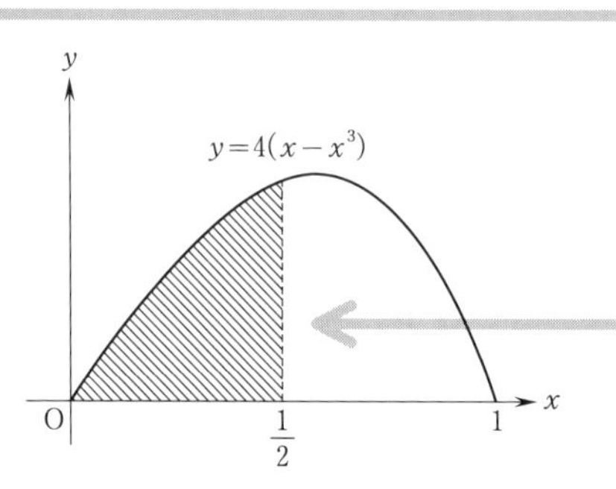

よって, $0 \leqq X \leqq \frac{1}{2}$ となる確率は

$$\int_0^{\frac{1}{2}} 4(x-x^3)\,dx = 4\left[\frac{x^2}{2}-\frac{x^4}{4}\right]_0^{\frac{1}{2}}$$

$$= \frac{\boxed{7}}{\boxed{16}}$$

（ソ：7，タチ：16）

X の平均を $E(X)$ とすると

$$E(X) = \int_0^1 x \times \underbrace{4(x-x^3)\,dx}_{\text{確率}}$$

$E(X)$ の定義. これで求められるのは大切！

$$= 4\int_0^1 (x^2-x^4)\,dx$$

$$= 4\left[\frac{x^3}{3}-\frac{x^5}{5}\right]_0^1$$

$$= \frac{\boxed{8}}{\boxed{15}}$$

（ツ：8，テト：15）

X の分散 $V(X)$ は

$$V(X) = \underbrace{\int_0^1 x^2 f(x)\,dx}_{E(X^2)} - \{E(X)\}^2$$

$V(X)=E(X^2)-\{E(X)\}^2$ を用いると計算しやすい.

$$=\int_0^1 x^2\times\underbrace{4(x-x^3)}_{f(x)}dx-\left(\frac{8}{15}\right)^2$$

$$=4\left[\frac{x^4}{4}-\frac{x^6}{6}\right]_0^1-\left(\frac{8}{15}\right)^2$$

$$=\frac{\overset{ナニ}{\boxed{11}}}{\underset{ヌネノ}{\boxed{225}}}$$

$Y=3X-1$ とおくと，Y の平均 $E(Y)$ は

$$E(Y)=E(3X-1)$$
$$=3E(X)-1$$

平均の公式
$E(aX+b)=aE(X)+b$
（a，b は定数）

$$=3\cdot\frac{8}{15}-1$$

$$=\frac{\overset{ハ}{\boxed{3}}}{\underset{ヒ}{\boxed{5}}}$$

Y の分散 $V(Y)$ は

$$V(Y)=V(3X-1)$$
$$=3^2V(X)$$

分散の公式
$V(aX+b)=a^2V(X)$
（a，b は定数）

$$=9\cdot\frac{11}{225}$$

$$=\frac{\overset{フヘ}{\boxed{11}}}{\underset{ホマ}{\boxed{25}}}$$

第 9 回解答

解答記号	正解	配点	自己採点
ア	0	1	
イ	1	1	
ウエ	50	1	
オカ	10	1	
キク，ケコ	50，10	1	
サ	①	1	
シ.スセ	0.55	1	
ソタ	54	1	
チ	①	1	
ツ	③	1	

解答記号	正解	配点	自己採点
テ	②	2	
ト	⑤	2	
ナ	①	2	
ニ	⑥	2	
ヌ	③	2	

解説　**偏差値の利用法と，母平均の推定の方法を確認しよう．**

(1)　X の平均が $E(X)=43$，標準偏差が $\sigma(X)=20$ である．

X が正規分布に従うので，X の一次式で表される

$$z=\frac{X-43}{20}$$

も正規分布に従う．

◀この z は標準正規分布に従う，と一瞬で見抜けたら共通テストは安心だ．
z の平均は 0，標準偏差は 1 だ

z の平均は

$$E(z)=E\left(\frac{X-43}{20}\right)=\frac{E(X)-43}{20}$$

平均の公式
$E(aX+b)=aE(X)+b$
（a，b は定数）

$$=\boxed{0}\ \text{(ア)}\quad (E(X)=43 \text{ より})$$

z の標準偏差は

$$\sigma(z)=\sigma\left(\frac{X-43}{20}\right)=\frac{\sigma(X)}{|20|}$$

$$=\boxed{1}\ (\sigma(X)=20 \text{ より})$$

（イ）

以上より，z は標準正規分布に従う．

z が標準正規分布に従うので，z の一次式で表される次の

$$Y=10z+50$$

も正規分布に従う．

Y の平均は

$$E(Y)=E(10z+50)$$
$$=10E(z)+50$$
$$=\boxed{50}\ (E(z)=0 \text{ より})$$

（ウエ）

Y の標準偏差は

$$\sigma(Y)=\sigma(10z+50)$$
$$=|10|\sigma(z)$$
$$=\boxed{10}\ (\sigma(z)=1 \text{ より})$$

（オカ）

Y が正規分布に従うから

$$z'=\frac{Y-(Y\text{の平均})}{(Y\text{の標準偏差})}=\frac{Y-\boxed{50}}{\boxed{10}}$$

（キク，ケコ）

は標準正規分布に従う．

$Y=10z+50$ より

$$z=\frac{Y-50}{10} \quad \cdots\cdots\cdots ①$$

となるから，$z=z'$ である．つまり，$\boxed{サ}$ には $\boxed{①}$ が当てはまる．

（サ）

偏差値 Y が 55.5 の受験者に対して ① より

標準偏差の公式

a，b を定数とすると，$aX+b$ の標準偏差は

$$\boldsymbol{\sigma(aX+b)}$$
$$=\sqrt{(aX+b\text{の分散})}$$
$$=\sqrt{a^2(X\text{の分散})}$$
$$=|a|\sqrt{(X\text{の分散})}$$
$$=\boldsymbol{|a|\sigma(X)}$$

◀**偏差値の定義**

受験者数の多い試験での点数 X は通常は正規分布に従うので

$$z=\frac{X-E(X)}{\sigma(X)}$$

とおくと z は標準正規分布に従う．

$$Y=10z+50$$

とおくと，Y は**平均が 50，標準偏差が 10** になり成績の目安として使いやすい．

この Y を**偏差値**という．

上の 2 つの式から

$$Y=10\cdot\frac{X-E(X)}{\sigma(X)}+50$$

となる．

$$z=\frac{55.5-50}{10}=\boxed{0}\,.\,\boxed{55}$$ ……… ②

（シ：0，スセ：55）

点数 X は，$0.55=z=\dfrac{X-43}{20}$ より

$$X=43+0.55\cdot 20=\boxed{54}$$ （点） ……… ③

（ソタ：54）

偏差値 55.5 以上の受験生の割合は以下のようにして求める．

step1 z が標準正規分布に従うことと ② より，偏差値 55.5 以上の受験生の割合は，次の図の斜線部の面積 S で表される．

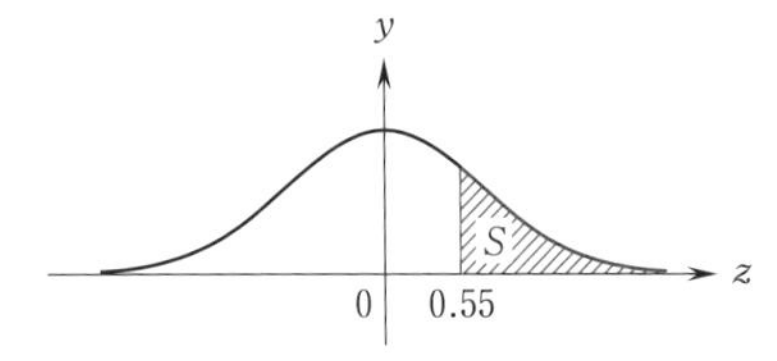

step2 次の図の斜線部の面積は「全事象の確率」なので 1 である．

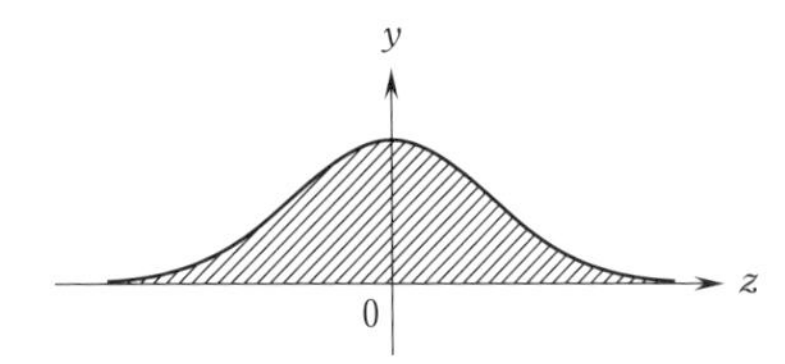

この斜線部の y 軸より**右側**の部分（次図）の面積 S_1 は，その半分なので 0.5 である．

◀標準正規分布の分布曲線は y 軸について対称．

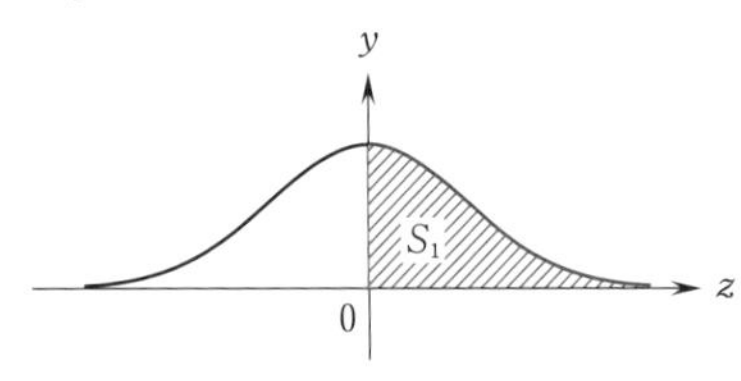

step3 S は，S_1 から次の図の斜線部 S_2 を引いたものである．

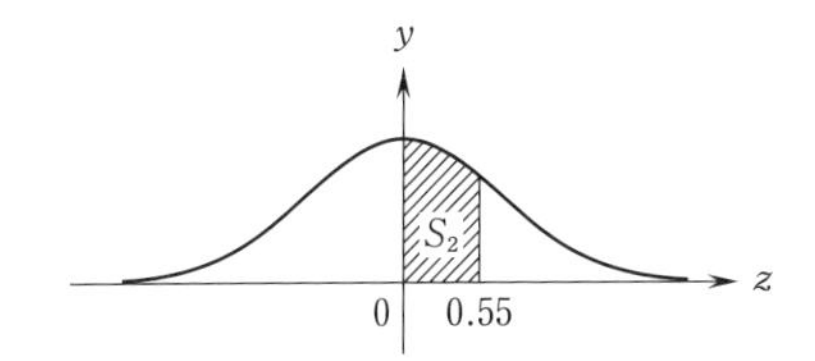

次ページの正規分布表から $S_2 = 0.2088$ である.

step4　以上より,

$$S = S_1 - S_2 = 0.5 - 0.2088 = 0.2912$$

………④

これが偏差値 55.5 以上の受験生の割合であり，受験者数が 10 万人であるから，偏差値 55.5 以上の受験者数は

10 万×0.2912＝29120（人）

つまり，およそ 29100 人であるから［チ］には ［①］(チ) が当てはまる.

正 規 分 布 表

次の表は，標準正規分布の正規分布曲線における右図の灰色部分の面積の値をまとめたものである。

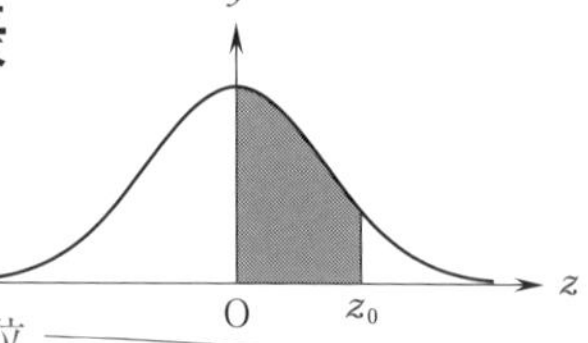

z_0 の小数第 2 位

z_0	0.00	0.01	0.02	0.03	0.04	0.05	0.06	0.07	0.08	0.09
0.0	0.0000	0.0040	0.0080	0.0120	0.0160	0.0199	0.0239	0.0279	0.0319	0.0359
0.1	0.0398	0.0438	0.0478	0.0517	0.0557	0.0596	0.0636	0.0675	0.0714	0.0753
0.2	0.0793	0.0832	0.0871	0.0910	0.0948	0.0987	0.1026	0.1064	0.1103	0.1141
0.3	0.1179	0.1217	0.1255	0.1293	0.1331	0.1368	0.1406	0.1443	0.1480	0.1517
0.4	0.1554	0.1591	0.1628	0.1664	0.1700	0.1736	0.1772	0.1808	0.1844	0.1879
0.5	0.1915	0.1950	0.1985	0.2019	0.2054	0.2088	0.2123	0.2157	0.2190	0.2224
0.6	0.2257	0.2291	0.2324	0.2357	0.2389	0.2422	0.2454	0.2486	0.2517	0.2549
0.7	0.2580	0.2611	0.2642	0.2673	0.2704	0.2734	0.2764	0.2794	0.2823	0.2852
0.8	0.2881	0.2910	0.2939	0.2967	0.2995	0.3023	0.3051	0.3078	0.3106	0.3133
0.9	0.3159	0.3186	0.3212	0.3238	0.3264	0.3289	0.3315	0.3340	0.3365	0.3389
1.0	0.3413	0.3438	0.3461	0.3485	0.3508	0.3531	0.3554	0.3577	0.3599	0.3621
1.1	0.3643	0.3665	0.3686	0.3708	0.3729	0.3749	0.3770	0.3790	0.3810	0.3830
1.2	0.3849	0.3869	0.3888	0.3907	0.3925	0.3944	0.3962	0.3980	0.3997	0.4015
1.3	0.4032	0.4049	0.4066	0.4082	0.4099	0.4115	0.4131	0.4147	0.4162	0.4177
1.4	0.4192	0.4207	0.4222	0.4236	0.4251	0.4265	0.4279	0.4292	0.4306	0.4319
1.5	0.4332	0.4345	0.4357	0.4370	0.4382	0.4394	0.4406	0.4418	0.4429	0.4441
1.6	0.4452	0.4463	0.4474	0.4484	0.4495	0.4505	0.4515	0.4525	0.4535	0.4545
1.7	0.4554	0.4564	0.4573	0.4582	0.4591	0.4599	0.4608	0.4616	0.4625	0.4633
1.8	0.4641	0.4649	0.4656	0.4664	0.4671	0.4678	0.4686	0.4693	0.4699	0.4706
1.9	0.4713	0.4719	0.4726	0.4732	0.4738	0.4744	0.4750	0.4756	0.4761	0.4767
2.0	0.4772	0.4778	0.4783	0.4788	0.4793	0.4798	0.4803	0.4808	0.4812	0.4817
2.1	0.4821	0.4826	0.4830	0.4834	0.4838	0.4842	0.4846	0.4850	0.4854	0.4857
2.2	0.4861	0.4864	0.4868	0.4871	0.4875	0.4878	0.4881	0.4884	0.4887	0.4890
2.3	0.4893	0.4896	0.4898	0.4901	0.4904	0.4906	0.4909	0.4911	0.4913	0.4916
2.4	0.4918	0.4920	0.4922	0.4925	0.4927	0.4929	0.4931	0.4932	0.4934	0.4936
2.5	0.4938	0.4940	0.4941	0.4943	0.4945	0.4946	0.4948	0.4949	0.4951	0.4952
2.6	0.4953	0.4955	0.4956	0.4957	0.4959	0.4960	0.4961	0.4962	0.4963	0.4964
2.7	0.4965	0.4966	0.4967	0.4968	0.4969	0.4970	0.4971	0.4972	0.4973	0.4974
2.8	0.4974	0.4975	0.4976	0.4977	0.4977	0.4978	0.4979	0.4979	0.4980	0.4981
2.9	0.4981	0.4982	0.4982	0.4983	0.4984	0.4984	0.4985	0.4985	0.4986	0.4986
3.0	0.4987	0.4987	0.4987	0.4988	0.4988	0.4989	0.4989	0.4989	0.4990	0.4990

$z_0=0.55$ に対する面積 S_2 はこれ↗

z_0 の整数部分と小数第 1 位

この受験生（③より54点）がさらに10点を余計に取っていると，点数は

$$X=54+10=64$$

このとき

$$z=\frac{64-43}{20}=1.05$$

64点以上の受験生の割合は，④と同様に0.5から次の図の斜線部の面積 S_3 を引いたものである．

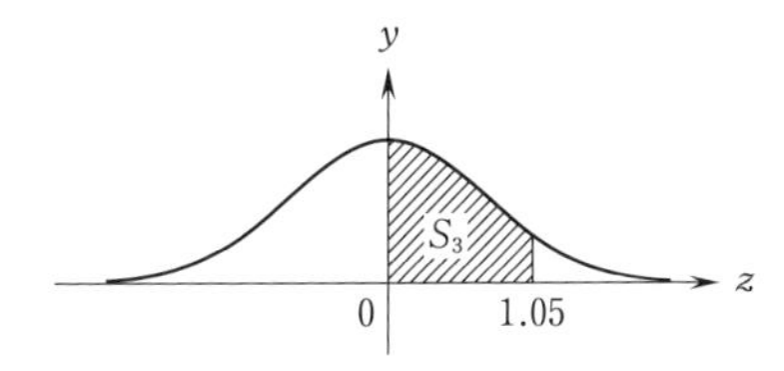

次ページの正規分布図から，$S_3=0.3531$ となるから64点以上の受験生の割合は

$$0.5-S_3=0.5-0.3531=0.1469$$

受験者数が10万人であるから，64点以上の受験生はおよそ

10万×0.1469＝14690（人）

となる．

以上から，偏差値55.5の生徒（54点，およそ29100番）があと10点取っていれば，成績の順位は

29100－14690＝14410（番）

ほど良くなっているから，[ツ] に当てはまるのは

ツ
[③] である．

◀偏差値が50ほどの場合は少し頑張ればグッと成績が良くなるのだよ．

正　規　分　布　表

次の表は，標準正規分布の正規分布曲線における右図の灰色部分の面積の値をまとめたものである。

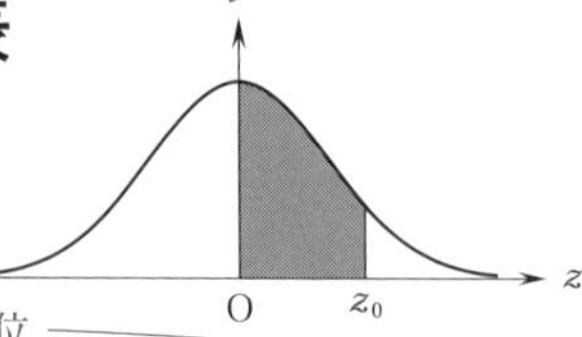

z_0 の小数第 2 位

z_0 の整数部分と小数第 1 位

z_0	0.00	0.01	0.02	0.03	0.04	0.05	0.06	0.07	0.08	0.09
0.0	0.0000	0.0040	0.0080	0.0120	0.0160	0.0199	0.0239	0.0279	0.0319	0.0359
0.1	0.0398	0.0438	0.0478	0.0517	0.0557	0.0596	0.0636	0.0675	0.0714	0.0753
0.2	0.0793	0.0832	0.0871	0.0910	0.0948	0.0987	0.1026	0.1064	0.1103	0.1141
0.3	0.1179	0.1217	0.1255	0.1293	0.1331	0.1368	0.1406	0.1443	0.1480	0.1517
0.4	0.1554	0.1591	0.1628	0.1664	0.1700	0.1736	0.1772	0.1808	0.1844	0.1879
0.5	0.1915	0.1950	0.1985	0.2019	0.2054	0.2088	0.2123	0.2157	0.2190	0.2224
0.6	0.2257	0.2291	0.2324	0.2357	0.2389	0.2422	0.2454	0.2486	0.2517	0.2549
0.7	0.2580	0.2611	0.2642	0.2673	0.2704	0.2734	0.2764	0.2794	0.2823	0.2852
0.8	0.2881	0.2910	0.2939	0.2967	0.2995	0.3023	0.3051	0.3078	0.3106	0.3133
0.9	0.3159	0.3186	0.3212	0.3238	0.3264	0.3289	0.3315	0.3340	0.3365	0.3389
1.0	0.3413	0.3438	0.3461	0.3485	0.3508	0.3531	0.3554	0.3577	0.3599	0.3621
1.1	0.3643	0.3665	0.3686	0.3708	0.3729	0.3749	0.3770	0.3790	0.3810	0.3830
1.2	0.3849	0.3869	0.3888	0.3907	0.3925	0.3944	0.3962	0.3980	0.3997	0.4015
1.3	0.4032	0.4049	0.4066	0.4082	0.4099	0.4115	0.4131	0.4147	0.4162	0.4177
1.4	0.4192	0.4207	0.4222	0.4236	0.4251	0.4265	0.4279	0.4292	0.4306	0.4319
1.5	0.4332	0.4345	0.4357	0.4370	0.4382	0.4394	0.4406	0.4418	0.4429	0.4441
1.6	0.4452	0.4463	0.4474	0.4484	0.4495	0.4505	0.4515	0.4525	0.4535	0.4545
1.7	0.4554	0.4564	0.4573	0.4582	0.4591	0.4599	0.4608	0.4616	0.4625	0.4633
1.8	0.4641	0.4649	0.4656	0.4664	0.4671	0.4678	0.4686	0.4693	0.4699	0.4706
1.9	0.4713	0.4719	0.4726	0.4732	0.4738	0.4744	0.4750	0.4756	0.4761	0.4767
2.0	0.4772	0.4778	0.4783	0.4788	0.4793	0.4798	0.4803	0.4808	0.4812	0.4817
2.1	0.4821	0.4826	0.4830	0.4834	0.4838	0.4842	0.4846	0.4850	0.4854	0.4857
2.2	0.4861	0.4864	0.4868	0.4871	0.4875	0.4878	0.4881	0.4884	0.4887	0.4890
2.3	0.4893	0.4896	0.4898	0.4901	0.4904	0.4906	0.4909	0.4911	0.4913	0.4916
2.4	0.4918	0.4920	0.4922	0.4925	0.4927	0.4929	0.4931	0.4932	0.4934	0.4936
2.5	0.4938	0.4940	0.4941	0.4943	0.4945	0.4946	0.4948	0.4949	0.4951	0.4952
2.6	0.4953	0.4955	0.4956	0.4957	0.4959	0.4960	0.4961	0.4962	0.4963	0.4964
2.7	0.4965	0.4966	0.4967	0.4968	0.4969	0.4970	0.4971	0.4972	0.4973	0.4974
2.8	0.4974	0.4975	0.4976	0.4977	0.4977	0.4978	0.4979	0.4979	0.4980	0.4981
2.9	0.4981	0.4982	0.4982	0.4983	0.4984	0.4984	0.4985	0.4985	0.4986	0.4986
3.0	0.4987	0.4987	0.4987	0.4988	0.4988	0.4989	0.4989	0.4989	0.4990	0.4990

$z_0=1.05$ に対する面積 S_3 はこれ↗

(2)　母平均が m である母集団から大きさが 300 の標本を無作為に選んだ標本平均が $\overline{X}$ である.

母標準偏差を σ とすると，300 は十分大きいので $\overline{X}$ は正規分布 $N\left(\underbrace{m}_{平均},\ \underbrace{\dfrac{\sigma^2}{300}}_{分散}\right)$ に近似的に従う.

重要!!　母平均が m，母分散が σ^2 の母集団から大きさ n の標本を無作為に選ぶとき，n が十分大きければ，標本平均 $\overline{X}$ は
・平均が m
・分散が $\dfrac{\sigma^2}{n}$
の正規分布 $N\left(m,\ \dfrac{\sigma^2}{n}\right)$ に近似的に従う.

$\overline{X}$ の標準偏差は $\sqrt{\dfrac{\sigma^2}{300}}=\dfrac{\sigma}{10\sqrt{3}}=\dfrac{\sqrt{3}\,\sigma}{30}$ である.

標本の大きさが十分大きいので，母標準偏差 σ は標本標準偏差 S にほぼ等しいとしてよいから，$\overline{X}$ の標準偏差は

$$\frac{\sqrt{3}\,S}{30}=\frac{1.732\cdot 12}{30}\fallingdotseq 0.693$$

としてよい.

よって，標本平均 $\overline{X}$ は平均が m，標準偏差が 0.693 の正規分布に従うとしてよい.　………①

$\overline{X}$ が正規分布に従うので

$$z=\frac{\overline{X}-(\overline{X}\text{の平均})}{(\overline{X}\text{の標準偏差})}=\frac{\overline{X}-m}{0.693} \quad ………②$$

とおくと，z は標準正規分布に従う.

重要!!　正規分布表を使うために，標準正規分布に従う z を考える.

m に対する信頼度 95 %の信頼区間を得るには，まず

$$P(-z_0\leqq z\leqq z_0)=\frac{95}{100}=0.95 \quad ………③$$

となる z_0 を以下のようにして求める.

step1　この確率は次の図（標準正規分布）の斜線部の面積である.

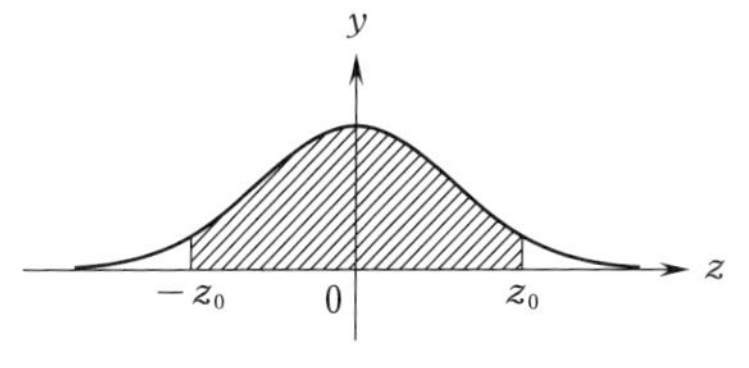

step2　標準正規分布の分布曲線は y 軸について対称

なので，上の図の斜線部の面積は，次の図の斜線部の面積 $P(0 \leqq z \leqq z_0)$ の 2 倍である．

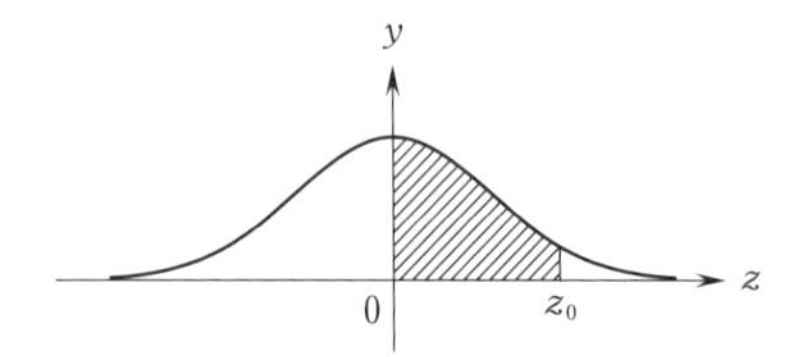

よって，$P(-z_0 \leqq z \leqq z_0) = 2P(0 \leqq z \leqq z_0)$ となり，これが 0.95 となるのは，

$P(0 \leqq z \leqq z_0) = \dfrac{0.95}{2} = 0.475$ となるときである．

step3 次ページの正規分布表に書かれた面積の値で 0.475 に近いものを探すと，0.4750 が見つかる．

step4 そこから左と上を見ると z_0 の整数部分と小数第 1 位までが 1.9，z_0 の小数第 2 位が 6（0.06 の部分）と分かる．

step5 以上より，$P(-z_0 \leqq z \leqq z_0) = 0.95$ となる z_0 はおよそ 1.96 と分かる．

以上より，m に対する信頼度 95 %の信頼区間を求めるには

$$-z_0 \leqq z = \frac{\overline{X} - m}{0.693} \leqq z_0 \quad (z_0 = 1.96)$$

より

$$\underbrace{\overline{X} - z_0 \cdot 0.693}_{\text{これが} A} \leqq m \leqq \underbrace{\overline{X} + z_0 \cdot 0.693}_{\text{これが} B} \quad \cdots\cdots\cdots ④$$

$z_0 = 1.96$ と $\overline{X} = 52$ を代入して

$$\underbrace{50.6}_{\text{これが} A} \leqq m \leqq \underbrace{53.4}_{\text{これが} B}$$

◀ $52 - 1.96 \cdot 0.693$
$= 50.64 \cdots \fallingdotseq \mathbf{50.6}$
$52 + 1.96 \cdot 0.693$
$= 53.35 \cdots$
$\fallingdotseq \mathbf{53.4}$

よって，［テ］に当てはまるのは［②］であり，

［ト］に当てはまるのは［⑤］である．

正 規 分 布 表

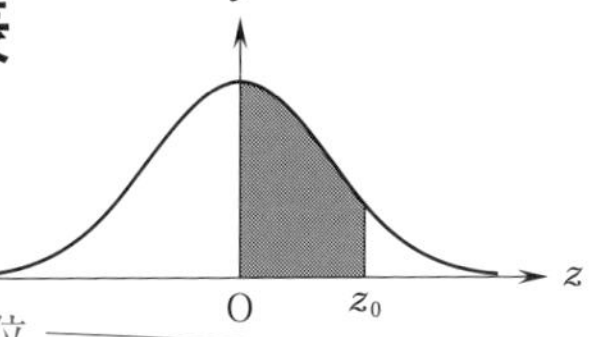

次の表は，標準正規分布の正規分布曲線における右図の灰色部分の面積の値をまとめたものである。

z_0 の小数第2位

z_0	0.00	0.01	0.02	0.03	0.04	0.05	0.06	0.07	0.08	0.09
0.0	0.0000	0.0040	0.0080	0.0120	0.0160	0.0199	0.0[illegible]39	0.0279	0.0319	0.0359
0.1	0.0398	0.0438	0.0478	0.0517	0.0557	0.0596	0.0636	0.0675	0.0714	0.0753
0.2	0.0793	0.0832	0.0871	0.0910	0.0948	0.0987	0.1026	0.1064	0.1103	0.1141
0.3	0.1179	0.1217	0.1255	0.1293	0.1331	0.1368	0.1406	0.1443	0.1480	0.1517
0.4	0.1554	0.1591	0.1628	0.1664	0.1700	0.1736	0.1772	0.1808	0.1844	0.1879
0.5	0.1915	0.1950	0.1985	0.2019	0.2054	0.2088	0.2123	0.2157	0.2190	0.2224
0.6	0.2257	0.2291	0.2324	0.2357	0.2389	0.2422	0.2454	0.2486	0.2517	0.2549
0.7	0.2580	0.2611	0.2642	0.2673	0.2704	0.2734	0.2764	0.2794	0.2823	0.2852
0.8	0.2881	0.2910	0.2939	0.2967	0.2995	0.3023	0.3051	0.3078	0.3106	0.3133
0.9	0.3159	0.3186	0.3212	0.3238	0.3264	0.3289	0.33[illegible]	[illegible]	[illegible]	0.3389
1.0	0.3413	0.3438	0.3461	0.3485	0.3508	0.3531	0.3554	0.3577	0.3599	0.3621
1.1	0.3643	0.3665	0.3686	0.3708	0.3729	0.3749	0.3770	0.3790	0.3810	0.3830
1.2	0.3849	0.3869	0.3888	0.3907	0.3925	0.3944	0.3962	0.3980	0.3997	0.4015
1.3	0.4032	0.4049	0.4066	0.4082	0.4099	0.4115	0.4131	0.4147	0.4162	0.4177
1.4	0.4192	0.4207	0.4222	0.4236	0.4251	0.4265	0.4279	0.4292	0.4306	0.4319
1.5	0.4332	0.4345	0.4357	0.4370	0.4382	0.4394	0.4406	0.4418	0.4429	0.4441
1.6	0.4452	0.4463	0.4474	0.4484	0.4495	0.4505	0.4515	0.4525	0.4535	0.4545
1.7	0.4554	0.4564	0.4573	0.4582	0.4591	0.4599	0.4608	0.4616	0.4625	0.4633
1.8	0.4641	0.46[illegible]	[illegible]	[illegible]	[illegible]1	0.4678	0.4686	0.4693	0.4699	0.4706
1.9	0.4713	0.4719	0.4726	0.4732	0.4738	0.4744	0.4750	0.4756	0.4761	0.4767
2.0	0.4772	0.4778	0.4783	0.4788	0.4793	[illegible]	[illegible]	[illegible]	0.4812	0.4817
2.1	0.4821	0.4826	0.4830	0.4834	0.4838	0.4842	0.4846	0.4850	0.4854	0.4857
2.2	0.4861	0.4864	0.4868	0.4871	0.4875	0.4878	0.4881	0.4884	0.4887	0.4890
2.3	0.4893	0.4896	0.4898	0.4901	0.4904	0.4906	0.4909	0.4911	0.4913	0.4916
2.4	0.4918	0.4920	0.4922	0.4925	0.4927	0.4929	0.4931	0.4932	0.4934	0.4936
2.5	0.4938	0.4940	0.4941	0.4943	0.4945	0.4946	0.4948	0.4949	0.4951	0.4952
2.6	0.4953	0.4955	0.4956	0.4957	0.4959	0.4960	0.4961	0.4962	0.4963	0.4964
2.7	0.4965	0.4966	0.4967	0.4968	0.4969	0.4970	0.4971	0.4972	0.4973	0.4974
2.8	0.4974	0.4975	0.4976	0.4977	0.4977	0.4978	0.4979	0.4979	0.4980	0.4981
2.9	0.4981	0.4982	0.4982	0.4983	0.4984	0.4984	0.4985	0.4985	0.4986	0.4986
3.0	0.4987	0.4987	0.4987	0.4988	0.4988	0.4989	0.4989	0.4989	0.4990	0.4990

z_0 の整数部分と小数第1位

z_0 の小数第2位

z_0 の小数第1位まで

ここに 0.4750 がある

m に対する信頼度 99 %の信頼区間を求めるには，まず，② により定めた z に対して，③ の「95」を「99」に替え

$$P(-z_0 \leqq z \leqq z_0) = \frac{99}{100} = 0.99$$

となる z_0 を求める．

先ほどと同様に

$$P(-z_0 \leqq z \leqq z_0) = 2P(0 \leqq z \leqq z_0) = 0.99$$

となり

$$P(0 \leqq z \leqq z_0) = \frac{0.99}{2} = 0.495$$

次ページの正規分布表で 0.495 に近い値を探すと，0.4949 と 0.4951 が見つかるので

$$z_0 = 2.57 \quad \text{または} \quad 2.58$$

と分かり，ここでは $z_0 = 2.58$ とする．

m に対する信頼度 99 %の信頼区間 I を求めるには

$$-z_0 \leqq z = \frac{\overline{X} - m}{0.693} \leqq z_0 \quad (z_0 = 2.58)$$

より

$$\overline{X} - 2.58 \cdot 0.693 \leqq m \leqq \overline{X} + 2.58 \cdot 0.693$$

$\overline{X} = 52$ を代入し計算すると

$$\underbrace{50.2}_{\text{これが } C} \leqq m \leqq \underbrace{53.8}_{\text{これが } D}$$

◀ $52 - 2.58 \cdot 0.693$
$= 50.21\cdots$
$\fallingdotseq$ **50.2**
$52 + 2.58 \cdot 0.693$
$= 53.78\cdots$
$\fallingdotseq$ **53.8**

よって，［ナ］に当てはまるのは［①］であり，［ニ］に当てはまるのは［⑥］である．

正 規 分 布 表

次の表は，標準正規分布の正規分布曲線における右図の灰色部分の面積の値をまとめたものである。

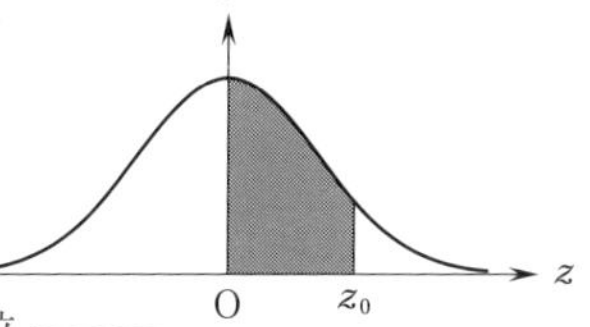

z_0 の小数第2位（列）／ z_0 の整数部分と小数第1位（行）

z_0	0.00	0.01	0.02	0.03	0.04	0.05	0.06	0.07	0.08	0.09
0.0	0.0000	0.0040	0.0080	0.0120	0.0160	0.0199	0.0239	0.0279	0.0319	0.0359
0.1	0.0398	0.0438	0.0478	0.0517	0.0557	0.0596	0.0636	0.0675	0.0714	0.0753
0.2	0.0793	0.0832	0.0871	0.0910	0.0948	0.0987	0.1026	0.1064	0.1103	0.1141
0.3	0.1179	0.1217	0.1255	0.1293	0.1331	0.1368	0.1406	0.1443	0.1480	0.1517
0.4	0.1554	0.1591	0.1628	0.1664	0.1700	0.1736	0.1772	0.1808	0.1844	0.1879
0.5	0.1915	0.1950	0.1985	0.2019	0.2054	0.2088	0.2123	0.2157	0.2190	0.2224
0.6	0.2257	0.2291	0.2324	0.2357	0.2389	0.2422	0.2454	0.2486	0.2517	0.2549
0.7	0.2580	0.2611	0.2642	0.2673	0.2704	0.2734	0.2764	0.2794	0.2823	0.2852
0.8	0.2881	0.2910	0.2939	0.2967	0.2995	0.3023	0.3051	0.3078	0.3106	0.3133
0.9	0.3159	0.3186	0.3212	0.3238	0.3264	0.3289	0.3315	0.3340	0.3365	0.3389
1.0	0.3413	0.3438	0.3461	0.3485	0.3508	0.3531	0.3554	0.3577	0.3599	0.3621
1.1	0.3643	0.3665	0.3686	0.3708	0.3729	[illegible]	[illegible]	[illegible]	0.3810	0.3830
1.2	0.3849	0.3869	0.3888	0.3907	0.3925	0.3944	0.3962	0.3980	0.3997	0.4015
1.3	0.4032	0.4049	0.4066	0.4082	0.4099	0.4115	0.4131	0.4147	0.4162	0.4177
1.4	0.4192	0.4207	0.4222	0.4236	0.4251	0.4265	0.4279	0.4292	0.4306	0.4319
1.5	0.4332	0.4345	0.4357	0.4370	0.4382	0.4394	0.4406	0.4418	0.4429	0.4441
1.6	0.4452	0.4463	0.4474	0.4484	0.4495	0.4505	0.4515	0.4525	0.4535	0.4545
1.7	0.4554	0.4564	0.4573	0.4582	0.4591	0.4599	0.4608	0.4616	0.4625	0.4633
1.8	0.4641	0.4649	0.4656	0.4664	0.4671	0.4678	0.4686	0.4693	0.4699	0.4706
1.9	0.4713	0.4719	0.4726	0.4732	0.4738	0.4744	0.4750	0.4756	0.4761	0.4767
2.0	0.4772	0.4778	0.4783	0.4788	0.4793	0.4798	0.4803	0.4808	0.4812	0.4817
2.1	0.4821	0.4826	0.4830	0.4834	0.4838	0.4842	0.4846	0.4850	0.4854	0.4857
2.2	0.4861	0.4864	0.4868	0.4871	0.4875	0.4878	0.4881	0.4884	0.4887	0.4890
2.3	0.4893	0.4896	0.4898	0.4901	0.4904	0.4906	0.4909	0.4911	0.4913	0.4916
2.4	0.4918	0.4920	[illegible]	[illegible]	[illegible]	0.4929	0.4931	0.4932	0.4934	0.4936
2.5	0.4938	0.4940	0.4941	0.4943	0.4945	0.4946	0.4948	0.4949	0.4951	0.4952
2.6	0.4953	0.4955	0.4956	0.4957	0.4959	0.4960	0.4961	0.4962	0.4963	0.4964
2.7	0.4965	0.4966	0.4967	0.4968	0.4969	0.4970	0.4971	0.4972	0.4973	0.4974
2.8	0.4974	0.4975	0.4976	0.4977	0.4977	0.4978	0.4979	0.4979	0.4980	0.4981
2.9	0.4981	0.4982	0.4982	0.4983	0.4984	0.4984	0.4985	0.4985	0.4986	0.4986
3.0	0.4987	0.4987	0.4987	0.4988	0.4988	0.4989	0.4989	0.4989	0.4990	0.4990

z_0 の小数第2位

z_0 の小数第1位まで

ここがほぼ0.495

標本の大きさが 300 の場合の信頼度 95 %の信頼区間「$A \leqq m \leqq B$」は④であり，その部分の 0.693 は元々 $\dfrac{\sigma}{\sqrt{300}}$ であったから

$$A=\overline{X}-1.96\cdot\frac{\sigma}{\sqrt{300}},\quad B=\overline{X}+1.96\cdot\frac{\sigma}{\sqrt{300}}$$

となり

$$B-A=2\cdot1.96\cdot\frac{\sigma}{\sqrt{300}} \quad \cdots\cdots\cdots ⑤$$

標本の大きさを 900 にした場合の信頼度 95 %の信頼区間「$E \leqq m \leqq F$」については，⑤の標本の大きさ「300」を「900」に替えればよく

$$F-E=2\cdot1.96\cdot\frac{\sigma}{\sqrt{900}}$$

よって

$$\frac{F-E}{B-A}=\frac{2\cdot1.96\cdot\frac{\sigma}{\sqrt{900}}}{2\cdot1.96\cdot\frac{\sigma}{\sqrt{300}}}$$

$$=\frac{1}{\sqrt{3}}=\frac{\sqrt{3}}{3}$$

$$=\frac{1.732}{3}=0.577\cdots \fallingdotseq 0.58$$

したがって，**ヌ** には ③ が当てはまる.

◀ σ は母標準偏差.
こうした方が $\dfrac{F-E}{B-A}$ が求めやすい.

◀ $B-A$ を「**信頼区間の幅**」という.

$F-E$ を「信頼区間の幅」という.

◀ **標本の大きさを k 倍すると，**標本平均 $\overline{X}$ の分散が $\dfrac{1}{k}$ 倍され，$\overline{X}$ の標準偏差が $\dfrac{1}{\sqrt{k}}$ 倍になる．よって，**同じ信頼度の信頼区間の幅が $\dfrac{1}{\sqrt{k}}$ 倍される.**

第10回解答

解答記号	正解	配点	自己採点
アイ	50	1	
ウエ	10	1	
オカ，キク	50，10	1	
ケコ	37	1	
サシ.スセ	−0.50	1	
ソ	②	2	
タ	⓪	2	
チ	⑤	1	

解答記号	正解	配点	自己採点
ツ	①	1	
テ	⑥	1	
ト	⓪	2	
ナ	⑦	2	
ニ	④	2	
ヌ	⑤	2	

解説　偏差値の利用法と，母平均の推定の方法を確認しよう．

(1)　X の平均が $E(X)=45$，標準偏差が $\sigma(X)=16$ である．

X が正規分布に従うので，X の一次式で表される次の

$$Y=10\cdot\frac{X-45}{16}+50 \quad \cdots\cdots\cdots ①$$

も正規分布に従う．

◀ $Y=10\cdot\dfrac{X-E(X)}{\sigma(X)}+50$ は偏差値の定義だ．

Y の平均は

$$E(Y)=E\left(10\cdot\frac{X-45}{16}+50\right)=10\cdot\frac{E(X)-45}{16}+50$$

平均の公式
$E(aX+b)=aE(X)+b$
（a，b は定数）

$$=\boxed{50}_{\text{アイ}}\quad(E(X)=45\ \text{より})$$

Y の標準偏差は

$$\sigma(Y)=\sigma\left(10\cdot\frac{X-45}{16}+50\right)=\frac{|10|\sigma(X)}{|16|}$$

標準偏差の公式
a，b を定数とすると，$aX+b$ の標準偏差は

$$\boldsymbol{\sigma(aX+b)}=\sqrt{(aX+b\text{の分散})}=\sqrt{a^2(X\text{の分散})}=|a|\sqrt{(X\text{の分散})}=\boldsymbol{|a|\sigma(X)}$$

$$=\boxed{10}_{\text{ウエ}}\quad(\sigma(X)=16\ \text{より})$$

Y が正規分布に従うから

$$z=\frac{Y-(Yの平均)}{(Yの標準偏差)}=\frac{Y-\boxed{50}^{\text{オカ}}}{\boxed{10}_{\text{キク}}} \quad \cdots\cdots\cdots ②$$

は標準正規分布に従う.

偏差値 Y が 45 の受験者に対して ① と ② より

$$45=10\cdot\frac{X-45}{16}+50,\ \ z=\frac{45-50}{10}$$

よって

$$X=\boxed{37}^{\text{ケコ}},\ \ z=\boxed{-0}^{\text{サシ}}.\boxed{50}^{\text{スセ}}$$

したがって,「偏差値 45 以上」とは「$z \geqq -0.50$」ということになり, このような受験生の割合は以下のようにして求める.

step1　z が標準正規分布に従うことから, $z \geqq -0.50$ となる受験生の割合は, 次の図の斜線部の面積 S で表される.

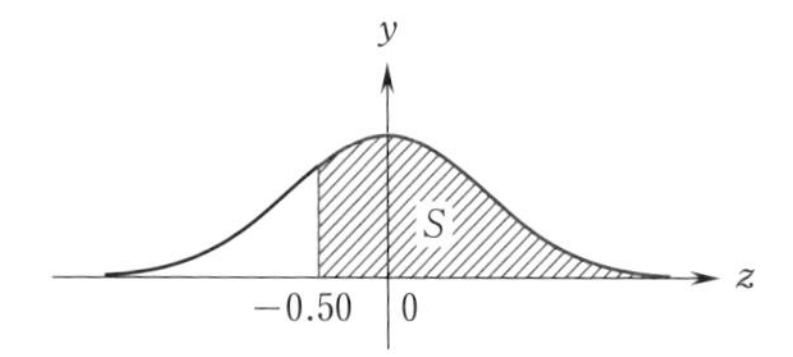

step2　S の y 軸より**右側**の部分の面積は 0.5 である.

◀もう大丈夫だよね.

S の y 軸より**左側**の部分の面積は次の図の斜線部の面積 S_1 に等しい.

◀標準正規分布の分布曲線は y 軸について対称.

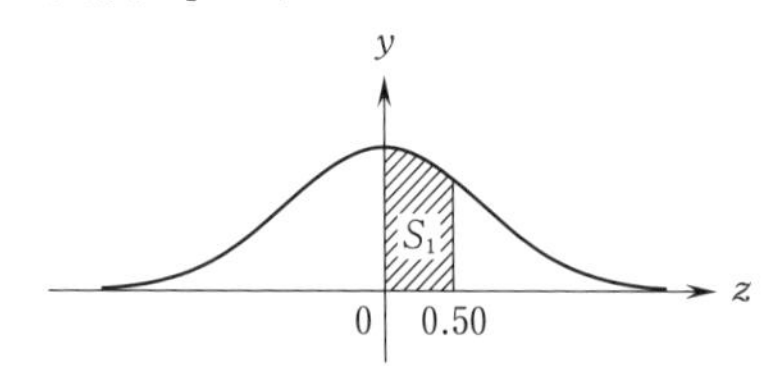

次ページの正規分布表から $S_1=0.1915$ であり

$$S=0.5+0.1915=0.6915$$

これが偏差値 45 以上の受験生の割合である.

正 規 分 布 表

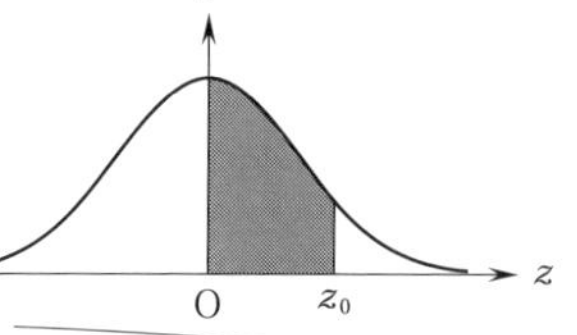

次の表は，標準正規分布の正規分布曲線における右図の灰色部分の面積の値をまとめたものである。

z_0 の小数第2位

z_0 の整数部分と小数第1位

z_0	0.00	0.01	0.02	0.03	0.04	0.05	0.06	0.07	0.08	0.09
0.0	0.0000	0.0040	0.0080	0.0120	0.0160	0.0199	0.0239	0.0279	0.0319	0.0359
0.1	0.0398	0.0438	0.0478	0.0517	0.0557	0.0596	0.0636	0.0675	0.0714	0.0753
0.2	0.0793	0.0832	0.0871	0.0910	0.0948	0.0987	0.1026	0.1064	0.1103	0.1141
0.3	0.1179	0.1217	0.1255	0.1293	0.1331	0.1368	0.1406	0.1443	0.1480	0.1517
0.4	[illegible]	[illegible]	[illegible]	[illegible]	[illegible]	0.1736	0.1772	0.1808	0.1844	0.1879
0.5	0.1915	0.1950	0.1985	0.2019	0.2054	0.2088	0.2123	0.2157	0.2190	0.2224
0.6	0.2257	0.2291	0.2324	0.2357	0.2389	0.2422	0.2454	0.2486	0.2517	0.2549
0.7	0.2580	0.2611	0.2642	0.2673	0.2704	0.2734	0.2764	0.2794	0.2823	0.2852
0.8	0.2881	0.2910	0.2939	0.2967	0.2995	0.3023	0.3051	0.3078	0.3106	0.3133
0.9	0.3159	0.3186	0.3212	0.3238	0.3264	0.3289	0.3315	0.3340	0.3365	0.3389
1.0	0.3413	0.3438	0.3461	0.3485	0.3508	0.3531	0.3554	0.3577	0.3599	0.3621
1.1	0.3643	0.3665	0.3686	0.3708	0.3729	0.3749	0.3770	0.3790	0.3810	0.3830
1.2	0.3849	0.3869	0.3888	0.3907	0.3925	0.3944	0.3962	0.3980	0.3997	0.4015
1.3	0.4032	0.4049	0.4066	0.4082	0.4099	0.4115	0.4131	0.4147	0.4162	0.4177
1.4	0.4192	0.4207	0.4222	0.4236	0.4251	0.4265	0.4279	0.4292	0.4306	0.4319
1.5	0.4332	0.4345	0.4357	0.4370	0.4382	0.4394	0.4406	0.4418	0.4429	0.4441
1.6	0.4452	0.4463	0.4474	0.4484	0.4495	0.4505	0.4515	0.4525	0.4535	0.4545
1.7	0.4554	0.4564	0.4573	0.4582	0.4591	0.4599	0.4608	0.4616	0.4625	0.4633
1.8	0.4641	0.4649	0.4656	0.4664	0.4671	0.4678	0.4686	0.4693	0.4699	0.4706
1.9	0.4713	0.4719	0.4726	0.4732	0.4738	0.4744	0.4750	0.4756	0.4761	0.4767
2.0	0.4772	0.4778	0.4783	0.4788	0.4793	0.4798	0.4803	0.4808	0.4812	0.4817
2.1	0.4821	0.4826	0.4830	0.4834	0.4838	0.4842	0.4846	0.4850	0.4854	0.4857
2.2	0.4861	0.4864	0.4868	0.4871	0.4875	0.4878	0.4881	0.4884	0.4887	0.4890
2.3	0.4893	0.4896	0.4898	0.4901	0.4904	0.4906	0.4909	0.4911	0.4913	0.4916
2.4	0.4918	0.4920	0.4922	0.4925	0.4927	0.4929	0.4931	0.4932	0.4934	0.4936
2.5	0.4938	0.4940	0.4941	0.4943	0.4945	0.4946	0.4948	0.4949	0.4951	0.4952
2.6	0.4953	0.4955	0.4956	0.4957	0.4959	0.4960	0.4961	0.4962	0.4963	0.4964
2.7	0.4965	0.4966	0.4967	0.4968	0.4969	0.4970	0.4971	0.4972	0.4973	0.4974
2.8	0.4974	0.4975	0.4976	0.4977	0.4977	0.4978	0.4979	0.4979	0.4980	0.4981
2.9	0.4981	0.4982	0.4982	0.4983	0.4984	0.4984	0.4985	0.4985	0.4986	0.4986
3.0	0.4987	0.4987	0.4987	0.4988	0.4988	0.4989	0.4989	0.4989	0.4990	0.4990

↙ $z_0=0.50$ に対する面積 S_1

受験者数が10万人であるから，偏差値45以上の受験者数は

$$10\text{万}\times 0.6915=69150\ (\text{人})$$

よって，ソ には ② が当てはまる．

この試験で成績順が上位から4万番になるのは，その受験生より上位の受験生の割合が

$$\frac{4\text{万}}{(\text{全受験者数})}=\frac{4\text{万}}{10\text{万}}=0.4$$

となる場合である．つまり，その受験生の点数 X に対する z の値に対して，次の図の斜線部の面積 S が $S=0.4$ となる場合である．

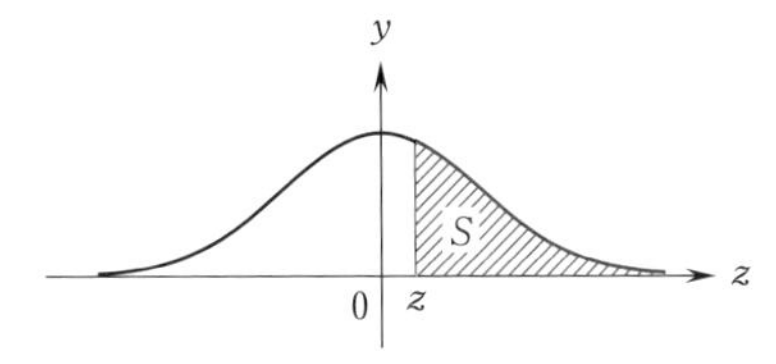

この面積は，次の**図1**の面積（0.5だね）から**図2**の面積 S_2 を引いたものである．

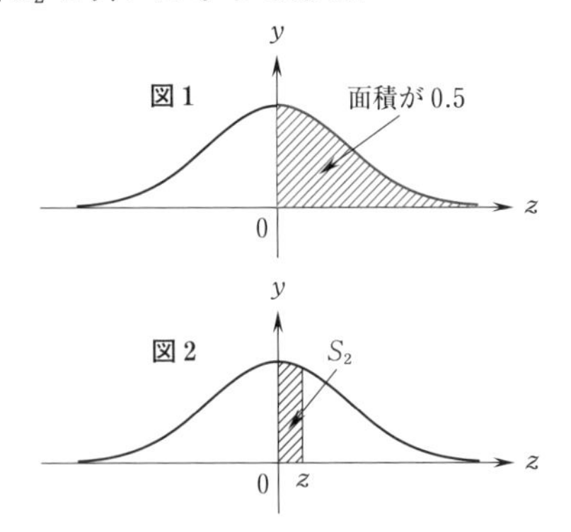

$0.4=S=0.5-S_2$ より $S_2=0.1$ である．

次ページの正規分布表から，$S_2=0.1$ に近い値として 0.0987 と 0.1026 が見つかり，$z=0.25$ または $z=0.26$ と分かる．

$z=0.26$ とし タ には ⓪ が当てはまる．

正　規　分　布　表

次の表は，標準正規分布の正規分布曲線における右図の灰色部分の面積の値をまとめたものである。

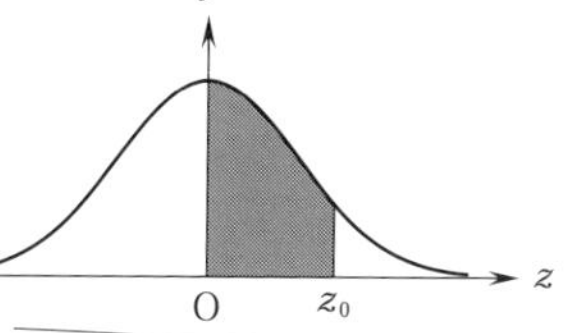

z_0 の小数第２位（列）／ z_0 の整数部分と小数第１位（行）

z_0	0.00	0.01	0.02	0.03	0.04	0.05	0.06	0.07	0.08	0.09
0.0	0.0000	0.0040	0.0080	0.0120	0.0160	[illegible]	[illegible]	0.0279	0.0319	0.0359
0.1	0.0398	0.0438	0.0478	0.0517	0.0557	0.0596	0.0636	0.0675	0.0714	0.0753
0.2	[illegible]	[illegible]	[illegible]	[illegible]	[illegible]	0.0987	0.1026	0.1064	0.1103	0.1141
0.3	0.1179	[illegible]	[illegible]	[illegible]	[illegible]	[illegible]	[illegible]	[illegible]	0.1480	0.1517
0.4	0.1554	0.1591	0.1628	0.1664	0.1700	0.1736	0.1772	0.1808	0.1844	0.1879
0.5	0.1915	0.1950	0.1985	0.2019	0.2054	0.2088	0.2123	0.2157	0.2190	0.2224
0.6	0.2257	0.2291	0.2324	0.2357	0.2389	0.2422	0.2454	0.2486	0.2517	0.2549
0.7	0.2580	0.2611	0.2642	0.2673	0.2704	0.2734	0.2764	0.2794	0.2823	0.2852
0.8	0.2881	0.2910	0.2939	0.2967	0.2995	0.3023	0.3051	0.3078	0.3106	0.3133
0.9	0.3159	0.3186	0.3212	0.3238	0.3264	0.3289	0.3315	0.3340	0.3365	0.3389
1.0	0.3413	0.3438	0.3461	0.3485	0.3508	0.3531	0.3554	0.3577	0.3599	0.3621
1.1	0.3643	0.3665	0.3686	0.3708	0.3729	0.3749	0.3770	0.3790	0.3810	0.3830
1.2	0.3849	0.3869	0.3888	0.3907	0.3925	0.3944	0.3962	0.3980	0.3997	0.4015
1.3	0.4032	0.4049	0.4066	0.4082	0.4099	0.4115	0.4131	0.4147	0.4162	0.4177
1.4	0.4192	0.4207	0.4222	0.4236	0.4251	0.4265	0.4279	0.4292	0.4306	0.4319
1.5	0.4332	0.4345	0.4357	0.4370	0.4382	0.4394	0.4406	0.4418	0.4429	0.4441
1.6	0.4452	0.4463	0.4474	0.4484	0.4495	0.4505	0.4515	0.4525	0.4535	0.4545
1.7	0.4554	0.4564	0.4573	0.4582	0.4591	0.4599	0.4608	0.4616	0.4625	0.4633
1.8	0.4641	0.4649	0.4656	0.4664	0.4671	0.4678	0.4686	0.4693	0.4699	0.4706
1.9	0.4713	0.4719	0.4726	0.4732	0.4738	0.4744	0.4750	0.4756	0.4761	0.4767
2.0	0.4772	0.4778	0.4783	0.4788	0.4793	0.4798	0.4803	0.4808	0.4812	0.4817
2.1	0.4821	0.4826	0.4830	0.4834	0.4838	0.4842	0.4846	0.4850	0.4854	0.4857
2.2	0.4861	0.4864	0.4868	0.4871	0.4875	0.4878	0.4881	0.4884	0.4887	0.4890
2.3	0.4893	0.4896	0.4898	0.4901	0.4904	0.4906	0.4909	0.4911	0.4913	0.4916
2.4	0.4918	0.4920	0.4922	0.4925	0.4927	0.4929	0.4931	0.4932	0.4934	0.4936
2.5	0.4938	0.4940	0.4941	0.4943	0.4945	0.4946	0.4948	0.4949	0.4951	0.4952
2.6	0.4953	0.4955	0.4956	0.4957	0.4959	0.4960	0.4961	0.4962	0.4963	0.4964
2.7	0.4965	0.4966	0.4967	0.4968	0.4969	0.4970	0.4971	0.4972	0.4973	0.4974
2.8	0.4974	0.4975	0.4976	0.4977	0.4977	0.4978	0.4979	0.4979	0.4980	0.4981
2.9	0.4981	0.4982	0.4982	0.4983	0.4984	0.4984	0.4985	0.4985	0.4986	0.4986
3.0	0.4987	0.4987	0.4987	0.4988	0.4988	0.4989	0.4989	0.4989	0.4990	0.4990

z_0 の小数第２位

z_0 の小数第１位まで

0.1 に近い値はここ

このとき，② より

$$z=0.26=\frac{Y-50}{10}$$

① より

$$\frac{X-45}{16}=\frac{Y-50}{10}=0.26$$

$$X=45+0.26\cdot16=49.16\fallingdotseq49$$

つまり，成績順が上位からおよそ 4 万番になるには 49 点ほど取ればよいので，［チ］には［⑤］が当てはまる．

(2) 母平均が m である母集団から大きさが 400 の標本を無作為に選んだ標本平均が $\overline{X}$ である．

母標準偏差を σ とすると，400 は十分大きいので $\overline{X}$ は正規分布 $N\left(\underbrace{m}_{平均},\ \underbrace{\frac{\sigma^2}{400}}_{分散}\right)$ に近似的に従う．

重要!! 母平均が m，母分散が σ^2 の母集団から大きさ n の標本を無作為に選ぶとき，n が十分大きければ，標本平均 $\overline{X}$ は
- 平均が m
- 分散が $\frac{\sigma^2}{n}$ の正規分布

$N\left(m,\ \frac{\sigma^2}{n}\right)$ に近似的に従う．

$\overline{X}$ の標準偏差は $\sqrt{\frac{\sigma^2}{400}}=\frac{\sigma}{20}$ である．

標本の大きさが十分大きいので，母標準偏差 σ は標本標準偏差 S にほぼ等しいとしてよいから，$\overline{X}$ の標準偏差は

$$\frac{S}{20}=\frac{25}{20}=1.25$$

としてよい．

よって，標本平均 $\overline{X}$ は平均が m，標準偏差が 1.25 の正規分布に従うとしてよい．　………①

$\overline{X}$ が正規分布に従うので

$$z=\frac{\overline{X}-(\overline{X}の平均)}{(\overline{X}の標準偏差)}=\frac{\overline{X}-m}{1.25}\quad\cdots\cdots\cdots②$$

とおくと，z は標準正規分布に従う．

重要!! 正規分布表を使うために，標準正規分布に従う z を考える．

m に対する信頼度 95 ％の信頼区間を得るには，まず

$$P(-z_0 \leqq z \leqq z_0)=\frac{95}{100}=0.95 \quad \cdots\cdots\cdots ③$$

となる z_0 を以下のようにして求める.

step1　この確率は次の図（標準正規分布）の斜線部の面積である.

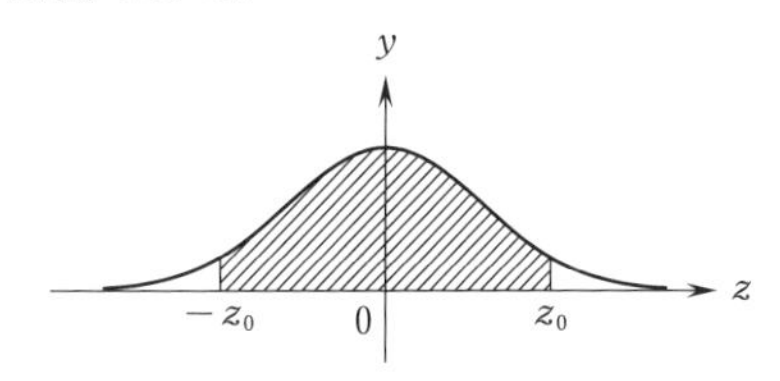

step2　標準正規分布の分布曲線は y 軸について対称なので，上の図の斜線部の面積は，次の図の斜線部の面積 $P(0 \leqq z \leqq z_0)$ の2倍である.

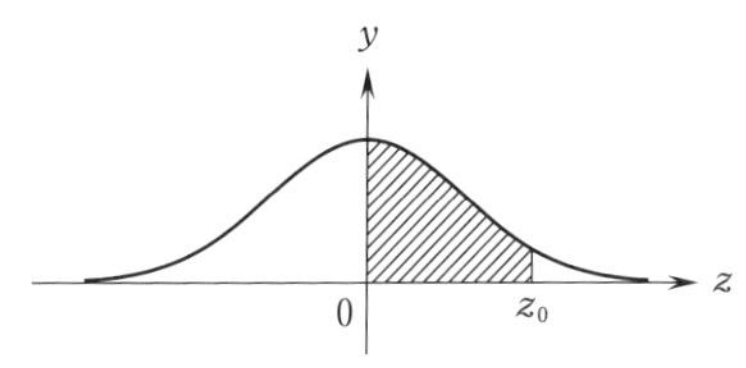

よって，$P(-z_0 \leqq z \leqq z_0)=2P(0 \leqq z \leqq z_0)$ となり，これが0.95となるのは，

$P(0 \leqq z \leqq z_0)=\dfrac{0.95}{2}=0.475$ となるときである.

step3　次ページの正規分布表に書かれた面積の値で0.475に近いものを探すと，0.4750 が見つかる.

step4　そこから左と上を見ると z_0 の整数部分と小数第1位までが 1.9，z_0 の小数第2位が6（0.06 の部分）と分かる.

step5　以上より，$P(-z_0 \leqq z \leqq z_0)=0.95$ となる z_0 はおよそ1.96と分かる.

正　規　分　布　表

次の表は，標準正規分布の正規分布曲線における右図の灰色部分の面積の値をまとめたものである。

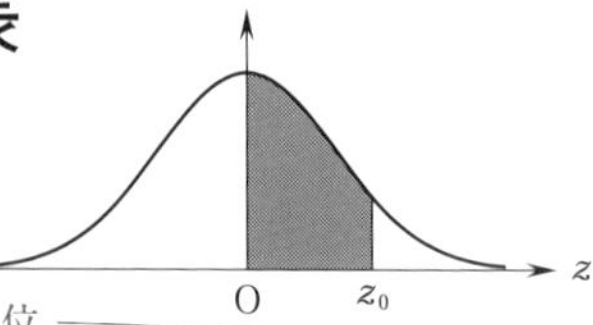

z_0 の小数第 2 位

z_0	0.00	0.01	0.02	0.03	0.04	0.05	0.06	0.07	0.08	0.09
0.0	0.0000	0.0040	0.0080	0.0120	0.0160	0.0199	0.0239	0.0279	0.0319	0.0359
0.1	0.0398	0.0438	0.0478	0.0517	0.0557	0.0596	0.0636	0.0675	0.0714	0.0753
0.2	0.0793	0.0832	0.0871	0.0910	0.0948	0.0987	0.1026	0.1064	0.1103	0.1141
0.3	0.1179	0.1217	0.1255	0.1293	0.1331	0.1368	0.1406	0.1443	0.1480	0.1517
0.4	0.1554	0.1591	0.1628	0.1664	0.1700	0.1736	0.1772	0.1808	0.1844	0.1879
0.5	0.1915	0.1950	0.1985	0.2019	0.2054	0.2088	0.2123	0.2157	0.2190	0.2224
0.6	0.2257	0.2291	0.2324	0.2357	0.2389	0.2422	0.2454	0.2486	0.2517	0.2549
0.7	0.2580	0.2611	0.2642	0.2673	0.2704	0.2734	0.2764	0.2794	0.2823	0.2852
0.8	0.2881	0.2910	0.2939	0.2967	0.2995	0.3023	0.3051	0.3078	0.3106	0.3133
0.9	0.3159	0.3186	0.3212	0.3238	0.3264	0.3289	0.33[illegible]	[illegible]	[illegible]	0.3389
1.0	0.3413	0.3438	0.3461	0.3485	0.3508	0.3531	0.3554	0.3577	0.3599	0.3621
1.1	0.3643	0.3665	0.3686	0.3708	0.3729	0.3749	0.3770	0.3790	0.3810	0.3830
1.2	0.3849	0.3869	0.3888	0.3907	0.3925	0.3944	0.3962	0.3980	0.3997	0.4015
1.3	0.4032	0.4049	0.4066	0.4082	0.4099	0.4115	0.4131	0.4147	0.4162	0.4177
1.4	0.4192	0.4207	0.4222	0.4236	0.4251	0.4265	0.4279	0.4292	0.4306	0.4319
1.5	0.4332	0.4345	0.4357	0.4370	0.4382	0.4394	0.4406	0.4418	0.4429	0.4441
1.6	0.4452	0.4463	0.4474	0.4484	0.4495	0.4505	0.4515	0.4525	0.4535	0.4545
1.7	0.4554	0.4564	0.4573	0.4582	0.4591	0.4599	0.4608	0.4616	0.4625	0.4633
1.8	0.4641	0.46[illegible]	[illegible]	[illegible]	[illegible]1	0.4678	0.4686	0.4693	0.4699	0.4706
1.9	0.4713	0.4719	0.4726	0.4732	0.4738	0.4744	0.4750	0.4756	0.4761	0.4767
2.0	0.4772	0.4778	0.4783	0.4788	0.4793	[illegible]	[illegible]	[illegible]	0.4812	0.4817
2.1	0.4821	0.4826	0.4830	0.4834	0.4838	0.4842	0.4846	0.4850	0.4854	0.4857
2.2	0.4861	0.4864	0.4868	0.4871	0.4875	0.4878	0.4881	0.4884	0.4887	0.4890
2.3	0.4893	0.4896	0.4898	0.4901	0.4904	0.4906	0.4909	0.4911	0.4913	0.4916
2.4	0.4918	0.4920	0.4922	0.4925	0.4927	0.4929	0.4931	0.4932	0.4934	0.4936
2.5	0.4938	0.4940	0.4941	0.4943	0.4945	0.4946	0.4948	0.4949	0.4951	0.4952
2.6	0.4953	0.4955	0.4956	0.4957	0.4959	0.4960	0.4961	0.4962	0.4963	0.4964
2.7	0.4965	0.4966	0.4967	0.4968	0.4969	0.4970	0.4971	0.4972	0.4973	0.4974
2.8	0.4974	0.4975	0.4976	0.4977	0.4977	0.4978	0.4979	0.4979	0.4980	0.4981
2.9	0.4981	0.4982	0.4982	0.4983	0.4984	0.4984	0.4985	0.4985	0.4986	0.4986
3.0	0.4987	0.4987	0.4987	0.4988	0.4988	0.4989	0.4989	0.4989	0.4990	0.4990

z_0 の整数部分と小数第 1 位

z_0 の小数第 2 位

z_0 の小数第 1 位まで

ここに 0.4750 がある

以上より，m に対する信頼度 95 %の信頼区間を求めるには

$$-z_0 \leqq z = \frac{\overline{X}-m}{1.25} \leqq z_0 \quad (z_0=1.96)$$

より

$$\underbrace{\overline{X}-z_0 \cdot 1.25}_{\text{これが}A} \leqq m \leqq \underbrace{\overline{X}+z_0 \cdot 1.25}_{\text{これが}B} \quad \cdots\cdots\cdots ④$$

④に $z_0=1.96$ と $\overline{X}=80$ を代入して

$$\underbrace{77.55}_{\text{これが}A} \leqq m \leqq \underbrace{82.45}_{\text{これが}B}$$

◀$80-1.96 \cdot 1.25$
$=77.55$.
$80+1.96 \cdot 1.25$
$=82.45$

よって，**ツ** に当てはまるのは **①**（ツ）であり，**テ** に当てはまるのは **⑥**（テ）である．

m に対する信頼度 99 %の信頼区間を求めるには，まず，②により定めた z に対して，③の「95」を「99」に替え

$$P(-z_0 \leqq z \leqq z_0) = \frac{99}{100} = 0.99$$

となる z_0 を求める．

先ほどと同様に

$$P(-z_0 \leqq z \leqq z_0) = 2P(0 \leqq z \leqq z_0) = 0.99$$

となり

$$P(0 \leqq z \leqq z_0) = \frac{0.99}{2} = 0.495$$

次ページの正規分布表で 0.495 に近い値を探すと，0.4949 と 0.4951 が見つかるので

$z_0=2.57$　または　2.58

と分かり，ここでは $z_0=2.58$ とする．

正 規 分 布 表

次の表は，標準正規分布の正規分布曲線における右図の灰色部分の面積の値をまとめたものである。

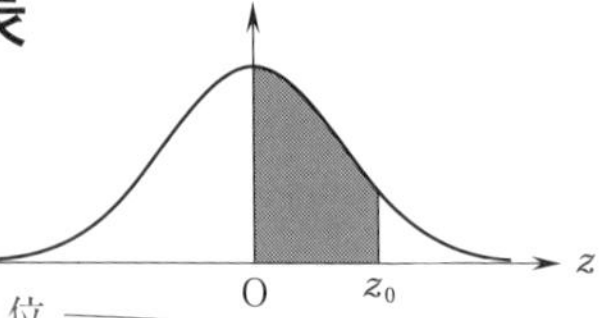

z_0 の小数第 2 位

z_0	0.00	0.01	0.02	0.03	0.04	0.05	0.06	0.07	0.08	0.09
0.0	0.0000	0.0040	0.0080	0.0120	0.0160	0.0199	0.0239	0.0279	0.0319	0.0359
0.1	0.0398	0.0438	0.0478	0.0517	0.0557	0.0596	0.0636	0.0675	0.0714	0.0753
0.2	0.0793	0.0832	0.0871	0.0910	0.0948	0.0987	0.1026	0.1064	0.1103	0.1141
0.3	0.1179	0.1217	0.1255	0.1293	0.1331	0.1368	0.1406	0.1443	0.1480	0.1517
0.4	0.1554	0.1591	0.1628	0.1664	0.1700	0.1736	0.1772	0.1808	0.1844	0.1879
0.5	0.1915	0.1950	0.1985	0.2019	0.2054	0.2088	0.2123	0.2157	0.2190	0.2224
0.6	0.2257	0.2291	0.2324	0.2357	0.2389	0.2422	0.2454	0.2486	0.2517	0.2549
0.7	0.2580	0.2611	0.2642	0.2673	0.2704	0.2734	0.2764	0.2794	0.2823	0.2852
0.8	0.2881	0.2910	0.2939	0.2967	0.2995	0.3023	0.3051	0.3078	0.3106	0.3133
0.9	0.3159	0.3186	0.3212	0.3238	0.3264	0.3289	0.3315	0.3340	0.3365	0.3389
1.0	0.3413	0.3438	0.3461	0.3485	0.3508	0.3531	0.3554	0.3577	0.3599	0.3621
1.1	0.3643	0.3665	0.3686	0.3708	0.3729	[illegible]	[illegible]	[illegible]	0.3810	0.3830
1.2	0.3849	0.3869	0.3888	0.3907	0.3925	[illegible]	[illegible]	[illegible]	0.3997	0.4015
1.3	0.4032	0.4049	0.4066	0.4082	0.4099	0.4115	0.4131	0.4147	0.4162	0.4177
1.4	0.4192	0.4207	0.4222	0.4236	0.4251	0.4265	0.4279	0.4292	0.4306	0.4319
1.5	0.4332	0.4345	0.4357	0.4370	0.4382	0.4394	0.4406	0.4418	0.4429	0.4441
1.6	0.4452	0.4463	0.4474	0.4484	0.4495	0.4505	0.4515	0.4525	0.4535	0.4545
1.7	0.4554	0.4564	0.4573	0.4582	0.4591	0.4599	0.4608	0.4616	0.4625	0.4633
1.8	0.4641	0.4649	0.4656	0.4664	0.4671	0.4678	0.4686	0.4693	0.4699	0.4706
1.9	0.4713	0.4719	0.4726	0.4732	0.4738	0.4744	0.4750	0.4756	0.4761	0.4767
2.0	0.4772	0.4778	0.4783	0.4788	0.4793	0.4798	0.4803	0.4808	0.4812	0.4817
2.1	0.4821	0.4826	0.4830	0.4834	0.4838	0.4842	0.4846	0.4850	0.4854	0.4857
2.2	0.4861	0.4864	0.4868	0.4871	0.4875	0.4878	0.4881	0.4884	0.4887	0.4890
2.3	0.4893	0.4896	0.4898	0.4901	0.4904	0.4906	0.4909	0.4911	0.4913	0.4916
2.4	0.4918	0.4920	[illegible]	[illegible]	[illegible]	0.4929	0.4931	0.4932	0.4934	0.4936
2.5	0.4938	0.4940	0.4941	0.4943	0.4945	0.4946	0.4948	0.4949	0.4951	0.4952
2.6	0.4953	0.4955	0.4956	0.4957	0.4959	0.4960	0.4961	0.4962	0.4963	0.4964
2.7	0.4965	0.4966	0.4967	0.4968	0.4969	0.4970	0.4971	0.4972	0.4973	0.4974
2.8	0.4974	0.4975	0.4976	0.4977	0.4977	0.4978	0.4979	0.4979	0.4980	0.4981
2.9	0.4981	0.4982	0.4982	0.4983	0.4984	0.4984	0.4985	0.4985	0.4986	0.4986
3.0	0.4987	0.4987	0.4987	0.4988	0.4988	0.4989	0.4989	0.4989	0.4990	0.4990

z_0 の整数部分と小数第 1 位

z_0 の小数第 2 位

z_0 の小数第 1 位まで

ここがほぼ 0.495

m に対する信頼度 99 %の信頼区間 I を求めるには

$$-z_0 \leqq z = \frac{\overline{X} - m}{1.25} \leqq z_0 \quad (z_0 = 2.58)$$

より

$$I : \overline{X} - 2.58 \cdot 1.25 \leqq m \leqq \overline{X} + 2.58 \cdot 1.25$$

$\overline{X} = 80$ を代入し計算すると

$$\underbrace{76.775}_{\text{これが } C} \leqq m \leqq \underbrace{83.225}_{\text{これが } D}$$

よって，［ト］に当てはまるのは［⓪］であり，［ナ］に当てはまるのは［⑦］である．

標本の大きさが 400 の場合の信頼度 95 %の信頼区間「$A \leqq m \leqq B$」は④であり，その部分の 1.25 は元々 $\frac{\sigma}{\sqrt{400}}$ であったから

$$A = \overline{X} - 1.96 \cdot \frac{\sigma}{\sqrt{400}}, \quad B = \overline{X} + 1.96 \cdot \frac{\sigma}{\sqrt{400}}$$

となり

$$B - A = 2 \cdot 1.96 \cdot \frac{\sigma}{\sqrt{400}}$$

◀ σ は母標準偏差．この表し方の方が $\frac{B-A}{D-C}$ などが求めやすい．

標本の大きさが 400 の場合の信頼度 99 %の信頼区間 $C \leqq m \leqq D$ については，その定め方から，上の式の「1.96」を「2.58」に替えればよく

$$D - C = 2 \cdot 2.58 \cdot \frac{\sigma}{\sqrt{400}}$$

$B-A$ を「信頼区間の幅」という．この後に現れる $D-C$ と $F-E$ も「信頼区間の幅」である．

標本の大きさを 800 にした場合の信頼度 99 %の信頼区間「$E \leqq m \leqq F$」については，「$D-C$」の式の標本の大きさ「400」を「800」に替えればよく

$$F - E = 2 \cdot 2.58 \cdot \frac{\sigma}{\sqrt{800}}$$

以上より

$$\frac{F-E}{D-C}=\frac{2\cdot 2.58\cdot \frac{\sigma}{\sqrt{800}}}{2\cdot 2.58\cdot \frac{\sigma}{\sqrt{400}}}$$

$$=\frac{\frac{1}{\sqrt{800}}}{\frac{1}{\sqrt{400}}}=\frac{1}{\sqrt{2}}=\frac{\sqrt{2}}{2}$$

$$=\frac{1.414}{2}=0.707$$

したがって, ニ には ④ が当てはまる.

$$\frac{B-A}{D-C}=\frac{2\cdot 1.96\cdot \frac{\sigma}{\sqrt{400}}}{2\cdot 2.58\cdot \frac{\sigma}{\sqrt{400}}}$$

$$=\frac{1.96}{2.58}=0.759\cdots$$

$$\fallingdotseq 0.76$$

したがって, ヌ には ⑤ が当てはまる.

◀**標本の大きさを k 倍すると,** 標本平均 $\overline{X}$ の分散が $\frac{1}{k}$ 倍され, $\overline{X}$ の標準偏差が $\frac{1}{\sqrt{k}}$ 倍になる. よって, **同じ信頼度の信頼区間の幅が $\frac{1}{\sqrt{k}}$ 倍される.**

第11回解答

解答記号	正解	配点	自己採点
ア	0	1	
イウ	13	1	
エオ	13	2	
カキ	52	2	
クケ	12	2	
コサ.シ	54.2	2	

解答記号	正解	配点	自己採点
ス	⓪	1	
セ	④	1	
ソタチツ	0133	2	
テ	①	2	
ト	⑤	2	
ナニヌ	375	2	

解説　平均と分散の基本公式と，母比率の推定の方法を確認しよう．

(1)　生徒8人の得点 X と，$Y=\frac{X-13}{2}$ は次のようになる．

生徒	A	B	C	D	E	F	G	H
X	5	7	7	9	13	15	21	27
$X-13$	-8	-6	-6	-4	0	2	8	14
$Y=\frac{X-13}{2}$	-4	-3	-3	-2	0	1	4	7

◀ X よりも Y の方が0に近い値になるので，平均や分散が求めやすい．
　$X-13$ の「13」は平均に近そうな値を考えている．
　$X-13$ がすべて偶数なので，2で割って $\frac{X-13}{2}$ としている．

よって，Y の平均は

$$E(Y)=\frac{-4-3-3-2+1+4+7}{8}$$

$$=\boxed{0}^{\text{ア}}\ (点)$$

Y の分散 $V(Y)$ は

$$V(Y)=E(Y^2)-\{E(Y)\}^2$$

◀分散の公式．

$$=\frac{16+9+9+4+1+16+49}{8}-0$$

$$=\boxed{13}^{\text{イウ}}$$

$Y=\frac{X-13}{2}$ より $X=2Y+13$ となるから，X の平均は

$$E(X)=E(2Y+13)$$
$$=2E(Y)+13$$

平均の公式
$E(aY+b)=aE(Y)+b$
(a, b は定数)

エオ
$$=\boxed{13} \quad (E(Y)=0 \text{ より})$$

X の分散は

$$V(X)=V(2Y+13)$$
$$=2^2V(Y)$$

分散の公式
$V(aY+b)=a^2V(Y)$
(a, b は定数)

カキ
$$=\boxed{52} \quad (V(Y)=13 \text{ より})$$

ここまでの8人の生徒A～Hの得点 X の総和を $\sum_{A\sim H}X$, X^2 の総和を $\sum_{A\sim H}X^2$ と表すと

◀生徒Iの得点を加えて平均と分散を計算し直すのに使う.

$$\underbrace{\frac{\sum_{A\sim H}X}{8}}_{\text{平均の定義}}=E(X)=13$$

よって

$$\sum_{A\sim H}X=8\cdot13=104$$

$$\underbrace{\frac{\sum_{A\sim H}X^2}{8}=E(X^2)}_{E(X^2)\text{ の定義}}=V(X)+\{E(X)\}^2$$
$$=52+13^2$$
$$=221$$

◀$V(X)=E(X^2)-\{E(X)\}^2$ より $E(X^2)=V(X)+\{E(X)\}^2$

よって

$$\sum_{A\sim H}X^2=8\cdot221=1768$$

生徒Iの得点が4点であるから，生徒Iを含めた9人について得点の平均は

クケ
$$\frac{\sum_{A\sim H}X+4}{9}=\frac{104+4}{9}=\boxed{12}$$

分散は

$$\underbrace{\frac{\sum_{A\sim H} X^2+4^2}{9}}_{X^2\text{ の平均}} - \underbrace{12^2}_{(X\text{の平均})^2}$$

$$=\frac{1768+16}{9}-144$$

$$=54.222\cdots$$

$$=\boxed{54}.\boxed{2}$$

(コサ, シ)

◀分散の公式
$V(X)=E(X^2)-\{E(X)\}^2$
を用いている.

(2) 母比率が p である母集団から無作為に大きさ900の標本を選んだときの標本比率 R は，正規分布 $N\left(\underbrace{p}_{\text{平均}},\ \underbrace{\frac{p(1-p)}{900}}_{\text{分散}}\right)$ に近似的に従う.

重要!! 母比率を推定するにはこれが重要.

$$(\text{分散})=\frac{p(1-p)}{(\text{標本の大きさ})}$$

を忘れたら，第1.12節をもう一度読もう.

つまり，平均は p となり，標準偏差は

$$\sqrt{\frac{p(1-p)}{900}}=\frac{\sqrt{p(1-p)}}{30} \quad \cdots\cdots\cdots ①$$

であるから，**ス** には **⓪** が当てはまり，**セ** には **④** が当てはまる.

この900人のうち「サクセス」を見ている人が180人だったので，標本比率は

$$R=\frac{180}{900}=0.2$$

となる.

◀標本比率 R が，いわゆる**視聴率**です．**正確な**視聴率である母比率 p は測定が困難ですから，標本比率 R から p を推定するというのが，この問題のテーマです.

900は十分大きいので p は R にほぼ等しいとしてよいから，R の標準偏差は①の p に0.2を代入し

$$\frac{\sqrt{0.2\cdot(1-0.2)}}{30}=\frac{0.4}{30}=0.01333\cdots\fallingdotseq 0.0133.$$

R は正規分布に従うとしてよいので

$$z=\frac{R-(R\text{の平均})}{(R\text{の標準偏差})}=\frac{R-p}{0.\boxed{0133}}\quad\cdots\cdots\cdots②$$

ソタチツ

とおくと，z は標準正規分布に従う．

重要!! 正規分布表を使うために，標準正規分布に従う z を考える．すなわち

$$z=\frac{(\text{標本比率}R)-(R\text{の平均})}{(R\text{の標準偏差})}$$

ただし，R の平均は母比率 p に等しい．

この標本から得られる，母比率 p に対する信頼度 95 %の信頼区間 $A \leqq p \leqq B$ を得るには，まず

$$P(-z_0 \leqq z \leqq z_0)=\frac{95}{100}=0.95 \quad\cdots\cdots\cdots③$$

となる z_0 を以下のようにして求める．

step1 この確率は次の図（標準正規分布）の斜線部の面積である．

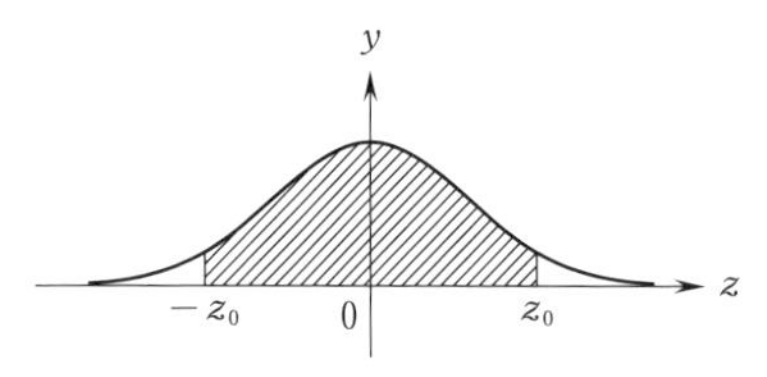

step2 標準正規分布の分布曲線は y 軸について対称なので，上の図の斜線部の面積は，次の図の斜線部の面積 $P(0 \leqq z \leqq z_0)$ の 2 倍である．

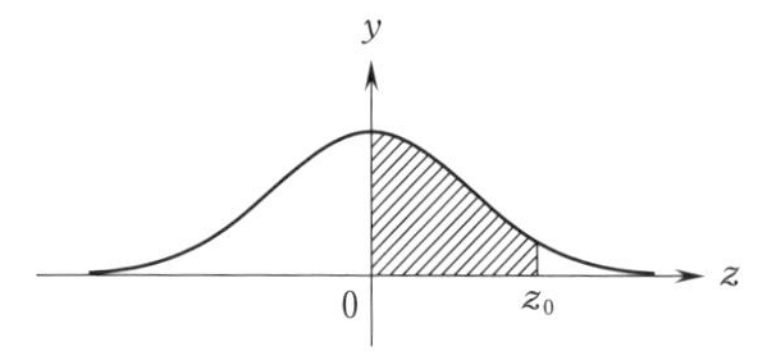

step3 よって，$P(-z_0 \leqq z \leqq z_0)=2P(0 \leqq z \leqq z_0)$ となり，これが 0.95 になるのは，

$$P(0 \leqq z \leqq z_0)=\frac{0.95}{2}=0.475$$

となるときである．

step4　次ページの正規分布表に書かれた面積の値で
0.475 に近いものを探すと，0.4750 が見つかる．

step5　そこから左と上を見ると z_0 の整数部分と小数第1位までが 1.9，z_0 の小数第2位が 6（0.06）と分かる．

step6　以上より

$$P(-z_0 \leqq z \leqq z_0)=0.95$$

となる z_0 はおよそ 1.96 と分かる．

以上より，p に対する信頼度 95 % の信頼区間 $A \leqq p \leqq B$ を求めるには

$$-z_0 \leqq z=\frac{R-p}{0.0133} \leqq z_0 \quad (z_0=1.96)$$

より

$$R-0.0133z_0 \leqq p \leqq R+0.0133z_0$$

$R=0.2,\ z_0=1.96$ より

$$\underbrace{0.2-0.0133\cdot 1.96}_{\text{これが}A} \leqq p \leqq \underbrace{0.2+0.0133\cdot 1.96}_{\text{これが}B}$$

………④

$$\underbrace{0.1739\cdots}_{\text{これが}A} \leqq p \leqq \underbrace{0.226\cdots}_{\text{これが}B}$$

よって，［テ］，［ト］に当てはまる最も適切なものはそれぞれ［①］，［⑤］である．

◀標本が 900 人ぐらいだと「視聴率 20 %」と言っても「正確な視聴率 p は，17 % から 22 % である確率が 95 %」ということ．これだと誤差が大きく感じるのではないかな．

正 規 分 布 表

次の表は，標準正規分布の正規分布曲線における右図の灰色部分の面積の値をまとめたものである。

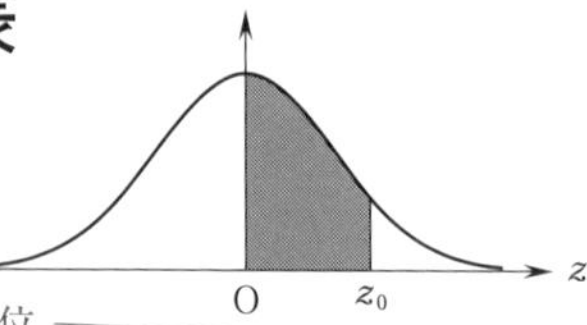

z_0 の小数第 2 位

z_0 の整数部分と小数第 1 位

z_0	0.00	0.01	0.02	0.03	0.04	0.05	0.06	0.07	0.08	0.09
0.0	0.0000	0.0040	0.0080	0.0120	0.0160	0.0199	[illegible]	0.0279	0.0319	0.0359
0.1	0.0398	0.0438	0.0478	0.0517	0.0557	0.0596	[illegible]	0.0675	0.0714	0.0753
0.2	0.0793	0.0832	0.0871	0.0910	0.0948	0.0987	[illegible]	0.1064	0.1103	0.1141
0.3	0.1179	0.1217	0.1255	0.1293	0.1331	0.1368	[illegible]	0.1443	0.1480	0.1517
0.4	0.1554	0.1591	0.1628	0.1664	0.1700	0.1736	[illegible]	0.1808	0.1844	0.1879
0.5	0.1915	0.1950	0.1985	0.2019	0.2054	0.2088	[illegible]	0.2157	0.2190	0.2224
0.6	0.2257	0.2291	0.2324	0.2357	0.2389	0.2422	[illegible]	0.2486	0.2517	0.2549
0.7	0.2580	0.2611	0.2642	0.2673	0.2704	0.2734	[illegible]	0.2794	0.2823	0.2852
0.8	0.2881	0.2910	0.2939	0.2967	0.2995	0.3023	[illegible]	0.3078	0.3106	0.3133
0.9	0.3159	0.3186	0.3212	0.3238	0.3264	0.3289	[illegible]	[illegible]	[illegible]	0.3389
1.0	0.3413	0.3438	0.3461	0.3485	0.3508	0.3531	[illegible]	0.3577	0.3599	0.3621
1.1	0.3643	0.3665	0.3686	0.3708	0.3729	0.3749	[illegible]	0.3790	0.3810	0.3830
1.2	0.3849	0.3869	0.3888	0.3907	0.3925	0.3944	[illegible]	0.3980	0.3997	0.4015
1.3	0.4032	0.4049	0.4066	0.4082	0.4099	0.4115	[illegible]	0.4147	0.4162	0.4177
1.4	0.4192	0.4207	0.4222	0.4236	0.4251	0.4265	[illegible]	0.4292	0.4306	0.4319
1.5	0.4332	0.4345	0.4357	0.4370	0.4382	0.4394	[illegible]	0.4418	0.4429	0.4441
1.6	0.4452	0.4463	0.4474	0.4484	0.4495	0.4505	[illegible]	0.4525	0.4535	0.4545
1.7	0.4554	0.4564	0.4573	0.4582	0.4591	0.4599	[illegible]	0.4616	0.4625	0.4633
1.8	0.4641	[illegible]	[illegible]	[illegible]	[illegible]	0.4678	[illegible]	0.4693	0.4699	0.4706
1.9	0.4713	0.4719	0.4726	0.4732	0.4738	0.4744	0.4750	0.4756	0.4761	0.4767
2.0	0.4772	0.4778	0.4783	0.4788	0.4793	[illegible]	[illegible]	[illegible]	0.4812	0.4817
2.1	0.4821	0.4826	0.4830	0.4834	0.4838	0.4842	0.4846	0.4850	0.4854	0.4857
2.2	0.4861	0.4864	0.4868	0.4871	0.4875	0.4878	0.4881	0.4884	0.4887	0.4890
2.3	0.4893	0.4896	0.4898	0.4901	0.4904	0.4906	0.4909	0.4911	0.4913	0.4916
2.4	0.4918	0.4920	0.4922	0.4925	0.4927	0.4929	0.4931	0.4932	0.4934	0.4936
2.5	0.4938	0.4940	0.4941	0.4943	0.4945	0.4946	0.4948	0.4949	0.4951	0.4952
2.6	0.4953	0.4955	0.4956	0.4957	0.4959	0.4960	0.4961	0.4962	0.4963	0.4964
2.7	0.4965	0.4966	0.4967	0.4968	0.4969	0.4970	0.4971	0.4972	0.4973	0.4974
2.8	0.4974	0.4975	0.4976	0.4977	0.4977	0.4978	0.4979	0.4979	0.4980	0.4981
2.9	0.4981	0.4982	0.4982	0.4983	0.4984	0.4984	0.4985	0.4985	0.4986	0.4986
3.0	0.4987	0.4987	0.4987	0.4988	0.4988	0.4989	0.4989	0.4989	0.4990	0.4990

z_0 の小数第 2 位

z_0 の小数第 1 位まで

ここに 0.475 がある

標本の大きさが900のときの，pに対する信頼度95％の信頼区間 $A \leqq p \leqq B$ は④であるから

$$B-A=2 \cdot 0.0133 \cdot 1.96$$

この式の0.0133は元々は$\sqrt{\dfrac{p(1-p)}{900}}$であったから

$$B-A=2 \cdot \sqrt{\frac{p(1-p)}{900}} \cdot 1.96$$

標本の大きさを6400にした場合の，pに対する信頼度95％の信頼区間 $C \leqq p \leqq D$ については，上の式の標本の大きさの「900」を「6400」に替えて

$$D-C=2 \cdot \sqrt{\frac{p(1-p)}{6400}} \cdot 1.96$$

よって，

$$\frac{D-C}{B-A}=\frac{2 \cdot \sqrt{\dfrac{p(1-p)}{6400}} \cdot 1.96}{2 \cdot \sqrt{\dfrac{p(1-p)}{900}} \cdot 1.96}$$

$$=\sqrt{\frac{900}{6400}}$$

$$=\frac{3}{8}$$

ナニヌ

$$=0.\boxed{375}$$

◀この方が$\dfrac{D-C}{B-A}$が求めやすい．

◀実際の視聴率の調査では，誤差を小さくするためにこれぐらいの数の標本で調べるようです．

◀**標本の大きさをk倍すると，**
標本平均$\overline{X}$の分散が$\dfrac{1}{k}$倍され，$\overline{X}$の標準偏差が$\dfrac{1}{\sqrt{k}}$倍になる．よって，**同じ信頼度の信頼区間の幅が$\dfrac{1}{\sqrt{k}}$倍される．**
本問は

$$k=\frac{6400}{900}=\frac{64}{9}$$

のときであり

$$\frac{1}{\sqrt{k}}=\sqrt{\frac{9}{64}}=\frac{3}{8}$$

となっている．

第12回解答

解答記号	正解	配点	自己採点
アイ	−1	1	
ウ	9	1	
エ.オ	7.5	2	
カ	9	2	
キク	12	2	
ケコ	10	2	

解答記号	正解	配点	自己採点
サ	⓪	1	
シ	④	1	
スセソタ	0217	2	
チ	①	2	
ツ	⑥	2	
テト	25	2	

解説 平均と分散の基本公式と，母比率の推定の方法を確認しよう．

(1) 生徒8人の得点 X と，$Y=X-8.5$ は次のようになる．

生徒	A	B	C	D	E	F	G	H
X	3.5	4.5	5.5	6.5	8.5	8.5	9.5	13.5
$Y=X-8.5$	−5	−4	−3	−2	0	0	1	5

◀ X よりも Y の方が0に近い整数値になるので，平均や分散が求めやすい．

$X-8.5$ の「8.5」は平均に近そうで，2つ現れている値を考えている．

よって，Y の平均は

$$E(Y)=\frac{-5-4-3-2+1+5}{8}=\boxed{-1}\text{（点）}$$

（アイ）

Y の分散 $V(Y)$ は

$$V(Y)=E(Y^2)-\{E(Y)\}^2$$

◀分散の公式．

$$=\frac{25+16+9+4+1+25}{8}-(-1)^2$$

$$=\boxed{9}$$

（ウ）

$Y=X-8.5$ より $X=Y+8.5$ となるから，X の平均は

$$E(X)=E(Y+8.5)$$
$$=E(Y)+8.5$$

平均の公式
$E(aY+b)=aE(Y)+b$
（a，b は定数）

$$=\boxed{7}.\boxed{5}\quad(E(Y)=-1\text{ より})$$

（エ，オ）

X の分散は

$$V(X)=V(Y+8.5)$$
$$=V(Y)$$

分散の公式
$V(aY+b)=a^2V(Y)$
（a, b は定数）

カ
$$=\boxed{9}\quad (V(Y)=9 \text{ より})$$

ここまでの8人の生徒A～Hの得点 X の総和を $\sum_{A\sim H} X$, X^2 の総和を $\sum_{A\sim H} X^2$ と表すと

◀生徒Iの得点を加えて平均と分散を計算し直すのに使う.

$$\underbrace{\frac{\sum_{A\sim H} X}{8}}_{\text{平均の定義}}=E(X)=7.5$$

よって

$$\sum_{A\sim H} X=8\cdot 7.5=60$$

$$\underbrace{\frac{\sum_{A\sim H} X^2}{8}}_{E(X^2)\text{ の定義}}=E(X^2)=V(X)+\{E(X)\}^2$$

◀$V(X)=E(X^2)-\{E(X)\}^2$
より
$E(X^2)=V(X)+\{E(X)\}^2$

$$=9+7.5^2$$
$$=9+\left(\frac{15}{2}\right)^2=9+\frac{225}{4}$$

よって

$$\sum_{A\sim H} X^2=8\cdot\left(9+\frac{225}{4}\right)=522$$

生徒Iの得点を x 点とする.

生徒Iを含めた9人について得点の平均が $7.5+0.5=8$ 点となるので

◀生徒Iを含めると得点の平均が0.5点高くなった.

$$\frac{\sum_{A\sim H} X+x}{9}=\frac{60+x}{9}=8$$

キク
よって, 生徒Iの得点は $x=\boxed{12}$ 点.

生徒9人の得点の分散は

$$\underbrace{\frac{\sum_{A\sim H} X^2 + x^2}{9}}_{X^2\text{の平均}} - \underbrace{8^2}_{(X\text{の平均})^2}$$

$$= \frac{522+12^2}{9} - 64$$

$$= 58+16-64$$

$$= \overset{\text{ケコ}}{\boxed{10}}$$

◀分散の公式
$V(X)=E(X^2)-\{E(X)\}^2$
を用いている.

(2) 母比率が p である母集団から無作為に大きさ 400 の標本を選んだときの標本比率 R は，正規分布 $N\left(\underbrace{p}_{\text{平均}},\ \underbrace{\frac{p(1-p)}{400}}_{\text{分散}}\right)$ に近似的に従う.

重要!! 母比率を推定するにはこれが重要.

$$(\text{分散}) = \frac{p(1-p)}{(\text{標本の大きさ})}$$

を忘れたら，第 1.12 節をもう一度読もう.

つまり，平均は p となり，標準偏差は

$$\sqrt{\frac{p(1-p)}{400}} = \frac{\sqrt{p(1-p)}}{20} \quad \cdots\cdots\cdots ①$$

であるから，$\boxed{\text{サ}}$ には $\overset{\text{サ}}{\boxed{⓪}}$ が当てはまり，

$\boxed{\text{シ}}$ には $\overset{\text{シ}}{\boxed{④}}$ が当てはまる.

この 400 人のうち「ファイト」を見ている人が 100 人だったので，標本比率は

$$R = \frac{100}{400} = 0.25$$

となる.

◀標本比率 R が，いわゆる**視聴率**です．**正確な**視聴率である母比率 p は測定が困難ですから，標本比率 R から p を推定する … もう大丈夫だよね.

400 は十分大きいので p は R にほぼ等しいとしてよいから，R の標準偏差は ① の p に $0.25=\frac{1}{4}$ を代入し

$$\frac{\sqrt{\frac{1}{4}\cdot\frac{3}{4}}}{20} = \frac{\sqrt{3}}{80} = \frac{1.732}{80} = 0.02165 \fallingdotseq 0.0217$$

R は正規分布に従うとしてよいので

$$z=\frac{R-(Rの平均)}{(Rの標準偏差)}=\frac{R-p}{0.\boxed{0217}}$$ ……… ②

（0217：スセソタ）

とおくと，z は標準正規分布に従う．

この標本から得られる，母比率 p に対する信頼度 95 %の信頼区間 $A \leqq p \leqq B$ を得るには，まず

$$P(-z_0 \leqq z \leqq z_0)=\frac{95}{100}=0.95$$ ……… ③

となる z_0 を以下のようにして求める．

step1　この確率は次の図（標準正規分布）の斜線部の面積である．

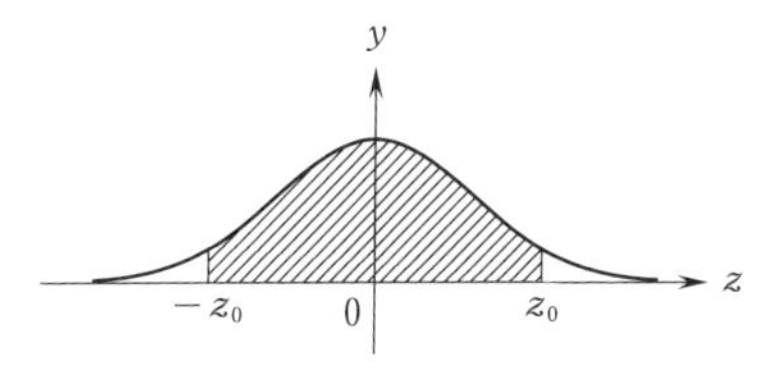

step2　標準正規分布の分布曲線は y 軸について対称なので，上の図の斜線部の面積は，次の図の斜線部の面積 $P(0 \leqq z \leqq z_0)$ の 2 倍である．

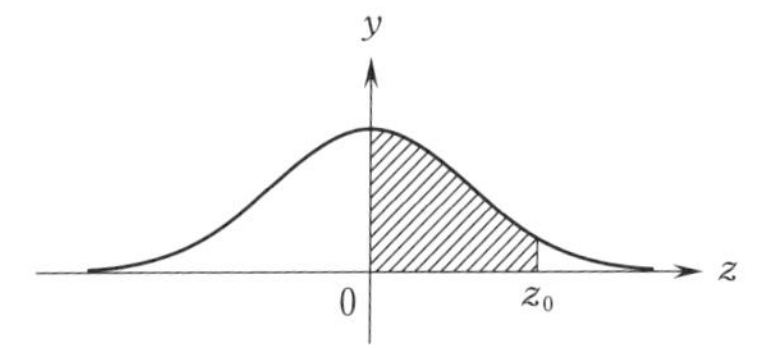

step3　よって，$P(-z_0 \leqq z \leqq z_0)=2P(0 \leqq z \leqq z_0)$ となり，これが 0.95 になるのは，

$$P(0 \leqq z \leqq z_0)=\frac{0.95}{2}=0.475$$

となるときである．

重要!!　正規分布表を使うために，標準正規分布に従う z を考える．すなわち

$$z=\frac{(標本比率R)-(Rの平均)}{(Rの標準偏差)}$$

ただし，R の平均は母比率 p に等しい．

step4 次ページの正規分布表に書かれた面積の値で 0.475 に近いものを探すと，0.4750 が見つかる．

step5 そこから左と上を見ると z_0 の整数部分と小数第1位までが 1.9，z_0 の小数第2位が 6（0.06）と分かる．

step6 以上より

$$P(-z_0 \leqq z \leqq z_0)=0.95$$

となる z_0 はおよそ 1.96 と分かる．

以上より，p に対する信頼度 95 % の信頼区間 $A \leqq p \leqq B$ を求めるには

$$-z_0 \leqq z=\frac{R-p}{0.0217} \leqq z_0 \quad (z_0=1.96)$$

より

$$R-0.0217z_0 \leqq p \leqq R+0.0217z_0$$

$R=0.25$，$z_0=1.96$ より

$$\underbrace{0.25-0.0217 \cdot 1.96}_{\text{これが } A} \leqq p \leqq \underbrace{0.25+0.0217 \cdot 1.96}_{\text{これが } B}$$

………④

$$\underbrace{0.2074\cdots}_{\text{これが } A} \leqq p \leqq \underbrace{0.2925\cdots}_{\text{これが } B}$$

◀標本が 400 人ぐらいだと「視聴率 25 %」と言っても「正確な視聴率 p は，20 % から 29 % である確率が約 95 %」となる．これは誤差が大きすぎるから，標本をもっと大きくする必要がある．

よって，チ，ツ に当てはまる最も適切なものはそれぞれ ① (チ)，⑥ (ツ) である．

正 規 分 布 表

次の表は，標準正規分布の正規分布曲線における右図の灰色部分の面積の値をまとめたものである。

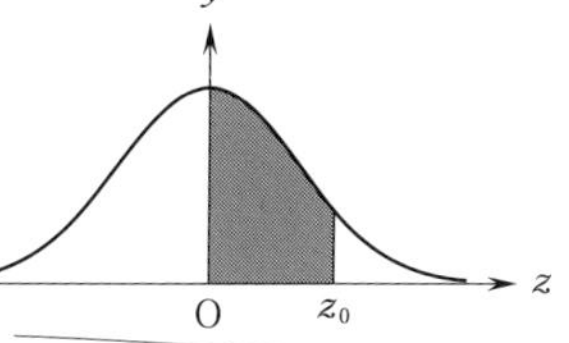

z_0 の小数第2位

z_0 の整数部分と小数第1位

z_0	0.00	0.01	0.02	0.03	0.04	0.05	0.06	0.07	0.08	0.09
0.0	0.0000	0.0040	0.0080	0.0120	0.0160	0.0199	0.0239	0.0279	0.0319	0.0359
0.1	0.0398	0.0438	0.0478	0.0517	0.0557	0.0596	0.0636	0.0675	0.0714	0.0753
0.2	0.0793	0.0832	0.0871	0.0910	0.0948	0.0987	0.1026	0.1064	0.1103	0.1141
0.3	0.1179	0.1217	0.1255	0.1293	0.1331	0.1368	0.1406	0.1443	0.1480	0.1517
0.4	0.1554	0.1591	0.1628	0.1664	0.1700	0.1736	0.1772	0.1808	0.1844	0.1879
0.5	0.1915	0.1950	0.1985	0.2019	0.2054	0.2088	0.2123	0.2157	0.2190	0.2224
0.6	0.2257	0.2291	0.2324	0.2357	0.2389	0.2422	0.2454	0.2486	0.2517	0.2549
0.7	0.2580	0.2611	0.2642	0.2673	0.2704	0.2734	0.2764	0.2794	0.2823	0.2852
0.8	0.2881	0.2910	0.2939	0.2967	0.2995	0.3023	0.3051	0.3078	0.3106	0.3133
0.9	0.3159	0.3186	0.3212	0.3238	0.3264	0.3289	[illegible]	[illegible]	[illegible]	0.3389
1.0	0.3413	0.3438	0.3461	0.3485	0.3508	0.3531	0.3554	0.3577	0.3599	0.3621
1.1	0.3643	0.3665	0.3686	0.3708	0.3729	0.3749	0.3770	0.3790	0.3810	0.3830
1.2	0.3849	0.3869	0.3888	0.3907	0.3925	0.3944	0.3962	0.3980	0.3997	0.4015
1.3	0.4032	0.4049	0.4066	0.4082	0.4099	0.4115	0.4131	0.4147	0.4162	0.4177
1.4	0.4192	0.4207	0.4222	0.4236	0.4251	0.4265	0.4279	0.4292	0.4306	0.4319
1.5	0.4332	0.4345	0.4357	0.4370	0.4382	0.4394	0.4406	0.4418	0.4429	0.4441
1.6	0.4452	0.4463	0.4474	0.4484	0.4495	0.4505	0.4515	0.4525	0.4535	0.4545
1.7	0.4554	0.4564	0.4573	0.4582	0.4591	0.4599	0.4608	0.4616	0.4625	0.4633
1.8	0.4641	[illegible]	[illegible]	[illegible]	[illegible]	0.4678	0.4686	0.4693	0.4699	0.4706
1.9	0.4713	0.4719	0.4726	0.4732	0.4738	0.4744	0.4750	0.4756	0.4761	0.4767
2.0	0.4772	0.4778	0.4783	0.4788	0.4793	[illegible]	[illegible]	[illegible]	0.4812	0.4817
2.1	0.4821	0.4826	0.4830	0.4834	0.4838	0.4842	0.4846	0.4850	0.4854	0.4857
2.2	0.4861	0.4864	0.4868	0.4871	0.4875	0.4878	0.4881	0.4884	0.4887	0.4890
2.3	0.4893	0.4896	0.4898	0.4901	0.4904	0.4906	0.4909	0.4911	0.4913	0.4916
2.4	0.4918	0.4920	0.4922	0.4925	0.4927	0.4929	0.4931	0.4932	0.4934	0.4936
2.5	0.4938	0.4940	0.4941	0.4943	0.4945	0.4946	0.4948	0.4949	0.4951	0.4952
2.6	0.4953	0.4955	0.4956	0.4957	0.4959	0.4960	0.4961	0.4962	0.4963	0.4964
2.7	0.4965	0.4966	0.4967	0.4968	0.4969	0.4970	0.4971	0.4972	0.4973	0.4974
2.8	0.4974	0.4975	0.4976	0.4977	0.4977	0.4978	0.4979	0.4979	0.4980	0.4981
2.9	0.4981	0.4982	0.4982	0.4983	0.4984	0.4984	0.4985	0.4985	0.4986	0.4986
3.0	0.4987	0.4987	0.4987	0.4988	0.4988	0.4989	0.4989	0.4989	0.4990	0.4990

z_0 の小数第2位

z_0 の小数第1位まで

ここに0.475がある

標本の大きさが400のときの，p に対する信頼度95 %の信頼区間 $A \leqq p \leqq B$ は④であるから

$$B-A=2\cdot 0.0217\cdot 1.96$$

この式の0.0217は元々は $\sqrt{\dfrac{p(1-p)}{400}}$ であったから

$$B-A=2\cdot\sqrt{\frac{p(1-p)}{400}}\cdot 1.96$$

◀この方が $\dfrac{D-C}{B-A}$ が求めやすい.

標本の大きさを6400にした場合の，p に対する信頼度95 %の信頼区間 $C \leqq p \leqq D$ については，上の式の標本の大きさの「400」を「6400」に替えて

◀実際の視聴率の調査では，誤差を小さくするためにこれぐらいの数の標本で調べるようです.

$$D-C=2\cdot\sqrt{\frac{p(1-p)}{6400}}\cdot 1.96$$

よって，

$$\frac{D-C}{B-A}=\frac{2\cdot\sqrt{\dfrac{p(1-p)}{6400}}\cdot 1.96}{2\cdot\sqrt{\dfrac{p(1-p)}{400}}\cdot 1.96}$$

$$=\sqrt{\frac{400}{6400}}$$

$$=\frac{1}{4}$$

$$=0.\boxed{25}$$

（テト）

◀**標本の大きさを k 倍すると，** 標本平均 $\overline{X}$ の分散が $\dfrac{1}{k}$ 倍され，$\overline{X}$ の標準偏差が $\dfrac{1}{\sqrt{k}}$ 倍になる．よって，**同じ信頼度の信頼区間の幅が $\dfrac{1}{\sqrt{k}}$ 倍される.**

本問は

$$k=\frac{6400}{400}=16$$

のときであり

$$\frac{1}{\sqrt{k}}=\frac{1}{\sqrt{16}}=\frac{1}{4}$$

となっている.

第13回解答

解答記号	正解	配点	自己採点
アイ	20	5	
ウ	②	5	
エオ	75	2	
カ	⓪	4	
キ	⓪	4	

解説　仮説検定の方法を確認しよう.

(1)　大きさ25の標本の標本平均が $\overline{X}$ なので，その標準偏差は

$$\frac{100}{\sqrt{25}}=\boxed{20}\ (\text{アイ})$$

母集団が十分大きくて，母標準偏差が σ のとき，大きさ n の標本について，標本平均 $\overline{X}$ の標準偏差は

$$\frac{\sigma}{\sqrt{n}}$$

帰無仮説は「$m=1000$」，対立仮説は「$m\neq1000$」であり，両側検定を行う.

$m=1000$ が成り立つと仮定する.

標本の大きさ25は十分大きいので $\overline{X}$ は正規分布に近似的に従い，その平均は $m=1000$ であるから，$\overline{X}$ を標準化すると

$$z=\frac{\overline{X}-1000}{20}\quad\cdots\cdots\cdots ①$$

$\overline{X}$ を標準化すると

$$z=\frac{\overline{X}-(\overline{X}\text{の平均})}{(\overline{X}\text{の標準偏差})}$$

z は標準正規分布に近似的に従う.

有意水準が5％なので，両側検定の場合の棄却域 I は，第1.13.3節で説明したように

$$z<-1.96\quad\text{または}\quad1.96<z$$

となる.

斜線部の面積が

5％$=0.05$

y
z
0
$-I$
I
-1.96
1.96

本問では $\overline{X}=980$ であるから①より

$$z=\frac{980-1000}{20}=-1$$

これは棄却域 I に入らないので，帰無仮説 $m=1000$ は棄却されない.

したがって，$m \neq 1000$ とはいえないし，$m = 1000$ ともいえない．よって，ウ ② となる．

帰無仮説が棄却されない場合は，帰無仮説が成り立つとも成り立たないともいえないし，対立仮説が成り立つとも成り立たないともいえない．第 1.13.4 節の**注意**をみよ．

(2) 改良したサプリメントを顧客が好評価とする母比率が p である．

このサプリメントは販売が好調なので顧客は十分多いと考えてよく，無作為に 75 人の顧客を選んだとき，好評価とする者の割合（標本比率）R の標準偏差は

$$\sqrt{\frac{p(1-p)}{\boxed{75}}}$$

エオ

となる．

母集団が十分大きく，そのうち事象 A が起きている母比率を p とする．このとき，大きさ n の標本において事象 A が起きている割合（標本比率）を R とすると，R の標準偏差は

$$\sqrt{\frac{p(1-p)}{n}}$$

となる．第 1.12 節を見よ．

サプリメントを改良する前は $p=0.6$ であり，改良した後は $p \geqq 0.6$ となると考えられるので，対立仮説が $p>0.6$，帰無仮説が $p=0.6$ である．

よって，帰無仮説は カ ⓪ である．

帰無仮説 $p=0.6$ を仮定する．

標本の大きさ 75 は十分大きいので，R は正規分布に近似的に従うとしてよく

- R の平均は $p=0.6$
- R の標準偏差は

$$\sqrt{\frac{0.6(1-0.6)}{75}}=\sqrt{\frac{0.08}{25}}=\sqrt{\frac{2}{25^2}}=\frac{1.41}{25}=0.0564$$

よって，R を標準化すると

$$z=\frac{R-0.6}{0.0564} \quad \cdots\cdots\cdots ②$$

有意水準 5 % で対立仮説「$p>0.6$」を検定する**片側検定**を行うので，第 1.13.5 節で説明したように棄却域 I は

$$I : z>1.64$$

となる．

斜線部の面積が

5 % = 0.05

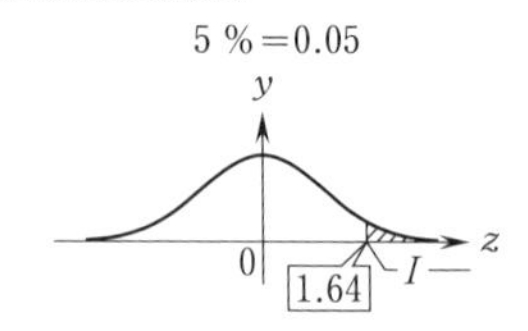

75 人の顧客のうち 54 人が好評価だったので

$$R=\frac{54}{75}=\frac{18}{25}=0.72$$

② に代入し

$$z=\frac{0.72-0.6}{0.0564}=2.12\cdots$$

これは棄却域 I に入るので，帰無仮説 $p=0.6$ は棄却され，対立仮説 $p>0.6$ が成り立つと判断される．

よって，キ ⓪ が当てはまる．

第14回解答

解答記号	正解	配点	自己採点
アイ	10	5	
ウ	⓪	5	
エ	⓪	5	
オ	⓪	5	

解説 仮説検定の方法を確認しよう．

(1) この作物の種子を無作為に100個選んだときの発芽率（標本比率）R について，母比率が p なので

- 平均は $E(R)=p$
- 標準偏差は $\sqrt{\dfrac{p(1-p)}{100}}=\dfrac{\sqrt{p(1-p)}}{10}$

となる．

問題の z は R の一次式（R の係数は正）で表され「標準正規分布に従う」とあるから，R を標準化したものであり

第1.7.2節「正規分布を標準正規分布に変換することと，その応用」を参照．

$$z=\frac{R-p}{\dfrac{\sqrt{p(1-p)}}{\boxed{10}}} \quad \cdots\cdots\cdots ①$$

アイ

この種子をある薬液に浸したときの発芽率を p とし，無作為に100個の種子を選んでその薬液に浸したとの発芽率を R として R を標準化すると，① と同じ式になる．

対立仮説を「$p \neq 0.75$」，帰無仮説を「$p=0.75$」とし，有意水準1％で検定しよう．

棄却域 I は，第1.13.4節**例題2**で求めたように

$$I: z<-2.58 \quad \text{または} \quad 2.58<z$$

となる．

斜線部の面積が

1％=0.01

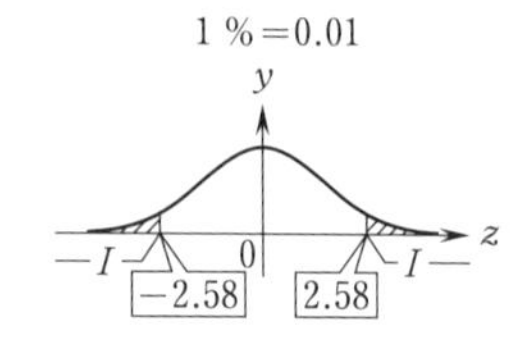

帰無仮説 $p=0.75$ が成り立つと仮定する．

本問では100個の種子のうち87個が発芽したので

$$R=\frac{87}{100}=0.87$$

となる．

よって，① より

$$z=\frac{0.87-0.75}{\frac{\sqrt{0.75\cdot0.25}}{10}}$$

$$=\frac{1.2}{\sqrt{\frac{3}{4}\cdot\frac{1}{4}}}$$

$$=\frac{4.8\sqrt{3}}{3}$$

$$=1.6\times1.73$$

$$=2.768$$

これは棄却域 I に入るので，帰無仮説 $p=0.75$ を棄却し，対立仮説 $p\neq0.75$ が成り立つと判断される．

よって，ウ ⓪ となる．

(2) $m>200$ となることは考えなくてよいので $m\leqq200$ としてよく，**片側検定**である．

対立仮説は「$m<200$」であり，帰無仮説は「$m=200$」である．よって，エ ⓪ が当てはまる．

帰無仮説を仮定する．

無作為に選んだ100個の缶詰の重さの平均 $\overline{X}$ (g) について

- 平均は 200
- 標準偏差は $\frac{5}{\sqrt{100}}=0.5$

母集団が十分大きくて，母標準偏差が σ のとき，大きさ n の標本について，標本平均 $\overline{X}$ の標準偏差は

$$\frac{\sigma}{\sqrt{n}}$$

となるから，$\overline{X}$ を標準化すると

$$z=\frac{\overline{X}-200}{0.5} \quad \cdots\cdots\cdots ②$$

有意水準が5％で対立仮説「$m<200$」の片側検定を行うから，棄却域 I は

$$I: z < -1.64$$

第 1.13.6 節**例題 4** を見よ.
斜線部の面積が
5 %＝0.05

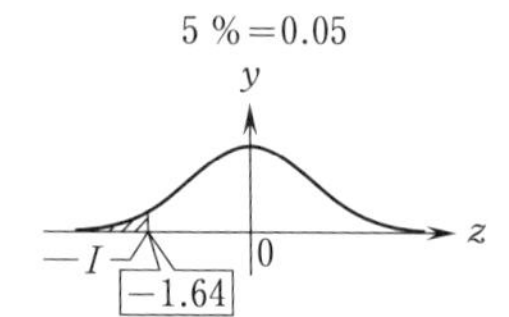

本問では $\overline{X}=198$ であるから，② より

$$z=\frac{198-200}{0.5}=-4$$

となる.

これは棄却域 I に入るので帰無仮説 $m=200$ は棄却され，対立仮説 $m<200$ が成り立つといえる.

よって，オ ⓪ が当てはまる.

2462